本研究得到了以下项目资助：

国家社会科学基金项目（13CGL126）

国家社会科学基金重大项目：我国职业安全与健康问题的合作治理研究（16ZDA056）

绿色安全管理与政策科学智库（2018中国矿业大学文化传承创新双一流建设专项2018WHCC03）

江苏省哲学社会科学优秀创新培育团队（2017ZSTD031）

中央高校基本科研业务费专项资金资助（2014-6233/2014WP22）

矿工不安全行为
传播网络模型及其应用
——基于社会接触的视角

NETWORK MODEL OF UNSAFE BEHAVIOR SPREAD OF
COAL MINER WITH ITS APPLICATION UNDER
THE PERSPECTIVE OF SOCIAL CONTACT

许正权 著

U0227035

经济管理出版社
ECONOMY & MANAGEMENT PUBLISHING HOUSE

图书在版编目（CIP）数据

矿工不安全行为传播网络模型及其应用：基于社会接触的视角/许正权著. —北京：
经济管理出版社，2018.10
ISBN 978-7-5096-6142-0

Ⅰ. ①矿… Ⅱ. ①许… Ⅲ. ①矿山安全—安全管理—研究 Ⅳ. ①TD7

中国版本图书馆 CIP 数据核字（2018）第 257988 号

组稿编辑：申桂萍
责任编辑：梁植睿
责任印制：黄章平
责任校对：陈 颖

出版发行：经济管理出版社
　　　　　（北京市海淀区北蜂窝 8 号中雅大厦 A 座 11 层　100038）
网　　　址：www. E-mp. com. cn
电　　　话：（010）51915602
印　　　刷：三河市延风印装有限公司
经　　　销：新华书店
开　　　本：787mm×1092mm/16
印　　　张：23
字　　　数：463 千字
版　　　次：2018 年 11 月第 1 版　2018 年 11 月第 1 次印刷
书　　　号：ISBN 978-7-5096-6142-0
定　　　价：88.00 元

前　言

长期以来，我国煤矿安全问题不仅受到公众及传媒的高度关注，而且也对我国国民经济可持续发展产生了重要影响。尽管交通运输业、采掘业、建筑业、化工业及公共安全系统是重特大安全事故的五大主要来源，并且长期以来交通事故造成的伤亡人数一直在以上五个行业中高居榜首，但我国煤矿在生产过程中所发生的事故一直最受公众关注，给公众的负面印象也最深刻。这主要由两个方面的原因所决定：其一，长期以来煤炭在我国一次能源消费结构中一直占据着主导地位，对我国的国民经济发展及生态环境的影响也最为显著。虽然近十年来，我国政府和相关企业大力发展水电、风电、太阳能发电及核电等更为清洁的能源，但随着能源消费的持续增长，煤炭在我国一次能源消费结构中的占比一直维持在 65% 左右，占比虽然维持稳定，但绝对量的增长仍然非常明显，其重要作用毋庸置疑。其二，我国有众多煤炭企业在生产过程中的安全问题仍然非常突出。虽然从 2002 年开始，我国每年因为煤矿矿难而死亡的人数已经大幅度下降，但每年因为煤矿事故死亡的绝对人数仍然有两千多人，超过世界上其他主要产煤国煤矿事故死亡人数的总和。从横向上与西方发达国家主要产煤国对比，我国煤炭行业安全生产形势仍然不容乐观。

通过对我国近十年来的煤矿伤亡事故进行调查分析，结果表明不安全行为一直被认为是我国煤矿事故的最主要致因。为什么在我们明确煤矿事故确切致因的情况下，长期以来矿工不安全行为在我国煤矿生产过程中仍然呈现出普遍性而没有得到彻底治理？已有研究文献及煤矿事故分析报告主要从不安全行为的致因来寻求问题的答案，对煤矿事故进行分析、解释或者预测，试图找到不安全行为与煤矿事故之间的严格因果关系，而对不安全行为的生成机制、传播机制、诱发煤矿事故机制、煤矿事故的防控机制之间存在的复杂耦合作用及弱因果性则鲜有系统性的研究成果，忽略了不安全行为致因事故的复杂性及弱因果性。这最终导致难以通过建立在严格因果律基础上的事故调查分析过程获得真实的事故致因。一些煤炭行业的从业者及理论研究者总是认为煤矿事故可防可治，但事故仍然反复发生。由于不安全行为致因的煤矿事故形成过程不仅因果链长，而且因果关系弱，因而很难建立起基于矿工个体的不安全行为与煤矿事故之间强因果关系的事故模型。在不安全行为诱导事故过程中，行为人既可能是主动也有可能是无意间采取不安全行动，因而不安全行为的生成本身就非常隐蔽，难以被及时发现并进行有效干预，大多数只能等到出了问题并通过问题成因的反向追查才能找出原因。在追查问题成因的过程中，由于不安全行为生成者及问题成因追查者都是有限理性的行为人，前者可能会有意掩盖自身的错误，而后者只能根据获得的不对称信息来判断问题的成因，最终必然会导致所追查到的问题成因出现失真问题。

中国煤矿伤亡事故大幅度减少主要发生在 2002~2009 年。这个期间也恰好与我国煤炭行业快速发展的黄金十年（2002~2012 年）部分重合。在这一期间，由于煤炭市场需求旺盛，煤矿企业营收大幅度提升，积累了大量利润和资金，为了满足扩大产能的需要，它们自身也主动加大安全技术和设备的投入，加上我国政府通过强有力行政手段进行干预，促使煤炭企业在短时间内解决了长期积累的工程技术及设备上的安全问题。在短短的六年时间内，我国煤矿伤亡事故大幅下降，目前一些大型煤矿企业采煤技术和设备也达到世界一流甚至是领先水平，百万吨死亡率已经低于一些发达国家。2012 年全年，我国煤炭产量近 36.5 亿吨，煤矿事故造成 1384 人死亡，煤炭百万吨死亡率已经下降到 0.288。但是从 2013 年开始，我国煤矿伤亡事故下降的速度明显降低，这说明通过安全技术和设备投入解决工程和技术层面的安全问题的效果已经逐渐下降。但不可否认，虽然长期以来违规（不安全行为）被认为是我国煤矿事故的主要致因，但安全技术及装备的落后也在一定程度上强化和助长了不安全行为致因的煤矿事故。而工程和技术层面的安全问题通常都服从严格的因果律，因此通过在安全技术及设备上的大力投入可以在短时间内显著性地降低煤矿事故发生率。但是，近两年来发生的煤矿伤亡事故的原因调查表明，违规行为仍然是事故主因。事故理论表明不同致因的事故需要用不同的安全手段来解决，还需要满足问题与解决方案维度匹配性条件。工程和技术手段只能解决服从严格因果关系致因的事故，而对服从弱因果性的不安全行为致因的事故的有效性则无法确定。因此，这就需要寻求新的理论和方法支持的事故理论来解决我国煤矿生产过程中存在的大量不安全行为。

在我国的煤矿安全管理实践中，研究者和实践者一直都试图找到一种有效的行为干预理论和方法。进入 21 世纪初，全国各大矿业集团几乎同时提出本质安全型矿井建设，试图可以一劳永逸地解决我国煤矿生成过程中普遍存在的不安全行为及由其引发的安全问题，但一直难以取得像工程技术投入在提升煤矿安全水平上所取得的那样的显著效果。近十年来，本项目组成员一直在对复杂性、结构敏感性、弱因果性、行为传播性及路径依赖性进行持续不断的研究，逐渐明确了它们之间的逻辑关系，由此而获得的某些研究成果为揭示不安全行为诱导煤矿事故的机理提供了新的理论视角。从社会接触及网络结构的视角来看，在煤矿生产系统中，矿工在工作过程中的协调和配合关系最终也可以用一种行为传播网络的结构来表示，而行为取决于结构或者受结构变化的影响，这样我们就可以通过调节网络结构参数来诱导网络结构的变化，从而引导行为的变化，实现对行为的干预。研究表明，在演化系统中，系统结构的变化与随之而来的系统行为变化一般都呈非线性关系，这就会出现在系统结构的某一个变化区间内，由其所引发的系统行为的变化非常明显，即行为的变化对系统结构的变化具有敏感。敏感性不一定就意味着弱因果性，但有些弱因果性问题却能在某个确定的区间内表现出敏感性，这就为通过敏感性控制个体、群体、组织或者社会的行为提供了可能性及依据。在已有的研究文献中，针对弱因果性致因的事故理论并不多见。究其原因，这事实上与我国现有的煤矿企业在安全管理和监督上所执行的制度体系和处理问题的理念有关。在现有的制度体系下，人们总是习惯于问题的结果非此即彼的定性，而不习惯找到一个多方共赢平衡的结果。因而，在煤矿事故发生后，无论是煤矿企业的领导人、矿工，还是来自政府部门的安全监管者，他们总是试图追查到明确的事故致因，急于找到明确的事故责任人，以便完成各自的职责，最终实际上有可能根本没有弄清事故的真正致因机制。在高耦合、弱因果性及组织网络同步作用下，不安全行为致因的事故本身就难以找到明确的事故责任人，在多数情况下，是在行为积累和同步效应作用下逐步形成，这最终必然会导致在事故调查过程中出现瞒报和漏报等糟糕的情形。

近十年的煤矿事故统计数据表明，从纵向上对比，我国煤矿安全形势已有很大改观，但从横向上对比，我国煤矿安全形势仍然严峻。随着我国国民经济的快速增长及居民生活水平的持续改善，人们对健康安全的高质量生活的追求也越来越迫切，安全问题已经成为我国社会公众及各级政府最为关心和重视的问题之一。理论分析和实践案例都表明不安全行为是煤矿事故的主要致因，因此本项目主要选择在煤矿生产过程中生成不安全行为的最大人群，也就是矿工作为研究对象。如果能够针对煤矿生产系统中不安全行为生成概率最大的群体建立起有效的行为干预、控制或预防体系，必然会有助于大幅度降低不安全行为致因的煤矿事故的发生概率。从20世纪初到20世纪中叶，学者们在组织管理理论上的最大突破之一就是发现行为与结构之间的密切联系，并最终得出结构决定行为的结论。行为来源于结构的动态演变过程中所产生组织活动的有序化，结构和形成结构关系的变化必然会影响到行为的演化或者传播过程。因而，如果我们从逆向考虑行为的形成问题，就可以通过改变关系或结构来达到干预或控制行为的目的。由此也获得了我们在本项目研究中解决问题的基本逻辑。本书写作所遵循的逻辑顺序是从网络结构的微观、中观到宏观的层面来演绎行为的生成及传播机制，然后在宏观的网络情境下分析行为的传播机制及其可能导致的结果，并给出问题的解决方案，这也就形成了本书研究的四个主要问题。因此，我们首先运用行为动力学知识研究了矿工不安全行为的微观生成、传染及传播机制，主要是与网络节点相关问题，对应"点"上问题。其次从中观层次上研究了矿工不安全行为的生成、传染及传播机制，主要是行为在网络传播过程中所涉及的网络路径、路径可达性等问题，对应"线"上问题。再次我们又在微观和中观层次上针对矿工不安全行为生成、传染及传播的研究所获得的结论构建了在宏观网络结构情境下的矿工不安全行为传播的网络结构模型，主要涉及行为路径跃迁、行为跨界及行为同步问题，对应"面上"或者"多维空间"问题。最后本研究又针对该网络结构模型相关计算结果从网络结构整体的角度研究了矿工不安全行为在网络中的传播过程及其诱导事故的机制，并给出了基于分层逐级维度递升维度匹配性的煤矿事故防御策略。全书分为 12 个章节。第一章为绪论，对本书的理论背景、应用价值及研究目的、意图进行了详细的概述。第二章到第十一章主要依据本书所要解决的七个关键问题的逻辑顺序展开论述，涉及矿工不安全行为的产生机理及微观传播机制、矿工不安全行为倾向与不安全行为及行为致因事故的因果机制分析、矿工不安全行为的传染及传播模型、矿工不安全行为传播的网络结构敏感性及弱因果性、群体网络共享情境下的矿工不安全行为传播性与路径依赖性的耦合机制研究、网络情境下的矿工不安全行为分层逐级同步机制研究、小群体矿工不安全行为路径依赖演化过程的不同阶段对行为传播影响性分析、矿工不安全行为传播的网络结构模型、矿工不安全行为在网络传播过程中的同步效应、基于网络结构分层逐级的维度匹配性的矿工不安全行为传播致因的事故模型研究。第十二章对本书的主要结论进行了概括，并讨论了本书成果的拓展应用问题、本书存在的不足之处，以及需要进一步研究的重要问题。

虽然本书在结构上分为 12 个章节，但实际上是紧紧围绕上述四个主要问题（点、线、面问题及由此而给出的方案设计问题）论述的。在研究的过程中，本书又将上述四个主要问题进行进一步细化，并展开为七个关键问题的研究。

（1）不安全行为的微观动力学机制。现有的确定性事故致因模型基本上都回避了不安全行为动力学问题，因而也就无法真正掌握不安全行为形成规律。而现代科学最主要的突破就是寻找事物运动的规律，从而掌握现象与本质的内在联系。而研究矿工不安全行为的动力学问题就是要掌握不安全行为的运动规律，即掌握网络情境下内外部因素作用于行动人导致不安全行为发生、传染及传播的规律。在实际中，我们主要通过研究作用于行动人的各种内外部因素及其关系，来掌握不安全行为在网络群体环境下的形成规律。

（2）分析、解释网络情境下不同层面上行为生成、传染及传播机制。主要包括：在网络的微观层面上分析和解释了矿工不安全行为的生成、传染及传播机制。在网络的中观层面上分析了个体矿工行为在网络情境下与矿工小群体行为的内在联系，同时分析和解释了矿工小群体不安全行为的生成、传染及传播机制。根据行为的微观及中观的生成和传播机制，并借助于矿工不安全行为传播的网络模型及行为同步模型，分析和解释了网络宏观层面上的不安全行为传播及同步机制。

（3）将宏观的网络结构分析和微观网络节点的定量数学分析相结合建立了不安全行为传导效应诱导事故过程的模型。该模型对网络节点的状态描述采用相对严格的数学模型，而对节点之间的耦合效应及行为在网络中的传播过程则借助于网络的宏观结构分析，不仅较为合理地构建了微观行为动力学、宏观网络结构及整体性行为之间的内在联系，而且更加客观地（但又不失直观地）描述了不安全行为诱导事故的过程，可以为设计干预或防控矿工不安全行为的措施提供更加有效的理论和方法支持。

（4）针对矿工不安全行为在网络中传播过程相对于网络结构变化的敏感性，初步提出了结构敏感性控制思想。在网络环境中，在某些网络结构参数区间内，一旦网络结构（网络直径、平均路长、度分布、凝聚性）出现细微的变化，行为在网络中扩散和传播的速度会明显地加快或变慢，也即所谓行为传播性对网络结构变化敏感。以此为控制思路，只要我们能够确定行为传播对网络结构敏感性变化的方向，通过对网络结构的调整就可以控制具有传染性的矿工不安全行为在网络情境中的传播速度和范围。另外，掌握了行为传播性对于结构敏感性变化的运行规律，也可以用于加速煤矿安全监管者所期望的矿工行为在群体内部的传播，从而实现对特定行为的定向干预或调控。

（5）系统地解释了矿工不安全行为传播性与路径依赖性的交互关系，并在网络情境下尝试对行为的传播性、路径依赖性、结构敏感性及弱因果性进行了统一，明确了共享群体网络情境下行为路径依赖性与行为传播性在时间维度和空间维度上的交叉和叠加是行为路径依赖性与传播性通过网络内部连接产生耦合作用的基本条件。已有文献通常将行为的路径依赖问题和行为的传播性问题割裂开来研究，对两者之间的交互或者耦合效应虽有发现但几乎没有进行深入论述。我们在研究中发现，在共享的网络群体环境中，行为传播性与行为的路径依赖性是密切联系的和相互影响的，而且传播性和路径依赖性的交互作用使得主体行为在群体网络中传播具有高度复杂性。行为的传播性本身就反映了行为载体对易染个体的行为传导性影响作用，即行为的历史延续性。因此，在行为的传播过程中也就会伴随着行为路径依赖性的演化。而行为路径依赖性的演化又会进一步促使行为载体对具有传播性的行为产生记忆效应，并影响行为的传播速度和范围。行为传播性与行为路径依赖性相互影响关系的发现为我们在煤矿安全管理中运用行为传播性和路径依赖性的交互作用关系对矿工不安全行为进行干预提供了新的理论和方法的支持。

（6）本书在 Sydow 的研究基础上对行为路径依赖演化过程进行了划分，并通过行为实验检验了路径依赖演化过程的启动条件，系统地阐释了行为路径依赖演化过程的不同演化阶段的主导机制及其对行为传播性的影响作用，以及不同主导机制在干预措施介入事故演化过程中所能发挥的作用，并在此基础上提出事故生成的维度与事故防御策略维度分层逐级递升相匹配性的论点。

（7）对 James Reason 安全防御模型，也就是 Swiss Cheese 模型进行了细化和拓展。论证了矿工不安全行为传播的网络结构嵌入煤矿生产系统结构层的机制，以及矿工不安全行为传播的防御网络结构嵌入煤矿生产安全防御系统结构的机制。进一步论证了不安全行为传播防御网络结构上漏洞形成与行为传播、同步及煤矿事故生成之间的逻辑关系。对安全防御系统防御层上漏洞形成条件，漏洞的打开、闭合及位置转移的条件及过程给出了进一步解释和论证；对不同防御层上漏洞叠加的条件及不同防御层上漏洞叠加的概率，不安全行为穿透防御层的概率及过程等关键问题提出了解决方案。

上述七个关键研究问题的提出主要是针对已有行为致因事故模型的缺陷的，也是紧扣国家社会科学基金项目的主要内容、研究目标及关键问题的。已有的不安全行为致因事故模型多为文字描述性模型或者是图文相结合描述性模型，试图从严格的客观的还原论视角来确立不安全行为与事故之间严格的确定性因果关系。因此，这类事故模型主要用于解释行为致因事故的影响因素的确定性构成，或者事故演化的线性过程。虽然这些模型直观、形象，但对不安全行为诱导事故过程的内在逻辑的抽象及数学模型化则相对欠缺，难以对网络情境下的行为致因事故形成过程的不确定性及非线性耦合效应进行有效的解释和预测，其缺陷也比较明显。本书从矿工不安全行为生成的微观动力学机制入手，研究矿工不安全行为传染、传播、同步机制，并建立矿工不安全行为传播的网络模型，通过分析矿工不安全行为在网络传播中的因果链及以此为基础形成的因果网络结构逐步揭开矿工不安全行为及其传播性致因的煤矿事故形成机制，并提出了相应的事故干预或控制策略。总体上来说，这些关键问题基本上都得到了很好的解决，有的还衍生出新的非常有价值的问题，并且这些衍生出的问题也取得了突破性进展。

目　录

第一章　绪　论

第一节　问题的研究背景

如今，网络与普通人之间的联系比历史上任何时候都要密切得多，现实网络与虚拟网络的交互作用及相互补充对人类的日常生活和工作的影响也从未像今天这般深远和广泛，人类对网络的依赖性已经得到了前所未有的加强，并因此衍生出很多新的问题，如共享网络空间下的行为传播性及行为路径依赖性，以及行为传播性及路径依赖性的耦合作用问题。今天大多数人对于网络的理解和感受是从互联网开始的，实际上社会网络与组织结构网络要比互联网的历史久远得多。20 世纪 90 年代中后期，互联网开始在美国最先得到广泛应用，随后快速向世界其他各国普及。在人类历史上，人与人之间的沟通、人与物之间及物与物之间的交互作用随着互联网的快速普及而变得迅捷，人类社会的形态也因此发生了巨大变化，科技、经济、社会都取得了令人难以想象的成就。无论在地球的哪个角落，只要是互联网可以触及的地方，不仅人与人之间可以顺利地进行跨空间、长距离的沟通和交流，人与物及物与物之间也可以进行跨空间、长距离通畅的互动。互联网的高速发展及普及不仅改变了人类的行为习惯，更深层次地改变了人类的思维模式。过去，人类需要通过实际的社会接触才能完成的三种最重要的行为——学习行为、交易行为和交流行为，通常只可以在一个村子内便捷地进行。可是，到了今天，通过互联网，可以让分布在地球上任何不同的角落里的人随时随地进行上述三种最重要的行为。生活在中国的人可以通过互联网买到美国出版的最新书籍，掌握世界上最新科技发展动态；他们不走出国门就可以买到大洋洲、欧洲生产的优质奶粉，而且价格也贵不了多少。过去那些喜欢逛街购物的人，现在可以足不出户通过互联网买到自己喜爱的商品，不仅价廉物美，而且也减轻了公共交通系统的压力，降低了能耗，保护了环境，以至于现在很多大型商场在周末也难以见到顾客摩肩接踵的热闹景象。因此，互联网的普及应用已经把地球切切实实地变成了一个"村子"，现在生活在这个"互联网村子"里的人的行动甚至比过去在一个村子里生活的人的行动还要便捷。

网络不仅拓展了人类的活动范围（既可以在现实中的社会网络中行动，也可以在虚拟的互联网中进行丰富的行为活动），也改变了人类行为活动的方式，甚至是思维的方式，同时也大幅度地提升了人类行为活动的效率。伴随互联网高速发展的是智能手机和便携式上网设备的全民普及，这使得人们可以随时随地使用网络进行沟通和交流，也使得大量的过去需要通过面对面接触的行为活动可以通过互联网来完成，而且更加省时省力。因此，在互联网普及的今天，人类过去主要通过现实的社会接触传播的大多数行为逐渐转变为由现实社会接触和虚拟的网络接触相互补充的形式来传播。在大多数情况下，这两种社会接触可以相互补充相互促进，确保了人类行为传播更加高效和迅捷。

近年来，智能手机已经在我国的煤炭行业从业人员中全面普及，几乎每位矿工手中都有一部智能手机，虽然在工作时间不能带入井下，但在工作之余，基本上都会通过智能手机上的APP进行交流，作为互联网最重要的终端应用之一的智能手机正以惊人的力量改变煤矿安全管理中的两种重要关系：家庭和工作关系的协调、工作中的同事间关系的协调。研究表明，很多煤矿工人的井下不安全行为是家庭关系和工作关系没有协调好的结果。在有些条件下，煤矿工人家人对他们工作环境的艰苦没有亲身体会，总是希望他们能有更多的时间来照顾家庭，因而在家庭生活中就给矿工带来了负面情绪，而这种负面情绪一旦被矿工带到了井下工作过程中，必然会增加他们表现出不安全行为的概率。在今天的煤矿生产实践中，通过互联网，安全管理者可采取更加便捷的干预煤矿工人的措施。过去面对面的安全培训、安全会议现在可以通过微信（也可以用煤矿企业自己开发的APP）的文字、语音或者视频推送到矿工的智能手机上，矿工们可以选择一个合适的时机来观看和查阅，既可以不占用他们的工作时间（现在煤矿上的班前会议耗时耗力，效果也非常一般），也可以不干扰他们的休息时间（他们可以在休息期间打开智能手机看看）。煤矿安全管理者和监管者可以向矿工的亲人推送他们工作的场景，让他们了解井下工作的艰苦，以获取他们亲人的更多理解和支持。在矿工和亲人相互理解的基础上，当井下矿工下班回到家里的时候，他们的亲人就更有可能给他们创造一个更加温馨和舒适的生活氛围，以保证他们在井下工作时有旺盛的精力和稳定的情绪。对于工作中的同事间关系，社会性决定了煤矿工人之间能够通过社会网络影响彼此的行为，因而在适当的条件下矿工某种特定的行为一旦产生就有可能通过社会网络进行传播。煤矿井下工作环境非常封闭，矿工井下工作时需要密切配合，因而存在着频繁的实际行为接触，会相互学习和模仿彼此的行为，部分矿工因此而形成密切协作的工作群体。在群体中，矿工的个人行为既有一定的独立性，同时又有一定的相互依赖性，形成了每个矿工独特的个体网络结构，并对矿工个体行为状态产生连锁性影响。在满足网络传播性条件时，矿工个体不安全行为会产生互相促进效应并通过实际的社会接触进行传播，从而形成群体不安全行为，提高了不安全行为诱发煤矿事故的概率。国内外已有关于矿工不安全行为研究文献主要是运用定性方法或统计分析研究不安全行为的形成机制及影响因素，对不安全行为路径依赖性及网络传播效应诱导煤矿事故的演化过程的研究成果则不多见。虽然近年来，我国煤炭行业重大死亡事故已经得到有效控制，但在我国煤矿的日常生产活动中，矿工不安全行为表现为长期性的多发性、复发性的境况一直没有得到根本性改变，其诱发具有伤害性的事故概率仍然很高。因此，在互联网高速发展的今天，矿工的社会接触也在发生根本性改变的情境下，有关矿工不安全行为研究还需要在理论和方法上进行进一步、深层次的创新，这决定了本书有以下现实和理论意义：

（1）安全问题一直是影响我国经济健康发展和社会和谐的重要问题，也是公众所高度关心的问题。从国家统计局网站可以查询到的最新数据显示，自 2011 年起，我国每年的生产及交通等各类事故死亡人数一直维持在 7.5 万~8 万人，其中生产安全事故死亡人数约 2.1 万人，交通事故死亡人数约 5.8 万人。国家安监总局网站公布的 2016 年1~4 月的生产安全事故死亡统计数据为 7385 人，估计全年死亡人数仍然为 2.1 万~2.2万人。由上述数据我们可以推算出，2011 年的亿元国内生产总值生产安全事故死亡人数为 0.173 人，2016 年的亿元国内生产总值生产安全事故死亡人数大约为 0.108 人（按照 7%的国内生产总值的增长速度估算），呈现出明显下降趋势。从总体上来看，我国安全形势在逐年向好转变。但是，我们也要清醒地看到，亿元国内生产总值死亡人数出现明显的下降主要是由 GDP 快速增长所贡献的，每年各类事故导致的死亡人数总数并没有出现明显下降。如果按照 1：684 死亡与工伤比，我国每年大约有 5169 万人次工伤事故，绝对数据仍然非常巨大。在我国生产管理实践中，不安全行为的多发性、重复性、广泛性及难以预防性等局面仍然没有得到根本改变（许正权等，2008）。统计数据表明，不安全行为一直是各类事故的主因。有文献指出我国 80%的煤矿事故是由于不安全行为造成的，也有文献指出 90%以上的煤矿事故是由于不安全行为直接或间接造成的。近年来，随着互联网的快速普及，人类行为的扩散拥有了更加迅捷的传播渠道，导致人与人之间的更加快捷的社会接触，因而不安全行为一旦产生，将具有更高的传播性，其危害性也将更大。因此，本书有助于提高我国经济发展的质量，保护劳动者生命财产安全，促进和谐社会发展。

（2）近年来，中国学者对行为致因事故的研究越来越重视，研究投入也越来越大，但行为致因的事故理论仍然存在某些不足，需要进一步完善。相关研究表明，我国煤矿工人的不安全行为与事故间因果关联度处于较高水平（许正权，2007）。矿工不安全行为具有传播性、累积性及复发性等特点，导致煤矿日常生产过程中存在的大量不安全行为一直难以得到有效治理。已有相关文献较多地研究了影响不安全行为的因素或因素间的关系，但对不安全行为传播性与行为的积累性及复发性的相关性研究则较少。

本书以煤矿工人的不安全行为为研究对象，根据矿工不安全行为形成的微观动力学机制及其在宏观社会网络中的传播特性，分析不安全行为传播性、积累性及复发性之间的内在联系及各自的成因条件，在此基础上识别影响不安全行为的因素间结构关系，建立不安全行为传播的网络模型，对不安全行为传播过程进行分析和解释，厘清不安全行为的传播机制，为干预矿工不安全行为管理实践提供理论和方法支持。

（3）事故的成本更加高昂，其对社会的不良影响性也将更加广泛，煤炭行业如果不能改变自身在社会大众中的负面形象，那么我国煤炭行业的可持续性发展必然会面临严峻挑战。自20世纪80年代开始，中国大陆进入历史上最为严格的计划生育政策施行时期，在此之后出生的中国人大多数是独生子女。随着时间的推移，20世纪六七十年代出生的煤矿工人在未来10~20年将逐渐退出煤炭行业的劳动力就业市场，80年代及其后出生的以独生子女居多的年轻人必然会逐步成为煤炭行业的就业主体。如果煤炭行业不能根本性地扭转其在社会大众中形成的长期形象，不仅吸引不到优秀人才，甚至还会面临着无人可用的局面，其可持续性发展必然会受到巨大影响。当独生子女成为煤炭行业的就业主力军后，每位独生子女都将承载着至少四个直系亲属家庭的希望，如果发生矿难，每位死亡矿工将对四个家庭造成毁灭性打击，因而，矿难的成本也必将更高，其对社会的影响也将更加恶劣。

（4）随着我国经济的持续增长，社会财富得到不断积累，人民生活水平不断提高，社会大众对安全的需求越来越高，对事故的容忍程度则越来越低，事故影响传播得越来越快，事故对整个社会的冲击也越来越大。虽然我国近年来煤矿伤亡事故持续降低，但铁路运输、化工厂、水路交通（沉船）、公路交通、港口储运、房屋垮塌、烟花爆竹厂爆炸等不断发生的重大死亡事故，不仅造成了重大经济损失，也产生了非常严重的负面社会影响。事后的事故调查分析结果表明，这些重大伤亡事故基本上都是责任人事故，即人为事故，人的不安全行为（可能是管理者不安全行为，也有可能是其他人员的不安全行为）是事故的主因。为什么在短期内，我国这些行业会突然间发生那么多重大事故，好像事故有感染性和传播性一样？而且事后的事故调查表明这些重大事故都有几年前甚至是几十年前埋下的事故隐患（如20世纪80年代和90年代建成的很多豆腐渣建筑物），为什么积累到现在才集中爆发？已有研究大多只关注一个类型事故的发生与发展过程，而对事故的路径依赖性、传染性及传播性则很少研究。实际上，不安全行为诱发的事故会通过传播网络中的长连接进行传播，事故演化的背后还潜伏着不安全行为路径依赖的演化机制，因而更加难以观察和发现。由于人类行为产生具有普适性的微观行为动力学机制，人类行为的传播也具有类似宏观表现形式，因此，在本书中，我们进一步研究了行为路径依赖性与传播性之间的交互效应理论及方法，研究结果不仅可以干预、防控矿工不安全行为的传播性，也可以推广运用于其他行业中存在的不安全行为的防控与治理。

第二节 国内外研究现状及发展动态分析

过去 20 年来，国际上有关安全研究的文献大幅增加。作为安全研究的重要分支之一，安全行为研究与认知、社会及临床心理学等方面的研究成果进行融合（Geller，2003；Roberts，2003），跨越多个学科，其成果应用于很多个行业，在安全管理实践中发挥着越来越重要的作用，不仅提升了企业的安全管理水平，也为创造和谐社会做出了重要贡献。通过对已有文献的分析，我们可以看出已有研究主要从三个方向对不安全行为展开研究，分别是：①不安全行为的内容构成或影响因素研究；②不安全行为传播性诱发事故过程研究；③不安全行为的干预措施研究。

一、不安全行为的内容构成或影响因素研究

不安全行为的内容构成说白了就是不安全行为由哪些要素所构成，以及这些要素之间的影响关系，如影响行为安全的心理、态度、成本、决策、文化氛围等。实际上有关不安全行为内容构成的研究是对不安全行为进行实证研究的关键环节。不安全行为的实证研究主要有两条路径，分别是行为实验和统计分析，都需要建立在对于不安全行为的内容构成研究基础之上，以确定这些构成要素对不安全行为的影响以及它们之间的单向或者相互影响关系。该方向主要研究哪些要素会使人采取不安全行为，以及导致不安全行为的起点和基础是什么，主要涉及安全心理、安全成本与安全决策、安全文化、安全绩效及行为结果评价等方面。

（一）安全心理学研究

国内学者王二平、李永娟等（2001）很早就从心理学角度研究人误与事故的关系，是国内最早对 Reason 模型进行推广应用研究的学者，并对 Reason 的瑞士奶酪安全防御模型（Swiss Cheese Model）进行了创新和推广，使得该模型在国内安全行为研究领域产生了广泛而深远的影响。Zimbardo 认为行为安全研究者更强调正强化对于提高安全绩效的作用，并认为现有安全过程研究受到心理学家斯金纳（Skinner）的影响要大于海因里奇（Heinrich）的影响。Skinner 的强化原理应用于职业安全与健康是心理学对社会的重要贡献之一（Zimbardo，2004）。1978 年，Komaki 等发表了两篇有关安全行为实证研究的论文，主要实证了安全培训、绩效反馈、正强化等在制造业中能够提高安全行为的频率（Komaki et al.，1980；Smith et al.，1978）。近年来，通过分析安全心理来改变安全行为的研究仍然是安全研究领域中最活跃的分支之一（Agnew and Snyder，2002；Geller，2001；Krause，1997；Mc Sween，2003），并且国内对于安全心理学的研

究也越来越重视，有些大学（如中国矿业大学管理学院）和研究机构（如中科院的心理科学研究所）甚至建立了专门的有关心理学的研究所或者实验中心，对安全心理学进行了长期的持续不断的跟踪研究，并取得了卓有成效的研究成果。

（二）安全成本与安全决策分析

安全和经济及时间成本密切相关，安全成本通过安全决策影响安全行为。通常监督者会对速度和生产效率非常重视，而过快的速度和生产效率则会降低安全效率（Pate-Cornell，1990）。无论是白领还是蓝领，工作压力增加，都意味着与安全行为相关的成本会增加（Quick et al.，1997）。Zohar 的研究对上述思想进行了实证检验（Zohar，2002），表明监督者如果与其上级管理者及一线工作人员进行经常性的沟通和互动，可以大幅度降低一些小的工伤事故频率。大量日常性的活动都涉及重复性决策问题，并进一步影响到安全行为。有统计数据表明，1994 年美国交通事故成本已经超过 1000 亿美元，由此 Barron 和 Erev 等（1995）研究了基于小反馈的决策问题。其特点分别是：重复性；每个方案都不是很重要，即替代方案具有相近的预期价值；决策者事先并不拥有关于收益分布的客观信息。Benartzi 和 Thaler（1995）证明无论是基于反馈还是基于描述的决策问题，决策者都被期望对潜在的收益分布做出反应。研究结果表明决策行为对近期反馈高度敏感（Erev and Roth，1998；Selten and Buchta，1998；Cooper et al.，1997），对安全行为影响更加显著。

（三）安全氛围、安全文化对安全行为的影响性研究

安全氛围是指员工对组织安全绩效给予真实优先性的信任程度，其测度值被认为可以对潜在的安全系统失效提供预警（Zohar，2002；Cooper and Phillips，2004）。Pousette 和 Larsson 等（2008）对安全氛围进行了交叉验证（cross-validation），并研究了安全氛围的维度问题、安全行为的强度和预测问题。他们还在理论上对安全文化和安全氛围进行了区分，并发现安全氛围能够显著地预测七个月后的自报（self-reported）安全行为，支持了安全氛围和工人对于安全的行为表现之间具有因果关系的结论（Pousette et al.，2008）。Glick（1985）论证了安全氛围是社会单位的属性而不是个人属性。Zohar 和 Luria（2004）讨论了这类论证的意义，并认为安全氛围是达成社会共识的结果，从而可以对个人的行为产生影响。Blair 研究了大学生的安全信仰对安全行为的影响问题，特别是年龄、性别、所处年级及地理区域对信仰及行为的影响，并对 1993~2002 年的美国中西部大学生的安全信仰及安全行为水平进行了对比研究（Blair et al.，2004）。研究表明，在性别上，女性表现出更为安全的行为。因此，男性比女性具有更高的伤亡率。研究者指出，很多健康模型，包括健康信仰模型、跨理论模型、理性行为理论、计划行为，表明是态度、规范信念、自我效能而不是健康知识决定健康行为（Strecher and Rosenstock，1997）。Neal 和 Griffin（2004，2006）发现团队气氛是事故的预测器，这种关系是通过安全行为来衔接的，也就是说如果偏好于安全预期（即积极

的安全氛围），则员工表现出不安全行为的可能性更低（Hofmann and Stetzer，1996）。

（四）行为安全结果评价研究

大量研究文献用事故或者工伤进行行为安全结果的测度。但是，Cooper 和 Phillips 认为用客观的事故数据来度量行为安全结果存在很大问题，因为这些数据不够敏感，也忽略了风险暴露程度（risk exposure）（Fernández et al.，2007），并且不稳定（Dejoy et al.，2004）。因此，当前研究者还没有对如何评价行为安全结果达成一致。目前主要有两种方式评价组织的安全结果：第一种方法是通过指数（事故、小事故、工伤）来评价行为安全结果（Calvalho et al.，2005）；第二种方法主要是运用安全行为和危险（不安全）行为来度量安全结果，不过在大多数情况下研究者选择安全行为来度量安全结果（Mullen，2004）。Hemoud 和 Asfoor 等认为行为安全方法已经成为改善安全绩效的一个趋势，并首次将该方法用于研究及教育背景，他们的研究成果已经成为在教育、研究及培训组织中实践行为安全过程的驱动力（Ali and May，2006）。Laureshyn 和 Svensson 等（2009）运用了微观层面行为数据（主要是描述道路使用者运动的指标）对交通安全性进行评价，并建立了理论框架，指出其在实践中该如何应用。另外，他们指出自动视频分析方法已经开始用于解决有效的行为数据收集问题。现有的视频分析系统已经能够探测及跟踪不同类型的道路使用者，因而可以快速地用于评价行为安全的结果。另外，这种方法已经在各行业推广，并作为评价行为安全结果的依据（Laureshyn et al.，2009）。

二、不安全行为传播性诱发事故过程研究

由于大多数人类的行为都具有传染性，因而一旦某种行为产生后就会在人与人之间、人群之间，甚至是社会组织之间进行传播，如果是负面的行为，如不安全行为，在某些条件下就会造成不良后果。不安全行为传播过程研究主要涉及不安全行为微观动力学机制、不安全行为传导过程研究、不安全行为传播网络研究三大方向，三个研究方向相互交叉，其中不安全行为传播网络研究以不安全行为微观动力学机制及不安全行为传导过程研究为基础。现有的研究主要集中在前两大方向，对不安全行为从产生到形成的过程研究成果较为丰富，但对不安全行为的传播性诱导事故的过程研究成果则相对少见。

（一）不安全行为诱导事故的过程研究

该方向主要研究不安全行为产生后诱导事故演化过程，其主要代表是 Heinrich 提出的广为人知的多米诺骨牌模型及 Reason 提出的 Swiss Cheese 模型，他们都重点研究了行为结果的传导性，事故的成因主要是不安全行为产生后触发了事故演化过程，最终导致了有伤害的事故。Reason 模型综合考虑事故的起点及事故的过程，并认为事故是不安全行为连续击穿系统防御层的过程，该模型广泛用于人误及高可靠性组织研究。

Johnson 指出，直到 20 世纪 80 年代，人的可靠性研究重点关注的一直是个人错误行为（Weick et al.，1999；Chris，1999）。Reason 认为人误问题可以从两个角度来看待：人的方法（person approach）和系统方法（system approach）。系统方法将人误看作是结果而不是原因，任何有危险性的技术都要具备防护措施。当有害事件发生时，最重要的问题不是追究谁犯了错误，而是要追究防御措施为什么和是怎么失效的（Reason，1997）。个人方法主要缺陷：无法有效解决人误行为的反复性（recurrent error）；该方法重点关注人误单个来源，把不安全行为与系统环境割裂开来。在系统方法中，（被动的）安全防御、（静态的）安全屏障及（主动的）防护措施（Defences，Barriers，and Safeguards）占据着关键地位，根据事故的形成过程来设计防御措施，并将防御的重点放在人的多变性及对变化事件的适应性上（Weick，1987）。

（二）不安全行为从产生到形成的过程研究

该方向主要研究不安全行为产生条件及其诱导事故的过程。1973 年，M. Granovetter 提出弱连接在信息和个人行为传播过程中起到非常重要的作用（Granovetter，1973）。N. A. Christakis、Fowler 和 H. James 等定量分析了人与人之间的肥胖传播的本质和程度（Christakis et al.，2007）。D. Centola 于 2010 年在《科学》杂志刊发一篇文章指出，人的行为和信息类似，在很多情况下都可以通过社会接触（social contact）进行传播（Damon，2010）。Gordon 提出流行病学理论，认为疾病与事故具有一定的相似性，事故的发生也具有一定的易感性和传染性（Gordon，1954）。众多文献的研究结果表明，个体参与的社会网络结构的变化会影响人与人之间的接触作用，并会进一步影响人的行为传播（Malley and Christakis，2011；Rogers，1995）。Christakis 等指出人的众多活动依赖于社会网络（Fowler and Christakis，2008）。因此，只要有社会接触发生，人的行为就有可能以社会网络为媒介进行传播。矿工在煤矿日常生产生活过程中存在大量的社会接触，并因此而形成一个包含较多小群体的社会网络（组织网络是社会网络的主要类型之一，煤矿生产系统显然也属于组织网络，为了表述方便，这里都用社会网络来指代）。在这个社会网络里，矿工之间进行着各种信息的沟通和传递，并相互影响彼此之间的行为，矿工在日常的生产和生活过程中一旦产生某种行为并可以给自身带来某种收益，在一定的条件下，其他矿工就会模仿和学习这种行为，并使得这种行为通过矿工的社会网络进行传播。目前，我国煤矿井下生产基本上都实行以班组为单位的轮班工作制，煤矿井下工人工作强度大、工作时间长、矿工之间在工作过程中需要密切配合，并因此在矿工社会网络中形成相对较多的小群体，从而使得这类网络表现为较高的聚类。因此，在这种社会网络内，矿工的不安全行为一旦产生有可能会出现两种极端的结果：①被学习和模仿，使得不安全行为进一步累积和叠加，最终诱发事故；②被有效遏制，班组成员中出现的不安全行为会被其他成员有效制止。在下文的论述中，我们将运用状态空间方法描述矿工行为状态的演化过程及状态转变条件，并在此基础上确定影响矿工不安全行为传播的条件。

三、行为干预措施研究

行为干预、行为矫正或行为控制一直是行为科学研究领域的一个重要研究分支。米腾尔伯格（Raymond G. Miltenberger）发表的《行为矫正——原理与方法》（*Behaviour Modification：Principles and Procedures*）目前已经再版了 5 次，该书已经成为欧美某些大学与行为科学研究相关专业学生的教科书，在学术界影响很大。他在书中对行为的测度、行为塑造及行为控制等问题进行了广泛的研究，得出的研究结论被学界广为引用。

行为干预措施研究是主要研究干预行为的理论、方法及应用，以及以干预理论和方法为基础的行为干预措施的有效性研究，其中不安全行为的干预措施研究是行为干预研究方向的一个重要分支。西方行为科学研究历来重视对于行为干预理论、方法及应用的研究，对行为干预研究也有漫长的历史，并且发表了大量相关研究文献。相比之下，中国行为科学研究学者对于行为干预的研究历史要短暂得多。2000 年起，中国学者开始持续关注和研究复杂社会技术系统的安全控制问题。赵仁恺院士论述了复杂社会技术系统安全控制的技术可靠性、人因工程、安全文化和组织控制四个技术领域的研究进展及进一步的研究问题，指出除第一项属于技术工程外，后三项均属于人的因素定向（会议报道，2001）。由此可见，中国大陆的主流学者从行为的角度研究复杂系统的安全问题还不超过 20 年时间，但他们针对行为安全研究提出了很多宝贵的指导性建议。在他们的带领和指导下，相关学者在行为安全研究上也取得了一些重要的进展，但在实践应用中的效果并不是很明显。不安全行为干预措施的研究以不安全行为的动力学机制及不安全行为事故致因为基础，只有弄清楚了不安全行为的产生、发展、维持及消失的过程，才能确定导致不安全行为的原因，并在此基础上有针对性地设计行为干预措施，最终提升行为干预的效果。基于上述分析，我们可以将行为干预措施研究主要分为两大类，分别为基于内容型的不安全行为干预措施研究及基于过程型的不安全行为干预措施研究，比较著名的干预措施有行为安全的 ABC 干预框架（Antecedents- Behavior-Consequences）（Stajkovic and Luthans，1997）、纵深防御模型、安全教练（Boyce and Geller，2001）、系统控制等。本书以现有研究为基础，从社会网络角度针对不安全行为的传播性设计了行为传播网络控制模型，通过对不安全行为的传播性及矿工间的行为耦合及同步关系进行建模，搜寻矿工不安全行为在网络中的传播路径及矿工不安全行为的扩散网络，从而可以设计更有针对性的不安全行为干预措施。

第三节 行为的路径依赖性与传播性研究进展

行为的路径依赖性与行为的传播性是行为科学研究领域中的两个重要方向。以往的研究一般将行为的传播性与行为的路径依赖性割裂开来研究，对于两者之间的相互影响关系以及在一个共享的网络空间中的耦合作用机制则很少展开来研究。因此，已有的相关研究成果主要集中于对行为路径依赖性研究及行为传播性研究，并发表了大量的研究文献。下文大致从行为的路径依赖性、行为的传播性、行为传播性与路径依赖性的交互作用三个方向对相关研究进行综述，述评相关问题的研究进展，以及这些问题所取得的研究进展可以为改进或创新行为致因事故理论及方法提供的新的理论或方法视角。

一、行为的路径依赖性研究进展

宽泛地说，路径依赖就是一个不断增加的、不能被轻易逃脱的约束过程（Jean-Philippe and Rodolphe，2010）。近 20 年来，路径依赖已经成为很多组织理论研究学者必不可少的理论构念。Vergne 和 Durand 通过对 1998~2007 年发表在管理与组织领域中的七本最主要期刊上的论文以 "路径依赖"（path dependence）作为关键词进行检索，结果显示在 1998~2002 年，有 109 篇文章发表在《管理学报》（*Academy of Management Journal*）、《管理学评论》（*Academy of Management Review*）、《管理科学季刊》（*Administrative Science Quarterly*）、《管理研究学报》（*Journal of Management Studies*）、《组织科学》（*Organization Science*）、《组织研究》（*Organization Studies*）、《战略管理学报》（*Strategic Management Journal*）上，占这些期刊在此期间发表论文总数的 6.15%。在 2003~2007 年，以同样的关键词进行检索，发现在这些期刊上发表了 214 篇与路径依赖相关的论文，占这些期刊在此期间发表论文总数的 10.5%。由此可见，路径依赖概念在组织与管理研究领域有越来越流行的趋势。

虽然在路径依赖的长期研究中，学者们还没有对 "路径依赖" 给出明确且得到学术界统一认可的定义，以至于在不同的研究领域（政治科学、社会学、经济学、管理学），学者们根据自身对路径依赖性的理解及本学科的需求提出了一些具有本学科特征的路径依赖的定义，这些定义之间既有很多相似或者共同点，但也有差别，并引起学术界对于路径依赖概念界定的诸多争论。虽然当前学者们对如何界定路径依赖概念仍然存在诸多争议，但自从诺斯、阿萨等提出路径依赖概念以来，其在理论和实践领域都产生了巨大影响，相关研究也取得了非常显著的进展。在科学研究历史上，像某个概念还没有明确定义之前，学者们还在争论不休之时，相关研究却仍然可以取得快速进展这种事例非常常见，一般不会阻碍相关研究的进展，相反还会促进相关研究的进展，学者们对某个概念从不同的视角进行解读，最终演化出了不同的研究方向或者分支。于是在这种背景下，Vergne 和 Durand 从微观（公司资源及能力层面）、中观（技术及公司治理层面）及宏观（制度层面）三个层次对路径依赖研究的进展进行了全面梳理，结果表明大多数组织都显示出明显的惰性结构，它们过去的历史决定了它们当前的状态（Hannan and Freeman，1984）。组织的吸收能力、先发优势、制度延续性、印记性或者结构惰性都是解释组织过去属性与当前属性密切相关的著名理论机制。通常研究组织行为时，不仅要研究其宏观结构，还要研究其微观构成，而矿工的不安全行为正是组织微观构成的最活跃要素，并且行为传播与行为路径依赖相互影响，研究行为的路径依赖性可以帮助我们更好地掌握行为传播的规律。不同的煤炭企业，不仅安全管理模式不同，矿工不安全行为存在的现状也存在显著差异，从直觉上看矿工不安全行为也带有组织历史印记性，也会影响不安全行为在社会网络中的传播。因此，将微观层面的行为路径依赖理论机制引入分析矿工不安全行为的演化，可以在新的理论视角下分析不安全行为在社会网络中的传播特性。我们也在研究中提出了在共享群体网络空间下从网络结构层、行为层、功能层及文化层四个不同的层面分析矿工不安全行为的路径依赖性与传播性耦合机制的研究观点。该观点认为，在共享网络空间效应作用下，行为的路径依赖性与行为的传播性也是在满足分层逐级维度递升匹配性的条件下产生耦合作用的，行为跨界和行为路径的跃迁也要遵循分层逐级维度递升的规律，并最终导致不同层面、维度、发生概率及影响程度的煤矿事故，其成因机制存在差异，事故预防的策略设计也要考虑事故致因的维度匹配性。

总体上来说，学界关于路径依赖性与行为传播性的研究成果还主要集中于宏观层面，中观层面次之，微观层面最少，而关于三个不同层面上的行为路径依赖性与传播性的耦合作用机制的研究则更为少见。在共享群体网络空间下，我们可以在时间和空间的交叉和叠加作用下考虑行为的路径依赖性和传播性的交互关系，通过对微观层面的路径依赖理论及方法的研究可以帮助我们解释为什么长期以来我国煤炭企业在开采过程中矿工的不安全行为反复发生，矿工不安全行为在发生后如何形成行为路径并最终进入锁定状态。

二、行为的传播性研究进展

1962 年，罗杰斯（Rogers）出版了《创新扩散》一书，在同期以这个主题发表的学术文献大约有 405 篇。1971 年，当该书进行再版修订时，有关创新扩散的出版物已经增加了近 3 倍，达到了 1500 篇，其中有 1200 篇是实证研究。1983 年，有关创新扩散的出版物又翻了一番，达到了 3085 篇，其中实证研究的论文则从 1200 篇增加到了

2297 篇 (Rogers，1983)。通过对已经发表的大量有关传播性研究的文献进行梳理，我们可以看到学者们针对相关现象在社会网络（社会系统）中的传播性问题进行了广泛的研究，涉及的领域包括医学、社会学、历史学、管理学、经济学、组织科学等领域。结果表明信息、疾病、创新、行为、肥胖、危机、消费习惯等在满足适当条件后都具有传播性 (Dembner，2007)。在已发表的有关传播性问题研究的文献中，罗杰斯在1962 年出版的《创新扩散》一书最为有名，并且再版超过了三次，其在有关"传播性"研究领域的影响也越来越广泛。罗杰斯在《创新扩散》一书中不仅对传播性进行了明确定义，还给出了创新传播性的四个构成要素，并明确了各要素间的关系。罗杰斯在创新扩散方面的研究工作获得了该领域的同行学者的高度认同，他的研究工作对其他有关扩散的研究分支产生了非常深远的影响。罗杰斯认为，在过去 40 年中，行为科学研究的任何一个领域都没有创新扩散研究领域获得的来自不同国家的学者们所付出的努力多。

与罗杰斯同时代的著名学者格兰诺维特则对群体行为的产生机制及群体内部的行为主体间的行为传播性进行了长期、广泛而深入的研究，并根据社会系统中的行为人的行为成本和行为收益的关系提出了著名的群体行为阈值模型 (Threshold Models of Collective Behavior) (Mark Granovetter，1978)。在该模型中，格兰诺维特指出社会系统（社会网络）中的特定行为人是否做出一项行为决定主要取决于该系统中其他行动人做出同样（或者相似）行为决定的人数（或者该人数在该群体中所占比例），该人数或者比例被称作阈值。在一个社会系统中，每一位行为人都有一个特定的阈值。因此，对于一个社会系统中的一个给定群体，其行为人的阈值必然会服从某一个概率分布，而群体的人数是给定的（很显然也必然是有限的），当某个行为决定在社会系统中传播时，必然会最终达到一个均衡状态。阈值模型既解释了群体行为的形成机制，也解释了群体内部成员之间的行为传播，已经成为行为传播研究领域最经典的理论模型之一。该模型自提出以来已经在暴乱行为、创新和谣言扩散、罢工、投票及移民等研究问题上获得了非常广泛的应用。今天，随着互联网的发展及普及，阈值模型又重新焕发出生机，有很多学者又对阈值模型进行了发展和修正，并应用于研究互联网中的在线社交行为的传播问题。2010 年森托拉 (Damon Centola) 在《科学》(Science) 上撰文针对行为传播的两种互相对立的观点进行了实证研究，他通过实证研究表明，行为的传播不同于病毒的传播（病毒的行为门槛为 1，只要一次接触即可），社会行为的传播需要（行动人对行为成本和收益进行）确认和社会强化（行为人的阈值要大于 1，或者远大于 1，需要多次社会接触才能促使该行为人接纳某种行为），因此，群聚度高的社会网络在传播社会行为时更具有优势。

此外，格兰诺维特还对"弱连接"（熟人之间的关系，连接遥远社会距离，能更快地传播信息）和"强连接"（朋友之间的关系）做了对比研究，结果他发现弱连接在人际传递"信息及创新"更具有优势。他的这一结论几乎颠覆了社会学研究学者对于强连接和弱连接的传统认识。至今，学术界仍然对于强连接和弱连接在传播信息或者行为过程所起到的作用争论不休（Hedstrom，1994），其中一种观点认为强连接在传播复杂性的、高成本的、风险性的及争议性的信息或行为时更具有优势，而弱连接在传播简单的、低成本的、无风险性的及无争议性的信息和行为时更具有优势（Damon and Michael，2007；Centola et al.，2007）。Centola 通过数学模型证明了简单与复杂社会传染的传播机制的基本差异，指出弱连接理论所存在的局限性，也就是说并不是所有类型的社会传染（不管是复杂的还是简单的）都是通过弱连接传播得更快（Centola et al.，2005）。Hansen 根据不同社会网络结构传播知识的效率差异研究了弱连接在组织部门之间的知识分享问题，结果发现组织内部部门之间的弱连接能够帮助项目组搜寻到在其他部门的有用知识，但会阻碍复杂知识在部门间的转移（Morten，1999），复杂知识在部门间转移需要通过强连接才能完成。也就是说，如果推动项目完成所需要的知识是简单的，那么部门间的弱连接会加速项目的完成，但如果在部门间转移的知识是高度复杂的，部门间的弱连接会阻碍项目的完成。

由于大多数的人类行为都可以通过社会接触进行传播，而矿工不安全行为显然也是人类行为的一种，并且带有一定的风险性，那么它在群体网络中是否具有传播性？如果具有传播性，又是哪些因素导致了矿工不安全行为具有了传播性？矿工不安全行为传播的动力学机制是什么？在煤矿生产系统中，维持矿工不安全行为传播需要具备哪些条件？哪些因素驱动了具有传染性的矿工不安全行为在群体网络中的传播？嵌入在煤矿生产系统结构之上的群体网络的结构变化会对矿工不安全行为的传播造成怎样的影响？通过矿工群体网络结构的变化能否对矿工不安全行为进行有效控制？为什么我国矿工不安全行为不仅在单一煤矿企业中存在普遍性，而且在全国的煤矿企业中存在普遍性？组织内部的行为传播机制与组织间行为传播机制是什么？已有文献针对上述问题还没有给出明确的答案，相关研究也较为少见。

三、新的理论视角对解释不安全行为演化机制的启示

通过对已有关于行为路径依赖性与传播性的相关文献的回顾，我们可以看到我国煤矿生产过程中的矿工不安全行为的普遍存在性、长期多发性也与行为的传播性和路径依赖性有着密切关系。目前，我国煤矿在日常的生产过程中普遍存在矿工不安全行为，由于这类行为是矿工自身有意或者无意之间的行动，因而具有高度的隐蔽性，煤矿的安全管理者或者安全监督者一般难以及时发现并有效干预，这就使得矿工不安全行为可以在煤矿生产过程中长期存在并很容易形成行为路径依赖，加之矿工不安全行为的高风险高收益性，使得矿工在日常工作中存在学习和模仿不安全行为的动机。一旦这种动机转换为行为，通过矿工之间的频繁接触，就能够在矿工之间进行传播，使

得矿工不安全行为在我国煤矿生产过程中表现出普遍存在性。在未来的研究中，我们还必须回答：究竟是煤矿企业内部的矿工不安全行为的普遍性导致了我国煤矿企业普遍存在的矿工不安全现状，还是我国煤矿企业矿工不安全行为的普遍存在性强化了煤矿企业内部矿工不安全性的普遍存在性？两者相互作用的机制是什么？企业内部矿工不安全行为的传播机制是什么？企业之间的矿工不安全行为的传播机制是什么？两者有什么区别和联系？

目前，学者们在行为的路径依赖性与传播性研究上所取得的进展为解决矿工不安全行为的连续性、长期性及普遍性问题提供了新的理论解释和方法支持，为揭示矿工不安全行为诱导事故的规律提供了新的理论视角，也为设计干预矿工不安全行为的措施提供了新的理论和方法支持。通过分析矿工不安全行为的微观动力学机制，可以揭示矿工不安全行为的触发及形成规律，找到不安全行为演化过程的源头，为多层次的安全防御系统设计提供微观层面的数据及实例支持。由于行为的路径依赖性和传播性相互影响和促进，通过对不安全的路径依赖性和传播性之间交互效应的研究，可以从行为演化过程及行为传播网络结构两个层面来设计干预不安全行为的措施。通过对不安全行为路径依赖过程的研究，可以掌握不安全行为从产生到路径锁定的规律，因而可以从行为演化过程层面来设计干预措施。通过对不安全行为的网络传播结构的研究，可以把握不安全行为的网络传播规律，因而可以从网络结构层面来设计干预措施。但是行为传播性和行为路径依赖性的交互效应增加了我们研究行为路径依赖性及传播性的难度，因为行为的传播性既可以促进不安全行为的路径依赖，也可以促使不安全性的路径依赖解锁，因此我们必须明确行为传播性促进行为路径依赖性的条件、行为传播性促使行为路径依赖性解锁的条件。同样，行为路径依赖性既可以促进行为传播性，也可以阻碍行为传播性，因此，我们也必须明确行为路径依赖性促进行为传播性的条件、行为路径依赖性阻碍行为传播性的条件。虽然，已有文献对行为传播性与行为路径依赖性之间的交互效应的研究还比较少见，但在少量的文献中还是提及了它们之间的某些关系，即某些条件下行为的路径依赖的形成需要行为人之间的行为传播，因为行为传播本身就是一个社会强化的过程，在很大程度上促进了行为路径依赖的演化，而行为的路径依赖又为行为传播提供了稳定数量的行动参与者，使得既定行动方案得以在社会网络中继续传播。因此，在本书研究中，我们将充分借鉴已有研究成果，对行为的路径依赖性与传播性之间的交互效应进行系统的研究，为设计矿工不安全行为的干预措施提供更加有效的理论和方法支持。

第四节　社会接触视角下的矿工不安全行为 传播性研究的应用前景

从前文的文献综述可以看出，已有研究在研究方法上主要是以定性分析、统计分析等为主；在应用上，行为安全思想和理论有着非常广泛的应用领域，在实践中取得了较为显著的效果。从研究方向上看，基于内容型的不安全行为研究文献更多，研究成果也更为丰富，但仍然存在诸多争论，主要集中在导致不安全行为因素的种类、数量及这些因素间的结构关系，即不安全行为的构成及结构关系。针对基于过程型的不安全行为研究文献及成果相对较少，该研究方向的主要争论是不安全行为诱导事故的过程，还存在大量基础性问题有待进一步研究，需要运用创新的手段获得许多关键性参数，如行为累积性、路径依赖性、传播性、复发性及突发性等，因此还需要进行进一步完善。由于不安全行为理论研究的不完善性，导致其干预措施也存在先天性的缺陷。当前中国煤矿生产过程中存在的大量"三违"不安全行为并没有得到有效治理就是上述问题的集中反映。针对上述问题，笔者认为有关不安全行为研究还需要对下述问题进一步深入研究，这些问题的解决将有助于提高我国煤矿安全生产水平。

（1）现有研究对不安全行为的传播性、累积性、路径依赖性、复发性及突发性等基础性问题缺少理论研究创新，还无法确定人的这类行为属性存在的条件及取值的区间范围。众多行为学研究成果表明，人的大多数行为具有传染性、传播性、累积性、路径依赖性及叠加性，但已有研究对上述基础性问题并没有取得多少实质性的研究成果，对行为的传染性、累积性、路径依赖性及叠加性所进行的行为实验研究仍然存在诸多问题并面临许多研究难题，已经取得的研究成果还不足以发展相对成熟的理论和方法，为行为安全管理实践提供支持，从而根本性地改变我国当前煤矿工人在工作过程中不安全行为多发的现状。因此，本书主要针对矿工不安全行为的传播性进行研究，同时对行为的传播性与路径依赖性的相互影响关系以及行为的传播性与行为的累积性、复发性及突发性等相互关系进行拓展性研究，既拓展本研究的广度也加深本研究的深度。

（2）不安全行为的研究方法。应用于不安全行为研究的方法较为单一，过分依赖于统计分析方法，如回归分析、SEM分析等。这些方法虽然能够确定影响不安全行为因素之间静态的相关关系，但难以对影响不安全行为的因素间的因果关系及不安全行为的动态发展过程进行模拟分析，因而难以为设计事故干预策略提供理论和方法上的支持。针对已有研究方法中存在的某些缺陷，本书将综合运用行为动力学分析、行为实验、仿真及社会网络分析等方法在共享群体网络空间下从网络节点的行为动力学机制、不同网络节点的行为活动的影响机制、网络节点行为的传播机制、网络节点行为的同步机制等不同维度层次来研究矿工不安全行为演化过程的因果规律，掌握不安全行为传播性的演化规律。本书所采用的研究方法更注重矿工不安全行为的动态性，力图从多层次及多维度寻求设计干预矿工不安全行为传播性的理论依据。

（3）不安全行为传播动力学模型及不安全行为诱导事故过程的动力学机制。行为动力学模型主要对行为活动的规律性进行建模，涉及对于行为生成、传染、传播、耦合作用及同步作用等问题的研究，以掌握行为活动与行为驱动之间的作用关系，从而为行为干预提供理论及方法支持。以此类推，矿工不安全行为传播的动力学模型主要是研究不安全行为传播所受到的内外部影响作用所形成的规律性，以及不安全行为传播性及在内外部影响作用下所诱导煤矿事故生成的规律性。

已有不安全行为致因的事故模型多为定性模型，只能分析不安全行为的影响因素及因素间的结构关系，对不安全行为的动力学机制难以准确把握，因而也就难以从源头上控制不强求行为的发生及发展。由于缺少微观与宏观相结合的结构化模型来解释不安全行为的演化机制以及不安全行为传播性诱导事故的演化过程，给选择科学有效的事故干预措施带来很多难题。因此，本书试图对不安全行为动力学机制进行建模，模拟不安全行为传播性的动力学过程，从微观行为的动力学角度解释不安全行为的传播性。

（4）矿工不安全行为的防御系统研究。James Reason 虽然对安全防御系统的三个防御层进行了界定，但对防御系统的构成及功能中存在的很多问题都没有给出具体的答案。例如，一个有效的安全防御系统究竟需要多少道防御层？防御层之间如何排列？系统防御层上的漏洞形成条件是什么，过程是怎样的？漏洞是如何打开、闭合及改变位置的？不同防御层上的漏洞叠加的条件是什么，过程如何？不安全行为击穿防御层的条件是什么，过程如何？已有研究对上述问题还没有给出具体答案，还需要进一步研究。本书将主要针对矿工的不安全行为传播性的防御系统来研究上述问题，提出了行为致因事故防御系统结构与不安全行为生成系统结构的分层逐级维度递升匹配性的事故防御策略的设计思路。该思路主要从网络空间中不同层面上的安全漏洞的生成维度入手，寻求维度对等的行为干预策略，避免不安全行为击穿网络空间防御层上的漏洞，从而可以避开传统的系统防御体系设计中涉及的烦琐问题，诸如测定安全防御系统的层数、确定防御层之间的排列关系、明确防御层上漏洞打开的条件及不同防御层上漏洞之间的排列关系。

（5）不安全行为变化、组织结构变化与系统可靠性关系研究。在煤矿生产过程中，不安全行为的持续变化及逐步累积会给煤矿安全管理带来新的挑战，这些新的挑战往往会促进煤矿安全管理策略的转变，而组织结构跟随战略，因而战略可以引领组织行为的变化，组织的安全管理结构也会随之变化，组织结构与系统可靠性之间存在密切的相关关系，组织结构的变化必然会在一定程度上影响到系统的可靠性，如果矿工的行为变化对组织结构的变化表现出敏感性，当组织的安全战略开始转变时，就可以通过调整现有的组织结构关系达到快速干预矿工不安全行为的目的。上述这些问题，构成了本书需要解决的问题域，这些问题的解决将会进一步提升我国煤矿安全生产水平，促进煤炭产业的健康可持续发展，也决定了本书研究成果具有较好的应用前景。而近年来，国内外在社会网络分析及行为科学方面的研究进展也为创新不安全行为的干预理论和方法奠定了基础。

（6）不安全行为的传染性、累积性、路径依赖性及叠加性的复杂耦合效应研究。随着本项目在行为的路径依赖性及行为的传播性研究上逐步取得进展，我们发现在共享的群体网络空间下行为的传染性、传播性、累积性及路径依赖性之间存在复杂的耦合效应，这些复杂的耦合效应给实践中的不安全行为干预措施的有效性带来了高度不确定性，导致有些看似有效的不安全行为干预措施无法发挥出预期的效果。因此，通过对不安全行为的传染性、传播性、累积性、路径依赖性之间的内在逻辑关系进行进一步研究，追踪矿工不安全行为在群体网络环境下的积累过程及形成路径过程，以及行为叠加、行为积累、路径依赖及行为传播之间的复杂交互效应，厘清它们之间的耦合效应，可以为设计切实可行的不安全行为干预措施提供理论及方法支持。

（7）按照 Centola 的观点，不同类型的网络内部连接的强度及长度对于具有传染性的复杂程度不同的行为的影响作用也是不同的。通常复杂程度较高的传染性行为需要通过强连接进行传播，而且还需要网络内部连接达到一定的冗余性，而复杂程度较低的行为通过弱连接的传播则可以更为快速，当然也不需要网络内部行为保持较高程度的冗余性。因此，生成和存续于高耦合煤矿生产系统中的矿工不安全行为是高风险性行为，其传播机制与信息、无风险性的行为传播机制截然不同。根据 Centola 对格兰诺维特弱连接理论的修正，不安全行为的传播不仅需要强连接、特别的群体强化作用及行为成本和收益确认，而且传播不安全行为的网络结构也与信息传播网络的结构存在重要差异。因此，对高风险收益性的矿工不安全行为传播机制进行研究，发现矿工不安全行为的传播规律，从行为传播网络结构入手构建干预策略，并用于安全管理实践，对于提升我国煤矿安全管理水平、降低事故发生的概率、促进我国煤炭行业的健康可持续的发展有着重要的理论和实践意义。

（8）本书在执行的过程中也发展了某些新的概念，并且基于这些概念对已有相关组织管理理论进行了拓展和创新。本书提出了在共享多维群体网络空间下对行为的动态性、交互性及传播性进行统一的思路，将共享网络空间划分为四个层次，提出基于行为跨界及行为路径跃迁的不安全行为生成及传播与事故防御策略分层逐级维度匹配性的观点，对于已有组织管理研究的相关理论和方法进行了拓展。

近20年来，互联网的高速发展和普及应用对社会形态的转变、人类的思维及行为习惯的影响所产生的积累效应已经非常显著。而当前中国煤炭行业的安全管理者虽然也意识到了网络结构对接触作用的影响，以及接触作用通过网络结构的传播对矿工不安全行为的影响，但在面对矿工不安全行为的多发性及复发性难题时仍然缺少可行的理论和方法支持。因此，本书试图从社会网络的角度分析矿工间的各类网络关系，探索矿工间的网络连接与行为传播间的逻辑关系，构建干预矿工不安全行为传播性的理论与方法。

第五节　主要研究内容、目标及所解决的关键问题

全书共分为12章，各章节论述的主要内容、研究目标及所要解决的关键问题如下：

（1）绪论部分主要论述了本书的研究目的、背景、研究意图、理论意义及应用价值。由于当今社会里的人与人之间的信息交流、行为传播及物质交换发生了前所未有的变化，并因此而引发了很多新的问题，研究者或实践者囿于已有的理论和方法框架来解决这些新的问题已经呈现出力不从心之态。因此，这一章主要讨论了在互联网高速发展及快速普及的过程中社会接触所发生的根本性变化，及因此而产生的问题及挑战。而作为社会人的煤矿工人同样会因为接触作用发生的根本性变化而对其行为生成产生重要影响。因此，这一章里，我们重点讨论了煤矿安全管理实践中，矿工不安全行为多发性、复发性及传播性的现状及原因，现有理论和方法在应对上述问题时所存在的不足之处，本书的主要研究目的、所要解决的关键问题，以及国内外相关研究所取得的进展及存在的问题、本书的研究优势所在等问题。因此，本章主要对所要研究的问题边界进行了明确划分，明确了研究目的和目标。

（2）第二章重点讨论了基于行为微观动力学机制的行为生成、传染及传播机理，行为演化路径，以及矿工不安全行为的来源。这一章将行为的微观动力学机制作为一个关键问题来研究，该关键问题不仅是研究行为的传染、传播机制的理论基础，而且也是研究行为干预及预防措施的基础理论之一。尽管人们对行为研究有近一百年的历史，但对行为的产生机理理论还有很多地方需要进一步完善。由于人是社会中的人，其行为的演化过程在不同的社会形态下所受到的外部社会环境的影响也非常不同，这也决定了不同社会背景或企业运行环境下人的行为演化路径存在巨大差异。单单从企业运行环境来说，煤矿企业的运行环境封闭但却保持一定的流动性，又具有较高程度的风险性，有人将煤矿形象地称为"地下移动生产工厂"，而封闭且流动又具有高风险性的

生产环境使得人与人之间的行为接触及行为的相互影响作用与其他类型的企业表现出显著性的差异，其行为干预及控制的策略必然也有所不同。因此，这部分内容中，我们通过对行为的动力学机制进行研究，明确行为生成、传染及传播的机理，把握行为的演化过程及规律，为追踪矿工不安全行为的来源提供了理论和方法的支持。

（3）第三章主要讨论了不安全行为的分类及识别问题，并在此基础上论述了不安全行为的触发条件及维持条件。这部分内容是研究行为传播性的基础，而有关行为倾向、不安全行为的分布及行为致因事故之间的因果性或相关性论证则是本章的关键问题。因此，本章的主要研究内容包括：对煤矿安全生产管理系统中大量存在的矿工不安全行为进行分类整理，明确了不安全行为的类别指标；识别触发不安全行为的条件及不安全行为的维持条件，建立矿工安全行为及不安全行为相互转换的条件，确定不安全行为诱导事故过程的起点，为后续相关不安全行为干预策略研究做准备；论述了行为倾向与不安全行为及行为致因事故之间的相关关系；给出了识别矿工不安全行为倾向的基本过程及步骤并建立了识别模型，同时检验了识别模型的应用效果。因为明确了安全行为和不安全行为之间的转换条件，在实际的安全管理过程中，当通过识别模型识别出具有不安全行为倾向的矿工后，我们只要控制不安全行为状态与安全行为状态之间的转换条件，就可以在行为传播过程的源头上对不安全行为进行预防，这样就可以建立一道有效的行为安全防御层。

（4）第四章主要研究了矿工不安全行为传染性、传播性及建模问题。传染性及传播性是本章所要重点界定和区分的概念，因而这两个概念的界定和区分及建模也就顺理成章地成了本章论述的关键问题。本章主要引入了格兰诺维特的行为阈值模型和巴斯模型对群体网络中的行为传染性和传播性进行了抽象和解释。行为阈值模型是解释集体行为形成机制及社会行为传播最为经典的模型之一，从社会关系的角度解释了群体行为产生机制，但并没有解释群体行为产生的微观动力学机制。在本章中，我们整合了阈值模型及行为动力学相关理论，分析了矿工不安全行为的触发机制、在群体情境中的不安全行为的受众及扩散过程、群体不安全行为的形成及溢出机制。巴斯模型主要解释了行为在群体环境中的传播速度及范围。运用巴斯模型及行为阈值模型并结合行为传播的微观动力学知识构建了矿工不安全行为的传染模型。在煤矿安全管理实践中，矿工不安全行为具有很多种属性，通常这些属性被研究者用于分析矿工不安全行为的影响因素，并根据这些影响因素与不安全行为之间的关系寻求相应的问题解决方案。但是，本章的重点不是分析影响不安全行为生成因素的静态关系，而是要解决矿工不安全行为在煤矿生产系统运行过程中所呈现出的多发性、反复性、积累性、传播性、路径依赖性问题，矿工不安全行为诱导事故的潜伏性问题，以及这些问题之间的相互关系，找出解决这些问题所要满足的条件。在不同的环境条件下，这些问题可能产生的后果也会发生很大变化，如何在煤矿安全管理实践中有效地解决这些问题则构成了本章的一个重要目标。本章首先重点解决了行为传染性和传播性的界定问题，以及行为传染和传播与病毒传染传播的区别，并对行为传染性进行了分类，论述了行为传染性的来源问题，同时对行为传染及行为传播这两个核心概念进行区分，尝试给出了矿工不安全行为在群体网络中传播的必要条件及充分条件，建立了矿工不安全行为传染性的模型，并对模型进行了拟合，同时讨论了模型参数变化对不安全行为群体网络中传播速率的影响，初步确立了模型参数与不安全行为传播速率之间的内在联系。因此，这部分研究内容也是设计不安全行为干预措施的理论根据和方法支持，是后续章节的主要基础之一。

（5）第五章重点讨论了影响行为在群体网络中传播的结构要素、行为传播网络的结构敏感性及弱因果性，以及行为传播网络的结构敏感性相互之间影响关系。在行为传播性研究中，我们重点论述了有关行为传播性研究主流学者的观点，对行为传播性的相关概念进行了梳理和界定，并讨论了影响行为传播的要素及要素间的结构关系。这部分内容是建立行为网络传播模型的基础。在行为传播的网络结构敏感性及弱因果性这部分研究内容中，我们重点研究了行为的演化过程，即前因—行为—结果之间不存在严格的因果关系，只表现出弱因果性，而在行为管理实践中，行为的弱因果性会给选择、设计有效的行为干预手段增加非常大的难度。针对上述问题，本章提出了共享群体网络环境下的行为传播网络结构敏感性控制理论和方法。当行为主体的行为在网络中的传播性进入敏感性区间，通过微调群体网络（网络环境）结构，行为的传播性就会发生显著性的变化，从而可以实现对矿工的不安全行为传播性的有效干预。在本章中，以矿工不安全行为传播的微观机理为基础来探究矿工不安全行为在矿工群体网络传播中的结构敏感性和弱因果性及其在设计矿工不安全行为的防御策略时所能发挥的主要作用，实现了共享群体网络情境下对行为的传播性、行为传播网络结构敏感性及弱因果性的统一，分析了它们之间的相互关系，以及三种行为属性在矿工不安全行为干预理论研究及应用中的作用及意义。在本书中，行为干预设计就是以行为传播网络结构敏感性控制理论和方法为基础的，本章也讨论了行为传播的网络结构敏感性及弱因果性的实际应用问题。

（6）第六章主要论述了在群体网络共享情境下行为传播性与行为路径依赖性形成交互效应的机制及其对行动选择过程的影响作用。本章重点讨论了在行为路径依赖演化过程的不同阶段的路径依赖性变化对于行为传播性的影响以及行为传播性对于路径依赖性的逆向影响作用。已有文献通常将行为的路径依赖问题和行为的传播性问题割裂开来研究，对两者之间的交互效应则几乎没有论述。在这部分研究中，我们依据路径依赖过程与行为传播过程在共享群体网络环境下的时间及维度上的重叠及交叉作用对已有行为传播理论及行为路径依赖理论进行整合及创新，研究了矿工不安全行为在网络环境下的同步过程及传播的驱动机制，对矿工不安全行为的路径依赖性进行了界定并分析了其来源,构建了矿工不安全行为形成路径依赖性的过程模型、矿工不安全行为的路径依赖性与传播性的耦合过程模型,并以上述模型为基础研究了行为的路径依赖性与行为的传播性之间的双重影响效应,研究结果表明路径依赖性会增加行动人的行为门槛,而行为传播性又会使行动人的行为产生叠加并形成冲击效应,从而导致行动人的行为路径偏离既定方向并最终解锁。

(7)第七章在本书中主要起到承上启下的作用。由于行为传播是一个过程,行为在群体网络结构中传播在达到饱和状态以前也要经历一个分层逐级跃迁的过程,需要保持行为传播与其传播的网络结构匹配性,而小群体在这个过程中就扮演了一个关键角色。为了论述行为在群体网络环境中的分层逐级跃迁的传播过程,本章首先对不同层面的不安全行为进行了划分并对其相互作用的机制进行了论述,在此基础上又对在网络情境下的小群体、小群体行为及小群体行为的成因进行了分析,解释了矿工个体不安全行为和小群体行为生成机制及小群体不安全行为的传播方式。在分层逐级递升的维度匹配性安全防御体系中,小群体不安全行为介于个体不安全行为与整体不安全行为之间,因而利用对小群体不安全行为的干预既可以对煤矿重大事故发生的长周期性进行干预,又可以实现对个体不安全行为的抑制。

(8)第八章主要论述了小群体矿工不安全行为路径依赖演化过程的不同阶段的路径依赖性对于行为传播性的影响,这也是研究更大规模及结构层级上的行为路径依赖性与行为传播性之间的耦合作用机制的一个重要环节。本章对行为路径依赖过程进行了重新划分,并论述了路径依赖过程的吸引阶段、收敛阶段、保持阶段及锁定阶段之间的关系,对各个阶段的持续时间提出了假设。考虑到当前实验的条件和理论研究进展的限制,在应用部分,我们主要是在实验室环境中对小群体情境下的矿工不安全行为路径依赖演化过程中不同阶段的行为路径依赖性对于行为传播性的影响效应进行了检验。实验表明,小群体矿工在进行初始行动选择时,成员间的接触关系越强就越容易启动不安全行为的路径依赖,不安全行为在群体中的传播性也越强。

(9)第九章重点论述了群体网络情境下的矿工不安全行为的传播机制,构建了不安全行为的网络传播模型。在煤矿安全管理系统中,由于不安全行为传播网络是以煤矿生产系统为基础并嵌入在其结构之上的行为传播网络的子网络,因此,我们首先研究了矿工不安全行为传播网络的图论表示方法,并在此基础上研究了矿工不安全行为传播网络的拓扑结构及相关网络结构参数的选取问题、网络结构数据的采集问题,接着又构建了行为传播网络,然后在此基础上导出了不安全行为传播网络。构建矿工不安全行为传播网络是一项较为复杂的工作,研究者通常难以全面掌握矿工间行为的动态交互关系,而矿工间动态交互关系的变化和网络微观结构参数变化会引起网络微观结构层上的行为同步程度的变化,并进一步引起事故发生概率的变化。矿工行为传播网络微观结构层上的行为变化就构成了煤矿事故的重要源头。因此,在这部分研究中我们主要将现场观察、访谈、行为实验及矿工不安全行为事件史分析结合起来分析矿工行为的传播网络，把握矿工不安全行为的传播过程的行为交互关系，建立矿工不安全行为传播的网络模型。这部分研究中重点解决了矿工个体行为传播网络构建问题、群体行为传播网络构建问题，并在此基础上分析了网络环境下的矿工不安全行为触发机制、传播条件及网络传播的动力学机制。

（10）第十章主要论述了矿工不安全行为在网络传播过程中的同步效应。这一章对本书中的又一个关键问题进行了系统的研究，该问题也是第十一章中构建矿工不安全行为传播性致因事故模型的理论基础，本章也是本书的核心内容构成之一。通过对矿工网络拓扑结构中的耦合作用进行系统解析，以及对网络结构平衡性及关系传递性的判定和识别，系统地阐述了共享网络情境下的矿工凝聚子群的生成机制及其在整体网络行为同步过程中所发挥的关键作用，在此基础上发现了矿工不安全行为会在矿工行为传播网络结构上进行分层逐级同步的规律性，最终导致在网络环境下有三种不同发生概率、严重程度及影响范围的事故，分别为：局部事故、带有一定扩散效应的局部事故，以及具有全局影响性的重大煤矿事故。而且行为同步所发生的网络结构层次的维度与事故生成情境的维度也呈现出高度的匹配性，总体上呈现出"点、线、面及多维空间"的维度递升规律，即低维度上行为同步易于发生，与之相对应的维度层面上的事故发生概率高、危害程度及影响范围较小，并呈现为短周期性，而高维度上行为同步难以发生，与之相对应的维度层面上的事故发生概率低，但危害程度及影响范围大，并呈现为长周期性。

（11）第十一章主要研究了矿工不安全行为传播致因的事故模型构建问题以及事故防御策略的设计问题。本章以应用研究为主，主要解决了矿工不安全行为传播性致因事故的微观结构模型、过程模型及网络结构模型的构建问题，并论证了三个不同层面事故模型构建的理论依据及相互关系。已有的不安全行为致因事故模型主要是从个体行为层面来考虑事故致因的内容和过程，而对整体层面上行为微观动力学机制以及事故成因结构与过程的耦合作用则没有给出多少有效的解释，其缺陷也非常明显。为了避免上述缺陷，本章构建了基于网络结构分层逐级递升维度匹配性的事故致因模型，分别为：事故致因的微观结构模型、过程模型及网络结构模型，相当于从点、线和面三个层次对行为致因的煤矿事故进行研究。上述模型既考虑了不同行为载体的耦合作用，又考虑了不同个体的行为传播过程的交叉或叠加作用，因而可以避免上述缺陷。矿工不安全行为传播性致因事故的微观结构模型，从个体行为的动力学机制及个体行为间的交互作用入手，主要用于解释和预测事故的源头及事故成因的微观机制；矿工不安全行为传播性致因事故的过程模型，从个体行为的生成、传染及传播过程入手，主要用于解释和预测在网络情境下的事故的形成过程及事故成因的中观机制；矿工不安全行为传播性致因事故的网络结构模型，从网络情境下不同个体行为的生成、传染及传播过程的交叉及叠加作用入手，主要用于解释和预测事故致因结构与过程的耦合作用机制及事故成因的宏观机制。

在上述事故成因模型研究的基础上，本书又研究了矿工不安全行为传播性的预防、控制或者干预问题，而对矿工不安全行为传播性进行有效干预是本书的最终目的。在这部分研究中，我们主要提出了基于三个基本的防御层的矿工不安全行为传播性致因煤矿事故防御策略：不安全行为传播性致因事故的网络分层防御及控制策略，该防御策略主要用于行为致因事故的动态传播性。以网络结构表示的系统或组织的结构，其三个基本防御层分别对应于网络结构中的基础层、过程层及整体行为层。即静态安全屏障层与矿工行为传播网络结构的基础层相对应，在行为传播网络的基础层上形成不安全行为传播性网络防御结构的基础层；被动安全防御层与矿工行为传播网络结构的过程层相对应，在行为传播网络结构的过程层上形成不安全行为传播性网络防御结构的过程层；主动安全防护层与矿工行为传播网络结构的整体行为层相对应，在矿工行为传播网络结构的整体行为层上形成不安全行为传播性的网络防御结构的整体行为层。针对矿工不安全行为传播性设计的网络结构防御体系主要用于防控不安全行为在网络情境下的传播及其诱发的煤矿安全问题。每一个层次的模型都给出了自身要解决的具有代表性的安全问题，以及解决问题的措施。上述三类模型主要考虑问题维度与防御策略维度的匹配性，从理论逻辑上讲更为合理。

（12）第十二章概括了本书所取得的主要结论以及本书的理论及实践价值。相关研究发现或者主要研究结论参见上文的阐释。本书在理论上的价值主要表现为在共享网络空间下实现了对行为的传播性、路径依赖性、耦合作用及行为同步的理论统一，并以此为理论基础构建了基于分层逐级递升的维度匹配性的矿工不安全行为传播网络模型。另外，以行为动力学及行为传播的动力学机制为基础论证了网络生长、网络结构规则化和分层化、网络行为有序化，以及行为演化及行为传播过程中的行为跨界、行为路径跃迁发生机制及其对煤矿生产系统可靠性的影响机制，还与矿工不安全传播性致因煤矿事故之间的关系，并在此基础上提出了在共享群体网络空间下基于分层逐级递升的维度匹配性的矿工不安全行为传播性致因煤矿事故的防御策略设计思路。本书的应用价值主要表现在为矿工不安全行为及其传播性致因的煤矿事故提供了更多的干预时机及干预策略的选择空间。因为从不安全行为的发生到不安全行为致因的事故发生是一个相对漫长的过程，也是一个事故发生概率累积的过程，本书建立的共享网络空间下的事故防御模型正是以解决该过程中所出现的安全问题为目标，使得事故干预的过程有更多的时机选择及策略选择。另外，我们在每章的小结中给出相关研究结论及其在实际应用中所要满足的约束条件的同时，也讨论了本书所存在的不足之处以及有待于进一步研究的问题，并在第十二章中对未来相关研究进行了展望。

本章小结

绪论部分对本书的主要内容、结构进行了概括。因而本章重点对本书的研究意图、研究路线图、问题的研究背景及意义、本书的研究边界进行了详细的论述，并对各章的主要内容、目标进行了分解，对各章所取得的研究发现进行了概括，并对其意义进行了述评。从中我们可以看到，尽管学者们对行为致因的事故研究由来已久，但主要是从行为致因事故的内容和构成视角展开研究的，所建立的事故理论也是一些相对宏大的理论，而有关中观及微观的事故致因理论的研究则相对欠缺，并不能完全解释长期以来我国煤矿生产过程中普遍存在的矿工不安全行为，以及不同严重程度、影响范围的煤矿事故发生概率及其周期性所呈现出的巨大差异，因而并不能够完全适应我国煤矿安全管理实践的需求。因此，在当前的研究背景及研究条件下对已有理论进行改进、整合及创新就显得非常必要。本章针对我国煤矿生产过程的矿工不安全行为的多发性、长期性、普遍性、复发性、传染性、传播性及路径依赖性从基于社会接触视角下的行为的路径依赖及行为的传播性理论视角进行了初步的理论解释和方法设计，为后续探索矿工不安全行为的长期性、普遍性、复发性、传染性、传播性及路径依赖性的形成机理，以及不安全行为在群体网络空间中诱导煤矿事故的演化规律做出必要的理论和方法铺垫。

近年来，中国经济、社会及技术的快速发展使得所谓的"网络"具有更加快速的传播性、联通性及交互性，也使得嵌入在这种网络结构上的某些既有的问题又呈现出新的特征，需要寻求新的理论及方法来分析和解释，学界认为对于行为致因的事故研究的理论和方法进行必要的改进和创新已经很有必要。近半个世纪以来，社会网络理论及方法的研究不断取得的进展已经为我们对既有的行为致因的事故理论和方法进行改进或创新创造了必要的条件。行为的传播性及路径依赖性恰恰是有关行为演化的两个重要研究方向，目前国内外学者将这两个方向相关研究成果整合起来用于解释事故致因的研究还很少见，但已经有学者充分注意到了其重要性。从系统演化的视角来看，行为致因的煤矿事故是行为演化的结果，而在共享的群体网络环境中行为致因的煤矿事故的演化进程与行为的路径依赖演化过程及行为的传播过程是密切交互的，在时间和空间维度上进行交叉和叠加作用，因而从共享网络视角下对行为致因的煤矿事故进行的新解释与已有事故致因理论解释相比也更有针对性，这同时也构成了本书的一个重要创新之处。

第二章 矿工不安全行为的产生机理及微观传播机制

对矿工不安全行为的生成机制及微观传播机制的把握是构建共享网络空间下的矿工不安全行为传播网络模型的重要一环。而把握矿工不安全行为生成机制的一项重要内容就是对于人误、不安全行为及不安全行动等不同类型行为的研究，从而找到这类行为与事故生成之间的因果关系或者相关关系。另外，在安全行为科学研究领域，人误、不安全行为、不安全行动等相关问题的研究一直是构建可靠的安全防御系统的一个关键问题。但已有文献对于上述三个概念的内涵及外延并没有进行严格的对比和区分，也没有对各自在应用过程中的适用范围和条件进行严格区分，以至于该领域的研究者在相关概念的应用过程中很容易对上述三个重要概念产生混淆。本章首先对行为和行动这两个基本的概念进行严格区分，接着对人误、不安全行为及不安全行动进行区分，在此基础上对人误、不安全行为、不安全行动及事故的概念进行了界定，并阐述了人误动力学问题及其诱发事故的演化过程。这部分研究内容是研究不安全行为传播性及构建不安全行为防御系统的理论基础。

由于人具有学习、模仿的能力，加之人的大脑记忆和推理的有限性，决定了任何一位行动人在决策过程中只能具有有限理性，而行动人是安全防御系统的最活跃的构成部分，因此任何安全防御系统在理论上也只能具有有限可靠性，这决定了普通的安全防御系统至少应有三个防御层（分别为静态安全屏障层、被动安全防御层及主动安全防护层）才能实现安全防御功能。另外，本章在讨论不同防御层界定的基础上论述了三种不同防御层的构成、功能、结构关系，并提出了提高系统防御能力的措施。这部分研究成果可以帮助我们解释矿工不安全行为传播的微观机制，为矿工不安全行为防控实践提供理论和方法支持。

第一节 人误与事故

事实上在行为致因事故理论及方法研究领域，很多学者对于人误、不安全行为、不安全行动之间的关系以及它们与事故之间的相关关系并没有进行严格区分。由于Reason 在学界的崇高学术地位及其发表的著作《人误》的巨大影响性，随后的很多研究者将不安全行为、不安全行动等概念与人误进行不加区分的混用，这给行为致因的事故理论及方法的研究带来了某些不必要的麻烦。因此，本部分将重点对人误的定义、人误与行为及行动的区别及联系进行阐释。

一、人误的定义及其与行为及行动的区别及联系

James Reason 对"人误"进行了非常明确和系统的界定。从字面意思上理解，人误实际上就是人无意中说了错误的话并导致了他人或者自己的行动产生了非预期的结果，或者是无意中做了错误的事情。因此，人误主要是人在非主观意愿的情形下采取的行为活动，至于该行为活动可能产生的影响及可能导致的结果，行动人自身事先并不知晓，也非其主观意愿。而行为是指人在有意或者无意中所说的话及所做的事情，行动只是单纯地指人在有意中所说的话或者所做的事情。因此，人误与行为及行动在概念的内涵上既有交叉也有不同。行为在概念的内涵上要比行动大得多，行为涵盖了人的所做及所说，而行动一般只指代人在有意中所说的话及所做的事情。人误可能是行为但不可能是行动，因为行动是有意的，而行为既可能是有意的也可能是无意的。因此，在实践中人们要视具体情境及条件来确定人误具体指代什么。

Reason 在对于人误致因事故防御系统的长期研究中对于人误的定义进行了不断的完善，最终界定了学界广为引用的有关"人误"的定义："人误，或者指行动人并不是有意，也不是根据一套规则或者旁观者的要求（或规定、期望）做了某事；或者指行动人超出了任务或系统可承受的极限而做了某事。"（Senders and Moray，1991）也就是说以下三种行为结果都可以解读为人误：①行动人无意中做了某事；②行动人在无意中没有按照一套规则或者旁观者的要求做了某事；③行动人无意中把事情做过了头，即行动人在无意中把某事做得超过了其允许的极限，并非有意为之。简言之，人误是指对意图、期望或者愿望的偏离（Senders and Moray，1991）。在实践中，人误之所以会产生并不断重复是由人的认知有限性或者有限理性所决定的。信息的不完备性及人的有限理性所导致的认知有限性决定了人的行为活动不可能是绝对可靠的，在有限认知和不完备信息的条件下人误总会在行动人的行为活动过程中无意间出现。但是不安全行为却有可能是在行为人具有较高的认知水平，并且掌握了较为充分信息的条件下所采取的行动，它可能是人在某个特定的环境下故意为之。如果不安全行为是在无意识情况下非主观上有意为之，那么在这种条件下发生的不安全行为就等同于人误。因此，在本书中，我们所研究的矿工不安全行为与"人误"有着根本不同的含义，它是一个比人误更大的概念，人误是不安全行为的子概念。不安全行为包含人误和不安全行动，而人误和不安全行动这两个概念是不相容的，不存在交叉，主要区别就是前者

是无意识下的不安全行为,行为人不会对人误发生后的风险收益进行预估,而后者是有意识下的不安全行为,行为人会事先对不安全行动的后果进行风险收益预估。人误一般不具有传播性,由于它是人的无意识的行为所造成的,无意中发生的行为的后果及其影响性一般难以预料,而人误的发生又带有风险性,行为人通常对于风险收益难以确定的行为不会立马跟风,因而即使人误有传染性,其传染性相对于行为的传染性也要弱一些。而在群体网络环境中,行为如果是有意生成的,行为生成者及其他行为人会对该行为的风险、成本和收益进行权衡和确认,在确认满足个体需求并受到群体压力的双重强化下就可以在不同的群体成员之间进行传播,而且这个过程需要行为人在有意识的状态下进行行为活动,并且可以相互学习和模仿。而在无意中产生的人误由于不可以相互学习和模仿,也就难以进行社会强化,因而也就不具有传播性或者传播性很差。而不安全行为既有可能是无意识行为也有可能是有意识行为,其产生既有需求基础,也有动机促进,更会受到群体压力的强化,行为人之间可以相互学习和模仿,因而能够通过群体内部不同个体之间的接触作用进行传播。

另外,人误在现实中是非主观意愿而产生的无意识性的行为,因而相对于不安全行为来说,人误的可预测性差,防控难度也更大,但事故调查过程相对简单一些;而不安全行为或者行动具有更好的可预测性。相对于人误防御,防控不安全行为或者行动在理论上要更容易一些,但事故调查过程要相对复杂一些。在事故调查中,人误致因事故可能追查不到明确的事故责任人,而不安全行为致因事故可以追查到明确的事故责任人,因而诱导事故的行为人对于事故的态度也可能截然不同,前者没有必要或者根本就没有可能推卸事故责任,而后者则往往会想尽一切手段来推卸事故责任。因而不安全行为致因的事故调查难度要远远大于人误致因事故的难度。人误和不安全行为在产生机制上的根本区别,决定了人误防控措施和不安全行为的防控措施存在显著差异。在安全管理实践中,防控不安全行为的方法和措施也会更丰富一些。

二、事故的界定及其与人误、矿工不安全行为的关系

(一) 事故的界定

目前,相关文献关于事故的定义有几十种之多,学者们关于事故的定义的角度和观点并不一致,因而对事故的致因、解释、事故调查及预防措施也就有很大差异。对已有的几十种关于事故的定义进行分类,大致可以归为三个类别,分别是:①从事故的构成及结构来定义事故,最为著名的是事故的冰山模型。②从事故的形成过程来定义事故,最为著名的是多米诺骨牌模型及 Swiss Cheese 模型 (James Reason,1984)。在著名的多米诺骨牌模型中,Heinrich 发现了导致事故发生的五个因素,并按照先后顺序排列(家庭和社会环境因素→人的缺陷→不安全的行为/机械的或物质危险→事故→伤害),从而形成一条事故演化过程的因果链,一旦该因果链得以在实际中形成,事故就

发生了。Reason 在著名的 Swiss Cheese 模型中指出，事故之所以能够发生，是由于事故防御系统并不是完全可靠的，它的许多防御层上存在许多漏洞。单纯一个或者几个防御漏洞并不足以形成事故，但当不同防御层上的漏洞一旦在某个时间呈直线（完整的过程序列）排列时，安全防御系统就失效了。③从事故的致因来定义事故。比较有名的模型包括：能量致因模型、不安全倾向致因模型。在本书中我们主要参照 Perrow 对事故的定义："事故就是没有事先意识到的且具有不良后果的事件。"可以更为具体地对事故进行界定，即事故就是对人或者物造成了有意或者非有意的损害，而且这种损害会影响到系统的正常功能。

因此，事故一定包含损害，而且该损害干扰了系统当前的或者未来的输出。但是损害并不一定就是事故，这主要需要看损害对行为人的主要活动有没有造成至关重要的影响。例如，在煤矿生成过程中，工人在工作过程中把手中的工具损坏了，但仍然用备用工具完成了生产任务。这里虽然发生了物的损坏，但并没有对主要生产任务的执行造成影响，因而并不能称为事故。Perrow 将伤害分为四种类型。操作者，也就是中文语境下所说的生产一线工人，他们受到的伤害就属于 Perrow 分类的第一种类型伤害，也是工业生产中最为频繁发生的一种伤害。Perrow 及其他相关学者的研究也佐证了大多数工业事故都是由于人误或者说是操作者失误造成的，因此，这就使得通过研究操作者失误或者人误的形成机制来寻求预防事故的措施无论在理论上还是实践中都具有重要的意义（Perrow，1984）。另外，Perrow 在《一般事故》（*Normal Accidents*）一书中特别强调了对人误进行研究的重要性。由于人误的生成机制复杂，人误造成事故的演化过程长（事故通道长），具有突发性，且不容易被识别（因为造成事故的行动人一旦发现事故是由于自身的疏忽造成的，他就有可能会主动掩盖个人的错误），这更是增加了在事故分析过程中追究真实事故致因的难度。人误虽然也可能是主观性行为，但通常是在行为人非自愿的情况下发生的，我们将之归为不安全行为的一个子集，因而也可以通过对不安全行为致因事故机制的研究来研究人误致因事故的演化机制。在本书中，如果不做特别强调，我们主要研究具有传染性的不安全行为致因的事故，而不是研究人误致因的煤矿事故。

（二）事故与矿工不安全行为的关系

根据前文对于"人误""不安全行为"及"不安全行动"的定义，我们可以看到它们在诱发事故的过程中所起到的作用是明显不同的。由于人误是行为人在无意中产生的，是一种非主观意愿性行为，并且从逻辑上来看，人误生成者在不知晓自己已经发生的行为是人误的情况下，当然也不会从主观上主动去诱导他人采纳人误。如果人误的生成者已经知晓自己已经发生的行为是人误，在正常的道德体系及价值观下，他一般也不会去诱导其他人也发生同样的错误行为，除非人误生成者在特定的环境下有着特别的意图，而且这种意图还不被其他人所领会。因此人误在诱发事故的过程中所发挥的作用是被动的，不具有明显的逻辑性，人误致因的事故并不一定具有传播性，人误致因的事故不仅难以预防，而且事故一旦发生，其影响性也具有很大的不确定性。由于不安全行为既有可能是无意中产生的，也有可能是有意中产生的，因而不安全行为在诱发事故的过程中所起到的作用则兼具主动性和被动性。不安全行动是行为人有意为之，因而它在诱发事故的过程中所起到的作用完全是主动性的。我们推断不安全行为或者更具体地说不安全行动所诱发的事故都具有传播性，因为它们在诱发事故过程中都受到了行动人的需求和偏好驱动，需要频繁的人与人之间的接触作用和对行为风险及收益的权衡，这都会导致不安全行为或者行动诱导的煤矿事故具有高度的传播性。

在现实中，人的有限理性决定了人设计的系统不可能是绝对可靠的，这种系统本身存在的某种程度的不可靠性同时也决定了人在参与系统的活动过程中也不可能表现出完全的可靠性。因而，绝对可靠的系统或人都只能是一种安全极限状态，从概率上来说，任何具有风险性的系统发生事故都是有可能的。另外，由于人具有思维和判断能力，对于人有意为之的不安全行动序列也就会存在某种逻辑性，也就使得行为致因的事故演化过程实际上是一种带有逻辑关系的过程，而人误致因的事故在演化过程中则一般不会呈现出行为路径上的逻辑性。

因此，在煤矿生产安全管理实践中，煤矿工人可能会在某些生产条件、管理氛围及市场环境的共同作用下（如，煤炭需求旺盛，生产任务紧；操作规程烦琐；矿工自身素养不高；来自工作群体内部的压力很大，大家都想采用更具有风险性的更加省时省力的工作方式来完成生产任务；对上级命令的盲从），为了某种目的而采取积极的，并且被工作群体所默许的不安全行动来完成任务，他们甚至知道这种行动的结果可能会诱发事故，但仍然采取行动，而且当事故发生后，他们还可能会积极掩盖真相，给事故真相的调查增加很大的难度。而人误诱导型的事故，由于并不是行动人主动为之，因此他们本身可能不明白人误和事故结果之间的联系，因而在主观上也就没有必要掩盖事故真相，甚至没有掩盖事故真相的可能性。从这一点上来说，人误致因的事故与不安全行为致因的事故的生成机制是存在区别的，其防御策略也是存在差异的。另外，人误致因的事故及不安全行为致因的事故在发生后所采用的事故调查策略也应该是不同的。Reason 和 Perrow 等都对人误致因的事故及其防御系统进行了长期的研究，取得了卓有成效的研究成果，相关研究问题已经难以有多少突破。因此，本书将主要针对矿工不安全行为及其传播性致因的事故生成机理及防御措施开展研究。

三、人误的种类及其致因

如果人误是事故的致因，那么不同的人误就构成了事故的不同致因。尽管从理论的角度来看，只要能够识别出诱发事故的一切人误，那么就有可能对人误致因的事故实现成功的预防，但从实践的角度来看，上述这种做法很显然是缺乏效率也缺乏针对性的。因此，考虑到安全管理实践中所能调配的资源有限性及对效率的要求，如果能够对诱发事故的人误进行合理的归类，不仅可以提高人误识别的效率，而且也可以提高事故预防策略的针对性。目前，学界主要将人误分为三个主要的类型，分别是个体致因的人误、系统性致因的人误、管理者致因的人误。在本书中，考虑到中国情境因素，我们在上述分类的基础上又扩展出一种新的人误种类，即中国情境致因的人误。

（一）个体致因的人误（human error caused by the individual actor）

这类人误主要是由行动者的个人因素所引起的，如行动者的年龄（年龄偏大或者偏小）、身体健康状况不佳（生病了，但由于工作任务紧或者家庭的经济压力，仍然带病工作）、情绪不好（家庭内部矛盾；同事之间的矛盾；领导批评或表扬；社会公平度——从新闻媒体上关于收入的排名看到，自己的付出太多而收入太低；工作环境艰苦）等因素造成的人误；认知不足所引起的人误（行动人教育因素）；经验不足引起的人误问题（工作时间短，对工作流程、井下工作环境还不够熟悉，社会阅历浅）；家庭及社会成长环境的依赖性引起的人误（如矿工成长自一个本来就非常有冒险倾向的家庭环境，或者矿工的朋友和同事都是风险偏好型的）。

（二）系统性致因的人误（human error caused by the system）

系统性人误是由于系统本身存在的缺陷导致的人误。煤矿生产系统是人主导设计的人造系统，由于人的有限理性及系统所处的外部环境高风险性和不确定性，系统本身就不可能是绝对可靠的，容易诱导行动人形成错误的判断和操作。如当前中国大多数煤矿都提出要建立本质型安全矿井，认为煤矿事故是绝对可防和可控的，但从一个行业总体上来看煤矿事故总是时有发生，小的非伤害性的事故发生周期较短，而大的带有伤害性的事故则表现出长周期性，而且这些事故都难以进行长期性的预测和预防，说明煤矿生产系统本身是不可能做到绝对安全可靠的，行动人在此系统中工作会被诱导产生与行动人自身无关的人误问题。由于系统不可靠性导致人误发生的因素主要包括：

（1）煤矿井下环境复杂，并且采煤工作面及巷道会随着煤矿生产的进行而不断发生变化，矿工工作环境中存在着很多不确定性的风险因素，井下安全指示信号设置得过于复杂或者过于细致（简单），容易引起矿工的错误判断，并引发误操作。

（2）设备噪声大，容易导致长期在井下工作的矿工身心疲惫和产生负面情绪，并进一步影响矿工个体的体能，甚至分析及判断能力，从而引发人误。

（3）矿工工作环境闭塞，长期在此环境下工作容易引起工作乏味感，并产生懈怠情绪，发生误操作。

（4）安全规程条目烦琐，虽然看上去比较完善，但条目过于细致，很少有矿工能够将这些安全规程的条目完全掌握，并在实际工作中完全按照安全规程操作，最终导致安全规程在实际中难以被严格执行。

（5）系统本身设计存在缺陷。由于设计人员的认知有限性及信息不完备性，系统设计本身就存在缺陷，加之煤矿生产系统运行的外部环境有很大的不确定性，而且这些缺陷只有在系统投入实际运行中才能逐步被发现，那么在这些缺陷被发现之前，就会不断引起矿工的误操作，而系统本身所存在的缺陷被修正之前，系统的运行者只能通过试错的方式来发现系统在设计时所遗留下的缺陷，并逐渐修正。

（6）系统与环境间的交互性或匹配性问题。煤矿生产系统在设计时和建设时所依据的环境条件只是根据有限的地质探测所得到的，而当系统投入运行后，系统运行的环境必然会与设计系统所依据的环境条件存在某些差异。这就有可能导致依据静态的环境条件设计的煤矿生产系统在投入运行的过程中无法完全适应环境的动态变化，从而出现所谓的系统与环境之间交互性不匹配问题。

（三）管理者致因的人误（human error caused by the management）

这类人误主要是由管理者的不当决策和错误领导所引起的。由于管理者自身的能力及认知水平有限，不可能掌握所有的决策信息和拥有完美的决策技能，因而并不可能在所有的情况下都做出完全正确的决策和领导。在这种情况下，一线工作人员一旦接受带有误导性质的决策指令，就极有可能被引导到错误的行为轨道（即产生人误）上，诱发事故发生。在实践中，特别在中国情境下，有大量的管理者致因的人误发生，但难以被发现，即便被发现了，在很多情形下也难以得到合理的纠正，以至于管理者致因的人误在实践中表现出很低的发生和发现比例，但危害却很大。根据已有文献论述及我们的研究发现，导致管理者致因的人误的因素主要包括：

1. 管理者的权力来源因素

尽管目前国有企业在改制后也形成了具有中国特色的党委领导下的现代企业制度，但企业自身在公司治理的过程中对于高层管理人员选择的权力却非常有限。在中国情境下，煤矿特别是国有大型煤矿的管理者基本上都来自上级管理部门的任命，而不是依据现代企业治理制度的关于高层管理人员的选举机制。虽然这些管理者在被任命前都需要经过比较严格的组织审查，但仍然存在某些腐败问题。这种通过任命所产生的企业人力资源配置制度在实际中会产生人岗不匹配问题。被上级任命的人可能并不是在现有的条件下最适合于该岗位的人，以至于他们在新的岗位上要经过漫长的磨合，在工作中必然面临着更多矛盾。一方面，要应对下级部门对自己的不信任，通过任免权来树立自己的威信（而不是权威），打压对手，培植亲信；另一方面，还要想方设法取悦上级部门，以获得更进一步的职位上的升迁。因此，权力来自上级部门任命的企业高层管理人员在决策的过程中会过多地考虑上级管理部门的想法，通过某些形象工程来彰显自身能力和业绩，而对企业实际情形必然有所忽视，这最终必然会提升决策失误发生的概率。

2. 领导风格与环境变化的不匹配性

安全管理实践中会遇到大量的匹配性问题,包括系统内部人员与岗位的匹配性问题、系统与环境的匹配性问题、人机匹配性问题及领导风格与环境变化的匹配性问题等。一旦发生不匹配性问题,人在不匹配性条件下就更容易出现人误。由于每位领导人都有自己的成长背景和环境,其领导风格也会带有历史印记,也就是所谓的行为路径依赖性。但市场、组织环境、企业内部环境是在不断变化的,领导风格的历史印记性往往会与环境的动态变化性产生冲突,在内外部环境已经发生重大变化的情形下,引领企业行为的战略并没有进行根本性的转变,通常只做了某些战略微调。在这种条件下,领导风格的路径依赖性必然会导致管理者致因的人误。在历史上,这种情况在不断发生和重复。以前,柯达、通用汽车的破产重组带有领导风格的印记性,今天索尼、夏普、东芝等所面临的经营困境也具有类似的致因。在管理实际中,领导风格的路径依赖性在很多情况下都有可能造成人误。在煤矿生产的安全管理中,当煤炭产销旺季周期来临时,煤矿企业的决策者甚至会不顾本企业的产销能力,让矿工加班加点进行高强度的工作,在提高产量的同时也大大提升了人误发生的概率。在煤炭产销淡季周期内,由于煤炭滞销,企业日常经营困难,决策者极有可能压缩安全投入。在此条件下,也会造成人误发生概率的增加。

3. 个人能力有限性

人的认知有限性、管理者与被管理者之间的信息不对称性最终决定了管理者的个人能力也是有限的,或者即使管理者的能力很强,但也只能依据不对称性的信息而发挥出有限的能力。因此,管理者在进行安全决策时只能根据自身所掌握的有限的知识和信息进行安全管理和决策,这会导致管理和决策的效果也是有限度的,针对实际安全问题,管理者总有自己考虑不到的地方,在这种条件下,如果矿工仍然按照既定的决策和管理方案采取行动(当然矿工自身是不知道这既定的方案是存在问题的),人误就出现了。

在安全管理实践中,由于管理者的错误决策和领导引起的人误比比皆是,但往往难以追究责任,以至于管理者致因的人误会长期处于潜伏状态,直至有严重的问题暴露出来后才会引起利益相关者的重视。而当管理者致因的人误所诱导的事故发生后,管理者根据自身所掌握的资源和拥有的权力优势常常会有意无意间干扰事故的责任追究过程,使得事故调查流程朝向对自身有利的方向发展,以至于最终掩盖了真实的事故致因。

(四) 中国情境致因的人误 (human error caused by China situation)

中国情境致因的人误主要是指人误的发生除了受到上述因素影响外,还会受到中国情境因素的影响,带有中国特色。在这里我们把国家制度、企业规章制度、社会文化、企业文化、个体行动者的行为习惯及价值观都归类为情境因素。由于在中国情境下，我们具有不同的制度和文化及价值观，我们的企业运营方式与很多西方发达国家的企业运行是有很大区别的。

第二节 不安全行为、不安全行为起因及其诱导事故的一般过程

从理性人的角度来看，矿工在一个存在较高程度风险不确定性的工作环境中更应该做出安全行为，但是，从当前中国煤矿生产安全现状来看，中国煤矿在生产过程中仍然存在大量的不安全行为，而且不安全行为也是我国煤矿事故的主要诱因。既然不安全行动是非理性的，并且从一个长期的过程来看，不安全行动选择对矿工自身及煤矿生产系统的运行都是有害的，那又是什么机制促使了矿工不安全行为的生成与传播呢？本节将从不安全行为的生成机制及在群体网络中传播的微观机制来寻求上述问题的答案。

一、不安全行为与不安全行动的起因

上一节在 James Reason 对人误的定义基础上，对不安全行为进行了界定，并指出人误和不安全行为既有区别又有联系（Reason，1997；Hollnagel，1993）。上文的论述表明人误和不安全行为既有很多的共同点又存在一定区别。因此，我们从人误和不安全行为的共同点出发可以进一步探求不安全行为的起因。Reason 的定义认为人误包含三个方面的行为表现，分别是：在无意之中，行动人做了某事；在无意之中，行动人没有按照一套规则（在煤矿生产实践中，这套规则主要是指安全法律法规、煤矿安全操作规程）或者没有按照监管者的要求做了某事；在无意之中，行动人把事情做过了头，即把某事做得超过了其允许的界限（支架的贴合度不在允许区间内、炸药用量过大或者过小）。行为人对于其行为结果的危害是无预判的，甚至根本就不知道他的这种行为结果的危害。对应于人误所包含的三个方面，不安全行为既有可能是行为人有意为之也有可能是无意为之，因而他们有可能知道行为结果的危害，也有可能不知道行为结果的危害，因而区分不安全行为与人误只能从概念的大小入手，不安全行为是一个比人误内涵更大的概念。不安全行动是行为人在有意之中做了某事，他们知道这样做的结果可能带来的危害性，但仍然有预谋、有计划地有意为之，甚至为掩盖不安全行动所可能带来的危害做了非常充分的准备。由此可见，不安全行为既包含了不安全行动，也包含了人误，人误和不安全行动都是不安全行为的子概念。

由于不安全行为有可能是行动人主动采取的行动，也有可能是无意之中采取的行

动，相对于人误及不安全行动具有更高的成因复杂性。不安全行为不仅具有潜伏性特点（人误的潜伏性），而且还具有传播性特点（不安全行动的传播性）。在我国煤矿安全管理实践中，造成行动人主动采取不安全行为的原因主要有以下几个：

（1）上级部门的命令。在煤炭需求旺季，当煤炭供不应求时，企业管理者会盲目要求提高产量，而在现有的条件下又难以达到要求，于是矿工只能采取违规的行为，即主动采用不安全行为。

（2）各种评比或攀比。历史上我国煤矿企业内部或之间经常会搞各式各样的"生产大比武"。为了在"生产大比武"中取得好成绩，各煤矿集团内部也经常搞各式各样的评比以提高自身成绩。20世纪发生在山西大同矿务局的"煤矿大比武"就曾酿成大同"5·9"煤尘大爆炸惨剧，最终造成684人死亡。另外，近些年来，各大煤矿集团之间的攀比之风又有抬头之势。煤炭企业为了在市场竞争中获得有利地位，开始比设备先进性，比产量高低，这种局面最终在一定程度上诱导了矿工不安全行为的生成。

（3）风险意识薄弱。在不同的国情及价值观体系下，人与人之间的风险意识存在比较明显的差别。我国的企业在公司治理过程中，历来有"人定胜天"思想，在问题面前，过于强调主观能动性，而忽视客观条件的限制。而且，在我国煤炭企业的权力体系中，行政权又是一支独大，管理者的一言一行对于矿工行为的取向影响很大。处于生产一线的矿工在日常生产中该做什么和不该做什么几乎是完全听领导的，很少有自己个人的意志体现，因而也就逐渐养成了薄弱的风险意识。矿工这种对风险态度的历史延续性决定了有些人会在特定的社会环境中形成特定的风险偏好，并最终体现在煤矿的日常生产上，通过日积月累形成特定的安全价值观，以至于在总体上来看中国煤矿工人相对于西方国家的煤矿工人更具有风险偏好性。另外，从遗传学的角度来看，有些人天生就具有风险偏好，需要通过后天的学习来校正其风险偏好，在煤矿的井下作业环境中，通常具有风险偏好的行动人在同样的条件下更容易采用不安全行动。

（4）为了省时省力（趋利性）。趋利避害是人在后天的环境中通过学习而获得的一种特性。煤矿井下工作环境较为艰苦，噪声大、湿度大、工作面温度高，很容易使人疲倦。在这种工作环境下，矿工有时候为了能按时按量完成任务就会选择省时省力但又违背安全操作规程的所谓"趋利性"的工作方法，这同时也说明在现实中收益（风险）在某些工作环境下是会对行为产生某种程度影响的。但这是不是说明矿工采用不安全行为是为了追求高风险下所能获得的高收益呢？而这个问题背后的真实的答案似乎不是那么简单。尽管在行业层面上，风险和收入没有明确的关系（Julie and Don，1981），即并不是收入越高，则承担的风险越大（虽然在客观上行为的风险和收入并没有直接的相关关系，但在主观上矿工在日常工作中还是在不断地对其行为收益和风险进行权衡，并逐步形成行为偏好）。例如，从平均意义上来看，中国银行业员工的平均收入要比煤矿企业员工高得多，但两种不同行业的员工所要承担的危险却差别很大，煤矿员工所要面对的危险要远远高于银行的工作人员。另外，针对特定的企业，虽然风险与收入没有明确关系，但风险的确会影响行动人的行为表现。特别是对于我国的煤炭企业，在煤炭市场需求旺盛的季节，通常"安全第一"的口号就会被"速度第一，效益至上"的实际行动取代。煤矿工人的某些违规操作行为也会被安全监管人员默许或者减轻惩罚的力度。为了提高产量、赶进度，获得更多的报酬，一些文化水平不高，来自落后地区的煤矿工人也会铤而走险，不严格按照操作规程进行工作，最终不安全行为导致的伤害事件会明显增加。

（5）盲从（群体效应）。在井下较为封闭的工作环境中，人与人之间存在着非常密切的接触，并且这些接触还具有一定程度的默契性，一旦有某个矿工采用了不安全行为，这种不安全行为在一个高耦合系统中极易影响与之存在配合关系的矿工。有些矿工看到其他人采用违章行为得到了更高的收益（省力、提高了产量），却没有受到相应的惩罚，于是就会盲从，也采取违章行为。盲从会使得同样的违章行为在同一工作群体内得到快速传播，而且由于工人间的密切关系，他们一般不会向监管人员主动报告，因而更难以预防和纠正，使得不安全行为发生的次数逐步积累，也逐步提升不安全行为致因煤矿事故的发生概率。

二、不安全行为诱导事故的过程

在煤矿生产系统中，由于人误所具有的潜伏性特点，人误诱导的事故在演化过程的大部分时间内是非显性的，因而人误诱导事故可预测性差，这导致研究人误的学者把研究的重点放在人误的预防策略上。Reason 提出的 Swiss Cheese 模型就是针对人误而提出的安全防御系统模型。虽然不安全行为也具有潜伏性特点，但不安全行为在诱导事故的过程中具有明显的阶段性，虽然其诱导的事故也具有突发性及难以准确预测性等特点，但程度要远远弱于人误诱导的事故。在安全管理实践中，我们通常可以把不安全行为诱导事故的演化过程划分为以下几个阶段，针对每个不同阶段中不安全行为的表现形式设计相应的干预策略：

（一）不安全行为偶现阶段

在此阶段，不安全行为的出现是一个不断被试探的过程。

矿工和煤矿生产系统的非绝对可靠性决定了在煤矿生产系统的日常运行过程中矿工不安全行为生成的不可避免性。很显然，如果矿工不安全行为生成后立马就被发现并被制止，或者矿工不安全行为生成后立马就会导致有伤害性的煤矿事故，矿工的不安全行为一般都很难再次发生。由于矿工不安全行为致因事故的生成实际上是一种时间累积和概率累积的结果，因此，矿工不安全行为致因的煤矿事故需要一段长短不一的酝酿时间。在开始阶段，行为主体（煤矿工人）在工作之中可能会偶尔出现一些不安全行为，在刚开始这种行为可能是无意的，也有可能有意的。但无论如何，不安全行为出现后，如果不安全行为生成者自己没有立马采取措施来修正自身行为，实际上既是对自身的试探也是对那些与之存在配合关系矿工的试探。如果那些遵守规章制度的行动人对这些偶尔出现的不安全行为采取既不支持也不制止态度，而且矿工们根据实践经验也知道这种不安全行为造成不良的行为后果的概率很低，加之这种不安全行为相对于正常的安全行为具有更低的行为成本，就有可能强化该行为人接受并重复该不安全行为的动机，并且在该行为的逐渐重复过程中，获得更多与不安全行为生成者存在工作配合关系的人的认可，以至于该不安全行为生成者只要在条件许可的情况下就会产生不安全行为动机。随着时间的推移，那些与不安全行为生成者存在工作配合关系的矿工也会从对不安全行为采取默认态度逐渐转变为有意无意之中也采取类似的或者相同的不安全行为。

（二）事故酝酿阶段

事故酝酿阶段是从不安全行为偶然出现到事故发生前的这段时间。从某种意义上来说，事故酝酿阶段所持续的时间长短反映了一个煤矿生产系统安全水平的高低。一个煤矿生产系统所处的安全水平越高，那么该系统的事故酝酿阶段就越长，反之则越短。在事故酝酿阶段，矿工们会经常采取一些不安全行为，但这些不安全行为不仅没有导致事故，甚至连非伤害性的事故也没有出现，反而提升了行动效率及煤炭产量，获得了更大的风险收益。因此，那些遵守规章制度的行动人开始从内心里逐渐认可那些不守规的行动人，但仍然不会主动采取不安全行为。这时那些仍然没有采用不安全行为的矿工对待不安全行为的态度已经出现根本性的转变（行为科学的研究表明，不安全意识不具有传播性，但不安全态度具有传播性，因为态度会相互影响），并在群体中逐步扩散，群体中已经采用不安全行为的矿工的人数或者比例进一步得到积累，并逐步达到或者超过仍然没有采用不安全行为矿工的行为门槛的临界，从而使得更多的矿工决定或者有意采纳不安全行动。

（三）非事故性伤害偶然出现阶段

我们在前文界定事故的时候已经特别强调，煤矿生产系统在运行过程中所出现的伤害并不一定都是事故。非事故性伤害主要是指伤害并没有对矿工的主要活动或者系统的正常运行造成影响的伤害。在非事故性伤害偶然出现的阶段，那些守规的行动人已经开始由态度的转变发展为行为的转变，他们也逐渐在某些特定的条件下采用不安全行为，尽管刚开始的时候有些担心，甚至不太情愿，但在群体中，不安全态度已经逐渐演化为一种不安全氛围，并不断对他们的不安全行为进行强化。因此，在群体中，矿工不安全行为开始较为频繁地出现，非事故性伤害也开始偶然出现。

（四）非事故性伤害经常出现阶段

这个阶段会出现经常性的非事故性伤害，这些伤害由于并不造成矿工的停工，更不会影响煤矿生产系统的正常运行，因而通常不会引起安全监管者的特别重视，甚至矿工自身也不会对这种非事故性伤害给予足够重视。实际上，在非事故性伤害偶然出现阶段，矿工群体中的不安全行为氛围已经开始形成，矿工们对不安全行为的风险及收益经过不断的分析和权衡及实践和确认，最终演化为矿工小群体行为的偏好。在此阶段不守规的行动人和原先守规的行动人都开始较为频繁地采取不安全行为，但事故的非伤害性及不安全行为生成及存续的隐蔽性使得不安全行为生成者难以受到应有的惩罚或约束，这又使得矿工不安全行为在群体环境中得到进一步强化，并更加频繁地出现，同时在井下工作群体间扩散，以至于非事故性伤害经常出现。但矿工群体已经形成对风险行为的偏好，并进一步促进了支持不安全行为取向的安全氛围的演化，同时也推进了不安全行为致因的煤矿事故发生概率的积累。

（五）事故性伤害出现阶段

在此阶段，不安全行为频繁出现，非事故性伤害发生的次数已经大量积累，导致非事故性伤害也开始频繁发生，数量逐渐增多。在此过程中，行动人已经能够承受非事故性伤害造成的损失，并逐渐对非事故性伤害习以为常，监管者似乎对于这些在可承受范围内的伤害也采取默认的态度，虽然在口头上强调大家要重视安全生产并威胁要对违规生产进行惩罚，但一般都没有采取有实质性的行动，这时矿工不安全行为又会进一步得到强化，非事故性伤害经常出现，当积累到一定数量，开始出现事故性伤害。由此可见，事故性伤害和非事故性伤害在安全管理中的主要区别是后者具有隐蔽性，可以不经过企业内部正常管理流程自行解决，因而既不会造成矿工停工，也不会影响煤矿生产系统的正常运行，安全监管者很难发现非事故性伤害，相关责任人也很难受到及时的处理。但是事故性伤害的发生由于造成了矿工停工或者系统局部功能的失常，因而很容易被监管者发现，能够被及时发现和制止，同时也会促使某些行为干预措施投入使用，对矿工不安全行为进行修正。因此，事故性伤害的出现不会再次提升不安全行为的积累效应，反而在事故发生后的一段时间内导致事故再次发生的概率降低。

由上述分析过程可见，不安全行为的出现本身就是一个逐步演化的过程，其诱导具有伤害性事故也是一个逐渐演化的过程，既需要时间的积累，也需要不安全行为致因的非伤害性事故发生次数的积累。在此演化过程中，不安全行为不断得到强化，并逐渐形成行为的路径依赖，直至非事故性伤害开始出现并积累到一定的数量，在此条件下，事故性伤害才会偶然出现。另外，在真实的系统中，人误致因的事故演化周期相对于不安全行为致因的事故演化周期要明显短暂得多。这主要是由于人误不仅难以预测而且还具有漫长的潜伏期，当人误发生时，其诱导的事故可能会瞬时发生。因此，人误致因的事故演化周期极为短暂。而不安全行为诱导的事故有个漫长的演化过程，在有伤害性事故出现前，会有许多非伤害性事故发生，因而从理论上来说具有更好的可预测性。但是，由于不安全行为诱导的事故过程持续的时间相对漫长，容易导致行动人麻痹大意并可能主动掩盖违规行为，安全监管人员也难以及时发现并制止，并且在某些条件下，他们甚至会默许和鼓励不安全行为的发生，因而增加了事故防御的难度，也使得这类事故在实践中仍然难以准确预测。

根据以上关于矿工不安全行为致因的事故演化过程的不同阶段，我们可以给出如图 2-1 所示的矿工不安全行为致因事故的一般过程的简化模型，该模型主要反映了影响矿工不安全行为致因事故的关键因素之间的影响关系。

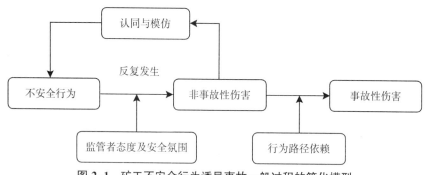

图 2-1　矿工不安全行为诱导事故一般过程的简化模型

第三节　不安全行为的微观动力学问题

由人的所说及所做构成的人的行为实际上也是一种"物质"运动，只不过这种"物质"比较特殊，是有思想、判断及决策能力的人。既然物质运动本质上是由于受到力的作用的结果，那么人的行为活动如果也是一种特殊的物质运动的话，这种特殊的运动又是受到了什么作用的结果呢？实际上这个问题的答案可以从行为的微观动力学机制研究中获得。本部分主要是针对矿工不安全行为的微观动力学问题展开的。

一、不安全行为的动力学定义

广义上来说，人也是物质的一种，而且这种物质不是静止的，人的生命过程实际上就是人的运动过程，由一系列人的行为序列构成，因此人的行为活动也可以归类为一种特殊的物质运动，但这种特殊的物质运动所受到的力的作用要比普通的物理学意义上的物质所受到的力的作用复杂得多。不安全行为又是人的行为活动中的一种，不安全行为是在内外部某些力量作用于行动人的情况下，人的行为不断发生变化、演化，直至非期望的行为（偏离期望行为，也即安全行为）出现。但行为人的不安全行为的运动又在一定程度上不同于物质运动。在理论力学研究中，物质运动可以通过作用于物体的力来研究物质与运动之间的定量关系，也即建立所谓的动力学模型。物质运动通常有严格的规律可循，但不安全行为由于受到的"作用力"复杂，没有严格的规律可循，一般也难以写出严格的函数关系式并建立确定性的动力学模型。不安全行为是行动人在有意之中，或者在无意之中做了可以（或是不可以）预期的事或者说了可以（或是不可以）预期说的话，对社会系统产生不良影响或者不良后果。因此，要提高系统的可靠性，就必须减少不安全行为。

根据以上论述并参照自然科学领域中的动力学定义，我们可以给出以下定义：不安全行为动力学是研究不安全行为形成规律的知识（或学问），即行为主体在受到"力"的作用时所产生行为活动的规律。而人在行为运动过程中所受到的"作用力"可以进一步细化为影响作用。因此，不安全行为动力学实际上就是研究内外部因素作用于行动人导致不安全行为活动的规律。在实际中，我们主要通过研究作用于行动人的各种内外部因素及其之间的关系，而不是仅仅通过研究作用于行为人身体上具体的物理学意义上的力，来掌握不安全行为的形成规律。因为人的行为活动不仅受到有形的影响作用驱动，还会受到诸如心理、氛围等无形的影响作用的驱动。不安全行为是一个比人误及不安全行动更大的概念，人误和不安全行动是它的真子集，因此研究不安全行为的微观动力学实际上就已经包含了对人误及不安全行为微观动力学机制的研究。

二、影响不安全行为微观动力学机制的因素

学术界对于行为科学领域中影响作用类似于或者等同于物理学意义上的力一直存在某些争论。因为在自然科学领域中，正是由于物体的受力不平衡性改变了物体原有的运动状态，否则物体可以一直保持静止或者匀速运动状态，也即所谓的惯性状态。在行为科学领域里，研究人的行为活动只能通过笼统意义上的影响作用来进行。从严格的物理学意义上来说，这种影响作用并不一定是真正的"力"，因为这种力最终改变的不是行为人的位移，而是行为人的行为状态。如果仅仅考虑行为人的位移的改变，而不是人的行为状态的改变，那么行为人的运动就是物理学意义上的运动，而不是行为科学里关于人的行为活动了。尽管位移的改变也是人的行为状态改变的判断指标，但人的这种位移改变的运动一般不是行为科学所关心的。行为科学所关心的运动实际上是人所说的话或者所做的事情，而在这个过程中，行为人的位移可能并没有发生改变。实际上，物体受到的力的作用也就是所谓的影响作用，并可以细化为阻力、重力、摩擦力、浮力等，会分别对物体的运动产生不同的"影响作用"。同样，人的行为活动状态的改变所受到的力也是一种影响作用。这样我们通过"影响作用"这个词就可以建立起行为科学中关于行为动力学研究及物理学意义上的动力学研究的联系。基于上述分析，我们在分析行为人的不安全活动的微观动力学机制时就可以通过其所受到的

内外部影响作用来进行。结合现有研究文献对于影响行为微观动力学机制的因素论述，我们把相关影响因素进行分类和整理，分为以下两个大类：第一类为影响行为微观动力学机制的内部因素；第二类为影响行为微观动力学机制的外部因素。

（一）内部因素

也就是影响主体行为活动的内因，这些因素都带有行为主体自身的特征信息。内部因素包括行为主体的性别、年龄、受教育水平、学习能力、性格、种族等。这些因素主要是通过行为人自身内在需求由内而外地影响其行为活动，因而内部因素也是外部因素影响人的行为活动的基础。

1. 性别

不同性别对于人的行为的影响的差异是从统计学意义上表现出来的。通常现实世界中男性的不安全行为发生率要高于女性，但这并不针对具体的男性或者女性，或者具体的行业或者工作性质。实际上，行业和工作性质的差异也会影响到不同性别的行为人的不安全行为发生率。通常从事简单性、重复性工作者，女性的可靠性从平均意义上来看要明显高于男性，但从事复杂性、创造性及繁重性工作者，男性的可靠性要高于女性。

2. 年龄

年龄是影响人的行为活动的一个重要因素，从而也使得年龄与不安全行为的发生率之间呈现出一定的相关性。某个年龄区间内的人的不安全行为发生率要明显高于另外某个区间段内的人的不安全行为发生率。对于成年人，通常是年龄越大，不安全行为发生率越低。但随着年龄的增加，人体开始衰老，不安全行为发生率又会上升。

3. 受教育水平

人的受教育水平是后天获得但却从人体内部来影响人的行为表现的，因而被归类为内部因素。在整体上，接受的教育水平越高，人的不安全行为发生率越低。因为接受教育水平高的人，由于知识面更广，具有更好的判断和决策能力，因而不安全行为发生率也会更低。这也是在实践中煤矿企业在招聘矿工的时候要考虑应聘者所接受的教育水平的原因，并且在同等的条件下更加倾向于录用那些具有较高教育水平的应聘者。另外，各大煤矿企业在日常的生产过程中还会通过各种途径对矿工进行教育和培训以提高他们的安全生产技能，以期降低矿工在日常生产中的事故发生率。

4. 学习能力

学习是行为人的基础行为之一。具有更强的学习能力的行动人，一般具有更高的应对高风险和不确定性环境的能力，因而他们的不安全行为发生率也普遍更低。较强的学习能力使得行动人即使在快速变化和不确定性的环境下，也可以快速地做出正确的行动决策，因此不安全行为发生率也更低。另外，学习能力一方面与个体的先天遗传有关，另一方面也与个体的后天努力有关，需要进行不断的积累，因而它对个体行为活动的影响也是一个渐进的过程。

5. 性格

性格主要是行为人在后天的成长环境中养成的一种行为取向，并对其行为表现产生重要的影响，因而也是影响个体行为微观动力学机制的一个重要因素。目前，已有的研究很难明确确定究竟是外向性格还是内向性格的行动人的不安全行为发生率更高。因为在不同的工作环境、工作性质或工作条件下，两种不同性格的行动人的不安全行为发生率会出现变化。从整体上来说，通常在变化的环境和工作条件下，外向性格的人的不安全行为发生率较低，因为外向性格的人具有更好的环境适应能力，更愿意同他人进行合作，这一方面会对不安全行为生成起到约束作用，另一方面也会提升他们对风险的识别和应对能力；而内向性格的人的环境适应性较差，通常情况下不会主动同他人进行合作，更多情况下只能靠自身的能力来应对带有风险性的不确定性环境，难以借助外部力量来约束不安全行为的生成，对风险性的不确定性环境的抗御能力相对要差一些。但是，在相对较为稳定的环境条件下，内向性格的人则更具有优势，不安全行为发生率会更低。因为内向性格的人的行为状态更为稳定，而稳定的行为状态更加适应于稳定的环境。而外向性格人的行为状态的稳定性更差一些，在稳定的环境条件下，相对于内向性格的人反而不具有任何优势，不安全行为发生的概率反而会高一些。

6. 种族

种族是人类社会在长期演化的过程中依据文化背景、人种、肤色、生活习惯及聚居区域等多种因素对人类的一种分类，种族的长期演化特征使得归属于某一种族的个体的行为也会打上种族的烙印，其行为也具有明显的种族依赖性特征。不同的种族，由于其成长的社会环境及自然环境差异非常巨大，从而形成了自身的独特行为习惯及思维模式，也造就了有显著差别的不安全行为发生率。在煤炭采掘行业，同为发展中国家，中国煤矿工人比印度煤矿工人就更具有冒险精神，因而也具有更高的不安全行为发生率。另外，种族在对个体行为发挥影响作用的过程中，法律充当了调节因素的角色，对种族对于不安全行为发生概率的影响起到了间接的调节作用。法律法规越健全，不安全行为发生率越低。因此，总体上在海外工作的中国矿工的不安全行为发生概率通常比国内的煤矿工人的不安全行为发生率要更低。

（二）外部因素

也就是影响主体行为活动的外因，这些因素可以独立于行为主体而存在，因而不带有行为主体自身的特征信息，只有在特定的环境下与行为主体在时间或者空间维度存在交叉或者重合的条件下才能通过内因而影响行为主体的行为，主要包括家庭背景、成长环境、法律法规、情境依赖性等。这些因素对于人的行为影响是间接发生的，主要是通过向行为人施加外部的压力（如群体压力）来影响其行为活动。通常这种外部影响作用对于行为人自身内在需求是由外而内地影响其行为活动，因而外部因素通常要通过内部因素间接地影响人的行为活动。从外部因素的界定及其对人的行为活动的影响过程来看，对人的行为活动可以产生影响作用的外部因素应该非常广泛，但由于这种影响作用在大多数情况下对人的行为活动的影响都比较弱，为了分析问题的方便，这里只是对于那些对人的行为活动能够产生强影响作用的外部因素进行分析和研究。

1. 家庭背景

人的行为习惯具有很强的家庭背景依赖性。从人的行为路径依赖性的演化过程来看，家庭背景是最先导致人的行为边界生成及收缩的影响因素，同时也创造了生成行为路径的基础。而行为路径本身就是一个测度行为路径依赖程度的指标，并且行为倾向与行动人的不安全行为发生率具有强相互关系，从而定性地验证了行动人的不安全行为发生率与其家庭背景密切相关。从整体意义上来看，父母等长辈的不安全行为发生的概率较低，其后代的不安全行为发生的概率也较低。目前安全管理研究领域还缺乏大量的统计数据来验证，这里我们借用美国两个不同的家族 200 年之内行为表现数据来间接验证家庭背景对于人的行为活动的影响作用。美国人 A. E. Winship 在 1900 年针对同时代两个不同的家族的人类学研究表明，爱德华兹家族在 200 年中繁衍了 1394 人，其中有 100 位大学教授、14 位大学校长和 70 位律师；而马克·尤克斯家族则繁衍了 903 人，其中有 310 位流氓、440 位患有性病、130 位坐牢 13 年以上、7 位杀人犯。由此可见，家庭背景对人的行为倾向有很大的影响。但是，近代中国社会的动荡使得国内的人类学研究困难重重，研究者难以获得连续性的观察数据，因而也就难以对家庭背景与人的行为活动之间的相关性给出较为可靠的验证。

2. 成长环境

实际上，对于人的行为活动来说，成长环境是一个比家庭背景范围更大的影响因素，也是一个影响个体行为活动的重要因素，并且对于人的行为活动的影响具有长期性和持续性，最终导致在不同社会背景下成长的人，其人误率也不同。实际上，人的成长环境主要由风俗习惯、社会文化的价值取向、等级观念等构成，它们对于人的行为的影响具有代代相传的延续性。成长环境就如同一个大染缸一样，凡是置身于其中的人都无法逃脱其影响，最终使得人的行为路径都被打上成长环境的烙印，并对其日常工作和生活中的行为活动产生持续性的影响。正如前文所述，从整体意义上来看，中国的煤矿工人比印度煤矿工人具有更高的人误率，这实际上可以从中印煤矿工人不同的成长环境中找到大部分答案。在煤矿开采的过程中，中印煤矿安全文化存在着巨大差异，也发挥着具有显著差异性的功能。在中国，煤矿企业表面上强调"安全第一"，实际上在中国煤矿的开采过程中更注重的是"产量第一""速度第一"及"效益第一"，并且企业的高层管理者拥有绝对的权威，煤矿企业的一线工人所拥有的发言权和选择权是非常有限度的。因此，在经济快速发展、煤炭需求旺盛的季节，安全标准会被人为降低，并被弹性化执行，即使在一线工作的矿工发现了问题所在也难以改变管理者的既定决策，最终导致人误率会在一定时间内出现反弹。而在印度的煤矿安全文化里，无论是煤炭需求旺季还是淡季，安全标准是不会轻易改变的，不达到安全标准，即使是普通的煤矿工人也不会同意开工的。

3. 法律法规

在外部影响因素中，按照 Martha 和 Feldman 及 Pentland 等的观点，外部因素对于人的行为活动的影响主要有两种方式，其中一部分影响因素主要是通过行为主体行动的示范效应来影响他人的行为活动的，而另一部分影响因素则是通过明示的条文来影响个体的行为活动的（Martha and Brian，2003）。成长环境及家庭背景实际上通过一个组织体系中的不同人之间的行为示范来影响彼此之间的行为活动，而法律法规实际上通过明示的条文来约束行为个体的行为活动。法律法规作为具有明示条文作用的外部影响因素既可以从短期也可以长期对人的行为形成约束作用。法律法规主要是通过惩戒的方式对行动人的行为进行约束和控制。在短期内，只要行动人的行为偏离法律法规的条文规定，行动人马上就会受到警告或惩戒，使之回到正常的行为轨道上。由于法律在短期内的效果立竿见影，在明示条文法律法规的约束作用下，行为人的行动范围会呈现出快速的收敛，形成更加明确的行为边界，并逐步促使行为路径生成，同时也为行为个体在一个更长的时间段内形成行为的路径依赖并逐步分阶段地进入行为路径的锁定状态创造了必要条件。因此，在长时期内，法律法规的作用主要通过修改行动人的行为路径来迫使行为人形成法律法规允许的行为习惯，并最终导致了行为人的行为路径进入锁定状态。在我国的煤矿生产过程中，既有相关的安全生产法律也有许多法规，这些有关安全生产的法律法规规定了煤矿生产过程中的各类行为人的行为规范，客观上提高了他们的安全意识，影响了他们行为路径的演化过程，降低了不安全行为的发生率，使我国煤矿安全生产状况逐年好转，某些国有大矿的百万吨死亡率已经低于美国等发达国家的水平。由此可见，法律法规对于人的行为活动的影响作用还是非常显著的。

4. 情境依赖性

情境依赖因素也就是我们常说的"具体情况具体对待"，看具体的情况办具体的事情，要把问题放在产生问题的环境中解决，不能把问题孤立起来。在外部影响因素中，情境依赖因素是一种与国情、社会风气、家庭环境等多种因素密切相关的综合因素，它对人的行为活动的影响作用是方方面面的，但又难以对综合因素进行分解并精确量化。学界对于情境依赖性对人的行为的影响机制至今仍然存在诸多争议，难以构建普适性的理论解释。有的学者认为研究行为的微观动力学机制不应该考虑情境依赖因素，而另外一些学者则认为要充分解释行为的微观动力学机制必须考虑和重视行为的情境依赖因素。由于情境依赖性是社会价值观、风俗习惯、社会风气及政治制度通过长期累积及复杂交互作用的结果，因此，它对行动人的行为的影响是潜在的和长期的。从根本上说，要解决我国煤矿生产过程中长期存在的矿工不安全行为的多发性问题，必须要对造成矿工不安全行为的情境依赖因素进行充分的研究，以提高行为干预手段设计的针对性。

就以上我们所讨论的这些内外部因素而言，它们不仅在行为的微观机制上影响不安全行为的发生及发展，而且也会在矿工群体网络空间的微观结构上影响不安全行为的传播性，最终通过行为的路径依赖性及传播行为的交互效应决定不安全行为路径演化。

第四节　以行为微观动力学机制及行为传播机制为基础的矿工不安全行为的防御

Reason 的安全防御理论是针对人误而提出来的。本书是针对矿工不安全行为而开展研究的。由于人误和不安全行为既有区别也有联系，因此，Reason 针对人误问题提出的安全防御理论在应用于防御矿工不安全行为致因的事故时也就会存在或多或少的缺陷。但是，在已有的研究中，对于人误、不安全行为及不安全行动，学者们并没有进行明确的区分，以至于在所构建的相关安全防御体系中对三者的防御也采用同样的理论和方法体系，因而也就缺乏针对性，其在实际应用中的有效性也就存在某些不足。按照前文的论述，人误、不安全行为及不安全行动既有区别也有联系，其诱导事故的机理也存在重要的差异性，因而所设计的安全防御体系也应该有不同的侧重点。我们接下来既对 Reason 的安全防御理论进行一定程度上的借鉴，也对其进行发展和创新，并在此基础上提出针对矿工不安全行为及其传播性致因的煤矿事故的安全防御理论。为了后文论述的方便，也为了实现上述目标，在这里我们首先对相关概念进行必要的界定。

一、不安全行为防御系统的相关概念

James Reason 指出人误问题可以从"人的方法"和"系统的方法"两个方面来看待及构建有效的安全防御体系（James Reason，2000），并提出了著名的瑞士奶酪模型，目前该模型已经成为建立安全防御系统的经典理论模型之一。按照 Reason 的安全防御思想，任何安全防御系统的有效性都主要取决于系统的三大基本构成要素间合理的关系配置，即被动安全防御层、静态安全屏障层及主动安全防护层之间的关系及其配置。Reason 在其提出的瑞士奶酪安全防御模型中只对安全防御系统所应该具有的基本防御层及其构成做了相关论述，但对一个有效的安全防御系统，即上述三个基本防御层之间的关系应该如何配置则没有进一步阐述。为了后文的论述方便，本部分将首先对安全防御层、防御层结构、安全漏洞等关键概念进行界定，为后文中对于针对矿工不安全行为致因的事故防御体系设计做必要的准备。

安全防御系统的三种不同的基本防御层的界定及防御层上漏洞的界定。安全防御系统的分层设计是系统研究的一个重要的研究路径，也是 Reason 针对人误的安全防御理论的基本逻辑。另外，防御系统的多层结构也为安全管理实践提供了更多的安全措施及安全措施的介入时机选择，从而可以提高事故防御的效率及效果。因此，在实践中，为了提高系统的防御能力，防控行为人在参与系统活动过程中的不可靠性及认知能力有限性，弥补行为人主导设计的系统结构可能存在的缺陷，人们在设计安全防御系统时通常不只是设计一道安全防御层，而是视具体安全需要设计多道防御层，以提高系统的可靠性，保证安全防御措施有更多的介入时机，从而降低人的有限理性所产生的人的不可靠性所能引发系统失效的概率。事故过程观点认为，事故的形成是一个不断演变的过程，安全防御层主要用于防止事故过程的演变，阻止事故的发生和发展，不至于最终形成有伤害性的事故，这就涉及安全防御层在事故演化过程中的排列及组合问题。另外，事故生成的过程特性也决定了分层结构的安全防御系统不能仅仅由一个防御层所构成。由此可见，事故的演化过程就如同一条通道一样穿透安全防御系统中的不同安全防御层，该通道也被称为事故通道，实际上应该叫作不安全行为通道或者不安全行为演化通道，也可以叫作不安全行为演化过程。Reason 定义了安全防御系统的三个基本层，分别是静态安全屏障层、主动安全防护层及被动安全防御层。三个不同防御层都有自身独特的防御功能及构成。静态安全屏障层主要是通过工程技术实现事故防御的保护层，如警报、安全栅栏、安全指示灯（信号灯）及自动开关等。这种安全保护装置一旦设置后，通常情况下其位置也就不会轻易移动，主要对人误或者不安全行为起到屏障作用，因而被称作静态安全屏障作用。主动安全防护层主要是指依赖于人的主动性实现事故防御的防护层，如安全员、安监局监管人员、煤矿负责安全管理工作的人员等。该防护层的构成主要是具有思维和判断能力的人，且在系统的运行过程中不断地改变自身的位置，对人误和不安全行为能够起到主动防御的作用，因而被称为主动防护层。被动安全防御层主要是指依赖于程序及管理控制实现事故防御的保护层。该防御层主要包括生产流程的规范、安全手册、安全法规、安全操作规程等，主要是通过软性的程序、规范及制度对人、物及人与物的交互性的被动约束作用来提升人、系统及人与系统间交互的可靠性。因为在被动安全防御层发挥作用的整个过程中，行为人是被动要求遵章守法，因而他们的行为活动是被动的，这也是通过软性的程序、制度及规范等实现事故防御的安全防御层被称作被动安全防御层的主要原因。

但是无论在理论上还是在实践中，静态安全屏障层、主动安全防护层及被动安全防御层的构成要素无法在所有的情况下都达到绝对的可靠性，通常只能在现有的安全技术条件、安全管理水平许可下达到一种相对的可靠性。因此，尽管防御层在大多数情况下都非常有效，但也总是有其脆弱性，这也就是说安全防御系统的不同防御层上会存在某些安全漏洞。安全漏洞是 Reason 安全防御理论的一个关键概念，被 Reason 称为防御系统上的缺陷。下文我们将对防御漏洞的概念及形成机制做详细阐释。

防御漏洞指的是防御层上存在的缺陷，被形象地称为"漏洞"。如果将事故在系统中的演化过程看作一个事故生产的通道，那么防御层上的漏洞则呈现为事故通道的切面形式。安全防御系统防御层构成要素的非完全绝对可靠性告诉我们，无论是被动安全防御层、静态安全屏障层还是主动安全防护层都存在某种形式的安全漏洞。由于安全漏洞是安全防御层存在的缺陷所造成的，因此，在一定的条件下，行为致因的事故的演化过程在实际上表现为不安全行为连续穿透系统中不同防御层的过程。在安全防御系统上，之所以会存在安全漏洞，其根源是行为人的非绝对可靠性。人的认知有限性、有限理性，掌握信息的不完备性，决定了人的决策并不是绝对可靠的、人所设计的系统或者设备也不是完全可靠的，存在或多或少的缺陷。另外，人也无法做到完全可靠地运行一个系统，加之系统所处的外部环境在不断变动之中，而当前所运行的系统是按照过往的环境标准或技术条件及知识水平设计的，其功能也就难以随着不断变动的环境进行超前的、实时的，甚至是及时的修改，以完全适应系统外部环境的变化，这必然会导致在系统运行过程中，系统的可靠性不断降低，安全防御层上的漏洞不断增加。这也就是说，任何人工设计的系统必然存在安全漏洞。安全漏洞越多或者越大，系统的可靠性就越低。实际上系统防御层所存在的安全漏洞只是构成了事故生成的必要条件，并不构成事故生成的充分条件。在一个动态演化的系统中，行为致因事故的生成是不安全行为活动连续击穿防御层上漏洞的过程。静态安全屏障层和被动安全防御层上的漏洞应该是静止不变的，而主动安全防护层上的漏洞则会随着系统的演化而变化，这使得不同防御层上的漏洞在多维的矿工群体网络空间上的排列关系异常复杂。偶然发生的矿工不安全行为能击穿系统防御层上所有漏洞的概率极低，一般只能击穿一个或者少数几个防御层，所形成的事故也只能对系统的运行造成局部性的或者区域性的影响。因此，如果把事故看成不安全行为连续击穿防御层上漏洞的过程，那么虽然煤矿生产系统在运行过程中矿工不安全行为具有多发性，但不安全行为致因的重大事故的演化仍然呈现出长周期性特征。由此我们也可以推断，安全漏洞被击穿的概率及周期性的差异也解释了不同规模及影响程度的煤矿事故发生的概率及周期性的差异性。

二、安全防御系统的行为边界——安全防御层的基础

在现代系统论研究中，研究者早已发现系统的边界是系统存在的前提条件之一，同时也构成了安全防御系统防御层的基础。系统的边界是在系统构成要素及其之间逐步演化的关系的基础上形成的。自然形成系统的边界通常需要经历一个相对漫长的演化过程才能逐步形成，而人为设计并参与运行的系统通常在系统投入运行之初就具有了较为明确的边界，但这种边界也并不是一成不变的，也会随着系统的演化而演化。另外，无论是自然系统还是社会系统，其构成要素之间存在交互关系都会对行为构成要素的行为活动形成一定程度的牵制作用。这样，系统的边界就使得系统的构成要素的行为活动有了一个相对明确的范围，同时边界的存在也使得不同系统可以被明显地区分开来。

因此，系统的边界性决定了安全防御系统也必然存在自己的边界，安全防御层正是基于系统的边界而逐步分化出来的，因此，它也是构成安全防御层的基础。在现实中，即使是人为设计的系统，其边界也要经历一个不断演变的过程，这个过程实际上是个体行为路径逼近群体行为路径的过程，最终使得一个高度成熟系统的个体行为路径和群体行为路径达到某种程度的契合。因此，群体行为的路径依赖演化过程一直伴随着个体行为的路径依赖演化，并且在此过程中两者相互作用，形成特征明确的行为模式并被延续下来。在行为的路径依赖演化过程中，由于行为人的行动范围在不断收缩，行为人之间的互动也更加频繁，彼此之间也更加了解，导致行为人的行动节奏也开始加速同步，群体的行动范围也在不断地收缩，制度和行为规范也开始形成并逐步完善，系统的行为边界也在这个过程中逐渐产生并变得越来越清晰。个体的行为边界实际上就是个体在群体环境中的活动范围，而系统的边界则规定了系统内部所有行为人的可能活动范围。因此，系统的行为边界实际上就是行为主体的行为边界叠加的结果。从系统的边界生成过程来看，系统的边界在现实中主要发挥着两个方面的作用，分别是约束作用和过滤作用。约束作用主要是针对系统内部成员的，规定了内部成员的行为活动空间。过滤作用主要针对那些想成为系统构成部分的成员，要想成为系统成员的一分子，首先必须在行动规范、价值取向、技能等方面符合系统内部的相关要求，即新成员的行为路径应该与系统行为路径保持一定程度的一致性。同理，安全防御系统的边界也具有约束和过滤作用，并构成了对不安全行为防御的基础。

根据上文对系统行为边界及其生成过程的解释，加之人的行为动力学特征，系统的行为边界不仅是动态变化的，而且不仅具有行为的过滤性，还具有行为渗透性。系统边界一方面可以过滤掉某些行为（边界约束），另一方面也可以让某些行为穿过系统的行为边界，为干预系统行为或者系统的构成部分的行为创造条件。因此，在系统的内外部环境中，人的行为在不断进行扩散和传播，只不过在不同的系统中扩散速度有

快有慢。当系统的行为边界约束逐渐增加时，系统内部不仅对外来行为的过滤能力相应增加，而且对系统内部行为人的行动约束也会增加，这时系统的行为边界就充当了第一道针对不安全行为的防御层。

三、矿工不安全行为的防御

无论是人误的防御还是不安全行为的防御，一直都是安全科学研究领域的重要问题，也是复杂的问题。目前，安全研究领域针对人误及不安全行为的防御理论及方法主要是以 Reason 的系统防御理论为基础并进行了某些拓展和改进。本书中提出的对矿工不安全行为的防御策略主要是对 Reason 的系统防御理论进行了过程化，提出了维度匹配性的过程化的矿工不安全行为的防御思路。

在煤矿生产系统中，矿工的不安全行为活动的过程实际上包含了两个子过程，分别是矿工不安全行为的生成过程及不安全行为生成后的传播过程。Reason 的安全系统防御理论把研究的重点放在人误的防御问题上，但行为科学的研究表明人误的传播性很差或者根本就不具有传播性，因为行为的传播需要满足两个最为基本的条件，即满足个体需求或者受到群体压力作用。而人误非行为人的主观意愿所为，并且在大多数情况下也并不是为了满足个体的行为需求或者是受到群体压力作用的结果，以至于行为人及群体中与之相邻的行为人在正常的情况下都不会把人误作为目标行为加以强化，从而使之满足在群体环境中传播的条件。相对于带有主观意愿性质的不安全行为来说，人误更容易暴露，因而人误的生成者也就难以隐藏，从这一点上来说非主观意愿性的人误也难以在群体网络中传播。而带有风险收益性质的矿工不安全行为通常可以很好地满足行为传播所要具备的两个基本条件，因而在矿工群体网络空间下具有很好的传播性。

矿工不安全行为活动所涵盖的两个子过程也决定了我们所研究的安全防御系统包含两个部分，分别是矿工不安全行为的安全防御及矿工不安全行为致因的煤矿事故的安全防御。矿工不安全行为的生成过程所引发的煤矿事故可能造成的影响一般是局部性的和封闭性的，而矿工不安全行为传播所导致的煤矿事故可能造成的影响是连锁性的。后者的防御问题在本书的第十一章中进行了详细的论述，我们在该章的研究中提出了在共享群体网络空间下的基于分层逐级维度递升匹配性的煤矿事故防御思想和策略。本部分将重点讨论矿工不安全行为的防御问题，另外也对矿工不安全行为在共享群体网络空间下的传播性的防御做简要的阐述，为后文的相关研究做必要的准备。

矿工不安全行为微观传播机制主要研究矿工不安全行为通过接触作用在个体之间传播的规律性，包括不安全行为获得传播性的驱动力、矿工之间的接触作用关系及其对行为传播的影响、不安全行为在矿工之间传播的过程等问题的研究。在后文关于矿工不安全行为及其传播性致因的煤矿事故防御策略研究中还要对矿工不安全行为微观传播机制进行详细的阐述。由于不安全行为与人误的重要区别在于其在群体网络环境中是否具有传播性，因而这也决定了人误防御和不安全行为防御的重点所存在的区别。这里主要针对人误防御和不安全行为防御的区别展开讨论。

本书对 Reason 的安全防御理论进行了适度的发展。我们在对 Reason 的人误防御的"瑞士奶酪模型"做进一步研究基础上，发现针对矿工不安全行为防御系统的不同防御层上漏洞的形成机制、表现形式及防御的措施也是不同的。依据 Reason 的系统防御思想，煤矿事故的发生主要是由煤矿生产安全防御系统不同防御层上存在的安全漏洞所直接引起的，这就决定了我们可以从煤矿生产安全防御系统不同防御层上存在的不同类型的漏洞来研究矿工不安全行为的防御问题。

主动安全防护层上的漏洞主要是由于人的有限理性导致的不可靠引起的。行动人并非是完全理性的完美无缺的人。由于个人能力、学识、经历及所能掌握信息的有限性（人的行为选择不可能在任何条件下都建立在完全客观的事实基础上，在某些时间和环境下会带有主观的情绪化），加之所能掌握信息的不完备性，因此，行动人在说话和做事的过程中总会存在或多或少的错误或者失误，这些错误或者失误就构成了主动安全防护层上的漏洞，而这些漏洞恰恰是煤矿事故生成的直接原因。由此可见，主动安全防护层上的漏洞主要是由于构成主动安全防护层的主导要素——人的不可靠性所导致的，安全防御的重点应该放在提升人的可靠性上。主要安全防御措施包括合理配置人人之间、人机之间的交互关系，提升安全监管人员的安全管理水平等。实际上，安全防御系统的主动安全防护层的漏洞在某些情况下并不是孤立存在的，可能会与静态安全屏障层和被动安全防御层上的漏洞存在交叉或重叠问题，这就使得对于安全漏洞的防御更加复杂化，需要系统地考虑不同漏洞的生成机制及防御措施的针对性。

静态安全屏障层漏洞主要是由于物的不可靠性引起的，主要表现为设备或者其构成部分的元器件在煤矿生产系统的运行过程中所出现的故障，因而也可以笼统地称为物的不可靠性，从而与主动安全防护层上的漏洞另一称谓，也即"人的不可靠性"相对应。因为在实践中，任何设备、元器件都无法做到绝对可靠，即使投入巨资采用世界上最先进的技术由最杰出的科学家研制的航天飞机也无法做到绝对可靠，在投入使用后的短短几十年中至少爆炸了两次，造成了多名宇航员牺牲和巨额的财产损失。对于煤矿生产设备来说，其制造工艺和管理水平都要远远低于美国的航天飞机，况且其运行的环境潮湿、高粉尘及高噪声并且具有较高程度的不确定性，因而要达到完全可靠非常困难。我国的煤炭企业在长期的开采过程中提出过很多口号，以实现煤矿生产系统中的人、机器设备、管理的绝对可靠性，如"本质型安全矿井""煤矿事故是可防可治的"等，结果都被证明这些口号仅仅是口号而已，并没有真正变为现实。另外，煤矿生产系统在日常的运行过程中，即使机器设备按照规定的程序要求进行维护，仍然会发生一定数量的故障，这些事实都充分说明煤矿生产安全防御系统的静态安全屏障层漏洞是客观存在的，并且不是偶发的，而是存在一定数量的。

被动安全防御层漏洞主要是指程序及管控中存在的缺陷，或者称作流程或者规范的不完备性或不可靠性。在现实的煤矿生产系统中，人的不可靠性也决定了由人所制定的安全生产流程、安全管理流程也会存在一定的不可靠性。另外，煤矿生产设备的控制程序及相关安全标准、法规都是针对当时的实际安全管理实践制定的，而实际问题是不断变化的，因此，这些流程、程序、标准及法规也应该随之变化，但流程及规章制度的变化往往滞后于实际问题的变化。由此可见，安全生产及管理流程、安全标准、安全法规本身的缺陷，以及这些规程、法规滞后于实际安全生产的变化的交互作用共同形成了被动安全防御层上的漏洞。

因此，矿工不安全行为防御系统的不同防御层上漏洞的构成、形成机制及表现形式为我们设计矿工不安全行为击穿防御漏洞的防御措施提供了依据。对于主动安全防护层上的漏洞，我们可以采用提升人的可靠性措施，包括提升个人能力、学识，获取更加丰富可靠的信息，从而避免主动安全防护层上漏洞的生成或者降低其生成的概率。对于静态安全屏障层漏洞，我们可以采用提升物的可靠性措施，包括使用更加可靠的元器件或设备等，从而避免静态安全屏障层上漏洞的生成或者降低其生成的概率。对于被动安全防御层漏洞，我们可以采用逐步完善安全流程及规范的措施，包括制定更加科学、合理及可靠的安全标准、规程、法规及流程等，从而避免被动安全防御层上漏洞的生成或者降低其生成的概率。

根据上文对于防御层漏洞的生成机制及表现形式的论述，对于矿工不安全行为的防御我们除了可以通过预防防御层上漏洞的生成或者降低防御层上漏洞的生成概率的手段来实现，还可以通过对防御层的合理排列或者配置的手段来实现。因为防御层的不同排列及不同防御层之间的不同配置关系都会影响到防御系统的可靠性，从而影响到我们对矿工不安全行为的生成及演化的干预效果。Reason 的系统防御模型只是论述了一个有效的安全防御系统应该具备三个基本防御层，但对防御层之间排列关系（不同防御层的排列顺序）及配置关系（不同类型防御层在总的防御层数中的占比）并没有做进一步论述。针对上述问题，本书将对在实践中能够发挥有效安全防御功能的安全防御系统所要具有的防御层数做更进一步的论述。

防御层实际上是研究者对于防御系统整体结构的一种划分，而防御层的层数就是防御系统整体结构上所具有的防御层的数量。由于安全防御系统的自身属性决定了不同的防御层具有不同的防御功能，这又进一步决定了一个有效的安全防御系统至少应该拥有三个防御层。主动安全防御层是安全防御系统的灵魂（防御系统的智慧层），它需要充分发挥行动人的主观能动性来实现积极的安全防御。因为人不仅具有学习能力，而且还具有很强的纠错能力。因而在安全实践中，人不仅能发现自身的错误，而且还能够纠正自己所犯的错误，因此能够在很大程度上弥补静态屏障层和被动防御层存在的不足；静态安全屏障层是安全防御系统的骨架，同时也是主动安全防护层的基础，它是整个安全防御系统的保护壳，主动安全防护层的功能必须在静态安全屏障层的密切配合下才能得以实现；被动安全防御层是安全防御系统的神经系统，它将主动安全防护层及静态安全屏障层连接为一个整体，使得系统内主动安全指令（安全信息、安全指令、安全决策、安全规程、安全流程及安全标准等）可以通过安全程序或安全管理控制流传输到静态安全屏障层（如自动开关、警报器）上，使得安全系统的防御功能得以全面实现，从而成为一个有机的安全防御体系。

一个安全防御系统结构所应该具有的防御层数（防御层的配置）主要取决于系统的复杂程度、危险程度、运行环境的不确定程度等。对于非高风险性企业，一般防御系统具有三个防御层即可，其排列顺序为静态的安全屏障层—被动的安全防御层—主动安全防护层。之所以防御层呈现上述排列主要是由于人无法全天候实时地直接参与系统防御的运行。在现实中，防御系统在大多数时间内是在人的间接参与的情形下运行的。当人在间接参与安全防御系统运行时，则由静态的安全屏障层和被动的安全防御层发挥着直接的安全防御功能，由此而决定了一个有效的安全防御系统应该至少具有三个防御层。但是对于有特殊要求的高危企业，为了提升安全防御系统的可靠性，降低事故发生的概率，非常有必要增加系统的防御层数，特别是静态的安全屏障层和被动的安全防御层的层数。通常在一个安全防御系统中静态的安全屏障层的层数最多，其次是被动的安全防御层。做出这样的安排主要出于以人为本的考量，也是符合我国中央政府政策的，即人民生命的价值在任何情况下都要远远高于财产的价值。因此，我们在防控事故致因击穿防御层上漏洞的时候，实现以财产损失来替代人的生命的付出。由上述分析可知，对于复杂高危的系统，其防御层可能远远多于三层，有些防御层可能要叠加多次才能防止事故致因穿透防御层上的漏洞。

在设计防御系统的过程中，除了要考虑防御层的配置关系，还需要考虑防御层的结构关系。防御层之间的结构关系主要研究的是不同防御层之间的排列顺序、空间关系、时间关系等。因此，基于人本主义思想我们在设计系统的安全防御层结构时应该以物的防御手段替代人的防御手段，这就决定了系统防御结构的第一层应该是静态的安全屏障层，也是反应最为灵敏的防御层。当矿工不安全行为生成后，静态的安全屏障层将首先抵御矿工不安全行为的冲击，并对不安全行为启动物的防御手段，并把相关信息（如果能够抵御冲击则不需要将相关信息进一步传导）传导到被动的安全防御层上，被动的安全防御层将根据来自静态的安全屏障层被击穿的信息发出安全指令，决定是否对相关元器件及设备进行维修或者更换。因此，安全防御系统的第二层应该是被动的安全防御层。该防御层主要是通过相关安全流程和管控程序来监测系统内出现的偏差。由于流程和程序是被事先严格设定的，偏差一旦出现，即会被迅速修正，若系统无法完成自我修正，则会把相关信息报告给行动人，即传输到主动安全防护层上，这时第三层也就是主动安全防护层的防御功能就被激活了。因此，主动安全防护层是安全防御系统的第三级保护层，也是反应最为迟缓的防御层，但却是整个防御系统的智慧层，也是最为关键的防御层，其他两个防御层的防御功能也主要是直接或者间接地通过主动安全防护层来完成的。由于主动安全防护层由具有学习、判断及决策的行动人构成，因此，最终的安全措施也由行动人来制定和实施，错误的判断和措施，则会导致安全防御系统的主动安全防护层上漏洞生成概率的增加，最终会导致主动安全防护层也被击穿。因此，在安全管理实践中，几乎所有重大事故分析报告的定性都是所谓的责任事故，也即人因事故，其原因就是安全防御系统的各防御层之间有着相对固定的排列顺序，通常都把主动安全防护层作为防御系统的最后一道防御层。安全防御层的构成如表 2-1 所示。

表 2-1　安全防御层的构成

安全防御层	等级	反应速度
静态的安全屏障层	第一级，也称作基础层，主要由系统的硬件所构成，包括元器件、设备等。其主要功能是通过物或者设备自身的安全屏障功能来防止物或者设备的故障对人身产生直接的伤害	最快
被动的安全防御层	第二级，传输层，也即神经系统，起连接作用，是系统的软件部分，包括安全流程、安全指令、安全标准、安全法规等。主要功能是连接静态安全屏障层和主动安全防护层	次快
主动的安全防护层	第三级，智慧层，具有学习、思考及判断能力，起指挥和协调作用，主要由参与生产及安全管理的各类人员所构成，需要对静态安全屏障层和被动安全防御层的防御功能进行协调	最慢

在已有的文献中，包括提出著名瑞士奶酪模型的 Reason 本人都没有对安全防御系统的结构、防御层的结构关系、防御层之间的排列顺序以及一个可靠的防御系统应该有多少个防御层等问题进行详细的论述，这给该模型的实际应用带来很多问题。尽管该模型给人们在安全管理实践中灌输了全新的安全防御理念，也给现实中的安全防御策略设计提供了逻辑合理的理论支持，但该模型在实际应用中仍然受到诸多限制，还需要进一步的研究跟进。因此，在后文中，我们还要对安全防御系统设计过程中存在的诸多问题进行更为详细的论述，以期推动该模型在防治中国煤矿生产过程中普遍存在的矿工不安全行为发挥更为积极的作用，进一步完善不安全行为的干预理论和方法。

本章小结

已有研究对于人误、不安全行为、不安全行动存在混用的问题，并且这种混用对于厘清人误致因、不安全行为致因及不安全行动致因的事故生成机制会产生诸多问题，从而会进一步影响到人误致因、不安全行为致因及不安全行动致因的事故防御策略在应用于实践过程中的有效性。因此，本章首先对人误、不安全行为、不安全行动等关键概念进行了明确的区分，并对其与事故之间的相关关系进行了论述，紧接着在此基础上对不安全行为的起因及其诱导事故的过程、不安全行为的微观动力学以及不安全行为的防御策略展开了研究。本章主要完成了以下相关研究工作：

（1）中国情境下的人误、不安全行为、不安全行动的生成具有自身特有的规律，因而需要放在中国情境中寻求问题的解决方案。因此，在中国情境下，分析我国煤矿工人不安全行为的发生及演化机制需要综合考虑中国文化情境下的多种因素，无法完全借鉴外来的行为安全理论和方法。由此，本章主要结合了中国情境因素论述了矿工不安全行为的产生机理和微观传播机制，力图使得我们针对矿工不安全行为所提出的防御策略在实践中具有更好的效果。

（2）根据行为产生的动力学机制来研究行为的防御策略，而不仅依据影响行为生成要素或其之间的相互关系来研究行为的防御策略。在已有关于行为致因的事故理论中，学者们很少研究行为产生的动力学机制，相关研究一般直接借用组织行为学中的理论和方法，更很少有针对矿工不安全行为动力学机制进行研究的文献，因而相关研究成果的针对性不够。因此，我们在本部分研究中首先对人误、行为及行动进行了明确界定，在此基础上对人误、不安全行为及不安全行动的产生机制进行了详细的论述，首次给出了对人误、不安全行为及不安全行动的区分标准，并分别讨论了人误、不安全行为及不安全行动微观动力学机制及传播机制，指出了防治和干预人误、不安全行为及不安全行动的措施的差别与联系，并界定了不安全行为防御系统的概念，为后文中从行为动力学角度探索不安全行为路径依赖性与传播性的交互效应、不安全行为的路径依赖性的成因机制及防御措施、不安全行为的传播性的成因机制及防御措施做必要的理论准备。

（3）在 Reason 系统防御理论的基础上研究了矿工不安全行为的防御问题。Reason 的系统防御模型只论述了一个有效的安全防御系统应该具有三个基本防御层，并没有针对一个安全防御系统的防御层的数量、防御层之间的排列关系及配置关系进行系统而明确的论述。因此，Reason 的安全系统防御模型尽管有很高的理论价值，但在实践应用中仍然存在某些不足。在本章中，我们对 Reason 的系统防御理论进行了进一步拓展，论述了防御层数、防御层的排列顺序及防御层的配置关系与防御系统可靠性的相关关系，并且特别论述了通过改进防御系统的不同防御层之间排列顺序及防御层的配置关系来提升安全防御系统可靠性的可能。

第三章　矿工不安全行为倾向、不安全行为的分类及识别

在已有的研究中，学者们针对不安全行为倾向与事故之间的相关关系发表了大量文献，他们的研究结果表明具有不安全行为倾向的人出现"三违"行为的概率明显高于一般矿工出现"三违"的概率，这些具有不安全行为倾向的矿工诱发有伤害性事故的概率也明显高于一般矿工，因而将他们作为煤矿安全监管的重点有很大必要。但在实践中，如何准确判别具有不安全行为倾向的矿工却是一个难题。针对上述问题，在本章中，我们将讨论如何选择和运用识别具有不安全行为倾向矿工的理论和方法。在众多的识别方法中，模糊相似优先比法识别具有不安全行为倾向的矿工相对更为有效。在实际运用中，该方法可以有效对样本煤矿矿工行为相似因子进行分析并对矿工行为相似程度进行排序，有效识别具有不安全行为倾向的矿工。但该方法在运用的过程中，需要识别者进行长期经验积累才能提升对相似因子的判别能力，而且该方法在识别过程中需要大量人力物力，因而识别效率不是很高。尽管该方法在实践中还存在某些不足，但它对于煤矿班组成员的选择及优化可以提供有效的方法支持。

第一节　矿工不安全行为倾向与事故的相关性分析

在科学研究过程中，相关性分析、因果性分析是其重要的一环，它们共同构成了一项科学研究是否具有价值的前提。如果我们在对对象展开研究过程中所假定的构念之间本身就不存在相关性和因果性，那么必然会浪费大量的研究资源或研究者的精力。本节我们将主要讨论矿工不安全行为、矿工不安全行为倾向与我国煤矿已经发生的众多事故之间的相关性，主要从两个方面展开：其一，通过实际发生的煤矿事故案例统计资料来佐证矿工不安全行为倾向与煤矿事故之间的相关性；其二，通过理论分析来逻辑推理矿工不安全行为倾向与煤矿事故之间的相关性。

一、实际案例相关性

大量事故统计分析报告表明，不安全行为是事故的主要致因（Reason，1990，2000）。因此，直觉告诉我们矿工的不安全行为与煤矿事故之间应该存在密切的相关关系。在本项目开展过程中，我们深入一些煤矿生产企业进行实地调查研究，结果发现在我国煤矿日常生产中，"三违"行为是造成煤矿事故的主因，而"三违"行为中很大部分实际上就是矿工的不安全行为。因此，我国各大煤矿安全管理者或者监督者都对矿工不安全行为高度重视，并制定了严格的法律、法规、企业规范和制度，用以约束矿工的不安全行为。但是，在实践中，我国煤矿生产过程中仍然存在大量的矿工"三违"行为，其中大部分实际上就是矿工的不安全行为。Heinrich 的"事故根源"分析报告表明同因事故的致因需要重复一定的次数才会形成事故（Heinrich，1980），也就是说，一次有伤害性的事故发生，其事故致因已经在实际中重复了很多次。如果是矿工不安全行为致因的煤矿事故，那么矿工的不安全行为在事故发生前已经不断重复了很多次。单纯的一次矿工不安全行为诱发事故的概率很低，但却可能为矿工自身或其工友带来一定的行为收益，因而一般难以引起矿工自身及其监管者的高度重视。随着时间的推移，这种不安全行为就会被其他矿工学习和模仿并在群体中传播，类似的不安全行为就会得到不断强化，并不断重复，当累积到一定次数时，其诱发事故会成为大概率事件。

二、理论相关性

事故倾向理论认为具有不安全行为倾向的矿工发生不安全行为的概率要明显高于正常行为矿工。虽然煤矿在日常生产中针对矿工不安全行为制定了许多标准，但矿工的安全行为和不安全行为在许多情况下不具备清晰界限，加之矿工不安全行为的发生具有较大的随机性，其在实际中的表现就是，矿工有时是故意为之，有时又是在无意中为之。对于有意为之的不安全行为，矿工会通过适当的手段来掩盖自身的不安全行为。对于无意为之的不安全行为，由于其出现具有很大的随机性，不仅矿工自身难以察觉，监管者也同样难以发现和察觉，因而有效预防也存在非常大的难度。因此，在煤矿日常生产过程中，矿工不安全行为的发生缺乏显而易见的规律性，导致在煤矿安全管理实践中，监管者难以有效辨别矿工不安全行为，一些具有不安全行为倾向的矿工长期下井作业，他们会在有意无意之中发生不安全行为，安全问题也就不断积累，为诱发煤矿事故埋下安全隐患。行为倾向理论认为，有一类人比其他人更易于表现出不安全行为，因而更易于诱发事故，如果能够对这一类行为人进行有效区分并进行重点监控，则可以有效降低事故发生率。在现有的识别方法中，主要有两两对比法、模糊综合识别法、模糊相似优先比法及主观判别法等。这些方法都有各自的优缺点，虽然至今没有一种识别方法能够达到百分之百的准确率，但是，随着一些算法和模型的不断完善，识别的准确率及效率也在不断提升。

目前，有大量来自实践中的案例，如交通事故、行为犯罪等，验证了行为倾向理论的正确性。对于行为倾向理论进行实证检验主要有两种途径：行为实验和相关性检验。本书主要通过相关性检验的方法来检验煤矿事故致因的行为倾向理论。检验的过程分为以下四个主要步骤：

第一步：从样本煤矿的档案资料里统计所有发生过煤矿事故（或违章）的矿工，以及有事故（或违章）记录矿工已经发生事故（或违章）的次数及发生事故（或违章）的时间，并按照时间的先后顺序进行排列（这里我们将违章记录和事故记录分开统计，因为大量的违章并没有造成事故），并找出矿工中第一次违章记录发生的最早时间，第二次违章记录发生的最早时间，以及第 N 次违章记录发生的最早时间，并以事故记录发生最早时间作为分析的起点。这种方法采集到的数据类似于事件史数据。

第二步：以有第二次违章记录矿工违章记录发生的最晚时间作为截止时间，针对有事故记录及违章记录的样本矿工，运用序列相关方法计算发生第二次违章记录矿工的总人数与发生第一次违章记录矿工总人数的比例，同时计算新生成违章记录矿工人数占同期整个样本矿井发生违章记录矿工总数的比例。

第三步：按照第二步中的计算方法，计算发生第 N 次违章记录矿工的总人数与发生第 N−1 次违章记录矿工总人数的比例，并记为 ρ_1，ρ_2，$\cdots$，ρ_{N-1}，同时计算新生成违章记录矿工人数占同期整个样本矿井发生违章记录矿工总数的比例，并记为 δ_1，δ_2，$\cdots$，δ_{N-1}，这里 N 取 1，2，$\cdots$，N。N 为违章次数最多的矿工违章次数总计。

第四步：比较 ρ_1，ρ_2，$\cdots$，ρ_{N-1} 大小，同时比较 δ_1，δ_2，$\cdots$，δ_{N-1} 大小，并对 ρ_i 和 δ_i 进行比较，找出其中存在的规律，判断过往违章行为的后效性。

通过上述四个步骤，根据 ρ_i 和 δ_i 的计算值，以及 ρ_i 和 δ_i 的对比结果，可以得出以下六种推断：

（1）如果随着 i 取值的增加，ρ_i 的值逐渐变大，且 δ_i 的值远小于 ρ_i 的值，则该计算结果可以支持事故具有行为倾向性理论成立，即有一类人的确比其他人更易于生成违章行为。

（2）如果随着 i 取值的增加，ρ_i 的值先快速增加，然后又逐渐变小，且 δ_i 的值远小于 ρ_i 的值，则该计算结果支持事故具有行为倾向性理论成立，即有一类人的确比其他人更易于生成违章行为。

（3）如果随着 i 取值的增加，ρ_i 的值逐渐变大，但 δ_i 的值与 ρ_i 的值非常接近，则该计算结果难以支持事故具有行为倾向性理论成立，无法判断是否有一类人的确比其他人更易于生成违章行为。

（4）如果随着 i 取值的增加，ρ_i 的值基本保持不变，但 δ_i 的值远小于 ρ_i 的值，则该计算结果同样可以支持事故具有行为倾向性理论成立，即有一类人的确比其他人更易于生成违章行为。

（5）如果随着 i 取值的增加，ρ_i 的值逐渐变小，但 δ_i 的值远小于 ρ_i 的值，则该计算结果同样可以部分支持事故具有行为倾向性理论成立。出现这种情况，可能是因为在生产实践中，企业或者组织加强了安全管理力度，改善了现有的安全生产局面，使得有违章倾向的矿工得到更加有效的监管。

（6）如果随着 i 取值的增加，ρ_i 的值逐渐变小，但 δ_i 的值接近于或者大于 ρ_i 的值，则该计算结果不可以支持事故具有行为倾向性理论的成立。这种情况的出现说明之前发生违章记录的矿工在随后的工作过程中发生违章的概率逐渐降低，而新的违章记录主要是由既往没有违章记录的矿工产生的，这种情形与事故行为倾向理论的假定相悖。

依照上述计算步骤，并针对样本煤矿所采集到违章数据进行估算，所得到的结果表明：发生第一次违章记录的矿工人数占样本煤矿矿工总人数的 29.7%，这说明矿工不安全行为在煤矿日常生产过程中有较高的发生频率。对于这些有第一次违章记录的矿工来说，其中发生第二次违章记录的矿工人数占第一次发生违章记录矿工总人数的比例高达 49.3%，发生第三次违章记录的矿工人数占第二次发生违章记录矿工总人数的比例为 41.4%，而发生第四次违章记录的矿工人数占第三次发生违章记录矿工总人数的比例则为 22.2%。之所以会出现这样的变化规律，主要是在安全管理实践中，发生违章记录的矿工会受到惩罚，而多次发生违章行为的矿工会被重点监管甚至被开除，煤炭企业不可能让一位发生经常性违章行为的矿工仍然留在工作岗位上。大多数煤炭企业会在矿工发生 3~4 次违章记录的情况下对其做出停职甚至开除处理的决定。因此，在严格的惩罚措施下，我们从相关样本煤矿的档案材料上很难见到有发生 4~5 次以上违章行为矿工的记录。因此，用那些有 1~2 次违章记录的矿工较好地验证了事故倾向理论的正确性。

实际上，官方记录和惩罚的都是那些造成一定财产损失或者人身伤害的违章行为，而大量没有带来财产损失和人身伤害，或者仅仅造成非常轻微的财产损失的矿工违章行为次数要远远高于官方的记录。在没有被监管者或者监控设备抓拍下来的情况下，对于这类违章记录，矿工一般会选择自我消化，不报或者瞒报。但这并不意味着同样的或者类似的违章行为就不会造成有伤害性或者财产损伤性的事故，只不过发生的概率低。按照 Heinrich 的事故金字塔理论，每一起有伤害的事故背后都有大约 329 起无伤害的违章记录或不安全行为发生。因此，在煤矿现有的安全管理体系下，大量没有造成伤害性或事故等负面效果的违章行为没有被记录下来，但随着实际发生次数的积累，其诱发事故的概率也逐渐累加并最终导致行为致因的煤矿事故发生成为大概率事件。根据样本煤矿中有关违章记录的统计数据，上述推断（2）与实际情况比较符合。第一次发生违章行为的矿工再次发生违章行为的概率比同时期中无违章记录的矿工发生违章行为的概率要大很多，但发生第三次和第四次违章行为的概率要低很多，这主要是由于煤矿企业会对矿工的不安全行为进行监管。

实际案例及理论分析及验证都表明事故的行为倾向理论在一定的环境下是成立的，也就是说识别具有不安全行为倾向的矿工及矿工的不安全行为是可行的。因此，随后我们将重点研究具有不安全行为倾向的矿工及矿工的不安全行为的识别问题。

第二节 矿工不安全行为倾向及矿工不安全行为识别的理论依据

在煤矿安全管理实践中，科学地、准确地、及时地识别具有不安全行为倾向的矿工或者矿工的不安全行为一直是研究者及实践者努力要实现的目标，但是要在实践中实现这个目标并不是一件易事。这主要是由于，尽管已有识别理论基本上是以两两比较为基础，看上去很简单，但在实践操作中，由于理论研究者和实际操作者都只能依据被识别对象的必要条件而非充分条件进行识别，因而识别准确率一直不是很理想。在本章以下内容中，我们将重点讨论具有不安全行为倾向的矿工及矿工不安全行为识别的理论依据，这也是本书研究的一个关键环节。

一、行为识别的技术支持

近年来，随着数值计算理论及计算机技术的发展，识别理论已经取得了长足发展，并在实践中获得了广泛应用，如犯罪嫌疑人的识别技术、人脸识别技术、文字识别技术、指纹识别技术、声音识别技术（统称为模式识别或图形识别）等，而且识别的成功率也越来越高。其中犯罪嫌疑人及犯罪行为的识别技术及流程与矿工不安全行为及具有不安全行为倾向矿工的识别技术和流程最为接近，其相关识别理论和技术及识别数据的收集和分析技术在实践中的成功应用说明识别矿工的不安全行为、发现具有不安全行为倾向的矿工是完全可能且可行的。目前，在中国的煤矿生产安全管理实践中，很多较为大型的煤矿企业已经全面推进或者建成数据化矿井，安全生产监管者在不需要深入煤炭生产的工作面、巷道等矿工工作现场就可以通过监控设备掌握他们的生产活动动态表现，这不仅为快速收集和处理识别具有不安全行为倾向的矿工及不安全行为的信息提供了巨大帮助，也可以将安全决策、安全指令快速地传递给在一线工作的员工，提高了安全监管的效率。实际上，现代化的监控技术是实现高效行为识别的一个非常重要的环节，例如，中国公安系统陆续建成和投入使用的天眼系统通过先进的全面覆盖的监控系统，使得破案效率大幅度提高，这为在现代化煤矿生产系统中推广和应用不安全行为识别技术提供了很好的参考案例。目前，国内大多数现代化矿井都装备了非常先进的监控设备，结合现有的识别理论和方法并充分利用这些监控设备使得在煤矿生产系统中推行矿工不安全行为动态识别技术已经具备了可行条件。

二、行为识别的理论依据

另外，事故倾向理论的发展和完善也为构建矿工不安全性识别措施提供了理论依据。格林伍德和伍迪（Greenwood and Woods，1919）是最早发现事故倾向的学者，他们发现在自然状态下，有些人比另外一些人更容易发生事故。珐玛（Farmer）和查曼伯斯（Chambers）最早提出了事故倾向（accident proneness）概念（Haight，2001），随后在较长一段时间里研究者和实践者对事故倾向理论的研究都比较重视（Scott，1935）。但在 1955~1975 的 20 年间（Colin，1975），研究者通过对在此期间发表文献进行总结，发现这个期间发生的事故中由于事故倾向原因所致所占比例很小，因此这个期间的研究者认为人机设计、设备安全要比去识别易于引发事故的人对预防事故更有效，在此期间事故倾向理论又进入一个相对缓慢发展时期。进入 20 世纪 80 年代，一系列重大事故调查报告（切尔诺贝利核电站事故、美国三里岛核泄漏事故、美国航天飞机爆炸事故）都指出人误或者人的不安全行为是事故的主要致因，这又使得事故倾向理论受到重新重视。近年来，一些研究者运用元分析（meta-analysis）指出，某些人或者人群甚至是某些国家的人更易于导致事故，支持了事故倾向的客观存在性（Neeleman，2001；Visser et al.，2007）。事故倾向理论认为，事故与人在青少年时期由于受家庭以及社会因素的长期影响而形成的个性有关。某些人所具有的个性特征使得他们比其他人更易发生事故，即具有"事故倾向性"，例如，有些孩子虽然生活在不安全环境中却从来没有发生过事故，而另外一些孩子生活在非常安全的环境里却不断引发事故（Manheimer and Mellinger，1967）。另外，事故倾向还与人的性别有关，通常男性要比女性更易于发生事故（Hindmarch，1991）。因此，已有关于事故倾向理论研究文献认为，人的性别、个性特征、因成长环境而形成的行为习惯是造成事故倾向的三个主要因素。

近年来，学界发表的大量实证文献以及实践中的大量案例都直接或间接地验证了事故行为倾向性的存在。Chiara Pavan 等通过实证研究验证了火灾事故倾向性的存在（Chiara et al.，2009），即一些具有主观倾向性、行为冲动的人更容易引起火灾。Andrea 等通过回归分析得出压力大行为个体更容易在工作中发生事故（Andrea et al.，2012；Granovetter，1973）。另外，从事我国煤矿生产安全的研究者及实践者在安全管理长期实践中也提出了易发生事故的 21 种不安全人，为提升对我国煤矿生产中频繁发生的矿工不安全行为的干预水平做出了重要贡献。因此，上述理论研究和实践表明行为人的事故倾向是客观存在的，即某些人或者是处在某些情境的行为人在客观上比其他人更具有不安全行为倾向，更易于发生不安全行为，因而比其他人更具有事故倾向性，以至于他们诱发事故的概率也比普通人更高。因此，已有事故倾向理论及识别理论和技术的发展支持了不安全行为是可以识别的这一观点。在本章中，我们正是以事故倾向理论及模式识别技术作为理论依据和方法支持，来研究矿工不安全行为的识别方法。

三、矿工不安全行为的分类

在对研究对象的研究过程中，之所以要对其进行分类，其主要原因不外乎：为研究者及应用者认识具体的事物提供参照标准；可以让研究者及研究成果的使用者掌握和发现被研究对象存在的普适性规律；通过对研究对象分类，可以降低研究成本，提高研究效率。因为对研究对象分类后，研究者只需要针对各类对象进行研究，而不需要对每个研究对象的个体进行研究，这样就大大简化了研究者所要处理的研究对象之间的关系，加快研究进度。尽管国内外研究者针对行为的研究发表了大量文献，但对行为的分类研究文献却较为少见。Reason 在对人误的长期研究中，从统计和事故成因视角对人误进行了归类。但矿工的不安全行为并不与人误完全相同，因此，我们并不能把人误成因的分类直接移植到矿工不安全行为分类上。实际上，在我国煤矿安全管理实践中，理论学者和实践者已经对煤矿生产过程中的不安全人进行了分类，共有 21 种，这也是已有文献中关于不安全行为人的一种非常具体的分类，但过于繁杂和细化，而且不同类别也存在很大交叉，应用于实际中的行为识别仍然存在不少问题。因此，我们将对中国情境下的矿工不安全行为进行更进一步分类，一方面，可以推进本研究项目的快速进展，另一方面，可以提升本书的实际应用价值。

第一，按照主观意愿进行分类。前文已经对人误、不安全行为及不安全行动从行为人的主观意愿角度进行了划分，该划分也为对矿工不安全行为的归类提供了方法。根据矿工的主观意愿，如果是矿工有意为之的不安全行为，我们将之归类为主动不安全行为，也就是所谓的不安全行动；如果是矿工无意为之的不安全行为，也就是我们在前文中定义的人误，这里我们将之归类为被动的不安全行为。有意为之的不安全行为和无意为之的不安全行为不仅体现了矿工在意愿上的巨大差异，它们在诱发事故的机理上也是不同的，事故责任人承担的事故责任也是不同的。前者诱发的事故预防难度更大，对于无意识中生成的行为，人与人之间几乎不可能进行事先的沟通和交流，因而难以在人群之间传播，事故责任人承担的责任也相对较小，甚至不需要承担责任。而后者诱发的事故是可以预防的，但有意为之的行为，人与人之间可以进行沟通和交流并共同做出相关决定，因而这种事故诱因可以在人群之间传播，一旦追查到事故责任人，其受到的惩罚也是明确的和严厉的。

第二，按照成因进行分类。如果按照矿工不安全行为的成因来进行分类，我们可以参照前文中的人误成因的分类，将矿工不安全行为分为以下四类，分别为：行为人个体因素致因的不安全行为（第一类成因）；系统性因素致因的不安全行为（第二类成因）；管理者因素致因的不安全行为（第三类成因）；中国情境因素致因的不安全行为（第四类成因）。在这几种矿工不安全行为成因分类中，人误成因与矿工不安全行为成因都存在一些本质区别，人误的成因一般不带有行为人的主动意愿，而矿工不安全行为致因则在很大程度上是由于矿工主观上有意为之。参照 Reason 对于人误的分类，以人误致因作为分类标准，这里我们可以将矿工不安全行为分为以下四类：①由矿工个体因素引起，他们在工作中主动采用不安全行为。②管理者因素导致的不安全行为，即管理者发布的指令本身存在缺陷，矿工就直接采用了不安全行为。③系统性因素导致的不安全行为。矿工利用系统的设计缺陷及便利，而这种行为会带来负面的结果，因而也被归结为不安全行为。④中国文化及价值等中国情境因素导致的矿工不安全行为。由于中国情境的特殊性，在日常工作中出现问题，大家不是致力于找到问题的解决方案，而是相互包庇，最终导致问题越积越多，诱发了伤害性事故，这就是所谓的中国情境因素致因的矿工不安全行为。

第三，按照矿工不安全行为所导致的后果的轻重、发生概率及影响范围来分类。在煤矿安全管理实践中，矿工不安全行为所导致的行为后果存在巨大差异。因此，按照行为后果的轻重程度可以作以下分类：还没有带来事故后果的矿工不安全行为；带来无伤害性事故的矿工不安全行为；带来有伤害性事故的矿工不安全行为。在煤矿生产系统不同结构层面上，行为致因事故发生的概率和事故严重性及影响性范围也是不同的。通常在煤矿生产系统基础结构层面上，行为致因的事故一般是只能导致局部影响的事故，人身伤害程度和财产损失都不会很严重，一般不会导致工作面停产，但在这个层面上的这类事故的发生概率较高。在煤矿生产系统过程层面上，行为致因的事故一般是能够导致区域性影响的事故，可能会出现较为严重的人身伤害及财产损失，导致短暂性的工作面停产，但这个层面上发生事故的概率要远低于基础层面上发生事故的概率。在煤矿生产系统整体行为层面上，行为致因的事故一般是能够导致全局性影响的事故，可能会出现非常严重的人身伤害及财产损失，导致较长时间的工作面停产，使整个煤矿生产经营陷入混乱状态，煤炭企业要将主要的人力、物力及财力都投入到生产抢险及事故善后工作上。通常这个层面上发生事故一般具有长周期性，事故发生概率要远低于过程层面上发生事故的概率。

第四，按照矿工不安全行为的演化过程进行分类。通常我们所说的矿工不安全行为实际上是一个演化过程，从不安全行为偶然生成到规律性生成，直至事故发生，通常要经过一个相对较长的过程演化，不会从不安全行为第一次出现就发生事故，不安全行为与煤矿事故存在联系，只不过这种联系是一种概率关系。按照不安全行为演化过程的不同阶段，我们可以将矿工不安全行为划分为：①偶现阶段的不安全行为，这时不安全行为的生成没有规律性，出现的次数也较少，持续的时间也不长；②事故酝酿阶段的不安全行为，这时不安全行为出现的规律性仍然较差，但出现的次数已经有一定积累；③非事故性伤害偶然出现阶段的不安全行为，这时不安全行为出现的次数已经有了一定积累，并且积累效应已经导致非事故性伤害偶然出现；④非事故性伤害经常出现阶段的不安全行为，这时不安全行为出现的次数又有了进一步积累，按照 Reason 的事故金字塔理论，这时不安全行为的积累效应已经促使非事故性伤害经常性出现；⑤事故性伤害偶然生成阶段的不安全行为，这时不安全行为出现的次数已经大量积累，其积累效应最终导致了事故性伤害的出现。从理论上来说，可能还会出现事故性伤害经常生成阶段，但在实际中，事故性伤害的出现会促使企业马上做出响应，不可能让这种事故性伤害在企业的日常生产过程中不断出现，因而该阶段只是存在于理论分类中。

第五，按照矿工不安全行为的预防措施进行分类。按照预防措施的不同类型可以分为：个体行为干预及控制，即通过对个体行为进行干预来控制和预防的矿工不安全行为；系统可靠性控制，即通过提升系统可靠性进行预防的矿工不安全行为；管理措施控制，即通过完善管理措施进行预防的矿工不安全行为；情境控制，即通过特殊情境营造进行预防的矿工不安全行为（如利用中国情境下的特殊人际关系来进行情感介入，通过家庭亲缘关系的感化来干预和改变矿工的不安全行为）。按照防御不安全行为手段的不同类型，可以将防御不安全行为的措施分为被动安全防御、主动安全防御和静态安全防御等措施。

第六，其他分类。我国煤矿企业安全管理人员在长期的安全生产管理实践中积累了非常丰富的安全管理经验，他们以安全性作为划分界限，将煤矿从业人员分为两种类型，一种是所谓的安全人，另一种就是所谓的不安全人。虽然这种分类过于笼统，但在实践中却具有高度的应用便利性，在已有分类的基础上，我们通过对 21 种所谓的不安全人进行进一步梳理，将这 21 种不安全人又按照具体的分类标准（经验常识、行事风格及情绪与身体状况）划分为三个具体的小类。按照经验及常识的丰富程度进行分类：①初来乍到的新职工；②不懂规程的糊涂人；③不学无术的懒惰人；④变换工种的隔行人；⑤不参加学习培训的知识匮乏人。按照行事风格进行分类：①冒冒失失的莽撞人；②猎奇好动的年轻人；③吊儿郎当的马虎人；④冒险蛮干的危险人；⑤争强好胜的逞强人；⑥心存侥幸的麻痹人；⑦受到委屈的泄愤人；⑧急于求成的草率人；⑨因循守旧的固执人；⑩滥用职权的霸道人。按照情绪及身体状况进行分类：①酒后不振的萎靡人；②情绪不稳的烦心人；③大喜大悲的异常人；④手忙脚乱的急性人；⑤心余力亏的老工人；⑥突发疾病的危险人。

矿工不安全行为的分类不仅可以帮助识别者在识别具有不安全行为倾向的矿工及矿工的不安全行为过程中提升识别效率、降低识别误差，还可以为研究者简化研究样本，建立更加简化但更加符合实际识别要求的识别模型。另外，在矿工例行的安全培训中，培训人员也可以就分类方法对矿工进行有系统有计划的培训，让矿工熟知在煤矿生产过程中有哪些类型的矿工不安全行为，通过安全培训在提升他们安全知识积累的同时也提升他们的安全意识，从而将安全知识、经验与安全实践结合起来以降低煤矿在生产过程中的矿工不安全行为的发生概率，提升煤矿安全管理水平。在这里我们总共列出了六种矿工不安全行为的分类方法，它们有些是借鉴 Reason 的人误分类，但大多来源于对煤矿安全生产实践的总结，基本覆盖了在我国煤矿生产过程中可能产生的矿工不安全行为的各种类型。我们在本部分中对矿工不安全行为进行种种分类，其目的在于帮助我们提升在后文中所建立的识别模型在实际应用中的识别准确度。

第三节　矿工不安全行为倾向及不安全行为的识别方法

从行为产生的过程来看，需求是行为生成的源头，而动机则是需求与行为生成之间的中间环节。不安全行为生成后，如果马上消失或者被制止，则其诱发事故的概率会很小，因而识别这类不安全行为难度很大，则实际意义并不大。通常不安全行为生成后会在特定的环境条件下持续存在一个时期，而不安全行为的识别正是通过其持续时期内的相关行为表现指标进行识别的。对于具有不安全行为倾向的矿工主要是根据其行为表现及相关行为特征指标进行识别的。但是考虑到不安全行为识别所用到的行为表现指标一般都是单一的具体指标，其水平一般只有两个：安全（1）或者是不安全（0），也就是说不安全行为的识别实际上是具有不安全行为倾向的矿工识别的一种特殊形式。因此，随后的章节只是针对识别具有不安全行为倾向的矿工而展开的。

一、矿工不安全行为倾向及矿工不安全行为识别方法的特殊性

上述理论分析及实践中的识别案例告诉我们，矿工的不安全行为及具有不安全行为倾向的矿工都是可以识别的，但现有的识别方法一般都针对具体的问题而设计，如文字识别、指纹识别、犯罪嫌疑人及有罪行为识别，通常不能够直接用于识别具有不安全行为倾向的矿工及矿工的不安全行为，在煤矿安全管理实际应用中需要对已有方法进行进一步的综合和改进。这主要是由于以下因素造成的：

（一）识别对象存在巨大差异
现有的识别方法主要针对人体的某一部分，或人体的某一器官的行为表现，而人的行为并不是人体的某一构成部分（如果以具有不安全行为倾向的矿工作为识别对象，

那就是以一个整体作为识别对象），也并不是人体的某一器官的行为表现，人的行为与人体的构成部分是有显著差异的，前者是人的动态行为表现，而后者则类似于静态的物体。

（二）识别环境存在巨大差异

指纹识别、声音识别及人脸识别都可以在一种相对稳定和静态的环境中进行，实际上可以在近似于实验室的环境中进行，可以将干扰因素尽可能地排除，因而识别起来相对容易。而矿工的不安全行为存在于煤矿井下复杂、多变、高危的环境中，所受到的干扰因素多，对识别技术及识别者的能力要求更加苛刻，因此，其识别难度也更大。

（三）矿工不安全行为倾向识别是一种复杂的动态识别过程

已有的识别技术都是被识别对象在被动的、静态的状态下完成识别的，例如，人脸识别，需要先把被识别者的脸部图像存储起来，然后再让被识别者的脸在一定的范围内接近人脸识别传感器来完成人脸识别，文字识别、指纹识别等都采取类似的过程。而人的行为是一种活动，存在于一定环境中，并在不断地演化，在识别的过程中，根本无法把被识别者放在一个固定的仪器前进行识别。因此，行为人及其行为识别的难度要大于人脸、指纹等技术识别。

（四）识别对象的模糊性

从前文的理论分析中我们可以看到，由于不安全行为有可能是矿工故意为之，因此，在某些条件下，并非不安全行为都是具有不安全行为倾向的矿工所造成的。因此，我们的识别对象就不能只局限于具有不安全行为倾向的矿工，还要针对不安全行为本身。产生不安全行为的矿工人数在实际中要远远大于具有不安全行为倾向的矿工人数。

由此可见，具有不安全行为倾向的矿工及矿工不安全行为的识别有它的特殊性，我们不能只是简单地借用已有识别技术来识别矿工不安全行为。在识别矿工不安全行为过程中，既要重视现有识别技术的客观性和科学性，也要充分考虑识别者的经验、能力及主观判别能力，要将客观性和主观性有机地结合起来，以提高识别的精确度。

二、矿工不安全行为倾向识别模型的构建

（一）矿工不安全行为倾向识别的流程

不论是已有的识别技术，还是常用的识别方法，诸如两两对比法、模糊综合识别法、模糊相似优先比法及主观判别法，它们都是通过相互的比较来识别我们所要识别的对象。一般都要遵循以下过程：被识别对象的遴选及确认→确定参照对象（参数）→建立参照基准（取值范围）→形成符号对象→修正遗漏和误选→形成识别结果集合（见图 3-1）。

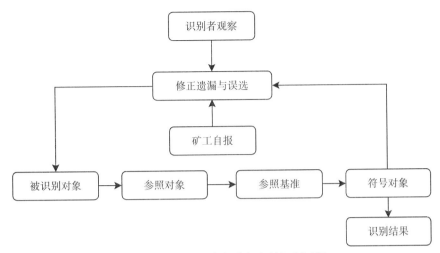

图 3-1 矿工不安全行为倾向的识别过程

首先，我们要针对被识别对象的特征遴选参照对象（reference object, controled object），它需要具备被识别对象的主要特征。选择参照对象是我们进行具有不安全行为倾向的矿工及矿工不安全行为识别的最为关键的一环，它既是测定识别对象的主要特征参数的基础，也是建立参照基准的前提条件。通过反复的观察和实验，并依据安全管理实践中对矿工不安全行为的定义或描述，识别者要从参照对象身上测定被识别对象的主要特征参数。如果被识别对象与参照对象主要特征参数吻合度非常高或者是完全一致，虽然识别者还不能完全判断该被识别对象就是具有不安全倾向的矿工，但可以达到一个较高的识别精度，这主要是由于识别者所采用的参照对象主要特征参数实际上只是被识别对象的必要条件，而非充分条件。在实际识别过程中，研究者很难建立被识别对象的充分条件，因此，建立高质量的参照特征参数就是研究者提升识别精度的一个重要努力方向。显而易见，参照对象特征参数的信息不完备性决定了现有识别技术都不是绝对可靠的。选择参照对象的过程实际上就是对具有不安全行为倾向的矿工及矿工不安全行为的初步识别，本阶段工作质量的高低对后续识别阶段会产生较大影响，如果研究者选择的是低质量的参照对象，不仅会导致后续识别精度不高，甚至会导致识别任务需要返工。

其次，建立参照基准（reference benchmark）。对参照对象主要特征参数的选择和测定是一个不断反复观察和筛选及测量的过程，这个过程需要研究者不断对参照对象的特征行为进行细致、持久且耐心的观测，直到找出参照对象的主要特征参数。而所谓的具有不安全行为倾向的矿工，或者矿工的不安全行为，它们都只是在一定的区间范围内取值，只有在该区间范围内，我们才能把某些矿工称作具有不安全行为倾向的矿工，把某些矿工行为称作不安全行为。参照基准，就是我们所设定的不安全行为倾向或者不安全行为的取值区间，只有在特殊情况下才有可能只取一个值。但是在现实的识别实践中，不安全行为识别所采用的行为表现指标一般只有一个，而且一般取值 0（不安全）和 1（安全），就是说矿工的某一行为要么是安全的，要么是不安全的，不可能有第三种取值。

再次，两两比较。在这一步骤中，不安全行为的识别和具有不安全行为倾向的矿工的识别所采用的识别情境是截然不同的。不安全行为的识别需要在真实的情境中，也就是在矿工的工作过程中进行动态的、实时的识别；而具有不安全行为倾向的矿工识别既可以在真实的情境中实时、动态地识别，也可以在实验室情境中进行模拟识别。另外，不仅不安全行为的识别情境和具有不安全行为倾向的矿工的识别情境有显著性区别，而且不安全行为的识别所采用的参照指标集也要比具有不安全行为倾向的矿工识别所采用的参照指标集简单很多。虽然它们的识别情境不同，但都需要进行两两比对。识别者将被识别对象首先与参照对象进行初步对比，如果符合参照对象的基本特征，紧接着再与参照基准进行一一比对，如果其各参数取值都在基准取值区间内，则该被识别对象就被标记为符号对象，也是我们在安全监管过程中需要重点进行监控的对象。

最后，对符号对象的筛选及发现新的被识别对象（修正遗漏和误选）。在以上三个步骤的阐述中，我们已经知道，已有的识别理论和技术只能找到被识别对象所具有的特征参数（也就是必要条件），因此，识别者在识别的过程中，必然会产生遗漏（也就是识别者所犯的第一类错误，具有不安全行为倾向的矿工或者不安全行为没有被识别者标记为符号对象）和误选（也就是识别者所犯的第二类错误，非不安全行为倾向矿工或者非不安全行为却被识别者标记为符号对象）情形。这两种错误的形成原因主要是我们无法构建被识别对象的充分必要条件，导致识别者只能从必要条件入手去识别被识别对象，因此就不可避免地会产生上述两类错误。在实践中，随着识别者的识别经验积累及识别模型参数的不断改进，识别者也可以逐渐降低这两类错误发生的概率，识别正确率能够基本上满足煤矿安全生产实践的要求。在修正遗漏和误选过程中，处在生产一线的矿工和安全监管者发挥着重要作用。由于识别者不可能时时刻刻处在生产一线对被识别者进行动态实时的观察和记录，如果被遗漏和误选的被识别对象愿意主动向识别者自报，必然会加快修正遗漏和误选的进度。自报制度是以良好的安全文化为基础的。只有在良好的安全氛围中，矿工才能与识别者、监管者之间建立一种高度的信任关系，他们才会主动向识别者、监管者汇报安全问题。矿工自报不仅可以提升识别者的识别正确率，还可以提升识别效率。

（二）识别模型的构建

1. 排序模型

该模型的主要做法是将所有被识别对象与参照对象就相关特征参数进行一一比对，并计算其相对于参照基准的取值，然后对所得取值进行排序并构成一个集合，然后在这个集合上构建一个 λ 截集，该截集中的元素所对应的被识别对象就可以归类为具有不安全行为倾向的矿工或矿工不安全行为。其模型如下：

设 $U_i = (U_1^i，U_2^i，\cdots，U_j^i，\cdots，U_m^i)$ 为我们所要识别的对象的特征参数向量，$i = 1，2，\cdots，n$（可以是某个煤矿所有要下井工作的矿工，共有 n 人），参照对象的特征参数向量为 $\Omega = (\Omega_1，\Omega_2，\cdots，\Omega_j，\cdots，\Omega_m)$，$\Omega_j$ 为一个实数区间，若 $U_j^i \in \Omega_j$，$j = 1，2，\cdots，m$，则将该识别对象标记为符号对象 Ã，识别者可就被识别对象的特征参数向量每一分量对应于参照对象特征参数向量的对应分量的属于程度进行打分（"完全属于"取值为 3、"属于"取值为 2、"基本属于"取值为 1），然后将每项所得取值加总起来，就可以计算出每位被识别者的取值并从高到低进行排序。排序越高，说明该被识别对象是具有不安全行为倾向的矿工或者矿工不安全行为的可能性就越大。

为了更进一步分析的方便，这里我们设 U 为所要识别的对象论域，可以是某个煤矿所有要下井工作的矿工，也可以是某一工种。考虑到实际应用的可行性，将一个煤矿所有矿工作为一个对象论域是不切实际的，因为不同的工种，其不安全行为表现是不同的，因而所采用的参照基准也是不同的。因此，以工种作为一个识别对象论域更具有可行性。Ã 是论域 U 上的模糊子集，该子集实际上就是从论域 U 的构成元素的特征参数向量到参照对象特征参数向量为 $\Omega = (\Omega_1，\Omega_2，\cdots，\Omega_j，\cdots，\Omega_m)$ 上的一个映射。则：

$$A_{\Omega_j} = \{ U_i | U_i \in U，\mu_A(U_i) \in \Omega_j \}$$

其中，A_{Ω_j} 就被称为模糊集 Ã 的 Ω_j 的截集，Ω_j 称为置信水平。在这里，置信水平不同于模糊数学中的定义，它不是以数值的大小来判断某个被识别对象对于特定模糊子集的属于程度，而是以隶属程度来度量其对于模糊子集的属于程度，这个环节需要识别者就被识别对象的每个特征参数与参照对象的基准参数进行一一比对，以判断其隶属程度。

2. 模糊距离模型

排序模型采用的是逐一比较的方式，通过选取截集这种"一刀切"的方式从被识别对象中划分出符合对象，必然会在可能出现第一类和第二类错误的基础上再进一步出现遗漏和误选，也就是识别者可能犯的第三类错误，也就是说，虽然有参照基准，但识别者仍然在大多数情形下靠主观判断而不是完全可以量化的数值来判断被识别者的特征参数与参照对象的特征参数的一致程度。因为，对于同一个论域上的模糊子集，由于识别者的认知水平及判断能力的不同，不同的识别者针对被识别对象的特征参数与参照对象的特征参数的比对会得出不同的判断结果，最终使得所得到的被识别者对该模糊子集的属于程度是不相同的。因此，我们可以在排序模型的基础上来度量被识别对象与参照对象的相似程度（或者叫作一致性）。目前，在实际中，判断相似程度一般用"贴近度"或者"欧几里得距离"表示。

贴近度：若参照对象的特征参数为 $\Omega = \{\Omega_1, \Omega_2, \cdots, \Omega_j, \cdots, \Omega_m\}$，$\Omega_j$ 为一个实数区间，$\Omega^{0.5} = \{\Omega_1^{0.5}, \Omega_2^{0.5}, \cdots, \Omega_j^{0.5}, \cdots, \Omega_m^{0.5}\}$，$\Omega_j^{0.5}$ 表示对应于 Ω_j 该实数区间的中点取值，$U_i = \{U_1^i, U_2^i, \cdots, U_j^i, \cdots, U_m^i\}$ 仍然为我们所要识别的对象的特征参数集，则 Ω 和 $\Omega^{0.5}$ 的贴进度为 $(\widetilde{\Omega}, \widetilde{\Omega_j^{0.5}}) = \dfrac{1}{2}[\widetilde{\Omega} \cdot \widetilde{\Omega_j^{0.5}} + (1 - \widetilde{\Omega} \odot \widetilde{\Omega_j^{0.5}})]$，其中，$\widetilde{\Omega} \cdot \widetilde{\Omega_j^{0.5}}$ 表示 $\widetilde{\Omega}$ 与 $\widetilde{\Omega_j^{0.5}}$ 的内积，$\widetilde{\Omega} \odot \widetilde{\Omega_j^{0.5}}$ 表示 $\widetilde{\Omega}$ 与 $\widetilde{\Omega_j^{0.5}}$ 的外积。用贴近度来度量被识别对象与参照对象的一致性相对于用距离来度量的方法要更加简单一些，因为用距离来度量一致性时，需要把多项进行加和，如果论域 U 是连续的时候，还需要计算积分，这往往是一项十分复杂的工作。而在实际中，论域 U 的取值往往都是离散的，因而用贴近度更加方便和高效。虽然如此，但贴近的计算需要用到一点布尔数学的知识，这需要对使用该识别方法的工作人员做一些前期的培训，这导致该方法在实际应用中并没有得到普遍推广。

欧几里得距离：假设参照对象的特征参数向量为 $\Omega = \{\Omega_1, \Omega_2, \cdots, \Omega_j, \cdots, \Omega_m\}$，$\Omega_j$ 为一个实数区间，$\Omega^{\alpha} = \{\Omega_1^{\alpha}, \Omega_2^{\alpha}, \cdots, \Omega_j^{\alpha}, \cdots, \Omega_m^{\alpha}\}$，$\Omega_j^{\alpha}$ 表示对应于 Ω_j 该实数区间中的某个取值（在实际应用过程中，α 的取值需要经过多次尝试，以便在 Ω_j 区间中取得最优值），则：

$$d_2 = \frac{1}{\sqrt{n}} \sum_{i=1}^{n} \sqrt{(\mu_{\Omega}(\Omega_j) - \mu_{\Omega^{\alpha}}(\Omega_j^{\alpha}))^2}$$

上式为 Ω 和 Ω^{α} 的相对欧几里得距离。当被识别对象与参照对象的特征参数取值完全相等时，该欧几里得距离等于 0，即 $d_2 = 0$。从欧几里得距离的计算公式中我们可以看到，d_2 的取值越小，说明被识别对象与参照对象的相似程度越高，则被识别对象是具有不安全行为倾向的矿工或矿工不安全行为的概率就越大。通过计算被识别者与参照对象之间的欧几里得距离，可以根据所得距离的大小将被识别对象与参照对象的相似程度从大到小进行排列，距离越大说明该被识别对象与参照对象差异越大，其是具有不安全行为倾向的矿工或者矿工不安全行为的概率就越小。但在排序的过程中也要涉及截断问题，识别者需要根据实践经验选取一个截断距离，大于该距离则其成为具有不安全行为倾向的矿工或者矿工不安全行为的概率极低（如发生概率＜5%）。在实践中，由于欧几里得距离简单直观，该方法是识别者最常用的一种计算被识别对象与参照对象相似性的方法。

3. 模糊相似优先比模型

汉明（Hamming）距离的计算是模糊相似优先比模型的核心步骤。汉明距离度量的是被识别对象与参照对象之间的相对距离，它在计算机、通信领域有着非常广泛的应用，主要用在数据传输差错的编码控制上。如果两个字（byte）的长度相同，汉明距离主要表示这两个字相对应位置字节（bit）不同的数量，通常字 x，y 之间的汉明距离我们用 d(x，y) 来表示，并对这两个字的相对应的字节进行布尔代数（异或）运输，统计结果中 1 的数量，这个数量就表示两个字之间的汉明距离。由汉明距离的定义我们可以看到，它也是通过两两比较来判断字与字之间的一致性，因而可以用来判断一个被传输信号的失真程度，同样也可以借用来进行行为识别。在实际的应用中，我们需要对汉明距离进行必要的修改，以更适合于对具有不安全行为倾向的矿工的识别。

很显然，对于所要识别的对象论域 U（如一个煤矿下井的矿工集合），参照对象也是从所要识别对象论域中挑选出来的，因此参照对象也是论域的一个模糊子集，只不过它只有一个元素。被参照对象和参照对象之间的汉明距离的计算公式如下：

$$d(\Omega，\Omega_j) = \frac{1}{n} \sum_{i=1}^{n} \left| \mu_\Omega(\Omega_j) - \mu_{\Omega^a}(\Omega_j^\alpha) \right|$$

我们从上述几种识别模型可以观察到，无论是对于计算机、通信传输研究领域、模式识别研究，还是行为识别研究，两两比较几乎是任何识别模型的基础，它们都是从识别对象所具有的必要条件入手来构建识别模型，因而这导致现有的任何识别方法从理论上来说都无法达到百分之百的识别准确率。

模糊相似优先比法主要是运用汉明距离的计算思想，通过对被识别对象与参照对象的两两比对来对具有不安全行为倾向的矿工进行识别的。但该方法在应用过程中并没有采用 0，1 编码方式的原始汉明距离计算方法，而是通过建立一个参照基准对象，并将其他被识别对象与参照基准对象进行两两比较，最终根据被识别对象与参照基准对象之间的相似度来做出判别。其过程主要分为两大步骤（宁宣熙、刘思峰，2009），分别是：

第一步：构造模糊相似优先比矩阵。设给定识别对象集合为 M = {X_1，X_2，…，X_n}，并给定固定基准样品 X_k，任取 X_i，$X_j \in M$，和 X_k 作比较，得到模糊关系 $\underset{\sim}{R} = (r_{ij})$，$r_{ij} \in [0，1]$，且 r_{ij} 满足：若 $r_{ij} \in [0，0.5)$，则表示 X_j 比 X_i 优先；若 $r_{ij} \in (0.5，1]$，则表示 X_i 比 X_j 优先；若 $r_{ij} = 0$，则表示 X_j 显然比 X_i 优先；若 $r_{ij} = 0.5$，则无法确定优先性；若 $r_{ij} = 1$，则表示 X_i 显然比 X_j 优先。为了计算方便，在具体运用时一般采用汉明距离来确定 r_{ij}，令：

$$r_{ij} = \frac{\rho_{kj}}{\rho_{kj} + \rho_{ki}}$$

其中，$\rho_{ki} = |X_k - X_i|$，$\rho_{kj} = |X_k - X_j|$。

第二步：选取适当的截矩阵对识别对象进行排序。当识别对象的容量较大时，为了便于判断出优先相似对象，一般按照 r_{ij} 值从大到小选取 λ 的截矩阵 M_λ。

$$M_\lambda = (r'_{ij})$$

其中，$r'_{ij} = \begin{cases} 1, & r_{ij} \geq \lambda \\ 0, & r_{ij} \leq \lambda \end{cases}$，$\lambda \in [0, 1]$。

随着 λ 值由大变小，如果首先出现 M_{λ_1}，它的第 i_1 行元素达到全为 1，则对于特定识别样本，X_{i_1} 的相似程度是第一优先的，即与基准样品最相似。除去相似程度第一优先的那一批识别对象，得到新的模糊相似优先比矩阵，重复上述步骤，直到所有识别对象对特定样本的相似程度排出优先次序。

模糊相似优先比方法同上文的其他模型相比有更大的灵活性，它既可以完全利用客观观察数据进行识别，也可以完全利用主观判断进行识别，甚至可以将客观观察数据与识别者的主观判断数据有机结合起来进行识别，而且从理论上来说，该方法应该具有更高的识别准确率，但其在实际应用中的效果主要取决于两个方面：客观观察数据的准确性，识别者的判断能力以及工作经验的积累程度。从基于两两对比的具有不安全行为倾向的矿工识别模型的构建过程来看，这类识别方法准确性除了受到数据可靠性及模型科学性的影响外，对参照基准的选择也非常敏感。如果识别者所参照的基准对象是不合理的或者是不准确的，那么会导致随后的识别结果前功尽弃。在参照基准选择上，具有不安全行为倾向的矿工的识别与犯罪嫌疑人的识别之间存在很大差别。对于犯罪嫌疑人识别所采用的参照基准主要来自犯罪嫌疑人在犯罪现场或者犯罪过程中留下的线索，如指纹，带有基因信息的头发、血迹以及其他遗留物等，这些参照基准都具有唯一性和排他性，只要通过两两比较的方式找到与其参数一致的识别对象就可以了。但是在识别具有不安全行为倾向的矿工过程中所采用的参考基准对象是抽象的和非具体性的人，识别者无法找到这种具有唯一性和排他性的参照基准，而只能选择通过经验、判断及集体讨论所得到的参照基准，这种参照基准与识别犯罪嫌疑人过程中所采用的参照基础相比存在明显的缺陷，它只能尽可能地逼近最佳参照基准，但在实践中可能永远也无法找到那个最佳基准，这就会影响到最终识别结果的正确性。

第四节　矿工不安全行为倾向的识别方法的应用

一、选择识别对象

煤矿井下矿工是煤矿不安全行为来源的主体。由于煤矿井下生产环境复杂多变，充满着众多危险因素，井下生产作业的矿工任何形式的不安全行为都有可能诱发这些危险因素形成煤矿事故。因此，本应用部分中，我们在选择研究样本时主要针对的是煤矿井下生产作业的班组成员。由于不同类型的班组其工作方式、作业环境及技能要求又存在明显差异，因此我们不能够选取一家煤炭企业的所有一线工作的矿工作为被识别对象，那样就很难将不同工作情境下的具有不安全行为倾向的矿工及矿工的不安全行为识别并区分开来。为了使本项目的研究结论具有代表性，我们选择徐州附近某煤矿采煤工区的一个早班机电班组成员作为识别对象，成员为 10 人。这里需要做出特别说明的是，不同的煤矿在日常生产中的班组人数的差别也比较大。某些地质条件好的新开矿井不仅班组人数少，而且产量大。而对于一些地质条件差的老矿，不仅产量低，而且班组成员很多。因此，班组成员的数量要视具体的煤矿生产情况而定，虽然本识别方法针对的是煤矿的机电班组，但其他不同班组成员也可以采用类似的识别方法。通过对班组成员中具有不安全行为倾向的个体进行识别，以帮助煤矿安全管理者选择适合从事井下任务的员工，剔除具有不安全倾向的员工，消除煤矿井下作业班组成员的不安全行为隐患，从源头上消除"三违"行为的产生。

在这里，我们选取的被识别对象都是以一个班组为单位的，识别情境并不是在矿工完全真实的工作情境中完成的。这样做是由于在煤矿井下工作环境中，如果矿工察觉到有外来人员观察他们的一举一动，会显著性地影响到他们的行为表现，导致观察的结果与实际结果存在很大差别。另外，随着煤矿井下可视化系统的投入使用，识别者完全可以通过视频监控观察井下矿工的实时行为表现。因此，本项目中的整个识别过程并不是在动态的、实时的矿工工作环境中完成的。实际上对矿工不安全行为及具有不安全行为倾向的矿工的识别过程是一个不断往复和程序修正的过程，第一步我们所做的工作实际上就是构建识别模型，对所有被识别对象进行一次筛选，以缩小被识别对象的边界，为提升下一步进行实时、动态识别的效率做准备。实际上上述三种识别模型的主要思想都是采用两两比较，有很多雷同之处，但相比之下模糊相似优先比模型更为系统，因此，本项目选择模糊相似优先比模型应用于对具有不安全行为倾向的矿工的识别。

由于人的行为是在特定需求与情境的共同作用下生成的，不同的情境下，即使是同样的需求也会产生不同的行为结果。这就需要在识别流程执行之前对识别对象进行分类，并明确识别对象存在的情境。实践表明，对识别对象科学的选择和分类可以为后续的识别工作顺利执行打下一个良好的基础。因此，在本项目中，我们首先对识别对象按照不同的工作部门（工种）、工作情景进行分工，确定了具有不安全行为倾向及矿工不安全行为存在的情境。另外，整个识别工作也分为多个阶段。第一个阶段，识别者的主要工作是对不同部门、不同工种的矿工进行筛选，得到符号对象；第二个阶段，识别者需要在矿工动态的、实时的工作情境中对符号对象进行识别；第三个阶段是对前两个阶段的补漏和修正。

二、确定相似因子

第一步，通过综述安全理论、发放调查问卷、访谈安全管理专业人员及现场观察等方式确定矿工不安全行为倾向所具有的相似因子大致范围，然后运用名义分组技术（Nominal Group Technology，NGT）对相似因子进行确认，最终 NGT 评价人员在情绪、态度、行为习惯及个人能力四个因子上意见相对一致，并将其作为模糊相似优先比模型中的相似因子。根据统计数据和日常观测，通常具有不安全行为倾向的个体在情绪、态度、行为习惯及个人能力等方面的取值都不会很高。

第二步，确立基准不安全行为倾向矿工。根据第一步的调查问卷、安全理论及实践专业人员访谈及现场观察所获得资料，确立基准不安全行为倾向矿工，并计算其在情绪、思想、行为习惯及个人能力等方面的取值，然后再计算其他矿工在各指标上的相应取值。

第三步，确定不同相似因子的取值范围。为了数据处理的方便，这里我们将情绪（由差到好）、思想（由低到高）、行为习惯（由坏到好）及个人能力（由弱到强）取值分为 10 个等级，从 1 到 10。这些值的确定主要是通过调查问卷并结合现场访谈和观察获得的。

第四步，数据采集。我们选择带班矿长（1 人）、工区长（1 人）、安全员（1 人）、安全记录优良的井下熟练工人（2 人，由带班矿长、工区长及安全员从 10 名早班机电班组成员中选出，因此最终实际识别对象是 8 个）作为评判者，判定不同矿工在不同相似因子下的取值。由于评价者与被评价者长期在一起工作，交流频繁，能够对识别对象深入了解，并提供相对客观可靠的评价值。评价者对不同相似因子给定评判值的参考依据如下：

（一）矿工的情绪

主要从情绪的稳定性来考虑取值，具体指标可以考虑情绪的波动性，如大喜大悲的出现频次、遇事急躁程度、工作情况及人际关系出现变化时的冲动程度等。在实际的工作中，矿工的情绪是在动态变化的，因此仅仅以评价筛选方式来确定一个人的情绪变化规律肯定会存在某些问题，这些问题需要在以后的动态、实时的识别过程中进行进一步的校正。

（二）矿工的工作态度及思想表现

主要从矿工的工作态度可能产生的行为后果来考虑取值，具体指标可以考虑态度上是否存在心存侥幸、冒险蛮干、吊儿郎当、急于求成、争强好胜、因循守旧等表现。矿工的工作态度和思想表现也需要一个长期的观察过程才能确定选值，因此，要提高识别正确率，就需要提高安全理论及实践专业人员的取值比重，充分重视理论专家和实践人员的意见比重的合理分配。

（三）矿工的行为习惯

它是矿工在长期的工作和生活中养成的一种行为逻辑，无论是对矿工的有意行动还是无意的行为都会产生持久且全方位的影响。行为习惯是一个人在长期的工作及生活中所形成的一种行为惯性，具有较大稳定性，因而可以较为准确地预测一个人在未来行为活动中的趋势。如矿工在行为上是否经常酗酒、猎奇好动、生性霸道，是否严格遵守劳动纪律及各种操作规程，是否有习惯并且能正确佩戴劳动保护用品。一种行为习惯的养成需要较长的时间且相对稳定的工作及人际环境，因而改变矿工的行为也需要从他们自身及其所处的人际环境入手。

（四）矿工的身体素质及个人能力（矿工的综合能力）

人的综合能力和素质不是一朝一夕就可以形成的，需要一个较长时期的学习和经验积累，最终必然会成为决定行为倾向的一个重要因素。人的综合能力主要包括：身体条件，如体温及血压稳定性，是否酒后、疲劳作业，身体是否存在突发疾病的可能（如心脏病、癫痫），矿工自身身体条件存在的问题和缺陷容易在工作过程中导致不安全行为，增加诱发事故的概率；技术能力，即是否持有上岗证，具备上岗所需要的技术能力；认知能力，即具备一定的安全知识，是否能有意识地发现隐患、发现隐患后有能力处置隐患或者清楚将隐患信息快速准确地报告给责任部门的相关人员。矿工的综合能力涵盖了身体条件、技术能力及认知能力三个方面，决定了矿工诱发事故、发现事故及处理事故的综合能力，而且这些能力都是在长期的生活、学习及工作中通过不断的积累而形成的，对矿工的行为倾向会产生决定性的影响作用。

三、数据处理

根据上文阐述的数据采集方法，我们采集到如表 3-1 所示的数据。这里我们针对被识别对象所具有的不同相似因子采用汉明距离计算出其相似矩阵。

表 3-1　矿工的相似因子取值

相似因子　　　矿工	X_k	X_1	X_2	X_3	X_4	X_5	X_6	X_7	X_8
情绪（D1）	4.4	7.2	7.8	8.0	3.8	7.6	7.8	7.8	6.2
思想（D2）	3.8	8.2	7.8	8.0	4.2	8.0	7.8	8.0	6.2
行为习惯（D3）	4.6	7.8	7.6	7.6	4.4	7.2	7.4	7.0	6.0
个人能力（D4）	4.6	7.4	7.2	7.6	5.0	7.4	7.8	8.0	5.8

（1）对矿工的情绪相似因子（D1）得：

相似因子（D1）矩阵

M_{D1}		X_1	X_2	X_3	X_4	X_5	X_6	X_7	X_8
	X_1	0.50	0.55	0.56	0.18	0.53	0.55	0.55	0.39
	X_2	0.45	0.50	0.51	0.15	0.48	0.50	0.50	0.35
	X_3	0.44	0.49	0.50	0.14	0.47	0.49	0.49	0.33
	X_4	0.82	0.85	0.86	0.50	0.84	0.85	0.85	0.75
	X_5	0.47	0.52	0.53	0.16	0.50	0.52	0.52	0.36
	X_6	0.45	0.50	0.51	0.15	0.48	0.50	0.50	0.35
	X_7	0.45	0.50	0.51	0.15	0.48	0.50	0.50	0.35
	X_8	0.61	0.65	0.67	0.25	0.64	0.65	0.65	0.50

（2）对矿工的思想相似因子（D2）得：

相似因子（D2）矩阵

M_{D2}		X_1	X_2	X_3	X_4	X_5	X_6	X_7	X_8
	X_1	0.50	0.48	0.49	0.08	0.49	0.48	0.49	0.35
	X_2	0.52	0.50	0.51	0.09	0.51	0.50	0.51	0.38
	X_3	0.51	0.49	0.50	0.09	0.50	0.49	0.50	0.36
	X_4	0.92	0.91	0.91	0.50	0.91	0.91	0.91	0.86
	X_5	0.51	0.49	0.50	0.09	0.50	0.49	0.50	0.36
	X_6	0.52	0.50	0.51	0.09	0.51	0.50	0.51	0.38
	X_7	0.51	0.49	0.50	0.09	0.50	0.49	0.50	0.36
	X_8	0.65	0.63	0.64	0.14	0.64	0.63	0.64	0.50

（3）对矿工的行为习惯相似因子（D3）得：

相似因子（D3）矩阵

M_{D3}		X_1	X_2	X_3	X_4	X_5	X_6	X_7	X_8
	X_1	0.50	0.48	0.48	0.06	0.45	0.47	0.43	0.30
	X_2	0.52	0.50	0.50	0.06	0.46	0.48	0.44	0.32
	X_3	0.52	0.50	0.50	0.06	0.46	0.48	0.44	0.32
	X_4	0.94	0.94	0.94	0.50	0.93	0.93	0.92	0.88
	X_5	0.55	0.54	0.54	0.07	0.50	0.52	0.48	0.35
	X_6	0.53	0.52	0.52	0.07	0.48	0.50	0.46	0.33
	X_7	0.57	0.56	0.56	0.08	0.52	0.54	0.50	0.37
	X_8	0.70	0.68	0.68	0.13	0.65	0.67	0.63	0.50

（4）对矿工的个人综合能力相似因子（D4）得：

相似因子（D4）矩阵

		X_1	X_2	X_3	X_4	X_5	X_6	X_7	X_8
M_{D4}	X_1	0.50	0.48	0.52	0.13	0.50	0.53	0.55	0.30
	X_2	0.52	0.50	0.54	0.13	0.52	0.55	0.57	0.32
	X_3	0.48	0.46	0.50	0.12	0.48	0.52	0.53	0.29
	X_4	0.88	0.87	0.88	0.50	0.88	0.89	0.89	0.75
	X_5	0.50	0.48	0.52	0.13	0.50	0.53	0.55	0.30
	X_6	0.47	0.45	0.48	0.11	0.47	0.50	0.52	0.27
	X_7	0.45	0.43	0.47	0.11	0.45	0.48	0.50	0.26
	X_8	0.70	0.68	0.71	0.25	0.70	0.73	0.74	0.50

分别针对 M_{D1}、M_{D2}、M_{D3}、M_{D4} 四个相似矩阵，根据 λ 水平截集计算矿工间的相似程度，得到表 3-2。

表 3-2 矿工的相似程度排序

矿工 ＼ 因子	D_1	D_2	D_3	D_4	序号和
X_1	3	6	7	4	20
X_2	5	3	6	3	17
X_3	6	5	6	5	22
X_4	1	1	1	1	4
X_5	4	4	4	4	16
X_6	5	3	5	6	19
X_7	5	4	3	7	19
X_8	2	2	2	2	8

从表 3-2 中可以看出，其他矿工与基准不安全行为倾向矿工的相似程度排序为 $X_4 \rightarrow X_8 \rightarrow X_5 \rightarrow X_2 \rightarrow X_6$ 或 $X_7 \rightarrow X_1 \rightarrow X_3$。可见，矿工 4 与基准对象最为相似，在所有识别对象中最具有不安全行为倾向，其次是矿工 8，而其他矿工则与基准对象相似性较差。从中我们可以看到模糊优先比识别方法的应用价值：

（1）模糊相似优先比法可以对具有不安全行为倾向的矿工做出较为明显的区分。从表 3-2 中可以较为清楚地区分出，标号为 4 和 8 的矿工与其他矿工具有明显的差异，评价者可以据此判断这两位矿工具有不安全行为倾向的程度较大。根据行为倾向理论，这两位矿工在参与煤矿生产系统的运行过程中发生不安全行为的概率要大于其他矿工。

（2）模糊相似优先比法综合考虑了主观判断和客观评价各自优势，避免了仅仅依靠主观臆断来判断某某矿工具有不安全行为倾向，相对于单纯的主观判断来说，该方法在实际应用中所取得的识别结果具有更高的可靠性。

（3）通过对调查问卷的改进，模糊相似优先比法也可以用于对煤矿井下作业人员的遴选和优化，一方面避免招聘具有不安全行为倾向的员工进入煤矿到井下从事繁重且充满风险的工作，另一方面可以对于那些存在违章记录的矿工进行行为倾向评估，以确定他们是否适合从事带有风险性的工作，从源头上防止不安全行为的生成。

四、动态实时的工作情境识别

通过模糊相似优先比模型可以对被识别对象进行一次全面的筛选。该方法将被识别对象与参照基准对象就每一个相似因子一一比较，最终将被识别对象按照其与参照基准对象的相似程度进行由高到低的排序。从理论上来看，通常与参照基准对象越相似的被识别对象，其发生不安全行为的概率就越大，当然其诱发煤矿事故的概率也就越高。但是，模糊相似优先比法一般都是在相对稳定的模拟环境中根据已有经验和数据计算出的相似程度，毕竟与矿工实际的工作环境存在较大差异。因此，在完成初步的筛选之后，安全理论及实践专业人员还需要到矿工的工作现场进行跟踪和验证识别效果，以确定矿工在实时的、动态的工作情境下是否真的会出现不安全行为倾向，同时识别矿工在实时的、动态的工作情境下的不安全行为的具体表现，以修正参照对象的特征参数，建立更为精确的参照基准，从而提供识别的准确率。

目前，我国煤矿工人的工作时间表基本上都是 24 小时三班轮换，一个检修班，另外两个是生产班，安全理论及实践专业人员需要对三个不同时间段的不同工种和不同工作环境下矿工进行动态实时的多次（一般需要 2~3 次，特殊条件下需要 4~5 次）识别，以验证及修正采用模糊优先比法所得到的筛选结果。总体来说，随着现代化多方位的实时井下监控设备的普及应用，以及行为识别模型的不断改进和完善，在行为识别实践中安全理论及实践专业人员也在不断积累识别经验和知识，他们最终必然能够较为准确地识别我国煤矿工人在日常生产过程中所出现的各类不安全行为。一旦矿工不安全行为的识别正确率达到一个较高的水平，必然会提高行为干预措施的针对性和有效性，最终有可能将高发的矿工不安全行为降低到一个可以承受的合理水平。

本章小结

1949 年后，煤炭资源一直是我国能源消费的主要构成部分，而我国煤炭资源大多赋存于地下百米甚至多达几百米深处，煤矿生产大多只能以井工开采方式为主，因而大量的煤炭行业从业人员需要在井下环境中工作。由于煤矿井下生产环境复杂多变，存在大量危险因素，井下矿工任何形式的不安全行为都有可能诱导这些危险因素造成财产损失或者对矿工身体的伤害。但在煤矿的日常生产中，大多数煤矿安全管理者只能依据个人经验和判断将具有不安全行为倾向的矿工区分开来，由于缺少科学可行的识别标准，实际识别效果并不明显。因此，有效的识别方法或科学的识别模型构建对于解决具有不安全行为倾向的矿工的区分问题有着重要的影响作用。如果通过科学有效的识别方法将这部分矿工分离出来，避免让他们从事井下高风险工作，必然有助于减少煤矿"三违"行为，降低事故的发生概率。

因此，本章重点论述了在中国情境下的煤矿工人的不安全行为及具有不安全行为倾向的矿工的分类及识别问题。首先，我们论述了矿工不安全行为与煤矿事故的相关性，这是决定本研究理论及应用价值的主要因素之一。通过理论上的逻辑演绎及大量事故调查报告结果支持，在中国情境下，不仅矿工的不安全行为频发，而且矿工不安全行为与煤矿事故也存在着高度的相关性。实际中的理论需求及存在的安全问题决定了本研究项目的理论和应用价值。其次，在此基础上，我们又重点论述了识别矿工不安全行为及矿工不安全行为倾向的理论依据，即通过两两比对的方式度量被识别对象与基准对象之间的相似程度。同时我们的研究表明矿工不安全行为识别及具有不安全行为倾向的矿工的识别难度要比已有的人脸识别、声音识别等有具体特征参数标准的对象识别难度大得多，因此在应用已有识别技术时，要做必要的修改或修正。我们又以已有识别理论为基础讨论了有关识别过程及识别模型构建问题，并将识别过程划分为四个阶段，同时指出适合于识别矿工不安全行为及不安全行为倾向矿工的模型主要有三个，分别为排序法、模糊距离度量法、模糊相似优先比法，它们都可以辅助煤炭安全管理者识别矿工不安全行为倾向，但也都有各自的优缺点。我们重点运用了模糊相似优先比法对实际中矿工不安全行为倾向进行识别和归类。研究表明该方法可以帮助煤矿安全监管者对矿工不安全行为倾向进行有效辨别。因而，在安全管理实践中，监管者可以运用该方法对矿工不安全行为倾向进行初步识别，然后在实际工作过程中配以现场观察和动态视频监控，对被识别对象进行进一步确认。一旦被识别对象被确认为具有不安全行为倾向的矿工，他们就会被企业作为行为监管和干预的重点对象，被限制从事某些具有高风险的工种。由此可见，行为倾向识别方法的应用可以提高安全监管的效率。

第四章 矿工不安全行为的传播性及不安全行为传染性模型

长期以来，我国煤炭采掘企业都面临着一个比较棘手的问题，那就是矿工不安全行为频发、复发（有些矿工因为不安全行为受到了惩罚，但再次回到工作岗位发生不安全行为的概率仍然较大）。由于矿工不安全行为在我国煤矿企业具有普遍性，并且在中国煤矿生产安全管理情境下与管理者行为、监督者行为等交互作用，最终导致我国煤矿发生的事故基本上都是责任事故。格兰诺维特及森托拉等著名学者通过对人类行为的长期跟踪研究发现，大多数的人类行为是具有传播性的（只有行为具有感染性才能获得传播的能量，通过能量的差异进行扩散或传播），但又并不是所有的人类行为都具有传播性。那么矿工的不安全行为具不具有传播性？如果有传播性，那需要满足什么条件，不安全行为才能在群体内部的矿工间传播？需要具备什么条件，不安全行为才可以突破群体的边界在群体之间传播？在我国煤矿井下工作环境中，不安全行为的传播速率是多少？我们将矿工不安全行为传播速率控制在多大的区间内最有利于行为干预措施的执行？本章将重点讨论这些问题。

第一节 行为的传染性

在社会接触视角下，人类的大多数行为都带有传染性。很显然，通常情况下具有传染性的行为要比没有传染性的行为产生更为有影响性的后果。矿工不安全行为是人类众多行为中的一种，判断其是否具有传染性是我们后续相关研究的基础。因此，本节将重点讨论行为传染性（behavioral contagion）的定义、来源及分类问题。目前，已有研究对行为的传染与传播并没有进行严格的区分，在大多数情况下两者是相互混用的。但实际研究表明，行为传播和行为传染具有不同的机制。行为的传染性一般是指直接接触（路长为1）导致易染行动者对特定行为的采纳程度，而行为传播性一般则指间接接触（路长大于1）导致易染行动者对特定行为的采纳程度，传染性是传播性的基础，也是传播性的一种特殊形式。在论述矿工不安全行为传播性及其在网络中传播所能诱发的问题之前，本节先对行为的传染性进行分析和研究，并在此基础上对行为的传播性进行进一步研究，同时对行为传染性与传播性所需满足条件的异同进行对比分析，并构建矿工不安全行为传染性模型。

一、行为传染性的来源及其与病毒传染的异同

Fowler、Christakis、格兰诺维特及森托拉等众多知名学者都指出，人类大多数行为都具有传染性（Christakis et al.，2013；Christakis and Fowler，2007；Fowler and Christakis，2008）。但究竟哪些人类行为具有传染性，哪些行为又不具有传染性呢？行为的传染性又是怎么获得的？我们从他们的已有研究结果里并没有能够找到明确的答案。但是在现实的社会里，人类有些行为的确具有非凡的传染能力，如消费行为，当苹果的 iPhone 手机开始在美国流行起来，美国人在手机品牌上偏好 iPhone 的消费行为迅速感染了世界各地的消费者。尽管在手机品牌中，苹果手机销售均价是最高的，但它仍然成了最受消费者欢迎的手机之一，代表着当前手机发展的时尚和潮流，并且苹果手机的销量长时间占据世界智能手机厂商前三的位置，利润则占到整个行业利润的 90% 左右，这都说明这种手机产品具有非常广泛的传播性。

研究者发现其他诸如肥胖行为、酗酒行为、吸烟行为、吸毒行为、暴乱行为、合作行为及快乐（悲伤）行为等在社会群体中都具有很强的传染性（Christakis and Fowler，2008；Rosenquist et al.，2010；Keating et al.，2011；Fowler and Christakis，2008），如果不加以引导和控制都会引来一系列社会问题，当然这里需要特别指出的是这些社会问题并不一定都是负面的。究竟是什么导致了人类行为具有传染性？已有研究文献并没有给出明确的答案或者结论。在现有的有关行为传染性的研究文献中，它们主要是从两个不同的方向展开研究的：①网络拓扑，也就是网络结构，例如 Centola 等发现复杂行为和简单行为的传染需要不同的网络结构。②自然或者社会行为或者现象通过网络连接的传染，如行为传染、创新传播等。已有关于行为传染性的研究文献通常把行为的传染性当成是既定条件，并在此基础上开展研究。

实际上，行为的传染是人的行为演化过程中的一个重要环节。行为传染性的存在取决于行为主体生成行为的本身性质及其存续的外在环境，两者的共同作用决定了行为传染性的程度。实际上，以传染与否来划分，行为主体生成的行为要么具有传染性，要么不具有传染性。如果行为主体生成的行为具有传染性，能否在人群中传播还要取决于人与人的接触方式及接触到具有传染性行为的人的易染程度。另外，从能量的角度来看，在社会环境中，行为主体生成的不具有传染性的行为也可以在存续的过程中逐步获得传染性。实际上，行为的传染性出现就是一个能量不断获取的过程。在一种行为具有传染性之前一定伴随着能量集聚的过程，当能量集聚到一定程度后，该行为的传染性就出现了。行为人被感染是一个能量吸收的过程，但这个能量并不一定来自

传染源，因而也就并不意味着传染源会释放能量。在行为的传染过程中，传染源与被感染者之间的能量差的绝对值在不断减小。被感染者在获得传染性之后又会伴随着一个能量集聚的过程，达到或者超过已有传染源的能量，这样就使得传染源的能量可以不断积聚并成倍增大，从而获得更大的传染性。但是如果被感染者在获得传染性之后并没有伴随着一个能量集聚的过程，使得传染源的能量总值没有成倍增加，最终会导致传染源的传染性越来越小。因此，在行为获得传播性之前，该行为首先必须具有传染性。只有行为具有传染性才能获得传播所必需的能量，而能量恰恰是行为活动及传播对象运动的基础，行为传染的过程实际上就是通过传染源与被感染者之间的能量的差异进行扩散或传播，这个能量差越大，则传染性越强，反之则越弱。

但这里必须强调的一点是，具有传染性的行为与具有传染性的病毒在群体中的传播既有很多相似之处，又存在某些根本性的区别。首先，生成的主体及传播的载体对病毒或者行为需求不同。行为通常是行为主体在主观需求的刺激下所产生的有意行为，无意识下生成的行为实际上是有意行为的副产品，但无论如何，人的行为生成是以需求或者说有很大一部分是以社会需求为基础的。但是对于行为主体来说，病毒的生成并不是主观需求的结果，无论行为主体是否愿意或有无需求，病毒都会在既定的条件下在行为主体身上生成并使得行为主体成为载体。其次，行为受到行为主体的中枢神经系统大脑的控制，而病毒不受行为主体中枢神经系统大脑的控制。再次，接触对传播所起到的作用不同。病毒主要是通过有形的物理接触进行传播的，行为主要是通过社会接触进行传播的，而社会接触既有有形的也有无形的。由于接触对于病毒传播及行为传播的影响作用不同，最终导致两者传播范围和速度也有很大不同。在互联网环境下，人的行为可以跨越时空通过虚拟世界向现实世界传播，不会只受制于人的有形活动范围，而病毒的传播仍然依赖于载体的有形活动范围。

行为载体对于行为传染的影响机制与病毒载体对于病毒传染的影响机制的差异性，在很大程度上决定了我们对行为控制和病毒控制的方式也存在根本性的差异。在现实的社会系统中，行为的生成、传染及传播都要比病毒的生成、传染及传播复杂得多、难以控制得多，随着行为及其存在的环境不断演变，我们需要不断地探索新的行为控制和干预方式，以有效应对新的问题。

二、行为传染性的分类

目前学界对于行为传染性的分类还没有一个比较统一的标准，各分类标准都有自身的适用范围和依据标准。在众多的分类标准中，存在一个重要的分类方向就是根据复杂程度来对行为传染性种类进行划分（Vladimir et al.，2012；Centola and Macy，2007；Centola，2010）。该分类标准将行为主体生成的行为按照传染网络的复杂程度明确划分为简单行为传染及复杂行为传染，并对不同复杂程度的行为在社会网络（或者叫作复杂网络）的传播特性展开研究。在具体讨论行为传染性分类之前，我们首先对所谓复杂传染做个简要的述评，这里主要借鉴 Centola 对于复杂行为传染的阐释。复杂行为主要是指高成本、高危及高争议性的行为，行为人在采取行动之前，通常要从多个渠道对行为成本收益进行相互独立的确认，只有当行为人的行动意愿得到反复强化后，行为人才会采取实质性的行动。我们之所以称这些行为的感染为复杂感染是因为这种行为在社会成员之间的成功传染需要依赖于多个载体（复杂行为的载体）之间相互作用。参照复杂行为的定义，我们可以将简单行为界定为低成本、低危险性甚至是无危险性的、低争议性的甚至是无争议性的行为。因此，简单传染不需要对行为人的行动意愿进行反复强化，简单行为的传染只需要一次社会接触就可以实现。

（一）复杂行为传染的研究方向

该研究方向的学者认为（Cameron，Barash and Macy，2012），复杂行为的传播需要最终达到一个临界点，一旦达到该临界点，复杂行为的感染就进入一种饱和状态，复杂行为的传播过程（通常是一个动态过程）就可以自我维持下去，也就是说复杂行为的传播需要一个自我维持的机制来推动，这种自我维持的机制其实就是靠网络的正向外部性来承载的。从行为的网络传播效率或者效果来看，大多数学者认为复杂行为通过具有多聚合链接和高分离度的网络的传播效果或者效率要高于"存在局部冗余链接网络"（这些冗余的链接被重新链接到网络中的某些邻点上以提供跨越社会空间的捷径）。同时，Centola 做了一个在线社交网络实验，该实验结果表明：如果行为在传播过程中需要社会强化（即行为复杂），那么具有多聚合链接的网络（甚至该网络在整体上具有更大的网络直径）在传播复杂行为过程中更具有优势。

另外，研究者还发现社会网络中的长连接和短连接在社会行为感染的过程中也承担着不同的角色（Centola and Macy，2007）。通常，"连接社会距离遥远的行动人之间的弱连接能够显著地加速疾病传播、工作信息扩散（Granovetter，1973）、新技术的采纳（Rogers，1995）及群体行为的协调（Macy，1990）"。因此，格兰诺维特指出"如果一种行为要在一个人数众多的人群中传播，并且要跨越一个很长的社会距离，则只能通过弱连接而不是强连接在社会网络中传播"。但是 Centola 和 Macy 的研究表明，对于高成本、高危险性及高度争议性的复杂行为感染，弱连接并不具有优势。相反，那些能够提供反复的多次的社会接触而形成带有社会强化作用的强连接更具有优势。

从已有相关研究文献的回顾中我们可以明确地看到尽管学者们对于复杂行为的感染机制还存在很多争论，但他们将网络外部性、社会强化机制（维持机制）、临界值（临界点）等构念用于研究复杂行为的感染机制的方向是正确的，也是卓有成效的。复杂行为如要在人群或者社会网络中传播，社会强化机制及网络中捷径的存在是必不可少的条件。强化机制确保了易染个体能够接受并采纳复杂行为，而网络中的捷径则可以保证复杂行为以更快的速度和范围在社会网络中传播。因为，如果复杂行为在传播或传播的过程中需要通过过多的中介节点，则处在每个网络节点上的行为人都要进行类似的或者同样的社会强化过程，不仅耗时耗力，而且会最终使得复杂行为在社会系统中的长距离和大范围传播成为一种小概率事件。

（二）简单行为传染的研究方向

实际上，已有文献对于复杂行为的传染的论述要远远多于对于简单行为传染的论述。尽管简单行为的传染机制明显不同于复杂行为的传染机制，但是我们在研究中发现要对简单行为传染进行明确的界定也不是一件容易的事情。因此，我们还是从行为传染的范围、速度、行为在传染过程中所受到的强化机制及网络连接在行为传染中所承担的角色三个方面来阐述简单行为的传染问题。

首先，从行为传染的速度和范围来说，在同样条件下，简单行为的传染由于不需要通过多途径或者多行为载体进行行为采纳确认，因而简单行为在人群或社会系统中的传播速度要快于复杂行为的传播。复杂行为的传播速度一般呈现为钟型曲线，传染速度会存在一个极大值，对于一个规模足够大的群体，必然最终会形成一个饱和状态。简单行为在传染的过程中由于缺少一个自我维持和强化机制的推动，最终会导致其在传染速度和范围上表现出两个极端的结果：或者是传染速度缓慢，并且范围非常有限；或者是传染速度极快，几乎可以进行全范围的传染。对于前一种情形，传染速度呈现递减状态并最终逼近为 0，导致行为传染范围是一个非常有限的区域。而对于后一种情形，传染速度则呈现为幂指数关系，最终可以导致具有传染性的简单行为在极短的时间内使全体群体成员都被传染。

其次，从行为传染过程中的强化机制来看，由于简单行为的传染不需要来自多个独立渠道的行为载体进行反复多次的强化，行为人的行动意愿决定于行为人的自身特性，而不是来自多个独立渠道的行为载体，因而简单行为在传染的过程中不会出现边际强化效应递减现象，在极端的情况下甚至会出现边际强化效应递增现象。而复杂行为在传染的过程中需要遵循边际强化效应递减原则，也就是说在行为传染的初级阶段，易染行为个体采纳特定行为的决定需要的强化效应较弱，但随着群体中已染行为个体数量的增加，需要来自更多行为载体的影响作用才能让现存的易染行为个体采纳某种行为，即易染行为个体在采纳某种特定的行为时，需要进行多途径的行为确认，出现了所谓的行为强化效应递减现象。行为强化效应递减最终会使得行为感染速度达到一个极值，而一个群体中的易染行为个体的数量会达到一个临界值，传染过程会达到一个动态的平衡过程。而对于简单行为的传染无论在个体层面还是在网络层面都不遵循强化效应边际递减的原则，简单行为的传染过程一般只是在传染速度逼近 0 时最终达到一个静态平衡的状态，由于缺乏动态的维持及强化机制，行为的载体也容易从已染状态恢复为易染状态。

最后，从网络中的连接在行为传染过程中所起到的作用来看，间接连接对简单行为的传染一般不会起到衰减作用，也就是说处在传染过程中的网络中介节点上的易染个体变为已染个体时，其行为的感染性并不会衰减。但是，对于复杂行为的传染来说，由于行为感染遵循强化效应递减原则，间接连接会显著地降低行为载体的传染性，最终导致复杂行为无法通过多个网络中介节点上的易染个体进行传染。

从行为传播的范围和速度、行为在传染过程中所受到的强化机制及网络连接在行为传染中所承担的角色三个方面来看，在现实世界里，无论是社会系统还是在自然系统中都难以找到类似或者等同于简单行为的传播，即使病毒传染、信息传播及简单创新的传播都表现出较高程度的复杂性。在社会系统或者社会网络情境下，行为的生成机制本身就够复杂的了，而行为在生成过程中或者生成后的传染性的获得，以及具有传染性的行为通过网络连接进行传播必然也具有高度的复杂性，这决定了本研究中对于矿工不安全行为的生成机制及传播机制的研究以及对不安全行为的控制机制的研究也是一个较为复杂和棘手的问题。尽管如此，随着复杂网络、社会网络分析、系统动力学、复杂科学及行为科学研究的进展，今天研究者已经找到了有效解决复杂行为传染及传播问题的途径，为本研究构建矿工不安全行为传播网络模型，并应用所建立的模型解决实际问题提供了很好的研究思路。

第二节　矿工不安全行为传播性的条件

在上一节中，我们讨论了行为传染性的分类，同时也对复杂行为及复杂行为的传染、简单行为及简单行为的传染进行了阐释。从对行为及行为传染的解释中我们也可以部分地发现矿工不安全行为传播的条件，但是这些传播的条件都暗含在相关定义中，并没有明确指出行为的传播需要哪些条件。那么在实际的煤矿生产过程中，为什么我们期望的良好的矿工行为没有在煤矿的日常生产过程中快速地传播开来，反而是我们所不期望的矿工不安全行为却能在短时间内在矿工群体内或之间进行快速传播？基于此问题，在这一部分中我们将重点讨论矿工不安全行为在获得传播性过程中所需要满足的条件，力图找到决定矿工不安全行为传播的必要条件、充分条件，甚至是充要条件。一旦我们在理论上和实践中发现了矿工不安全行为传播的充要条件，将可以帮助煤矿安全管理人员更加有针对性地设计行为干预措施，从而显著性地提高干预不安全行为的效率及效果，降低我国煤矿的矿工不安全行为的发生率，同时也降低不安全行为诱发煤矿事故的概率，提升安全管理效果。

一、矿工不安全行为传播性的必要条件

Rogers 在《创新扩散》一书中对"diffusion"（扩散、传播）和"spread"（扩散、传播）做出了特别明确的解释，指出这两个英文单词在英文语境中的含义基本相同。但在中文语境中，传播在速度上的体现要快于扩散，因此从速度上来说，传播应该快于扩散，因而通过传播的信息、行为或者创新要比通过扩散所涉及的范围广一些。在本书中，我们只是在某些特定的地方对扩散和传播进行特别区分，并将"diffusion"翻译为"扩散"，而将"spread"翻译为"传播"。Rogers 认为扩散实际上就是一种社会变化，因此他将扩散（diffusion）定义为发生在社会系统的结构和功能变化的过程。但从中文字面上来看，"变化"和"传播"两个词汇的意思有着明显的区别，如果变化是一种传播，那么，是不是社会系统的结构和功能的变化过程都是一个扩散的过程？由于该定义比较笼统，难以将扩散与变化进行有效区分，于是 Rogers 在随后的研究中又进一步指出在真实的社会系统里创新的传播需要具备四个基本的要素，分别为创新（本体、传播对象）、传播渠道、时间及社会系统成员（行为人是生成社会网络的基本构成）。参照 Rogers 在"创新扩散"的定义中所给出的创新扩散所应该具备的四个构成要素，实际上也可以称为四个必要条件，是不是矿工不安全行为传播也应该具备上述四个要素？如果将上述四个基本构成要素作为矿工的不安全行为在矿工群体中进行传播所要满足的必要条件，那么每个必要条件在矿工的不安全行为的传播过程中都发挥了怎样的作用？以下我们将结合这些问题，并借鉴 Rogers 针对创新扩散的四个基本要素的解释来论述矿工不安全行为在网络情境下传播所应满足的必要条件。

（1）传播对象，也被称作传播实体或传播内容，即矿工不安全行为，实际上就是矿工在日常生产过程中能够带来负面后果的所说的话及所做的事情。Rogers 研究的是创新的传播问题，传播的对象是"创新"，并没有对创新本身是不是具有传播性或传染性进行具体的论述，他有可能认为创新本身就具有传播性，因而没有必要对于这个基本要素进行特别论述。在本项目中，我们所要研究的是矿工不安全行为的传播问题，而人类的行为并不是都具有传播性的，即使具有传播性的行为也不是在任何环境下都可以进行传播的。因此，如果我们的研究对象根本不具有传播性或者传染性，那么后续的相关研究也就失去了任何意义。在我国煤矿的日常生产过程中，矿工不安全行为是客观存在的，而且是经常发生的，这一点应该毋庸置疑。我们必须要重点论证的是矿工不安全行为是不是具有传染性。根据上一节关于行为传染性来源的论述，结合矿工不安全行为的特征及其生成及存在的环境，我们可以从行为的可学性及可仿性、行为结果的风险收益性、行为的生成及存在环境三个方面来判断矿工不安全行为是否具有传染性。首先，人类的任何行为都是可学可仿的，并不仅限于矿工的不安全行为；其次，矿工有意的不安全行为是一种风险收益性行为，虽有风险但能够给采纳不安全行

为的矿工带来更高的行为收益，因此矿工之间有相互学习和模仿不安全行为的动机，这也就使得矿工不安全行为在矿工群体中传染获取了驱动力。在煤矿井下工作环境中，很多井下工作任务都需要矿工之间进行密切的配合才能执行，矿工不仅是不安全行为的发生者，而且还是不安全行为的接受者。他们既可能生成了不安全行为，也可能在矿工工作网络中充当行为传播中介（broker）传播了不安全行为。因此，上述三个条件使得具有传染性或者传播性的矿工不安全行为具备了客观存在性，也满足了矿工不安全行为传播的第一个必要条件。

（2）传播渠道。对于创新传播来说，Rogers 认为传播实际上是一种社会变化，而变化必然会涉及信息和能量的变化。对于行为传播来说，传播首先涉及的是个体行为决策，而在社会系统中，个体行为决策除了要依赖自身的经验和判断，还要受到群体中其他成员的影响，同时也会对其他个体的行为决策产生影响，最终会导致一系列的行为连锁反应，使得行为在群体成员之间传播，这个过程除了会涉及信息和能量的交换，也会导致一定程度的社会变化。信息、能量、人与人之间的影响作用在群体内部或者之间的交互都离不开"连接"，也就是所谓的传播渠道。信息和能量通过传播渠道进行交换，个人可以把一种思想（行动方案、行为模式）传播给一个或者几个其他人。而行为的传播涉及大量的信息和能量交换，因此这就需要在行动人与行动人之间建立有效的传播渠道。矿工之间在工作过程中存在大量社会接触，他们不仅可以在工作过程中相互观察、学习及模仿对方的行为，而且还需要进行频繁的行为交互，因为在煤矿井下也有大量实际工作，诸如锚杆支护、掘进、爆破及综采设备的操作等都需要密切配合才能完成。因此，从上文的阐释可以看到，传播渠道实际上就是在行为传播过程中在不同的行动人之间建立起的交换关系，以保证信息、能量从信源顺利传递给受众，从而促使易染个体学习、模仿并最终采纳目标行为。在网络情境下，传播渠道可以是网络节点之间的关系、网络中的可达路径等。根据实际调研及理论分析，我们可以看到在煤矿生产过程中，矿工之间存在大量的交互关系而且大多数关系都具有传导性，这些具有传导性的交互关系就构成了矿工不安全行为的传播渠道。

（3）传播对象（不安全行为）的存续时间。行为以及行为的结果，诸如事件等都带有时间的方向性和印记性，因而时间、行为和事件是密不可分的。对于人类社会来说，时间无法离开行为活动及事件而独立存在，而无任何时间印记及方向性的行为活动或事件也会变得毫无意义。人类的任何行为活动都需要在一定的时间范围内进行，因而时间也就变成了人类任何活动及因人类活动而发生的事件的一个重要构成部分。行为的传播既可以被看成是人的行为演化过程的一个重要环节，也可以被看成是因人的活动而生成的后果，即事件。由此可得，我们研究的矿工不安全行为，如果作为传播对象，也必然带有时间的方向性和印记性。矿工不安全行为发生后，如果马上就消失，其他矿工就没有时间来学习和模仿，因而他们受到不安全行为感染的概率就会很低，其至不会被感染，这样矿工不安全行为在煤矿生产系统中就失去了传染源（即不安全行为）。因此，矿工不安全行为生成后需要在生产系统中存在一定时间，并感染足够多的矿工，这样才能形成充分的强化作用及行为确认，让其他矿工决定是否采纳不安全行为，以保证不安全行为在社会系统中的传播。因此，传播对象的时间印记性及方向性就构成了矿工不安全行为传播的第三个必要条件。

（4）多成员构成的社会系统（社会网络）。具有传染性的行为未必要存在于一个社会网络中，但是行为的传染或传播必然要存在于一个有连接或接触的人群或者社会系统中。否则，有具有传染性行为的载体而没有易染个体，从逻辑上来说，行为的传播也无法发生。因此，多成员构成的人群、组织、社会系统或者社会网络就构成了行为传播的第四个必要条件。对于煤矿生产系统中的矿工不安全行为来说，能够满足传播对象、传播渠道及传播对象存续的时间这三个条件，但如果没有易染人群或个体，则矿工不安全行为也无法传播。因此，多成员构成的社会网络条件保证了具有传播性的不安全行为能够感染足够多的易染行为个体，使得不安全行为在煤矿生产系统网络中的传播能够获得足够的强化作用，易染个体能够针对不安全行为的成本及收益进行衡量或确认。煤矿生产系统是由人高度参与活动的高耦合性系统，人的社会性也决定了在煤矿井下从事生产任务的矿工群体本身就是一个结构和功能相对完善的微型社会系统，而任何系统的结构都可以表现为网络形式，可见社会系统也是社会网络，矿工就是这个微型社会系统里最活跃的成员。因此，在矿工不安全行为存续期间，其他矿工（社会系统的成员之间）有充分的学习和模仿时间，保证了不安全行为有必要多的受众，因而能够形成社会强化，矿工也能够针对不安全行为的成本收益进行必要的判断和确认，以决定是否采纳或参与不安全行动。

上述四个传播性的必要条件是 Rogers 在有关创新扩散的研究中提出的，实际上可以拓展应用于其他具有传播性的对象，如行为传播、文化传播、产品传播等。必要条件只是表面对象满足了这些条件后具有了传播性的可能性，但能否在现实中进行传播或者能够在多大范围内或者多长时间内传播还要考虑对象传播的充分条件。从数学意义上来看，只有当对象满足了必要条件且要满足充分条件后才能在现实的系统中传播，而具有传播性的对象最终所能传播的范围及时间则要视网络空间环境而定。

二、矿工不安全行为传播性的充分条件

已有研究大多数只是讨论了行为传播或者扩散的构成要素或必要条件，但对充分条件的论述则较为少见。从上文的论述中我们看到，上述四个条件只能保证矿工不安全行为具备了传播性，但矿工的不安全行为能否在煤矿生产系统中进行传播，还需要满足其他条件，如触发条件（驱动条件）及维持条件，也就是我们所期望找到的充分条件。充分条件实际上使得具有传播性的行为能够在实际的网络中进行传播，充分条

件一旦满足，行为在网络中的传播过程也就被启动了。如果我们在理论上能够证明存在或者实践中能够找到这样的条件，则这些充分条件和上述四个必要条件共同作用一起构成了矿工不安全行为传播的充分且必要条件。

触发条件，也称作驱动条件，它是矿工不安全行为传播的起动机。在煤矿生产系统中，具有传染性的矿工不安全行为生成后，即使满足了行为传播的四个必要条件，但仍然可能处于蛰伏状态，不会进行传播，还需要进行传播性触发或驱动。煤矿生产系统的高耦合性决定了矿工所要完成的大多数工作任务都要求矿工间进行密切的配合，并逐步使得矿工在密切的工作配合过程中形成行为默契，行为需求和行为习惯也开始向同质化方向发展，而行为主体的相似或者相同行为需求是促使行为传播的触发条件。如果矿工不安全行为生成后，其他矿工没有相似或者相同的行为需求，就不会被激发出不安全动机并进一步形成不安全行为，因而不安全行为也就失去了易染行为个体。行为科学已经通过多种实验验证需求是人甚至是动物的行为驱动力，因此，在高耦合煤矿生产系统的矿工群体中，相似或者相同的行为需求也启动了不安全行为的传播性，这种传播性能否延续下去，还要满足维持条件。

在社会系统中，行为传播性的维持条件主要由人的学习能力及有限理性、强化作用（行为边际收益递增）、网络效应形成的群体内部压力等构成。学习能力及有限理性可以确保处于传播过程中的不安全行为能够保持一定传播速度在网络中进行由近到远的传播，而不至于突然停止下来，或者瞬间传遍整个网络。人的有限理性在实际中对行为传播速度和范围起到了一种调节作用。强化作用保证了具有传染性的行为在传播的过程中经过多个网络中介节点的中继仍然保持吸引力，不至于丧失传播性。群体压力实际上也是一种强化作用，这种强化作用对于易染个体的影响主要来源于其所处网络环境。

因此，不安全行为的传播性能否维持下去取决于其是否可以学习和模仿，其他矿工学习和模仿不安全行为是否会受到强化作用，即矿工群体是否会默许和支持群体中的成员采纳不安全行为，即使被监管者发现也会相互包庇，而不是主动去告发，即使行为收益不变，采用不安全行为的成本也越来越小，这样就保证了不安全行为收益的边际递增条件。一旦群体中大部分成员都赞同、默许或者主动采用不安全行为，群体内部压力就形成了，那些本来不愿意采用不安全行为的矿工也会在群体内部压力的作用下和其他矿工采取一致的不安全行动，这样就可以将不安全行为传播性维持下去，并最终在煤矿生产系统中达到一个均衡状态。因此，只有当触发条件和维持条件都满足后，矿工的不安全行为在产生后才能在煤矿生产系统中进行传播或扩散。

第三节　矿工不安全行为传染性模型

在有关行为传染或者传播领域中，很多研究者对于传染模型和传播模型一般都是不加区别地应用。实际上这种做法会给相关模型在实际应用过程中带来诸多问题。虽然行为传染与行为传播都表现为一个过程，但在一个共享的网络空间中描述这两个过程却采用不同的方式或者模型。对于行为传染过程的描述，我们通常从个体的需求及受到的群体压力来描述一个个体对另外一个个体的影响性，并建立有关这种行为影响性传染的模型。而对于行为的传播过程来说，我们更多的是通过网络参数的形式来描述行为在网络中的传播过程所受到的各种影响作用，并建立相应的行为传播模型。另外，行为传染所要表达的更多是人与人之间的行为的直接影响性，而行为传播所要表达的更多是人与人之间的行为间接影响性。行为传播与行为传染之间所存在的这些区别也决定了行为传染模型与行为传播模型之间也必然存在重要区别，本节将重点讨论矿工不安全行为传染模型的构建问题。

一、行为传播模型的研究现状及其在研究矿工不安全行为传播网络模型中的作用

在前文的论述中，我们重点论述了矿工不安全行为传播的相关条件。从中我们可以发现，一种行为在人类群体中能否传播首先取决于该行为是否具有传染性，即传染性使得行为获得在传播过程中所必需的能量。其次，行为传染需要社会接触，而社会网络的基本构成要素之一，即连接（关系，或者是影响作用），它实际上描述的就是人与人之间各种不同的接触作用，而这些接触作用为行为在人与人之间、人群内部或之间、社会网络内部或之间的传播提供了畅通的传播渠道。由于行为传染是行为传播的基础，因此，我们在构建矿工不安全行为传播网络模型之前，有必要首先理解和掌握行为传染的机制并建立相应模型，这也是研究矿工不安全行为网络传播模型的必经之路。

目前，传染模型的相关研究成果主要集中在生物学研究领域、社会科学研究领域及某些交叉学科研究领域。由于在英文语境中，传染与传播的意思相近，有的学者把建立的相关模型称作传染模型（Model of Contagion），有的则称作传播模型（Model of Spread 或者 Model of Diffusion）。Peter 和 Duncan 认为根据"易染个体与已染个体之间的依次接触关系"可以将传染模型总体上分为两个类别（Peter and Duncan，2004），分别是：①独立交互模型（Independent Interaction Models），即在还没有被感染的易染个

体中，每个易染个体在与已染个体的接触中被感染的概率（p）都是相等的；②阈值模型（Threshold Model），即易染个体被感染的概率会随着已染个体数量的增加而快速增加。这两类模型是已有传染模型中最为经典的也是最为常用的两种模型，已有文献中的相关传染模型大多数在这两类模型的基础上进行改进和变异。目前，尽管关于这两类模型的研究和应用都发表了大量文献，但我们在对这两种经典的传染模型以及以这两种经典模型为基础进行改进和变异而来的相关模型进行对比研究后发现，其解决问题的核心思路是一致的，都是从易染个体与已染个体的概率转换关系入手。两种模型的不同之处，就是对易染个体的感染概率的处理不同。这两类经典传染模型解决问题的思路及在此基础上的相关研究进展也为我们研究矿工不安全行为的传染及传播提供了理论和方法上的支持。

在社会科学领域，格兰诺维特提出了著名的"群体行为阈值模型"。从表面上看，该模型主要用于解释群体行为的产生机制。但实际上，该模型不仅解释了群体行为的生成机制，同时也解释了社会系统中个体行为和群体行为的相互影响的机制。与行为科学中经典的需求驱动行为生成的模型所不同的是，阈值模型将个体行为的生成看成一种社会网络情境下的个体决策行为。也就是说个体行为的生成并不是受到自身需求驱动的结果，而是由群体情境下其他采用相同行为的成员数量多少所形成的群体压力所决定的。群体内部成员行为的形成主要有两种方式，即具有传染性的目标行为（简称为目标行为，这种行为在生成的时候也可能并没有传染性，但在网络或群体情境下逐步获得了传染性）及模仿目标行为。在群体行为的演化过程中，目标行为通常是在特定的群体情境下，由个别或者少数个体生成的行为。在随后的时间内，非目标行为生成个体就成了所谓的易染个体，并决定是否模仿或者采纳目标行为，从而成为新的已染个体。阈值模型与需求驱动模型的最大区别就是个体行为的生成机制。在阈值模型中，个体是否采用目标行为主要取决于群体中已经采用目标行为的人数而不是个体自身的需求。因而，在群体情境中，一旦目标行为生成，还没有采用目标行为的个体行为会感受到来自群体的压力越来越大，群体的压力及个体抗压能力的阈值将最终决定个体是否会采纳目标行为。格兰诺维特的阈值模型从群体情境下的个体决策入手来解释个体行为的生成，可以比传统的需求驱动模型更好地回答群体行为的生成问题。群体行为实际上是个体行为的感染以及传播的叠加及积累的结果，行为感染是群体行为生成过程的关键一环。在群体或社会系统中，一旦个体的行为阈值被超过，易染个体就会立马采纳目标行为。该模型在社会科学研究领域的影响非常巨大，也是解释群体行为生成机制及传播机制的一个经典模型。我们可以在现实的实践中找到很多与该模型嵌合度很高的案例，如围观行为、骚乱行为。这些行为在生成的初始阶段，行为采纳的人数增速很快，但最终都会达到一个临界值，并维持在一个动态平衡的状态上。

在生物学领域，病毒传染模型（Susceptible，Infected and Removed，SIR）（Murray，

2002；Bass，1969）是最为权威的传染模型，其中 S、I 和 R 分别表示易感者、已染者及痊愈者。该模型就是独立交互模型的一个典型例子，在创新传播的文献中也被称为巴斯模型（Bass Model）。虽然病毒传染模型及其变异模型广泛用于技术创新、信息传播及消费行为等，但人的行为和病毒毕竟存在很大区别。首先，人的行为无论是通过需求驱动还是个体决策而生成，都是建立在有限理性上的结果，都具有逻辑性，而病毒并不是一种理性思维的产物。其次，在社会网络或者群体情境下，行为传播的渠道是社会接触，既可以是有形接触，也可以是无形接触，而病毒只能通过有形的接触进行传播。传播渠道的差异最终会导致两种不同传播对象的传播机制的根本区别。在本项目中，我们将传染和传播区别对待，因而只是将病毒传染模型用于解释行为传播过程的微观环境而非行为在宏观环境中的传播。

交叉学科领域传染模型研究。交叉科学领域研究的传染或传播模型所解决的问题非常多样化，主要涵盖了社会学、经济学、政治学、管理学与自然科学等学科领域关于社会行为、经济行为、国家行为、组织行为、信息及病毒等传播及传染而引发的社会问题、经济问题、地缘政治问题、组织管理问题、技术创新问题及传染行为防治问题，需要多学科的相关知识交叉和融合。因此交叉学科领域所研究的传染模型不仅更为复杂，其所解决的实际问题也更加具有多样性和实用性。尽管如此，交叉领域所研究的问题要比病毒传染、行为传播更为复杂多样，但其研究和构建的相关传染及传播模型的主要思想仍然借鉴了病毒传染模型及创新传播模型，并以著名的巴斯模型为理论基础。美国的弗兰克·巴斯（Frank Bass）是最早提出巴斯模型的学者，该模型最初主要用来预测耐用消费品的销售情况。由于该模型在实际应用中取得了非常良好的预测效果，其他许多学科领域的研究学者及实践者也开始借鉴和引入该模型来分析、解释或预测相关的传染及传播问题。巴斯模型的主要应用领域包括：技术创新扩散、产品的营销推广、大众传媒及社会制度创新传播等。随着社会网络研究的不断推进及互联网的应用与普及，巴斯模型在社会网络及互联网传播中的应用又取得众多进展。根据巴斯模型假设，在社会网络或者互联网出现后，影响网络参与者数量增长速度的因素可以分为两类：①网络外部环境影响因素，即宣传、推广、大众传媒等因素。②网络内部环境的影响。即网络内部环境下的已经参与网络活动者（已染个体）对未参与网络活动者（易染个体）的口头宣传影响。于是，巴斯把网络内部的行为个体分为两种类型：已染个体和易染个体，而且这两种行为个体在网络环境中都以某种特定的概率速度在变化，最终使得易染个体和已染个体通过恢复及传染的交互作用而达到一种动态平衡状态。巴斯将受到网络外部因素影响而生成的参与网络活动者称为创新者，并用符号 P 表示，而将受到网络内部因素影响而生成的网络活动参与者称为模仿者，用符号 q 表示。在巴斯模型中，P 表示的就是所谓的创新系数，而 q 所表示的则为模仿系数。P 表示初期网络活动参与者的发展速度，$P \in [0, 1]$，且该数值越接近于 1，反映网络活动参与者（创新者）越容易接纳创新产品，因而创新产品的传播速度也就越快。q 的取值表示网络活动参与者（模仿者）跟随创新者接纳创新产品的持续程度，$q \in [0, 1]$。同样，该数值越接近于 1，创新产品越容易被模仿者所接纳。因此，巴斯模型也是一种基于行为决策的传染模型，按照巴斯模型的逻辑，新的具有传播性行为的生成不是行为个体的内在需求驱动的结果，也不是群体内部压力推动结果，也就是说新行为的生成只能来自网络外部环境的影响，新的行为无法通过内驱式生成，因而巴斯模型对自主创新或者内驱式的新行为的生成缺乏解释力。

另外，Dodds 和 Watts 认为已有传染模型的主要研究对象是易染个体与已染个体依次接触受感染的概率。例如，A 为已染个体，B、C 及 D 为易染个体，已发表的大量文献对传染的研究主要思路是 B、C 及 D 依次与已染个体接触受到感染的可能性，而不关心 B 与 A 接触受感染后对于 C 与 A 接触受感染、D 与 B 接触受感染的影响的复杂相互依赖关系。现有的经典传染模型并没有把已染个体和易染个体依次接触受感染之间的相互依赖性作为研究对象来研究。Dodds 和 Watts 发现已经生成的已染个体与易染个体的接触作用具有历史记忆性，并会对未来的已染个体与易染个体之间的接触受感染的概率产生影响，也即存在所谓的传染性影响，先感染的个体会对易染个体在未来的感染产生影响，在此基础上，他们提出了考虑传染影响作用路径依赖性的所谓的普适性传染模型，或者叫作通用传染模型。

目前，国内将行为传染理论及方法应用于解决安全问题的研究还不多见，相关理论及应用成果多见于消费行为传播、创新传播等方面的研究。在我国煤矿安全管理实践中，理论学者和实践者也都注意到矿工不安全行为传播与扩散的事实，正所谓"兵熊熊一个，将熊熊一窝"，好的安全氛围能够引导矿工群体表现出高可靠性的长期性行为，但相关研究一直没有能够取得多少实质性进展。在本章节的研究中，我们通过对已有有关行为传染及传播模型的分析与整理，结合我国煤矿矿工不安全行为传播的现状，研究我国矿工不安全行为的传染模型。

二、矿工不安全行为传染模型的构建

（一）建立矿工不安全行为传染模型的目的及价值

现实中的矿工不安全行为的传染过程会涉及一些影响因素及其之间的关系。它们之间的关系可以通过构建传染模型并对模型中的相关参数进行设定而加以控制，从而达到对行为传播的速度及范围的控制。行为的传染性与传播性密切相关，在后文中我们还会对这两个概念的异同及联系进行详细阐释。在行为传播网络中，行为传染性的强弱对于行为在网络中的传播速度及范围会产生决定性的影响。通常，在同样的网络参数取值区间内，传染性越强的行为其传播速度就越快，所能传播的范围也越广。在本研究中，我们构建矿工行为传染模型的主要目的就是要控制矿工行为传染过程中那些有规律性可循的参数，以实现对矿工不安全行为在一个组织或群体中传播的速度及传播范围的相对精确的预测或者控制。这样在矿工不安全行为干预和控制的实践中，我们就可以通过对矿工不安全行为传染模型中的相关参数进行调整以产生相应的不安全行为传播曲线，预测矿工不安全行为的传播速度和传播范围，并有针对性地设计矿工不安全行为的干预策略。

（二）钟型曲线、S 型曲线及传染模型分类

行为传染或传播的速度曲线与病毒及信息的传播或传染的速度曲线类似，都呈现出一定的规则性，并在总体上表现出 S 型曲线的特征，与自然界中的动物生长曲线相似。在初始阶段，行为载体的绝对数量较少，但增长的速度很大，随着行为载体数量的增加，增长速度会达到极值并逐步降低，且最终逼近 0 (S 型曲线的后端趋平)，行为载体的数量达到一个极限值。矿工不安全行为的传播始于具有传染性的矿工不安全行为的生成。煤矿生产系统也是一种社会系统或者网络，系统中生成的矿工不安全行为的传染或传播的速度曲线也会表现出有一定规则的 S 型曲线特征。随着时间的推移，矿工的不安全行为逐渐被潜在的易染矿工所模仿和学习。新的已染矿工或者变为潜在的不安全的行动人，对易染矿工通过口头交流作用以说服他们采用同样的不安全行动。在行为的传染过程中，潜在易染矿工逐渐减少，并且在极端的情况下甚至可能会减少到 0，这时行为传染的过程才会结束。但在大多数情况下，已染个体的增加都会出现一个临界值，最终已染个体数量和易染个体数量达到一个动态平衡的状态。

参照 Rogers 对于创新技术采用者的分类，我们也可以把不安全行为传染过程中的矿工分为以下五种类型：①矿工不安全行为的生成者（行为创造者），等同于 Rogers 定义的创新生成者；②早期采用不安全行为的矿工；③早期大多数采用不安全行为的矿工；④晚期大多数采用不安全行为的矿工；⑤落后者。通过统计分析可以得出，这五种不同类型人数的占比大致呈钟型曲线分布，也就是所谓的服从正态分布（见图 4-1）。

尽管技术创新和矿工的不安全行为都具有传染性，但技术创新的生成机制不同于矿工不安全行为的生成机制，而且两者存在的环境也有很大不同，最终必然会导致借鉴于 Rogers 定义所划分的处于五个不同阶段的不安全矿工的分布与创新采纳者的分布存在很大区别。Rogers 指出在新产品上市后，那些仅凭个人经验和判断而不是依赖于身边其他人的经验就尝试购买新产品的人大约能够占到整个新产品最终消费人数总量的 25%，这说明创新产品要实现在消费者群体中的有效传播需要一个比较大的启动人群，形成一定消费行为积累效应。之所以要如此多的创新采纳者，主要是因为消费者所处的人群或者社会网络的结构是松散性的，一般不存在中心控制者或者权力集中者，创新产品采纳者对模仿者的行为影响只能通过较大的基数所形成的规模效应来实现。但是，煤矿生产系统是一种高耦合的层级化的结构，在每一个层级上都存在所谓的中

心控制者，这就使得启动不安全行为在煤矿生产系统中有效传播的不安全行为生成矿工的人数占比明显偏离 25%。因为不同的不安全行为生成者对于模仿者的影响也是存在巨大差异的，通常属于中心控制者的矿工的影响性要远远大于其他位置上的矿工。经过反复测算，在一个差的安全氛围中，通常矿工群体领袖或者领导者对矿工的不安全行为持有一种暧昧的态度，既不会明确反对，但也不会明显地支持，这时启动矿工不安全行为在煤矿生产系统的传播的不安全行为生成矿工的人数占比只需要 11%～17%，明显低于创新传播所需启动人数占比；而在一个好的安全氛围中，这个占比是 33%～41%，又明显高于创新传播所需的启动人数占比。这种差异最终导致了处于五个不同阶段的不安全矿工的人数分布与 Rogers 所给出的创新采纳者的分布存在明显差异性，创新产品传播的钟型曲线要比不安全行为传播的钟型曲线更扁平，而 S 型曲线显得更加陡峭，如图 4-1 和图 4-2 所示。

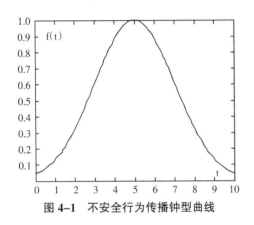

图 4-1　不安全行为传播钟型曲线

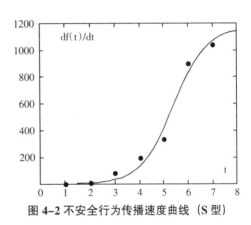

图 4-2 不安全行为传播速度曲线（S 型）

通过对不安全行为传染过程中的矿工人数的钟型分布曲线进行积分，可以得到矿工不安全行为传染过程中已染矿工的累积曲线（累积传染模型），该曲线近似于 S 型曲线或者指数曲线，如图 4-2 所示。该曲线能够很好地描述矿工不安全行为的传染过程。设 m 是一个矿工群体中存在的最大潜在的易染矿工人数或者占比（即一个矿工群体网络中最多有可能采用不安全行动的人数或占比），$f(t)$ 是从第一个不安全行为矿工生成到 t 时累计被感染不安全行为的矿工人数与最大潜在的易染矿工人数的比例，即 $f(t) = \dfrac{N(t)}{m}$，因此，有 $0 \leqslant f(t) \leqslant 1$。对 $f(t) = \dfrac{N(t)}{m}$ 两边同时求导可得 $\dfrac{df(t)}{dt} = \dfrac{1}{m} \dfrac{dN(t)}{dt}$，该式表示一个矿工群体中的易染矿工个体在 t 时刻被感染的速度。在技术创新扩散研究中，$\dfrac{df(t)}{dt} = \dfrac{1}{m} \dfrac{dN(t)}{dt}$ 就是用来表示技术创新扩散的数学模型，我们在这里借用该模型来描述矿工不安全行为的传染速度。对 $f(t) = \dfrac{N(t)}{m}$ 求二阶导数，或者直接对 $\dfrac{df(t)}{dt} =$

$\dfrac{1}{m}\dfrac{dN(t)}{dt}$ 两边同时求导，并令 $\dfrac{df^2(t)}{d^2t}=0$，这样我们就可以求得矿工不安全行为传染过程传染速度取最大值时所处的时刻 t^*。在该时刻，易染矿工个体被传染的速度达到临界状态，即 $\dfrac{df(t)}{dt}$ 取极大值，对于单调增长的 S 型曲线或者指数曲线，该极大值也是最大值，它的取值在 S 型曲线或者指数曲线斜率最大的地方，越过此值，则表明模仿和采纳不安全行为矿工人数的速度增长率达到最大，也是说矿工不安全行为传染过程进入中期阶段。在行为的传染过程中，如果行为传染的速度表现为 S 型曲线，传染的速度开始的阶段有一个积累的过程，也即所谓的潜伏期，在这个阶段新的已染矿工个体的传染性则比较弱，但一旦度过潜伏期并进入加速期，则新的已染矿工个体也会有很强的传染能力。如果行为传染的速度表现为指数型曲线，则说明行为传染性的积累期相对 S 型曲线来说要短得多，在初始阶段，新的已染矿工个体已经具有很强的传染能力，而且新的已染矿工之间的传染性相对于 S 型曲线来说具有更强的叠加效应。以 S 型曲线与指数型生长曲线为基础构建的传染模型的最大区别之处就是，传染速度表现为 S 型曲线，说明行为传染最终会达到一个饱和期，而指数型生长曲线则不存在一个饱和期。因此从整体意义上来说，S 型曲线与现实世界中的行为传染情形的吻合度要优于指数型生长曲线。S 型或者指数型生长曲线是行为传染模型的结构基础，在下文中我们要讨论的行为传染的巴斯模型正是以 S 型生长曲线为基础的，通过收集相关模型数据并进行模型的参数估计，对模型的假设条件进行验证，最终把该模型应用于实践分析和预测矿工不安全行为传染的速度和范围。

目前，学界针对行为传染主要建立了两种不同的基本模型，分别为行为传染的决策模型和行为传染的速度模型。前者主要描述不同行为主体在决定采取同样或相似行动过程中的相互作用和相互影响过程，综合考虑了个体需求及群体压力在个体行动选择过程的影响作用，该类模型的典型代表是格兰诺维特的行为阈值模型。后者主要描述行为传染在网络情境的传染速度的规律性。除此之外的一些传染模型基本上都是以这两种基本模型为基础发展而来的。下面我们分别将这两种不同类型的模型应用于分析和解释矿工不安全行为的传染问题。

（三）矿工不安全行为传染的决策模型

行为传染的速度模型主要研究随着时间的变化，具有传染性的行为导致已染个体在个易染群体中占比的变化规律。尽管大多数行为具有传染性，但人具有思维和判断能力，使得人在接触到具有传染性行为时会依据自身的判断能力和经验来决定是否也采用同样的行为，这时具有传染性的行为能否在人与人之间进行传播就取决于行为人的个人决策，由此而衍生出的行为传播模型就是所谓的行为传播决策模型（Threshold Modal of behavioral contagion）。在群体中，当一位行为人接触到一种具有传染性的行为时，他是否会采纳同样的行为主要取决于两个方面的因素，分别是：来自行为人自身的内部因素，主要包括行为人的内在需求、学习能力、判断能力及经验积累，即来自个体自身的驱动力；来自群体成员的外部压力，主要包括该群体中已经采纳该行为的人的数量、态度，采纳的人数越多则对未采纳者的压力就越大，即来自个体自身之外的驱动力。最终在内部因素和外部因素的共同作用下，行为人会做出相关选择，决定采纳还是不采纳，采纳则相当于被感染，而不采纳则相当于不被感染。也就是说一种具有传染性的行为最终能否成功传染给另外一位行为人是由后者根据内外部因素的具体情况而做出的决策，并不是由具有传染性行为的生成者所决定的，当然在一个群体或者社会网络内部，已经采纳目标行为的人数会对还没有采纳目标行为的人的决策形成社会压力，但这种压力是外在的。行为传染的决策模型最典型的代表是格兰诺维特构建的群体行为阈值模型，相关文章于 1978 年发表于《美国社会学学报》。当时格兰诺维特主要是针对以下这种决策情境提出阈值模型的，即行为人有两种可选行动方案，每一种可选行动方案的成本或者收益依赖于选择该方案的其他行为人数量。根据上文对格兰诺维特行为阈值模型的阐释，我们可以建立如下矿工不安全行为网络传播的阈值模型（也称为矿工不安全行为传染的决策模型）。

设矿工在煤矿生产系统中的安全行为状态为初始状态（original state），也叫易染状态。这样做无论在理论上还是现实中都是合理的，因为矿工不可能从进入煤矿之时就是不安全行为状态。在群体网络环境中，我们用感染密度 $f(t)$ 来表示，在一个有限的网络空间中，已经受到感染个体的行为活动空间在整个网络空间中的占比，通常也可以简化为一个有限网络空间中已染个体在总体中的占比。为了分析问题的便利，前文中已经特别指出矿工在煤矿生产系统中的行为状态只有两种安全行为状态（易染状态）和不安全行为状态（已染状态）。

本研究将矿工的初始行为状态设定为安全行为状态，将初始状态改变后的状态称为终点状态，也称为个体的已染状态，用 $G(t)$ 表示，即从易染状态转变为已染状态。易染状态能否转变为已染状态主要取决于 $r(t)$ 的取值。$r(t)$ 为行为状态转变速率函数，对于特定群体网络情境下的个体来说，若 $r(t)$ 的取值大于 0，则网络的感染密度仍在不断增加。给出了上述三个变量，我们就可以给出如下矿工不安全行为网络传播的阈值模型：

$G(t) = A \cdot F(f(t), r(t))$。A 被称为行为阈值系数，相当于感染强度指数。在群体网络环境中，该指数衡量的是一个易染个体在行为状态转移过程中所能受到已染个体的综合影响效应的大小，也就是一个易染个体在一个有限的网络空间中接触到的已染个体数量的多少或者已染个体在总体中占比的大小。该系数主要由个体所处的群体网络环境确定。通常在一个有限的网络空间中，已染个体数量越多，或者在总体中的占比越大，且网络内部耦合作用越强，则该感染强度指数就越大。对于群体网络环境中某一特定行为个体来说，只有当 A > A。时（A。为个体的行为阈值常数，主要由个体需求特征所决定，通常个体需求越迫切并且越容易得到满足，该常数就越小；反之，个体需求不具有迫切性且难以得到满足，则该常数就大），即个体所受到的感染强度大于个体的行为阈值，这时 r(t) 才会大于 0，行为状态才会发生转移。当 A < A。时，即个体的行为阈值常数大于行为阈值系数，这时 r(t) 才会小于或者等于 0，行为状态不会发生转移，个体不会因受到具有传染性的矿工不安全行为的影响而发展状态转移。

由上述模型的构建过程来看，矿工不安全行为传染的决策模型的关键概念是阈值，即一个行为人在群体网络环境中决定是否采取其中一个行动方案时，主要依赖于在他之前已经做出同样决定的行为人数量或者在一个人群（社会系统或网络）中所占比例，同时还要受到其个人的需求特征影响。根据阈值模型的关键概念，我们可以看到，在一个群体中，行为的传染主要是由个体需求及群体压力共同影响的行为成本收益驱动的，从而使得决策行动可以在不同的行为人之间进行传染并促使决策行为产生链式反应，也就形成了所谓的行为人决策的传导性，一位行为人的决定会通过一个共享的网络空间存在的耦合作用影响与之相关联的其他行为人，但是当受到影响的行为人的行为阈值大于那些能够对其产生影响的行为人的特定数量或者在总体中特定占比时，就会在群体中形成阈值缺口（gap）。缺口的出现标志着决策行为的传播过程的终结，也代表着一种决策行为的传染性达到饱和状态。阈值模型是行为决策模型最为典型的代表，它较好地分析、解释及预测了行为在群体网络中的传播过程，同时也较好地解释了行为传播的微观动力学机制。但是阈值模型在实际应用中仍然存在某些明显的缺陷，我们一般难以获得矿工不安全行为传染的决策模型的明确的函数关系式，只能采用差分方程的形式进行计算，但要计算出行为传播的饱和状态也存在很大困难。另外，该模型也没有考虑已染个体的行为状态的转换问题，即从已染状态恢复为易染状态的问题。

在项目的执行过程中，本项目组通过问卷及访谈的方式对样本煤矿矿工的行为阈值进行了初步估算。数据分析表明，约有 57.5% 的矿工在感受到自身所处的工作环境中有 2~3 位矿工采用了不安全行动后自身行为会受到很大影响并决定采纳同样的不安全行动，也就是说这部分矿工的行为阈值为 2~3。约有 13% 的矿工表示即使除自身之外的其他矿工都采用不安全行动自己也不会采用同样的行动，也就是说这些矿工的行为阈值是无限大的，这最终决定了矿工不安全行为即使在极端的情况下也不可能使一个煤矿生产系统中的所有矿工成员都被传染，而只能达到网络传播的饱和状态。另外，还有 14% 左右的矿工表示，自己会在日常工作中有意识地或主动地采用不安全行动，也就是说这部分矿工的行为阈值为 0，而网络群体中存在的这个比例的矿工也恰好满足了矿工不安全行为在矿工群体网络中传播所需要的启动人数。另外，在接受调查和访谈的矿工中，大约还有 15.5% 的人表示他们不清楚自己周边究竟有几个人采用不安全行动后自己也会采用同样的行动，但他们表示看到有人采用不安全行动，自己的行为选择会受到较大程度影响。对于这种情况我们虽然不能确定这部分矿工的行为门槛的具体取值，但可以判定他们的行为门槛取值是有限的。

（四）矿工不安全行为传染的巴斯模型（Bass Modal of Behavioral Contagion）

巴斯模型是传染模型研究进程中具有里程碑意义的成果，并奠定了传染理论（扩散理论、传播理论）研究的基础。巴斯模型是一个主要针对技术创新扩散过程所建立的模型，认为创新的扩散主要受公共媒体传播和人与人之间的口口相传两种传播方式的影响。另外，巴斯模型也是以一系列严格的假设条件（创新采用者是无差异的、同质的，产品的性能不随时间推移而改变，一种创新的扩散独立于其他创新等，共有八条之多）为前提的，而这些假设主要是针对创新、创新者的性质和特征提出来的，虽然矿工不安全行为的生成与创新的生成有很多共同点，但也存在一定程度的区别。因此，将巴斯模型应用于实际中分析和解释矿工不安全行为传播问题要作一些必要的修正。根据巴斯模型的假设条件，创新的扩散与行为传染主要存在以下几点差异：

（1）巴斯研究的创新扩散所存在的环境是市场，而我们研究的矿工不安全行为传播所存在的环境是矿工群体、组织，或者更具体地说就是煤矿生产系统。虽然市场、群体及煤矿生产系统都可以用网络结构来描述，但市场要比群体的结构大且复杂，而且构成市场结构的关系相比于构成煤矿生产系统结构的关系要弱很多。煤矿生产系统是高耦合性系统，而市场是松散性的复杂系统。另外，矿工群体内部环境比市场环境更容易维持稳定，存在中心控制者，当有外力介入时，矿工群体结构的变化速度要比市场结构变化的速度快得多也容易得多。因而，从行为干预的效果来判断，矿工群体行为受到干预时所发生的变化要比市场行为受到干预时所发生的变化明显得多。巴斯模型中假定市场潜力随时间推移保持不变，在这一点上，对于矿工群体来说更容易满足。

（2）人的社会性决定了人的行为生成无法不受到自身的外部环境的影响，而人的社会性又决定了人的大多数行为是有传染性的。从行为状态转换的角度来看，在煤矿生产系统中，具有风险性的矿工不安全行为是由低风险或者无风险性的矿工安全行为转换而来的，在行为的路径依赖性的作用下，不安全行为在矿工群体中的传染也必然会受到具有收益性的矿工安全行为的影响。另外，在矿工群体内部，工作任务的完成需要矿工之间进行密切的行动配合，虽然每位矿工是行为独立的人，但矿工生成的不安全行为在矿工群体中传染的过程会与群体中的安全行为的传染存在一定的相互作用，因而难以完全独立。而巴斯模型假定了一种创新的扩散不受其他创新扩散的影响。在这一点上，行为传播与创新扩散存在一定差异，应用巴斯模型来分析矿工不安全行为的传染需要适当放宽相应条件的限制。

（3）巴斯模型假定在创新扩散过程中，产品的性能不会随时间的变化而变化，即产品是同质化的。我们所研究的矿工不安全行为是以矿工为行为载体的，它本身就不是一种产品，行为本身就是动态变化的，从表面上看无法完全满足随时间变化维持恒定性的条件，但这并不意味着矿工的行为在传播或扩散的过程中不能够维持模型所要求的恒定性。从遗传的角度上看，人与人在先天的遗传基因上的差异已经决定了人的外在特征及行为表现的巨大差异，但是在社会系统中，人的行为偏好又会进一步导致人群或者社会网络出现同质化现象。这种同质效应一方面来自行为主体的内在行为偏好，即一个人在选择合作对象的时候会考虑他是否与自己具有某些相似的特征，如居住地、经济情况、信仰及价值观等；另一方面则来自人与人之间在同样工作环境中的长期合作所形成的行为路径依赖性。在一个相对封闭的煤矿生产系统中，前一种情形对于行为同质化的影响要弱一些，而后一种情形对于行为同质化的影响则至关重要。由于大多数矿工在生产过程中进行长期的配合，逐步形成相互之间的行为默契和行为配合上的路径依赖，并最终产生网络同质化效应，从而满足巴斯模型所要求的传播对象的稳定性和同质化条件。

（4）巴斯研究的是创新扩散，而我们研究的是人的行为传播，更为具体地说是带有一定风险性的矿工不安全行为的传播。从实践中来看，人的行为传播要比创新传播的门槛低很多。任何人都可以产生行为也可以模仿行为，但并不是任何人都能产生创新。行为的传播既可以在微观系统、中观系统里发生，也可以在宏观系统中发生，而创新的传播通常都在一个宏大的系统内发生，因而研究者通常将创新放在一个规模庞大的系统里进行研究。另外创新传播从根本上也是行为传播，因为创新从根本上来说也是个体或者群体活动的结果。

虽然，创新和不安全行为存在一些差异，但这两个研究对象所存在的研究体系所遵从的逻辑关系是高度一致的。创新（在需要特别说明的情况下，也可以指代创新行为、创新或创新产品）对应于不安全行为，两者在共享的群体网络空间中存在社会接触的条件下都具有传播性或者传染性；市场对应于群体，两者都可以用网络结构来表示，而创新或不安全行为都可以通过网络来传播，都会形成相应的传播网络；另外，创新传播的载体可以是人、产品、技术或者服务，但无论是产品、技术还是服务，实际上都人的行为活动的某种延伸。因此，归根结底，创新的传播和不安全行为传播的载体都是行为人。在传播的过程中，行为人之间会存在相互作用。因此，从行为传染或传播的微观机制上来说，矿工不安全行为传染的巴斯模型也是以基本巴斯模型为基础的，并需要进行适当的修改。

首先，我们假定在 t 时刻，将要采用不安全行为的矿工人数与已经采用不安全行为的矿工人数表现为某种特定的曲线关系，即 $p(t) = p + \dfrac{q}{m}[N(t)]^\alpha$。其中，$P(t)$ 为 t 时刻以后所有可能要采用不安全行为的矿工人数（或占比），$N(t)$ 为 t 时刻以前所有已经采用不安全行为的矿工人数（或占比），m 是一个矿工群体中存在的最大潜在的易染矿工人数（或者占比），p 为不安全行为生成系数〔当 t = 0 时，$P(0) = p$，实际上就是在 t = 0 时刻矿工群体中自发生成的不安全矿工的人数或者占比，p 也称作矿工不安全行为生成系数〕，而 q 为不安全行为模仿系数〔q 的取值表示不安全行为参与者（模仿者）跟随不安全行为生成者的持续程度，q 也称作矿工不安全行为的模仿系数〕。$\frac{q}{m}[N(t)]^\alpha$ 表示已经采用不安全行为的矿工对模仿不安全行为的矿工的影响。p、q、m 及 α 都取常数，这样 $P(t)$ 与 $N(t)$ 之间就呈现出不同的曲线关系。当 $\alpha = 1$ 时，就是所谓的基本巴斯模型。在应用于分析实际问题时，还需要对基本巴斯模型做进一步处理。

设 $f(t)$ 为 t 时刻采用不安全行为矿工在一个矿工群体中所占的比例（相当于概率密度），则有 $F(t) = \int_0^t f(t) \mathrm{d}t$；令 $F(t) = 0$，则 $F(t)$ 表示从 0 到 t 时刻所积累的采用不安全行为的矿工在一个矿工群体中的占比。按照上文的叙述，这时 $N(t) = mF(t)$ 成立。在模型建立之前，我们还要定义一个重要概念，即风险率。风险率（Hazard Rate）是指"在 t 时刻，采用不安全行为矿工的比例，考虑到他们还没有采用，因而这只是一种风险比例"，即：

$$h(t) = \frac{f(t)}{1 - F(t)} \tag{4-1}$$

按照巴斯模型假定条件，这些在 t 时刻还没有采用不安全行为的矿工采用不安全行为的概率应该与之前已经采用不安全行为矿工的累积概率呈线性函数关系，即：

$$h(t) = p + qF(t) \tag{4-2}$$

于是，我们可以得到：

$$\frac{f(t)}{1 - F(t)} = p + qF(t) \tag{4-3}$$

如果设 $n(t)$ 为 t 时刻采用不安全行为的矿工的人数，则：

$$N(t) = mF(t) \tag{4-4}$$

$$n(t) = mf(t) \tag{4-5}$$

通过式（4-3）至式（4-5），可以推导出：

$n(t) = mf(t) = m(p + qF(t))(1 - F(t)) = m(p + q\frac{N(t)}{m})(1 - \frac{N(t)}{m})$，将该式展开即可以得到矿工不安全行为传染的巴斯模型的公式：

$$n(t) = mp + [q - p]N(t) - \frac{q}{m}[N(t)]^2 \tag{4-6}$$

将式（4-4）和式（4-5）代入式（4-6）可得：

$$n(t) = mp + [q - p]N(t) - \frac{q}{m}[N(t)]^2 \tag{4-7}$$

将式 (4-4) 和式 (4-5) 代入式 (4-7) 可得：

$$f(t) = p + [q - p]F(t) - q[F(t)]^2 \tag{4-8}$$

由于 $f(t) = \dfrac{dF(t)}{dt}$，因此式 (4-8) 可以表示成微分方程形式：

$$\frac{dF(t)}{dt} = p + [q - p]F(t) - q[F(t)]^2 \tag{4-9}$$

求解该微分方程，则可以得到：

$$F(t) = \frac{1 - e^{-(p+q)t}}{1 + \dfrac{q}{p}e^{-(p+q)t}} \tag{4-10}$$

$$f(t) = \frac{\dfrac{(p+q)^2}{p}e^{-(p+q)t}}{\left[1 + \dfrac{q}{p}e^{-(p+q)t}\right]^2} \tag{4-11}$$

根据式 (4-4) 和式 (4-5)，我们可以得到：

$$N(t) = m\left[\frac{1 - e^{-(p+q)t}}{1 + \dfrac{q}{p}e^{-(p+q)t}}\right] \tag{4-12}$$

$$n(t) = m\left[\frac{\dfrac{(p+q)^2}{p}e^{-(p+q)t}}{\left[1 + \dfrac{q}{p}e^{-(p+q)t}\right]^2}\right] \tag{4-13}$$

从矿工不安全行为传染的巴斯模型的推导过程可以看到，采用不安全行为的矿工主要包括两大类：①在群体工作环境下由自身需求及外部工作环境驱动而自发生成不安全行为的矿工，也即目标行为生成矿工；②模仿不安全行为的矿工，即在没有不安全行为发生之前，矿工自身并不会有意识地采用不安全行为，只是当其察觉到自身所处的工作环境中有不安全行为的生成时才会根据个人情况及外部环境因素而决定是否采用目标行为。自发生成不安全行为的矿工是指不受其他矿工行为及群体内部压力影响而主动采取不安全行动的矿工；模仿不安全行为的矿工是指受这两类因素影响而采用不安全行动的矿工。在不安全行为的传播过程中，自发生成不安全行为的矿工和模仿不安全行为的矿工所发挥的作用是不同的。在不安全行为传播的初期，自发生成不安全行为的矿工所发挥的作用要大于模仿不安全行为的矿工，自发生成不安全行为的矿工基数的大小将决定具有传染性的矿工不安全行为传播的初始速度，通常这个基数越大，则传播的初始速度也就越大。但随着时间的推移，模仿不安全行为的矿工成为新的行为载体的数量越来越大，这时矿工不安全行为的模仿者对于行为传播速度的影响所发挥的作用则越来越重要。

依据矿工不安全行为传染的巴斯模型的不安全行为生成系数 p 和不安全行为模仿系数 q 的取值大小关系可以判断不安全行为能否在矿工群体中成功传染，当 $p < q$ 的时候，矿工不安全行为增长曲线有最大点，这时不安全行为能够在矿工群体中进行广泛的传染，因而危害性大。当 $p > q$ 的时候，矿工不安全行为增长曲线没有极值点，这时不安全行为不能够在矿工群体中进行成功传染，因而这种不安全行为就不具有危害性。这里我们需要强调的是巴斯模型主要适用于在宏观社会环境下的创新产品的社会传播问题，涉及的行为主体数量巨大，但由这些行为主体所构成的社会群体或者人群的内部耦合关系较弱。但是，煤矿生产系统是高耦合系统，虽然采用不安全行为和采纳新产品的行为都带有一定的风险性，但前者的风险是带来人身伤害，后者带来的风险则是利益受损，而人类在生成这两种行为选择的时候所受到的驱动要素是不同的。对于矿工不安全行为的传播及传染问题，其所涉及的人群难以达到几百万甚至几千万之多，煤矿生产系统的内部环境更像是一个小型化的群体网络，在宏观上无法满足巴斯模型所要求的传播条件，但巴斯模型可以很好地解释行为传染的微观网络机制，因而在本研究中，我们主要应用巴斯模型来分析矿工不安全行为在煤矿生产系统中传染的微观网络机制，对于其网络传播的宏观机制，则采用社会网络分析的方法。

三、矿工不安全行为传染的巴斯模型的应用实例

（一）模型数据

矿工不安全行为传染的巴斯模型的数据采集需要注意四个方面的问题。

第一，分析对象的单位问题。在巴斯基本模型的假定中，要求在某一个时间区间内的新产品的采用者不考虑多件购买和重复购买问题。实际上这对于新产品扩散的巴斯模型来说是一个比较严格的假定，该假定的主要作用是创新产品扩散的过程中，不考虑自己对自己的传染或扩散问题，即不考虑 I 型纵向行为传播问题，也就是说以网络结构表示的扩散网络不存在环（loop）。但对于行为传染或者传播来说，该假定条件比较容易满足。一方面，矿工一般不可能在一个时间区间内某个时刻同时生成多个不安全行为。在实际的工作过程中，矿工的大多数行为是串行而不是并行发生的。另一方面，矿工的不安全行为除了自我控制之外，还要受到外部要素的严格监控，对于同一个矿工来说几乎不可能在短时间内多次出现不安全行为。因此，以矿工的不安全行为作为分析对象，要求其不能在一个既定的时间区间内重复采用不安全行为或者在某个时间点上同时采用多个不安全行为，这样我们所推算到的矿工不安全行为发生次数就与采纳矿工不安全行为的人数是相等的。根据上述分析，实际的情形就基本可以满足巴斯模型的假定。

第二，模型数据的来源问题。在矿工不安全行为传染的巴斯模型的数据采集中，我们主要是通过现场观察、访谈及收集样本煤矿的相关安全记录的文档资料来获得矿

工违章记录、相关煤矿事故记录，以及矿工不安全行为记录，并根据事故数据的统计规律推算某个特定时间段内矿工不安全行为实际发生的频率。由于可以直接观察到或者记录到的矿工不安全行为并不能真实反映样本矿井在运行过程中实际发生的不安全行为的次数，所以这里又通过事故记录来推算实际中真实发生过的矿工不安全行为的记录。需要特别强调的是，一个样本矿井在一个特定时间段发生的不安全行为记录主要通过以下几个方面综合推算而出：直接可以观察到或者通过煤矿安全记录文档资料采集到的不安全行为发生的记录；不停工的轻微伤害事故记录，发生一次这样的记录等同于 31 次不安全行为记录；需要停工的伤害事故，发生一次造成停工问题的煤矿事故相当于之前已经发生过约 329 次不安全行为。这种推算方法主要依据 Heinrich 等关于不安全行为、轻微伤害事故、停工伤害事故之间的基于大量统计数据分析所得出的规律。由于本研究中无法采集到模型分析所需要的直接数据，只能以间接数据进行推算，因此，模型数据无法实现完全的绝对可靠。

第三，数据采集的时间间隔问题。巴斯基本模型的数据采集间隔是由主要研究对象的扩散速度所决定的，扩散速度越快，数据采集及分析的时间间隔就越小，反之则越大。对于扩散速度快的新产品，如新款手机、芯片等，时间间隔可以是周或者月；对于扩散速度相对较慢的新产品，如家用汽车、家电等，时间间隔可以是季度或者年。考虑到我们所采集的数据既有直接的也有间接的，以及煤矿对于不安全行为、事故等记录及上报周期，加之本项目中采用的巴斯模型主要用于分析矿工不安全行为传染的微观网络机制三个方面因素，这里所采用的数据采集时间间隔为 7 天。我们在实际的调研中发现，在一个长周期里，由于矿工不安全行为会受到内外部监管因素的影响而无法满足基本巴斯模型所假定的条件。因此，我们选择在一个相对较短的周期内将巴斯模型应用于分析矿工不安全行为传染的微观网络机制。这一方面使得巴斯模型所要求的条件得到较好的满足，另一方面也可以很好地解决我们所要解决的实际问题。

第四，采集数据及用于模型分析数据的起止时间的选择问题。这里需要特别强调的是，数据采集的时间跨度的选择要比用于模型分析数据的起止时间的选择随意一些。后者要考虑不安全行为发生的时间、不安全行为开始传播的时间及其传播达到饱和状态的时间，从而确定新生成的不安全行为的起始时间、传播发生时间及该行为传播结束的时间。如果一种矿工不安全行为生成后，其他矿工在一定的时间范围内没有受到影响而采用类似或者同样的行为，则该行为就不具有传染性，因而我们在采集到的数据序列中可到看到整个数据序列的变化范围很小或者根本就不发生变化。但是，数据采集的时间跨度不需要考虑时间的起止问题，而是仅由样本矿井的客观情况所决定。如某一类型的矿工不安全行为是否被详细记录。如果没有被详细记录，则无从得到相关数据；如果有相关记录，则所采集的数据起始时间就从有记录的时间点开始。因此，对于数据采集的时间跨度问题，只要能够尽可能详细地采集到样本煤矿有关不安全行为的记录即可。另外，为了满足矿工不安全行为传染巴斯模型关于同一个矿工在行为传染过程中不能重复发生的条件，要求用于模型分析的数据的时间跨度不能太大，否则将难以保证同一矿工在一个长时间跨度不会重复发生不安全行为。数据采集的时间跨度可以不考虑上述巴斯模型所要满足的条件，可以加大数据采集的时间跨度，获得尽可能多的数据，然后在模型分析阶段再选择一段满足巴斯模型条件的时间段内采集到的数据即可。根据上述分析及样本煤矿的客观情况，本项目组从样本煤矿采集到以下数据（见表4-1）。

表4-1　一定时间段内样本矿出现的不安全行为记录及其累积量

周	2015年8月3日	2015年8月10日	2015年8月17日	2015年8月24日	2015年8月31日	2015年9月7日	2015年9月14日
时间（t）	1	2	3	4	5	6	7
累积量	1	3	9	14	26	49	76
增长量	1	2	6	5	12	23	27
周	2015年9月21日	2015年9月28日	2015年10月5日	2015年10月12日	2015年10月19日	2015年10月26日	2015年11月2日
时间（t）	8	9	10	11	12	13	14
累积量	110	149	198	253	301	321	334
增长量	34	39	49	55	48	20	13
周	2015年11月9日	2015年11月16日	2015年11月23日	2015年11月30日	2015年12月7日	2015年12月14日	
时间（t）	15	16	17	18	19	20	
累积量	285	262	231	196	187	173	
增长量	−49	−23	−31	−35	−9	−14	

表4-1说明，在一个样本矿井中，一种具有传染性的矿工不安全行为生成后，并不会无限制地增长，其积累数量和增长的数量首先经历一个从缓慢增长到快速增长阶段，然后又进入衰减阶段。由于从数据采集的第8周开始，样本煤矿有轻微伤害事故发生（我们按照一次轻微伤害事故等同于生成31次矿工不安全行为进行换算），所以按照轻伤事故对于不安全行为的替代关系，不安全行为的累积量开始较快增加，但在第14周达到最大，此时样本煤矿有近1/3的矿工被不安全行为所感染，但其后则进入一个下降的通道。这说明在一个相对封闭且由人的行为活动所主导的群体环境中，潜在的矿工不安全行为生成者或模仿者的数量存在极限值。因为随着轻微伤害事故的增加，安全管理人员会对偏离正常值的安全事件更加重视，并加大对现场安全的监管力

度，最终导致了不安全行为发生频次的下降。

（二）矿工不安全行为传染的巴斯模型参数的范围确定

该模型中共有三个参数，分别是 m、p 及 q。通常创新系数的取值范围为 $0 < p < 1$，模仿系数的取值范围为 $0 < q < 1$，且 $p < q$。实际上，巴斯在对于创新传播进行多年的持续性研究后发现，一种产品如果能够在一个较为庞大的社会系统中进行有效的传播，创新系数要远小于模仿系数。之所以发生这种情况，研究者发现主要是由于模仿者对于新产品传播的影响力要远小于创新者。而在一个现实的群体网络中，创新者在一个群体网络中所占比例不可能太多，而这时如果模仿者比创新者在整个群体网络中所占的比例还低，那么一种创新一般在生成后无法获得足够的创新跟随者，从而保证创新采纳者在整个群体网络中占比逐渐增加，因而会很快进入衰减阶段，很难在一个较为庞大的群体网络中进行有效的传播。有研究者发现，对于耐用消费品来说，两者之和在 0.3~0.5 之间（盛亚，2002），对于一个存在高接触的耦合性的煤矿生产系统来说，矿工不安全行为不同于耐用消费品，短周期决定了 p 及 q 之和不可能太大，一般小于 0.15。实际上，越来越多的经验数据表明，创新系数与模仿系数之比接近于 1∶4，也在很大程度上遵循帕累托最优的原则。因为在共享的群体网络空间中，少数网络节点的度取值更大，并占有了网络中的大部分资源，他们更有可能做出创新（生成新行为），而网络中其他的节点由于度取值小，虽然占有群体网络中的大多数，但占有的网络资源却只有小部分。他们能做出创新的可能性很小，一般只能充当模仿者的角色。m要视具体行动者集合总体数量的大小而定。通常 m 不可能大于行动者集合的总体。因为无论是创新传播还是行为传播都是发生在一个边界相对明确的群体网络或者系统中的，即使群体网络或者系统仍然处于生长过程中，其网络节点或者系统的构成要素也是有限度的，这就决定了无论在什么情况下最大传播潜力常数 m 都是不大于行动者集合的总体的。

应用巴斯模型分析实际中的行为传染问题的重要一环就是根据所采集的相关数据合理地估算出上述三个参数，然后再利用模型对具有传染性的行为在群体网络中的传染过程进行预测，从而为行为干预决策提供数据支持。早期巴斯模型的参数估计一般采用普通最小二乘法，但由于需要把 S 型曲线线性化，因而比较麻烦。近些年来随着计算机运算能力的增加，现如今一般运用工具性软件如 MATLAB、SAS 就可以直接进行曲线拟合，而且可以得到非常精确的拟合结果。在本研究中，我们主要运用 MATLAB 软件对矿工不安全行为传染的巴斯模型参数进行曲线拟合，所得到的结果如图 4-3 所示。

图 4-3 所示结果表明，对于一个有 563 名一线矿工的样本矿井来说，如果最终生成或者模仿矿工不安全行为的矿工最多有 350 人的话，那么按照巴斯模型，我们可以预测以具有传染性的矿工不安全行为生成的时间点作为起点，第 12~14 周的时候，发

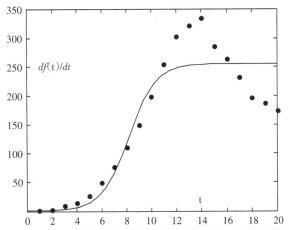

图 4-3　运用 MATLAB 软件对矿工不安全行为传染的巴斯模型参数曲线拟合

生矿工不安全行为的累积数量会达到最大，而在第 6~10 周的时候会迎来矿工不安全行为的高速增长期，而且在这个时间段内矿工不安全行为诱导的具有伤害性的煤矿事故发生概率较高，也就是事故的高发期。因此，根据上述计算结果，安全监管人员从发现第一例矿工不安全行为开始，如果该不安全行为满足传染的条件，那么他们较优的行为干预时机应为第 1~5 周，这时具有传染性的矿工不安全行为还没有进行高速扩散，是行为干预措施介入的最佳时机。另外，图 4-3 也表明，巴斯模型对于矿工不安全行为传染性的过程前半段拟合度很高，但当已染矿工个体在快接近最大值时，该模拟和实际数据之间的拟合度越来越差。因此，该模型对于行为传染出现变点时的预测仍然存在不足之处，还需要进一步改进，并需要其他相关模型进行补充。

（三）矿工不安全行为传染的巴斯模型参数的估算结果

巴斯模型有两种表达形式，分别为表示受传染个体累积数量变化的 S 型曲线和表示传染扩散速度变化的钟型曲线。实际上钟型曲线就是 S 型曲线的斜率，两者是对同一个问题的不同表现方式。因此，这里为了节约篇幅只对 S 型曲线进行拟合。矿工不安全行为的动态变化特征决定了我们不能够随意改变巴斯模型数据的采集间隔，但可以选择不同的起始点和不同数量的已知数据点来观察矿工不安全行为传染的巴斯模型参数估计所可能发生的变化。对于一个已经采集到的模型数据序列，巴斯认为数据的起始点选择序列的数值大于 $p \times m$ 的位置比较合适，也就是在一个煤矿生产系统中最多可能生成和模仿（统称为采纳）不安全行为的矿工人数和矿工不安全行为生成系数的乘积。实际上，在模型拟合之前，并没有现成的 p 和 m 值，对于煤矿生成系统中的矿工不安全行为的传染来说，获取 p 和 m 这两个参数主要途径有两个：其一，根据以往的矿工不安全行为传染或传播的经验判断，判断一种矿工不安全行为在没有干预之前可以使得煤矿生产系统中最多被传染的人数。其二，主要是通过数据拟合，根据已经观察到的数据先计算出相关的参数，然后再进行起始点的选取。实际上，第一个途径带有很大的主观性，这里我们采用第二种途径来获取这两个参数的初步估算值。

本书所构建的矿工不安全传染的巴斯模型在应用于分析实际中矿工不安全行为传染问题时仍然存在一定局限性。首先，模型的假设条件太过于严格。现实中的矿工不安全行为传播根本无法完全满足这些条件。其次，由于我国煤矿产权构成复杂，企业治理结构及监管的标准也有很大差异，煤矿生产存在的历史长短不一，加之煤矿的开采环境差异性也很大，生产安全管理水平参差不齐，导致不安全行为在衍生于不同煤矿生产系统之上的网络结构中的传播也存在很大差异。本书所选择的样本矿井难以涵盖国内所用类型的煤矿，因此样本煤矿数量还有必要进一步加大，以便最终能总结出针对我国不同类型煤矿生产系统中的矿工不安全行为传染的普适性规律。最后，在现有的煤矿生产条件下，即使是当前已经建成的大型数据化矿井仍然难以完整地记录到矿工不安全行为的发生情况，获取的数据仍然靠事故统计所得出的规律进行推算，这种数据的间接性必然会影响到模型的可靠性。

本章小结

在我国的煤矿安全管理实践中，人们早已发现矿工不安全行为与煤矿事故之间具有强相关性，但长期以来矿工不安全行为的反复多发性却难以得到有效遏制。当前，预防和干预矿工不安全行为已经成为我国煤矿安全管理实践的主要任务之一。但由于矿工不安全行为演化过程的复杂性，有效预防矿工不安全行为仍然是煤矿安全管理的一大难题。由于矿工不安全行为本身就会对煤矿生产产生一种负面的影响，那么在我国煤矿生产实践中普遍存在的矿工不安全行为会不会具有很强的传染性？矿工不安全行为的传染性是怎么产生的？具有传染性的矿工不安全行为又是如何在矿工群体中进行传播的？传染性和传播性又有什么区别和联系？针对上述这些相关问题，我们在本章中主要是通过对行为传染性、行为传播性条件的分析，以及传染性模型构建等方式对上述相关问题展开研究的。

在本章中，我们首先分析了行为传染性的来源及其与病毒传染的差异，论述了行为传染与病毒传染机制的区别及联系，并在此基础上尝试对矿工不安全行为传播性的必要条件及充分条件进行了阐释，系统地论述了获取矿工不安全传染性的充分及必要条件在构建行为致因事故理论中的重要作用。由于已有文献在应用到行为传染性与传播性这两个概念时一般都不加以区分，但是行为传染的机制和传播的机制既相互联系，又有较明显的区别。前者更倾向于表达行为活动的微观机制，而后者更倾向于表达行为活动的宏观机制。因此，紧接着我们又重点论述了有关行为传染性及行为传播性的相互关系及差异。从中我们看到行为的传播性是以行为的传染性为基础的，要研究矿工不安全行为的传播性必须首先弄清楚行为的传染机制。基于此，我们首先对行为传染性的来源进行研究，并对行为的传染性进行了分类。虽然行为传染有复杂与简单之分，但是我们可以简单地将传染性理解成"一种影响从一个行为人（已染个体）向另外一个行为人（易染个体）的传播"，由此可见，传染性与传播性是密切联系的。在厘清行为传染性的基础上，我们又对矿工不安全行为传播所要满足的必要条件、充分条件及充要条件进行了系统的论述，并指出发现矿工不安全行为传播的充要条件在设计有效的行为干预措施中所承担的重要意义。

传染模型是研究矿工不安全行为传染性、传播性及网络传播模型中的一个问题，它从理论上解释了已染个体对于易染个体的行为影响的微观动力学机制，并给对于一个群体网络空间中具有传染性的研究对象的传染速度及范围进行准确预测提供了科学的手段。因此，它不仅在社会科学领域、生物学研究领域及交叉学科研究领域有着非常广泛的运用，发挥了重要的作用，而且还用于解释文化潮流的传播及历史制度的传承问题。越来越多的学者也将传染模型用于解释和预测行为的传播问题。基于此，我们又针对我国煤矿矿工不安全行为的传染问题，研究了矿工不安全行为传染模型的构建及应用问题。通过对基于巴斯模型的我国矿工不安全行为传染模型的拟合，结果表明该传染性模型可以帮助我们把握科学的行为干预时机并提供可靠的方法依据，从而可以提升行为干预措施在安全管理实践中的效果。

第五章 矿工个体不安全行为传播的
网络结构敏感性及弱因果性

在上一章中，我们重点论述了矿工不安全行为传染性与传播性之间的关系，构建了矿工不安全行为的传染模型，基本厘清了矿工不安全行为传播的微观机理。在本章中，我们将以矿工不安全行为传播的微观机理为基础来探究矿工不安全行为在矿工群体网络传播中的结构敏感性和弱因果性及其在设计矿工不安全行为的防御策略时所能发挥的主要作用。在本项目的研究过程中，当我们将敏感性（主要包括行为发生的敏感性及行为传播的敏感性）用于对矿工不安全行为网络传播进行控制时，却发生了我们未曾能够预料到的效果，即虽然网络结构敏感性控制能够提升行为干预的效率，但却也发现弱因果性增加了敏感性控制的难度，这主要是由于弱因果性导致我们难以把握矿工不安全行为在网络传播过程中网络结构敏感性变化的方向。因此，在本章节中，我们首先对行为的传播性、行为传播网络结构敏感性及弱因果性的概念进行了界定，并重点分析了它们之间的相互关系，论述了这三种行为属性在矿工不安全行为干预理论研究及应用中的作用及意义。

第一节 社会连接、社会网络及行为的传播方式

任何网络的存在都离不开节点及节点之间的连接，而节点的性质及节点之间的连接方式则最终决定了具有传染性的行为在网络中的传播方式。自然状态下的网络正是以有限的网络节点及网络节点间的连接为基础而不断生长的，并最终使得疾病、病毒、不同节点行为的相互或者单向的影响性有了传播的平台，形成具备自身特点的网络传播方式。而社会网络由于是人参与演化的网络，其生长的方式与自然状态下的网络生长方式又有所不同。在很多情况下社会网络的生长过程是由人为设计的，并不会经历一个漫长的初始生长阶段，可以在一个相对较短的时间内就形成一个功能相对完善的层次化规则网络，因而疾病、病毒或具有传染性的行为在这类网络中的传播方式也必然与在自然网络中的传播方式有所不同。但从一个长期的过程来看，具有五千年文明

历史的人类网络的演化与自然状态下的网络演化并没有多少区别，在这个漫长的历史进程中，人类在大多数时候尽管参与了社会网络的演化，但对其演化进程的影响性并不是十分显著。但从一个较短时期来看，人类参与演化的网络（如企业、社会组织等）又与自然状态下演化的网络存在显著不同。本节将从网络中的连接及不同类型的网络形式入手来讨论其对行为传播方式的影响。

一、节点、连接、网络及网络生长

任何类型的网络都是以节点和连接作为最基本构成要素的。本项目主要研究基于群体网络的行为传播性。在群体网络中，网络节点主要是指行为个体，而网络连接则是不同网络节点间发生接触作用的通道。连接（link）和行为个体是构成矿工群体网络的两个基本网络要素，并且由连接行为个体所生成的网络结构的差异性也决定了网络行为的多样性。从嵌入的角度来看，矿工群体网络嵌入到煤矿生产系统结构之中，并在矿工生产系统结构的基础上衍生出矿工群体网络行为。在本书中，连接主要包括"relation"及"tie"，而接触则主要包括"contacts"和"interaction"。连接更倾向于描述行为个体之间在网络中的静态联系，而接触则更倾向于描述行为个体在网络中通过连接所产生的动态作用。正是接触通过连接的传染及传播作用使得多样化的网络群体行为凸显成为了一种可能，而且社会网络与个体行为对象之间最大的区别也正是由于社会网络中存在大量的社会连接。虽然行为个体也是一个功能体，也存在结构，由于连接或者关系是结构的构成要素，因而行为个体的结构也就会存在大量的连接，但这些连接只是一种有机结构内部的连接，并不是社会连接，因此个体结构可能是一种狭义上的网络，但绝对不可能是社会网络。广义上说，网络就是事物与事物之间的某种联系，既可以是人与人、事与事、物与物之间的联系，也可以是人、事与物之间的联系。大多数现代科学研究都非常重视对事物结构的研究，实际上就是一种网络视角。确切地说，社会网络指的是社会行动人及他们之间关系的集合，即一个社会网络是由多个节点（nodes，社会行动人）和各个节点之间的连接构成的集合。行动人可以是个人、群体、企业或社会单位，如自然村落、乡镇、城市或国家，也可以是一所大学、学院或系所等。不同节点构成的社会网络的功能及行为表现也不同，如冷战时期的华沙条约缔约国和北约缔约国。中国有大量的煤矿生产企业，但它们彼此的企业绩效、安全状况都存在很大差异。

连接表示行动人之间发生的具体关系，从需求的角度来看，它起源于行为人的需求刺激，并在人的社会性作用下形成具体社会关系，即社会连接。但从决策的角度来看，连接可能是行动人根据自身及外部环境因素的综合影响作用而做出的一种行为选择，这种行为选择并不一定是由于行为个体的自身需求的驱动而生成的。在现代社会的大生产系统中，行为人的大多数需求或者行为选择都需要其他行为人的行动密切配合才能够实现，因而就生成了各种社会接触，并在此基础上形成了各种社会连接。在实际中，行动人之间的关系有多种表现形式，如同事关系、朋友关系、血缘关系、上下级关系、地缘政治关系等。也有可能是多种类型，如行动人之间的关系可能既是同事关系，也是朋友关系。通常多元网络数据的常用研究方法主要包括矩阵代数、多维量表。一般用图（有向图，或者无向图）来抽象表示社会网络结构。在网络情境下，行为人之间的相互依存性决定了网络内部关系具有传导性、互惠性。因此，社会网络图既有可能是有向图（有向多图），也有可能是无向图（无向多图）。社会网络概念的提出及相关分析方法的完善，为我们研究带有社会关系的群体问题提供了强有力的理论和方法支持，也大大提高了解决这类问题的效率。

另外，这里必须强调的一点是，我们所研究的群体网络并不是静态的网络。非静态网络有一个重要的问题，就是网络生长问题。虽然在本项目中没有对网络的生长做细致的实证研究，但较为细致地论述了网络生长对于一个网络可靠性或者安全行为的影响。因为网络生长必然会涉及节点数量的变化，并进而影响到网络节点间关系的配置，从而影响到网络的行为。

二、结构性网络、功能性网络及行为在网络中的传播方式

社会网络是一种动态演化的功能性网络，遵循着生成、发展、成熟、衰退直至消亡的演化规律。通常，在一个功能完整的社会网络（功能性网络）生成之前，行为人之间已经有大量的社会连接存在。从网络的整体上看，这些连接大多数是随机性且非目的性的；但从网络的局部来看，这些连接则表现出一定的有序性及目的性。行为人在工作或者生活过程中通过这些社会连接特别是有序的和目的性的连接完成各种活动的过程中，社会网络的结构就开始逐步凸显，并进一步分化出各种社会功能，最终形成一个结构完整且有序的功能性网络。

实际上，一个结构完整并具有完善功能的社会网络在生成之前，要经历两个重要的演化阶段，分别是网络结构化阶段和网络功能分化阶段。网络结构化阶段即功能性的网络在演化的第一个阶段首先形成一个结构上有一定规则的网络。规则网络是网络功能凸显的基础，但由于缺乏系统的协调机制，较低程度的网络结构规则性不足以凸显完整的网络功能，即结构有一定的有序性但功能仍然不全。具有一定规则度的网络结构是分化网络功能的前提条件，网络结构演化的第一阶段是功能分化网络生成的基础。在进入网络功能演化的第二阶段后，网络功能逐步分化并形成能够完成特定功能的社会网络。在第一个阶段中，网络的结构既可以通过有目的的自上而下的组织结构设计来实现，也可以通过行为需求的驱动来完成。当前，我国煤炭行业已经发展得非常成熟，大多数新建立的煤炭企业都是通过有规划有目的的顶层设计而构建的组织结构，当然组织结构也是一种网络结构，组织结构的设计实际上就是一种网络结构设计。

但是，通过顶层设计的组织结构并不是一劳永逸的。在煤矿投入运营的过程中，还会在各种行为需求的刺激下促使组织的结构进行不断的演变，进行功能的进一步分化和完善。在第二个阶段中，网络功能分化阶段实际上是与网络结构化阶段交叉进行的。因为结构决定功能，而行为对功能需求的改变又会促使结构进行改变，即结构要跟随功能需求而变化。在网络结构的形成过程中，其功能也在不断变化，以使得功能和结构进行动态匹配。在这个过程中，网络结构不断对矿工的行为（甚至是组织中的不同部门的行为）进行协调和同步，促使网络功能不断分化和完善。在煤炭企业的运营过程中，为了应对不同时间内的安全需求，煤炭企业的组织结构（网络结构）和功能都会进行经常性的调整，只不过每次调整的程度不同而已，最终实现了网络功能和网络结构的最佳匹配，这时企业的结构和功能的动态协调就进入一种相对平衡的状态。因此，网络功能分化阶段是以网络结构化阶段为前提的，只有网络进行了结构化，才能进行网络功能的分化，功能决定于结构，而网络行为正是以网络结构为基础通过网络功能而生成的。

下一部分中我们将讨论行为从产生到促成矿工行为传播网络的生成过程，并在此基础上论述矿工不安全行为网络传播的结构敏感性及弱因果性，以及网络情境下的敏感性和弱因果性的相互关系。实际上，矿工不安全行为在网络传播过程中所受到的敏感性作用及弱因果性作用都会受到行为传播方式的影响。为了后文论述方便，这里我们首先对矿工不安全行为在网络中的传播方式做一个简明扼要的介绍。简单地说，行为在社会网络中的传播方式大致上可以分为两种：纵向行为传播（延续）与横向行为传播。纵向行为传播，也称作行为的时间方向上的延续性，特定的情形下也称作纵向传染，是从时间的维度来描述行为活动的传导性。纵向行为传播性主要是指行为人根据自身或者他人以往的经验来决定当前和未来的行为（如果是对自身过往的行为延续则称为即Ⅰ型纵向行为传播；如果是对他人过往的行为延续或继承则称为即Ⅱ型纵向行为传播），它强调的是过往行为对当前和未来行为的影响性。行为的可延续性是行为路径依赖性存在的前提条件，这就如同物体如果受力不平衡就无法保持惯性一样。对于任何一种行为主体（个人、群体），其内外部的环境平衡（稳定）是确保行为路径依赖过程演化的先决条件。行为的横向传播指的是行为个体间的行为传播，它会对行为的延续性起到调节作用，在不同的条件下，既可以促进行为路径依赖性的形成，也可以阻碍行为路径依赖性的形成。因此，行为的纵向传播和横向传播是相互影响的，行为的纵向传播既可以强化也可以弱化行为的横向传播，而行为的横向传播反过来又可以促进行为的纵向传播，使得行为人产生行为的路径依赖性。

第二节 矿工行为传播网络的生成及其网络结构敏感性与弱因果性

本书的研究重点是构建矿工不安全行为传播网络模型，并以行为传播的网络模型为基础分析矿工不安全行为传播的宏观及中观机制，同时结合行为传染的微观网络机制及行为动力学机制分析、解释矿工的不安全行为在网络情境下的生成、传染及传播机制，提出干预或控制措施设计。在已有的研究中，学者们主要从静态的网络结构关系来解释社会网络的生成。虽然这种做法在理论上是可行的，既直观也简单，便于实际应用，但这种静态的网络结构并不能反映矿工行为传播网络生成的动态性。实际上，矿工行为传播网络是伴随着矿工行为生成、传染及传播的过程而生成的。在前面的章节中我们已经论述了矿工不安全行为的微观动力学机制及微观网络传染机制，在这里我们将从矿工行为的产生及传播过程入手进一步来讨论矿工行为传播网络的生成过程，并在此基础上讨论行为传播网络结构敏感性与弱因果性之间的联系。

一、矿工行为传播网络的生长及生成

矿工不安全行为传播网络是由人参与和主导的功能化及结构化网络。尽管该网络是以煤矿生产系统的结构为基础衍生而来的，不会以零为起始点进行漫长的生成过程，但仍然有自身的生长规律，而且掌握这种生长规律对于我们理解矿工不安全行为的传播性也有着重要意义。因为网络结构是网络行为生成的基础，而行为又会引导网络结构的变化，从而影响行为传播的速度和范围。静态的网络结构主要反映了网络构成之间的静态关系，依据静态的网络结构难以对网络功能及行为的生成给予合理的解释。已有文献对行为传播网络生成的动态机制与网络情境下的行为生成、传染及传播的相互关系的研究则并不多见。因此，在本部分中，我们将重点研究行为传播网络的动态生成机制，从而为后文中构建矿工不安全行为传播网络模型及设计防御矿工不安全行为的策略做必要的理论和方法储备。我们的研究表明，矿工行为传播网络的生成是在行为的生成机制、行为的传染机制及行为的传播机制三个主要的机制共同作用下产生的。由于行为的传染机制我们在上一章已经详细地论述过，本章将不再赘述。我们将把研究的焦点放在行为的生成机制及行为的传播机制，以及三个机制之间的交互作用上。

（一）行为的生成机制

行为的生成机制解释了行为是什么及行为是如何生成的，以及行为与外部环境之间是如何交互作用的（参考《行为矫正——原理与方法（第五版）》的相关定义）。已有研究文献比较明确地界定了人类行为的内涵，所谓行为实际上就是人的言和行（言行），即人的一言一行都可称作行为。因此，我们也可以说人类的行为是指具备一个或多个自然维度（如行为的频率、行为的持续时间、行为强度及行为的潜伏期等），可以观察和记录的行动。另外，我们根据前文所讨论的行为产生的微观机理可以知道，行为的产生会受到一定的情境或环境的影响。研究表明，个体行为在相对孤立的情境下和在一个相对开放的网络情境下的生成机制是有很大区别的。在相对孤立的情境下，人的行为主要是受人的自身需求的驱动而生成的（需求驱动），而在一个相对开放的网络情境下，社会性更多地替代了人的个体需求性，人的行为生成机制要复杂得多，既要受到自身需求影响，也要受到来自社会压力的影响，在两者的复杂作用下驱动了个体行为的生成。当社会性更多地取代个体需求性时，个体行为的生成实际上是一种网络情境下的个体选择的结果（决策驱动）。在煤矿井下复杂而动态的工作环境中，矿工的行为会受到环境变化的持续影响，不安全行为可能会随时凸显。行为的维度化为我们研究矿工不安全行为的产生及干预提供了有效的测量工具，我们可以通过矿工不安全行为的不同维度来测度行为的演化趋势，从而设计更加有针对性的行为干预措施。同时，根据环境的变化趋势，也可以提前对矿工的行为进行干预和调节，以使得矿工的行为能够更加适应变化的工作环境，降低矿工不安全行为的发生概率。另外，煤炭企业的发展和相关管理制度及安全法规的演化都会受到矿工行为的影响，因此矿工行为生成过程必然也会对煤炭企业的管理制度及相关法规产生潜移默化的影响，逐步推动中国煤矿企业管理水平的提升，促进相关安全法律及法规的进一步完善。

行为的产生过程具有路径依赖性，煤矿企业可以利用这个过程来塑造矿工的安全行为。现代行为科学的研究结果表明，需求是行为产生的基础，但在一个特定的时间内，人的自身需求是非常单一的、不明确的，而且容易产生惰性，从而形成行为路径依赖性。人类很多成瘾的行为都是长期的单一需求不断重复所形成的行为路径依赖性，如烟瘾、毒瘾、游戏瘾、网瘾、撒谎瘾等。这也从一个侧面揭示我国煤矿生产过程中矿工不安全行为多发的原因，以及某些矿工为什么比其他人具有更高的不安全行为发生概率。在经济和社会系统中，行动人的行为一部分是因其自身的需求刺激所产生的，还有很大一部分是因外部刺激所产生的。通常这种外部刺激与个体的内在需求并不一定有直接联系，但会给个体带来所谓的压力，如群体压力或者社会压力，这种压力会驱动个体做出一种与个体需求毫无关系的选择。另外，压力的存在也使得在群体网络情境下个体行为和群体行为的不一致性逐步降低，否则内在的冲突最终必然导致群体的崩溃。当然，在大多数情形下，群体压力导致的个体行为与群体行为的不一致性最终都会促使个体行为向群体行为做出妥协，否则个体要么只能选择主动离开群体，要么被群体抛弃。在煤矿管理实践中，这种不一致性一旦产生，管理者就需要通过适当的内外部刺激来改变行动人的需求结构，从而产生企业所需要的安全行为。

对于行为个体来说，一种需求的刺激会产生直接行为和间接行为，直接行为是间接行为的基础。直接行为可以从两个角度来理解，就是一个行为主体在纵向时间维度上生成的行为序列中先后连续发生的两个行为或者是一个行为主体通过与另一个行为主体之间的直接连接的影响而使其生成某种行为。间接行为指的是一个行为主体在纵向时间维度上生成的行为序列中两个非连续发生的行为，或者一个行为主体通过一个中间人而影响另外一个行为主体而生成的行为。人所拥有的思维和判断能力也使得人的行为序列无论是从纵向的时间维度来看还是从横向的人与人之间的交互作用关系来看都具有一定的逻辑性，因而，直接行为与间接行为之间会形成一条行为通道（行为路径），它反映了直接行为对间接行为的影响性及时间上的关系。对于行为人来说，学习行为是一种基础行为，它是行为人大多数后天行为的基础。例如，如果没有学习行为，行为人在后天就可能不会获得驾驶、阅读、交易、创新行为。因而相对于很多后天行为，学习行为就是直接行为，并成为它们的基础。但在很多条件下，由于学习行为与间接行为之间的行为通道长，很多行为人在学习的过程中会表现出消极态度，行为人只会依据当前的需求和外部环境压力进行选择性学习，这必然会导致有些行为传播得快，有些传播得慢。由此可见，选择性学习行为，必然会导致行为偏好的产生，行动人会根据自己偏好进行行动选择，并形成相对稳定的行为模式，最终促使行为路径依赖性的演化。在我国煤矿生产情境下，矿工的行为偏好很容易被诱发生成，演化为不安全行为，并进一步形成不安全行为的路径依赖。个体行为及其路径生成的过程如图 5-1 所示。

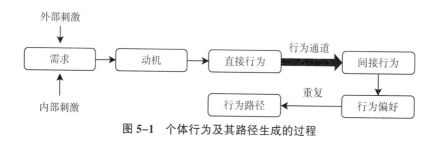

图 5-1 个体行为及其路径生成的过程

行为偏好的产生使得行为人在进行行动选择的时候必然带有个人的主观偏好和成长背景的印记，使得行为人在日常生活和工作中生成的某些行为会受到强化并长期不断地重复。可以说，对于社会群体中的行为人来说，行为偏好是类似或者同样行为多次重复的最主要致因之一。如长期抽某个牌子的香烟、穿某个牌子的衣服、喝某个牌子的饮料或酒水、爱看某位演员演的戏、爱和某几个人合作共事等，这些例子都是人的行为偏好在现实世界中的客观反映。行为偏好导致了行为人对某些行为就如同按照既定的程序不断重复，以至于他们的行为似乎是沿着特定的轨道在运行，也就是我们常说的行为路径依赖性。行为偏好是行为重复的致因和基础，而行为重复又是强化行为偏好的条件。因此，特定的行为能否长期重复还要取决于某些条件，如行为的风险收益条件能否被满足。如若行为在重复过程中风险发生的概率不变但是边际收益递增，即行为重复可以让行为人以相对更低的行为投入及风险发生概率获得递增的行为收益，因而可以为行为人的行为重复提供持续不断的动力。另外，人的社会性也决定了个人的主观偏好也会受到其成长背景，也就是其学习、工作及生活等所处环境的影响，从而使得个人行为偏好不仅带有个人成长历史的印记性，还会受到群体或者社会压力的影响。带有历史印记性的个体行为偏好是个体行为重复的基础，而个体需求和群体压力则是行为重复的驱动力，使得行为重复不断被强化，并重复出现。综上所述，人脑的记忆能力使得人的行为也产生历史的印记性，并使得满足一定条件的行为得到强化并进一步重复。这样带有历史印记性的行为偏好就构成了行为重复的基础，个体需求和群体压力则是行为重复的驱动力，而在行为的重复过程中，行为的边际风险发生概率递减及边际收益的递增则维持了行为的重复。例如，某一行为重复 60 次还没有发生有伤害性的事故，重复到 70 次才发生事故，那么从整体意义上来说，重复 70 次的行为发生事故的概率为 1/70，则比重复 60 次发生事故的概率 1/60 要低。

从上面的分析过程中可以看到，需求、行为偏好、行为的边际风险发生概率递减、行为的历史印记性及边际行为收益递增都可以促使行为人的某种行为产生并在适当的条件下重复出现。这也就表明，行为的发生及重复是有规律可循的，因而行为研究可以建立具有一定普适性的理论和方法。随着人类在科学技术上的不断进步，人类对自然环境和社会环境的影响也越来越大，把握行为活动的规律，对于实现人类和自然的和谐共处有着广泛而深远的意义。另外，行为的发生受环境事件影响，因此通过环境事件也可以实现对行为的干预。同样的道理，如果我们能够掌握矿工不安全行为活动的规律，厘清矿工不安全行为与工作情境之间的交互作用机理，也可以帮助我们更好地干预和管控矿工不安全行为，提升煤矿安全管理水平，降低煤矿事故的发生概率。

（二）行为的传播机制

行为的生成机制是研究行为传染和传播机制的基础和条件，通常促使行为生成的条件也会对行为在群体网络中的传播速度产生影响作用，并可以帮助我们判断所生成的行为是否具有传播性。行为的传播机制揭示了为什么有些人类行为可以通过传播媒介在社会网络或者人群中进行传播，而另外一些行为又不具有传播性。根据前文的相关定义，行为传播是指行为在一定时间内通过特定的传播渠道在社会系统的成员间进行传播的过程。从行为的传播性定义中可以看到，行为传播本身就是一个过程，行为的传播需要有四个要素，分别为行为、时间、传播渠道（包括行为人之间的沟通和互动）、社会系统。在行为的传播过程中，行为是传播的内容或者对象；行为人是行为的载体，行为人的社会性决定了行为人在生存或社交活动中需要学习和模仿，而学习和模仿本身就是一种相互沟通的形式；社会连接是行为传播的介质，也是行为传播的渠道，而存在大量社会连接的社会系统就为行为传播搭建了平台——行为传播网络。因此，从行为传播的四个要素中可以看出社会连接是行为传播的介质，学习及模仿产生了行为传播所必需的驱动力，而行为载体的社会性决定了人与人之间必然要进行沟通和交流从而产生社会接触，行为人之间的沟通和互动是构建传播渠道的基础，并最终促成了社会网络的生成。

由此可见，在社会网络的生成过程中，其决定因素并不是行为人，而是行为载体之间复杂多样的社会接触及以这些社会接触为基础而生成的社会连接。由于行为的传播和传染都需要接触，而接触是通过连接实现的，社会接触生成了复杂多样的社会连接，行为人及社会都是通过社会连接完成个体行为活动及相应的社会活动，并由此演化出社会网络。在社会网络中，连接有长连接，也有短连接，不同的连接决定了行为传播的速度和范围。通常长连接存在于群体之间（主要指空间距离远），会加快特定行为在群体间传播的速度和范围。而短连接一般存在于群体内部，行为在群体内部的传播一般是通过短连接完成的。行为载体之间的接触媒介具有多样性，可以是直接接触（如电话、互联网中的即时通信、观察、口头语言或者肢体语言交流等），也可以是通过媒介实现的间接接触（如书信、E-mail、互联网、中介人、报刊传媒、书籍等）。实际上，在第二章"矿工不安全行为的产生机理及其微观传播机制"和第四章第二节"矿工不安全行为传播性的条件"两个部分，我们已经从微观层面对不安全行为的传播机制进行了研究，只不过那里的研究对象仅仅是矿工的不安全行为，而非人类的普通行为。在现代社会里，人的社会性越来越强。人与人之间的社会接触也就更加广泛和多样，行为载体之间的影响也越来越深入，社会网络的联通度也更大，行为载体间不仅存在易于行为感染的强连接，还存在易于行为传播的长连接。这导致行为人的每一种行为产生后都能通过社会接触形成社会连接，然后行为又可以通过社会接触和连接进行传染和传播，并进一步生成社会网络，使得任何具有传播性的行为都可以在社会网络中传播。

（三）行为生成机制、行为传染机制及行为传播机制之间的相互联系及其在行为传播网络生成过程中所发挥的作用

根据上述对网络情境下的行为生成、传染及传播机制的论述，这里我们可以初步给出行为传播网络的定义。所谓的行为传播网络是以特定组织或系统的结构为基础而衍生出的一种旨在研究行为传播性的网络结构。矿工行为传播网络是以煤矿生产系统结构为基础而衍生出的一种旨在研究矿工行为传播的网络结构。因此，行为传播网络是一种附属性的网络，并不能完全等同于组织或者系统的结构，它只是嵌入在组织或者系统的结构之上，伴随着行为的生成、传染及传播而进行生长和演化。由此可见，行为传播网络的生成是行为人的行为生成机制、行为传染机制及行为传播机制共同作用的结果，而且这三种机制也存在着密切的联系，并在行为传播网络生成过程中承担了不同的角色，具体来说主要表现为以下三点：

（1）行为生成不仅是行为传染及传播的基础，也是行为传播网络生成的起点。从行为传播网络生成逻辑上看，没有行为生成就不可能有具有传染性的行为生成，更不可能有行为传播网络的生成，行为传播网络的生成正是在行为生成、传染及传播的过程中逐步演化而来的。行为的传染性一部分是由行为自身属性所决定的，有些行为在生成之初就具有传染性。还有一些行为在生成之初并不具有传染性，但可以在特定的情境下逐步获得传染性。在群体网络情境下，行为的传染性实际上就是一个行为载体通过接触作用使得另外一个易染行为个体生成了类似的或者相同的行为，而行为的传播性正是源于行为感染，人的社会性又决定了人与人之间必然存在沟通从而产生社会接触，社会接触在个体需求及群体压力的作用下为行为的生成及行为在社会网络中的传播创造了必要条件。行为感染和社会接触是社会网络存在的基本条件，没有行为感染和社会接触，社会网络生长就失去了动力。人（actor）是社会中的人，行动人与行动人之间有相互沟通、学习及行为模仿就必然存在社会接触，而社会接触就如同社会网络中的黏合剂，建立起人与人之间的各种连接，使得具有传染性的人的行为可以在社会网络中沿着既定的行为通道进行传播。

（2）行为传染通过行为载体与易染个体间的直接接触架起了行为生成和行为传播之间的桥梁，为行为传播网络生长提供足够的行为载体。矿工行为传播网络是以煤矿生产系统的结构为基础而形成的网络。从系统的角度来看，矿工行为是嵌入在系统的结构之上的，而行为的传染性以及系统结构的整体性使得具有传染性的矿工行为可以通过直接连接关系在存在相互合作的矿工之间进行传染，并进一步通过可达路径等间接关系在矿工群体中传播，从而使得行为传播网络以煤矿生产系统的结构为基础逐步生长。实际上，在本研究中我们对"传染"和"传播"进行了明确区分，传染是通过直接关系所形成的直接接触所完成的，而传播主要通过间接关系所形成的间接接触来实现。尽管传播和传染都是一个过程，但从网络路径的角度来看，传染的过程要比传播的过程微观得多，传染的过程是行为生成并满足适当条件后在网络中传播所要经历的必要且关键的一环。从前文的矿工不安全行为传染的巴斯模型可以看到，一种行为在大规模传染之前都需要积累一定数量的行为载体，在这个过程中，人与人之间频繁的接触起到了至关重要的作用，并通过网络社团或者凝聚子群的形式来实现人与人之间的重复性的接触。社会性决定了行为人的社会接触是非均匀的，行为人选择沟通、模仿及学习的对象必然具有个人偏好，因而整体性的社会网络就会存在高聚类的子网，这使得频繁的社会接触成为可能，而频繁的社会接触既可以强化也可以弱化人的某种行为。在社会网络中，频繁的社会接触并不一定会强化行动人的行为，在有些条件下也会弱化人的行为，如有一群喜欢经常在一起打桥牌的人，他们都比较喜欢抽烟，突然有一天有个人被查出患了肺癌，这件事情很快在这群人中产生了影响，使他们意识到抽烟的确对健康有很大的不良影响，于是这群人也就逐渐放弃了抽烟，而不是更加喜欢抽烟。实际上，在这个事件中，频繁的社会接触在一个突发事件中就起到了弱化行为的作用。同样，一个煤矿的矿工不安全行为频繁发生，现有的管理制度及防控手段难以对其进行有效控制。但是，突然有一天，一次矿工不安全行为导致了重大事故，造成了矿工伤亡，这时才引起矿工对不安全行为的重新认识，开始真正意识到不安全行为是诱发煤矿事故的主要因素，并痛下决心改变了自身长期形成的不安全行为习惯。在煤矿生产系统中，大多数工作任务是以团队的形式来完成的，这里的工作团队就类似或等同于网络中的社团或者凝聚子群，从而使得矿工之间在工作中的频繁接触得以客观存在，一方面可以使不具有传染性的行为在存续的过程中获得传染性并在矿工群体中传播，也可以直接使具有传染性的行为在生成后通过频繁接触作用的强化而传播，从而使得矿工行为传播网络在生长之处获得足够的行为载体，确保网络生长过程持续下去。

（3）行为的传播主要是通过间接连接所形成的间接接触确保了行为传播网络的动态生长性。这里需要强调的一点是，网络中的强连接和弱连接在行为传播网络生长过程中扮演了不同的角色。强连接有助于行为的强化及短社会距离传播，而弱连接则有助于行为的长社会距离传播。通过接触作用，行为人与行为人之间形成了复杂多样的社会连接，这些连接又进一步聚合形成各异的子网，从而影响行为传染及传播的方式及效率。通常，在一个社会网络中，如果存在小世界性，表明存在具有高度聚类性的子网络，该子网络中个体间具有强连接，在路径依赖进入收敛阶段，这些强连接会在行为强化上发挥重要作用，促进小群体内部的行为传染。而弱连接则有助于行为的传播。实验表明，在一定范围内，社会网络的密度越大，则该网络对行动人的态度及行为的影响性也越大，即行动人的行为在联系紧密的网络中容易受到强化。对于联系紧密的社会网络，行动人可以从中获得丰富的社会资源，但同时也会受到各种约束。过高的连接冗余度容易形成社会惰性，在对行动人行为进行强化的同时，也使得行为的传播性受到很大程度的抑制，这种社会群体就不大容易接受新的思想、技术等。而对于低密度社会网络，则会存在某些长连接，这些长连接将具有高聚类的子网连接起来，从而使得这类网络具有更好的行为传播性。在矿工群体所形成的网络中，部门内相当于高密度子网，其内部连接则相当于强连接，而部门之间的网络连接相对于部门内的连接要弱得多，因而可以看作是弱连接。在不同的安全氛围调节作用下，强连接可以促进具有传染性的矿工不安全行为在部门内部进行传染和传播，生成传播不安全行为的凝聚子网，而这些子网又进一步通过它们之间的弱连接形成的间接接触作用生成规模更大的矿工行为传播网络。

因此，在煤矿生产系统中，矿工的行为传播网络是嵌入在煤矿生产系统结构之上，通过持续性的行为生成、传染及传播而逐步演化而来的。在这个过程中，矿工的个体行为需求以及来自矿工群体的压力驱动了个体行为的生成，一旦具有传染性的行为在网络情境中生成，行为传染则为网络生长提供必需的行为载体，行为传播则通过行为载体与易染个体之间的连接保证行为传播网络的进一步生长。在网络的生长过程中，矿工不安全行为在网络中传播不断受到强化和同步效应的影响，其诱发煤矿事故的概率也会逐步增加。

二、行为轨道及行为的逻辑通道生成及作用

从上文的论述中，我们基本厘清了矿工行为传播网络的生成过程，该过程基本上可以划分为以下几个阶段：

（1）行为生成阶段。在此阶段，行为人在内部需求及外部群体压力的刺激下产生动机并促使了行为的生成，人就成了某种行为的载体，我们将这种成为某种行为载体的人称作行为人。行为的传播网络生成正是以行为的生成为起点，并在接触作用、传染作用及社会强化等交互作用下逐步演化为行为传播网络。

（2）产生接触作用阶段。人的社会性决定了人从出生开始就不可能独立存在，因此我们把人的社会性作为我们理论论述中的一个公理不再加以说明或者论证。行为人的非独立存在性就决定了行为载体之间需要沟通、交流、交换或者学习与模仿，因而在行为人行为的生成过程中，人与人之间的接触作用也就自然而然地生成了。在网络或者群体情境中，接触作用的多样性和普遍性决定了群体网络生成门槛很低，也导致了某些传染性强的行为可以非常快速地通过群体网络进行传播。

（3）连接关系的生成阶段。接触作用是网络连接关系生成的基础。当接触作用产生后，人与人之间就会按照各自的需求和动机进行各种交换，而这些交换在长期的重复过程中就逐渐演化为人与人、人与物及物与物之间固定的连接关系，通常人与人之间的连接关系也被称作人际关系或者社会关系。

（4）行为的传染阶段。从简单意义上来说，行为传染就是一个行为人对另外行为人的影响，从而使得被影响者生成与影响者类似或者完全相同的行为。因此，行为生成后，由于行为载体的社会性，其在大多数情况下必然会对与其存在接触的行为人产生影响，这些影响会通过人与人之间各种由交换关系形成的直接连接关系而传染，通过间接连接关系而传播。

（5）行为传播网络生成阶段。当行为载体之间的连接关系通过直接接触作用生成后，这些关系已经具备了传染及传播行为的基础。在这种情形下，一旦有具有传染性的行为生成并满足行为传染及传播的条件，该行为就会一方面通过直接连接的传染作用而不断得到强化，另一方面通过间接连接的传播作用而实现更广泛的传播，并进一步促使行为传播网络生长，直到最终达到一个稳定的状态，行为传播网络才会停止生长。

由此可见，行为传播网络的生长过程是与行为的传染及传播过程同时进行的。行为人的行为生成作为行为传播网络生长的起点，要经过接触、连接关系的生成、传染、强化、传播等不同的作用，最终才能促进行为传播网络的生成（见图5-2）。在此过程中，伴随着行为的感染、传播及行为强化等复杂的作用，行为强化通过连接关系的作用促使行为传染能够到达不同的行为人，从而使行为传染和传播延续下去，维持了行为传播网络的生长，并促使了相同及相似的行为在行为传播网络中传播。

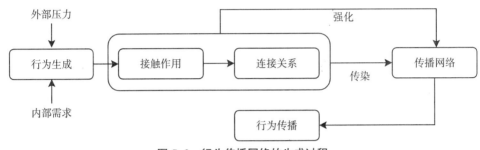

图 5-2　行为传播网络的生成过程

在行为的传播网络中，当行为生成后，行为在网络中的传播并不是杂乱无章的。由于行为人的有限理性及行为偏好的差异，加之网络环境的约束，不同的行为人必然会逐步构建出自身的人际社会网络，这会最终影响到行为人的行为轨道及行为的逻辑通道的形成。行为轨道是指行为人有些行为从出现、发生、发展到传播都因循特定的网络路径，即所谓的行为通道。而行为的逻辑通道则是指在网络情境下具有传染性的行为在网络中传播所形成的带有一定逻辑关系的行为传播路径。由于我们讨论的行为个体具有思维、判断及推理能力，其行为的产生和演化过程需要服从严格的逻辑关系，并在此逻辑关系的主导下在行为传播网络中生成一种网络路径，符合一定的行为逻辑关系，即行为逻辑通道。行为人的行为在网络中传播路径存在一定的行为逻辑和记忆性，不会进行杂乱无章的传播。行为的生成、接触、连接、传染、强化都遵循着一定的逻辑关系。这主要是由于行为的载体是具有思维和判断能力的行为人，其行为生成、传染及传播必然也具有逻辑性、记忆性及偏好依附性。行为传播网络中的行为载体所形成的行为逻辑通道及行为通道形成会进一步促进行为传播网络的演化，因而我们在煤矿安全管理实践中也可以利用这种行为传播及网络演化的逻辑性来干预矿工的不安全行为，具体措施包括：

（1）微观上，在行为传播网络中，行为的产生、演化及传播的过程会形成一个个行为逻辑通道，并通过行为传染及传播的偏好依附性及选择性将这些行为逻辑通道连接并形成复杂的行为传播网络结构，进一步促进个体行为向该网络中的易染个体进行传播和扩散。因此，研究个体行为逻辑通道和偏好依附性为从微观上控制不安全行为提供了一种可行的问题解决思路。

（2）宏观上，煤矿生产系统也是一种社会系统，而社会系统行为具有逻辑性和路径依赖性，主要表现为社会系统自身具有一定的推理、预测、判断及自适应性能力，行为具有惯性，而社会系统宏观不安全行为是个体行为叠加的结果，因此从整体上控制组织的不安全行为会抑制个体不安全行为的扩散，这给从宏观控制个体不安全行为提供了另一条可供选择的路径。

（3）从过程上来看，行为致因的事故也是一种行为演化过程。而在网络情境下，行为致因的事故演化过程可以进一步分解为相互交叉或相互叠加的一个个行为轨道或者行为逻辑通道，一旦我们可以掌握行为传播网络中的这些行为轨道或者行为逻辑通道，就可以采用适当的干预措施来阻止其生成，或者干预矿工不安全行为在其中传播。因此，利用行为传播网络中存在的行为轨道，特别是行为逻辑通道可以较大程度地拉长行为干预的介入时间跨度，提升行为干预的效果及效率。

在讨论了行为的传播网络生成后，我们可以看到行为的传播与信息的传播既有明显的不同点，也存在共同点。第一，从系统强化的角度来看，行为的传播性不同于信息的传播性，主要是由于行为在社会系统的传播过程中既有可能被强化也有可能被弱化，而信息在传播的过程中如果不借助于干预工具，通常只会越来越失真或弱化。第二，行为具有记忆性，可以形成路径依赖，而信息则不具有记忆性，不会形成路径依赖。第三，行为不可以存储，只能由行为载体携带；而信息可以存储，并可以随时存取。第四，在大多数情况下，行为的生成本身就是逻辑思考的结果，因而行为的序列及行为的轨道带有逻辑性。而信息的生成在大多数情况下并不需要人的逻辑思维，信息只是客观世界各种事物特征的反映，因而在大多数情况下都不需要具有逻辑性。尽管行为与信息差异很明显，但它们也存在一些共同点，主要表现在以下几个方面：首先，行为具有不确定性，信息同样也具有不确定性，但是信息的不确定性有明确的度量方法，而行为载体是人，目前能够有效度量行为不确定性的方法还很不成熟。其次，行为和信息的传播都是一个过程。由于人的有限理性、人所存在的环境多变性以及人群网络中的连接关系的不确定性，使得行为从产生、维持、传播到产生一定结果，并不具有严格的因果性；信息本身就是通过不确定性来度量的，其不确定性主要是针对信息的受众，信息的传播伴随着失真问题，但仍然遵从严格的因果律，因而这并不是弱因果性的问题。

三、矿工行为传播网络结构敏感性及弱因果性

因果律是现代自然科学发展所要遵循的最主要规律，也是现代科学发展的基石。我们在上一部分中对行为和信息做了一个简单的对比分析，从中可以看到虽然信息和行为都具有不确定性，但信息的传播遵循严格的因果律，而行为的传播在某些条件下却只能服从弱因果性，这也是行为传播与无生命的物质及信息传播的根本区别。在自

然科学研究中，大多数理论都可以建立在严格的因果律基础之上，因而研究者或理论应用者基本上都可以在相同或类似的条件下进行重复实验并得到基本一致的结果。但是，在社会科学里，很多理论分析都是构建在弱因果性基础之上，研究者或者理论应用者即使在基本相同或者类似的条件下也难以获得基本一致的结果。因此，社会科学里的很多理论在很多情况下实际上是对相关关系的描述而不是对因果关系的严格论证，即使是那些通过行为实验检验的理论所描述的因果关系通常也难以达到自然科学中所遵从的严格的理论可重复性，这不仅给理论构建者带来了极大的挑战，也给理论应用者增加了极大的难度。研究者在一个时间范围内和情境背景下构建的理论或者方法换到另一时间区间和稍有不同情境下，该理论的有效性就会出现显著性改变，即理论的有效性对时间和情境敏感，其原因就是我们的社会科学理论的研究对象难以标准化，研究对象存在的环境多变，最终导致理论所描述的关系只能进行高度抽象，忽略很多次要但在某些条件下研究结果又对其高度敏感的弱因果性关系。在构建理论过程中，研究者在观察、实验及调研中所假定的研究要素之间存在的因果联系实际上都表现出很强的弱因果性。即使是行为科学中被广泛认可的需求驱动行为生成理论，也只能通过非严格的因果关系检验。行为科学研究者早已知晓需求决定行为的关系，但是在实际的行为实验中，同样的需求不仅难以在同样的时间及环境条件下对于不同的行为人产生同样的行为结果，也难以在不同的时间和环境条件下对同一行为人产生同样的行为结果。因此，社会科学里的大多数理论都不能进行严格的证明，最终都只能通过在观察、实验或调研中所获得的数据进行支持。弱因果性及敏感性不仅解释了矿工不安全行为在每次的重复中所诱发事故的概率存在差异性，也可以用来解释为什么有些矿工不安全行为会在网络中更快地传播。为了后文的论述方便，这里我们将分析矿工行为传播网络结构敏感性及弱因果性机制。

（一）不安全行为在矿工群体网络中传播的敏感性

行为对结构的敏感性理论基础是行为的生成、传染及传播的速度不是匀速变化的。所谓敏感性是指存在联动关系的两个要素之中的一个要素出现细微的变化，而另一要素则表现出显著性变化。由于结构决定行为，行为会随着结构的变化而变化，因此，行为对结构敏感是指在某些参数取值区间内结构出现细微的变化而行为则会表现出显著性的变化。同理可得，网络环境中也会存在某些结构参数取值区间，在这样的区间内一旦行为传播网络结构的影响因素，如网络直径、度分布、群聚性等的取值出现细微性的变化，行为在网络中扩散和传播的速度会出现显著性变化（明显加快或变慢）。根据前文构建的矿工不安全行为传播的巴斯模型可知，行为生成、传染、传播，直至行为网络的生成，再到行为在网络中传播，这是一个相对漫长的过程，这个过程中的行为传染速度并不是匀速，传染速度曲线通常表现出 S 型生长曲线特征。在这个过程中，需求与动机为不安全行为的生成提供了驱动力，传染性及强化作用又为行为在矿工群体网络中传播提供了驱动力。而在行为人的需求获得不断满足过程中，其行为的边际收益也在不断发生变化，行为的传染性及强化作用对行为传染性的影响也在不断发生变化，这最终会导致矿工之间在工作过程中的接触作用也随之改变。接触作用的改变最终促进了矿工之间在工作过程中连接关系的细微变化，紧随而来的就是矿工群体网络的结构也开始变化，矿工之间在工作中的协作关系更加默契，本来需要 3~4 位矿工相互协作才能执行的任务，现在有 2~3 位矿工在简化某些流程的情况下就可以执行，这实际上就开始导致了网络结构参数取值的变化，行为传播的步长有可能会从 2~3 步缩短为 1~2 步。在此变化过程中，网络结构参数的取值落入某些区间范围内，行为在矿工群体网络中的传播速度会突然变快或变慢，即行为在矿工群体网络中的传播表现出敏感性。行为传播的网络结构敏感性一方面与传播网络的结构有关，另一方面与矿工群体网络中的个体行为偏好分布（distributions of preferences）的敏感性有关，也就是与所谓的花车效应的敏感性有关。即在一个群体网络中，个体的行为门槛的分布并不是完全均匀的，而是符合正态分布的，用数学的语言来表述就是，方差 σ 较小，个体的行为偏好分布主要集中在均值 μ 附近。也就是说在某个行为阈值的领域分布着大量的行为个体，因此，一旦网络群体中已染个体的数量进入该领域内，则在短时间内会有大量的易染个体受到感染而转变为已染个体。在煤矿安全生成管理实践中，行为对结构的敏感性为我们控制行为的产生及传播提供了外在的干预手段。若不期望某种行为出现，则需要控制行为的触发条件，使该类行为一直处于蛰伏状态。同样，如果我们要抑制某种行为的快速传播，则需要微调矿工群体网络结构，避免进入结构敏感性区间；或者控制已染个体的数量，不让该数值超过易染个体的行为阈值而进入行为偏好敏感性区间，这样在短时间内就不会有大量的易染个体通过快速感染而成为已染个体。因此，通过行为传播网络结构的微调以实现对行为传播性的干预最关键的问题是把握行为传播性对行为传播网络结构敏感性变化的方向。

（二）行为生成、传播的弱因果性

在社会科学研究中，存在着大量的弱因果性问题，它给行为科学研究带来了很多挑战，导致很多自然科学领域的学者会错误地认为社会科学的研究成果都是想当然的结果，因而科学性不够。实际上，社会科学的许多研究成果可靠性较弱是由于社会科学研究者所面对的问题自身性质所决定的，也有可能是由于研究者自身的认知能力所决定的，即问题、现象及本质之间本身就不存在严格的因果关系，或者是它们之间本来存在严格的因果关系，但由于研究者的认知能力所限制而无法建立起严格的因果关系，这时就只能从它们之间存在弱因果性来寻求问题的解决途径。所谓的弱因果性指的是原因和结果之间的关系具有一定程度的不确定性，其在实践中的表现就是，原因和结果之间呈现出模糊而非常严格和确定的关系。例如在相同或者相似的条件下，同样的原因没有产生同样的或者近似的结果，也有可能有结果却追踪不到明确的致因，有致因却不知道会出现什么样的结果。弱因果性不同于多因多果、多因一果、一因多果，后二者的因与果之间存在严格的关系，即同样的原因在相同的条件下能够得到同样的结果，因此，就不存在弱因果性。在我们所研究的矿工不安全行为的传播问题中，行为的弱因果性不仅体现在行为的产生机制上，也体现在行为在传播网络中的传播过程上，特别是在互联网、智能手机及相关通信终端普及的今天，有时我们所希望快速传播的行为却无法传播出去，难以实现预想的影响效果；而有些我们所不期望快速传播的行为，却在一夜之间几乎可以传播到一个企业的每个角落，甚至是天下皆知，天下皆行。很显然，这种情况的出现客观上增加了控制行为传播及行为干预的难度。虽然矿工的行为传播网络在规模上不同于互联网，但由于矿工的行为传播网络边界较为明确，存在大量有利于矿工不安全行为传播的强连接，可以促进具有一定风险程度的矿工不安全行为在其存在的群体网络中的快速传播。

（三）通过结构敏感性来应对弱因果性，从而实现对矿工不安全行为的有效干预

以煤矿生产系统结构为基础而衍生出的矿工行为传播网络生长过程会与煤矿生产系统结构的变化表现出高度的联动效应。在联动效应的作用下，矿工的行为或不安全行为不仅会对系统的结构或者网络的结构表现出高度的嵌入性，而且其生成、传染及传播都也会受到系统结构或网络的结构变化的影响。由此可见，行为在矿工群体网络中的传播本身就是一个时间跨度长、传递关系交错、网络环境多变的过程，因而具有更高的网络结构敏感性和弱因果性。因此，在网络环境中，行为的传播性、敏感性与弱因果性之间的关系将更为复杂。在煤矿安全管理实践中，由于矿工不安全行为发生、传播及诱导事故的弱因果性，我们难以用传统的确定性的行为干预手段实现对矿工不安全行为的有效干预。但是矿工不安全行为在矿工群体网络中传播所表现出来的敏感性可以对行为的弱因果性起到放大作用，虽然我们无法完全掌握行为弱因果性的运动规律，但是弱因果性可以通过行为在传播网络中的结构敏感性显现出行为和结果间的显著性联动关系，这样我们就可以解释和理解矿工的不安全行为为什么会产生并在矿工群体网络中传播。当矿工的工作情境变化时，我们可以对矿工的行为所能出现的变化进行推测或预测。因此，当我们掌握了矿工不安全行为的生成及传播的弱因果机制跟随行为结构敏感性的变化规律时，就可以设计更加精确的基于网络控制理论的不安全行为干预策略。

第三节　影响行为传播性的主要因素

通过对已有有关行为传播性的研究文献的梳理及研究项目组成员在实地观察及调

研中所收集的相关资料及数据，总体上来说，有下列八类因素会影响行为在群体网络中的传播性：

一、行为的传染性强度

根据行为传播网络的生成过程的论述，行为的传播可以划分为两种类型：一种是在行为传播网络生成之前的行为传播；另一种是行为传播网络生成后的行为传播。在具有结构有序性及功能性的行为传播网络生成之前，行为的传播主要是靠行为感染性进行驱动的；而在行为传播网络生成之后，行为的传播主要是靠行为接触及社会强化的共同作用驱动的。在前文的论述中，我们知道行为的感染性为行为的传播提供了最为原始的驱动力，使得一种行为产生后形成行为载体以感染其他行为人，导致其他人也会模仿甚至是复制同样的行为。一种行为只有在满足一定的条件下（如行为的成本收益条件、行为的流行性条件、新的制度法规颁布、新政策的执行）才会传染给其他人，行为的传染性是行为传播性的前提条件，如果行为没有传染性，无论传播媒介有多优秀，接触有多充分，这种行为也不会在网络环境中传播。在同样的条件下，行为的感染性越强，行为在网络中传播的初始速度就越大，该行为就可以以更短的时间达到在网络中传播的饱和状态。因此，在设计矿工行为干预策略时，如果我们希望降低矿工不安全行为的传播性，首先必须要降低矿工不安全行为的传染性。

二、行为的强度

不同的行为强度也会影响到行为的传播速度。对于同样类型的行为，在同样的网络情境下，其强度越大则传播速度越快。在实践中，研究者和实践者早已发现人类的行为不仅千差万别、多种多样，而且强弱也是有差别的，因而难以用同一个尺度来度量行为的强弱。于是研究者们就提出各种度量尺度来测度不同行为种类的强度。通常用于测度行为强度的尺度主要包括速度的大小、力量的强弱、分贝的高低等。在同样的条件下，同一种类行为的强度越大，其在生成后的波及及扩散效应越强。例如，在一个煤矿安全会议上，如果有矿工带头大声宣布同意某个决定，最终这个决定就非常有可能以更高的支持比例和更快的速度得以通过。因此，在矿工行为干预策略设计中，也可以通过控制矿工不安全行为的强度来控制矿工不安全行为传播性。对于企业所期望的矿工行为，可以通过适当的刺激来增加其强度；而对于企业所不期望出现的矿工行为，则可以通过适当的手段对其弱化，从而实现对矿工不安全行为传播性的干预。

三、社会网络结构

行为传播网络结构对于矿工的不安全行为传播性的影响是综合性的。通常行为在带有长连接、高聚集度的网络中传播速度要快得多。通常情况下，在一个行为传播网络中，如果存在小世界性，表明存在具有高度聚类性的子网络，该子网络中个体间具有强连接，在路径依赖进入收敛阶段，这些强连接会在行为强化上发挥重要作用，促进行为在小群体网络中快速传播，如果小群体网络间存在长连接，则可以促进行为在更为广泛的网络空间内进行传播。在一定的网络密度区间内，网络密度越大，行为在社会网络中的传播速度越快，但网络连接的冗余度过大也会影响行为的传播，目前对于最适宜于行为传播的网络密度区间的确定还没有形成共识，仍然需要在实践中针对具体行为及网络结构来确定最适宜于行为传播的网络密度。网络节点的度、连接的冗余度、连接方向、网络聚合度、网络中心度、网络联通性、网络结构的规则性及层次性等的变化最终都会反映在网络结构的变化上，从而对矿工不安全行为在网络中的传播性产生实质性的影响。但是判断网络结构的变化到底是促进还是阻滞了矿工不安全行为的传播性本身就是非常复杂的问题，学者们解决这类复杂问题主要采用两种方式：第一，通过网络结构模型的理论分析，判断结构的变化对行为传播性的影响；第二，通过实验的方式不断地改变网络结构参数，观察行为传播性的变化，以判断网络结构变化与行为传播性之间的关系。

四、行为人的个体特征

事实上，个体的年龄、知识结构、成长背景、教育环境、价值观及信仰等因素都会影响到行为在社会网络中的传播。这些因素一方面会影响行为个体接纳一种行为的主观意愿；另一方面也会影响行为载体愿意不愿意将一种行为传播出去，让更多的行为人接纳（分享）同样的行为。通常学习能力强、外向型、喜欢模仿和分享的行为人，更易于接受和传播行为。但是，也有研究认为学习能力强的人只会对自己愿意传播的行为才会表现出强的感染和传播性，而对自己不愿意传播的行为则表现出显著的过滤性，反而会阻碍行为的传播。

五、行为人的行为门槛

研究表明任何行动人都存在一个行为门槛，如果一个人的行为门槛高，则这个人就不易被某种行为感染。在社会网络中，如果这类人处于关键节点上，则会阻碍行为传播。对于社会网络，个体的平均行为门槛越高，则行为在该网络中传播的平均速度就越慢。行为门槛实际上是用来度量行动人行为发生、感染及传播的临界值的。当行为载体的数量大于该临界值，行动人的行为就被触发，开始表达意见或者采取行动。不同的行动人的行为门槛是不相等的，最终使得每个社会单位里的行动人的行为门槛数都服从一种概率分布。在现实的世界中，几乎随处可以找到验证格兰诺维特的行为门槛模型的范例。例如，在大街上有两个人闹了矛盾在吵架，这时有些路过的人就会因为好奇而过来围观，但在实际中并不是每位路过的人都会上来围观，这就说明有的人行为门槛高，已有的围观人数并不足以超过其行为门槛的临界值，使他停下来围观，最终使得围观的人数达到平衡状态。社会网络的行为门槛的分布与行为的传播性密切相关，行动人的行为门槛分布的均值越高，则行为的传播速度就越慢。因此，在煤矿安全管理实践中，如果我们能够通过行为干预策略提高矿工的不安全行为门槛的高度，那么不安全行为在矿工的行为传播网络中的传播速度就会大大降低，从而降低矿工不安全行为诱发事故的概率。

六、行为对网络结构或者耦合作用关系的敏感性

在本章的第二节中，我们已经对行为的敏感性做了重点论述。简单地说，行为敏感性是指在一定的时间范围内，社会网络（网络环境、结构）出现微小变化，人的行为会发生显著性的变化，因而人的行为强度也会随之而改变。如果行为的敏感性表现为正向变化，则会增加行为人的行为强度，其传播性也会随之增加；反之，如果行为的敏感性表现为负向贬值，则会降低行为人的行为强度，其传播性将会随之降低。在矿工的行为传播网络的演化过程中，矿工的行为在发生、发展、维持及消退的过程中，其强度及传播性并不是一成不变的，如果能够准确地找到行为的敏感性发生的区间及敏感性运行的方向，那么就可以为设计高效的行为干预措施提供方法支持。

行为的敏感性可以分为触发阶段的敏感性和传播阶段的敏感性。行为的产生需要需求的刺激，在行为触发阶段，存在一个需求的敏感区间，一旦个体的需求水平进入此区间，人的行为会快速被触发而生成。在传播阶段，行为的传播速度会随着社会网络结构（结构指数）的变化而变化，如网络节点的数量、连接的数量、聚集度、度分布等网络参数的变化都会导致行为传播速度的变化。但在这些参数的取值范围内，并不是每个取值区间的变化导致行为传播速度的变化都是相等的，其中存在某个区间或者某些区间，在此区间的变化范围内，行为的传播速度会出现显著性变化。

七、行为的弱因果性

因果性被认为是现实世界的一个最基本的属性。强因果性的行为，也就是所谓的简单行为，都可以非常明确地追踪到造成这种行为的产生的原因；同样，对于强因果性的行为造成的结果，都可以追查到造成该结果的明确原因（行为），即前因—行为—结果存在明确且严格的关系。相对于强因果性行为，弱因果性行为也被称为复杂行为，一般难以确定该行为的前因，而且该行为究竟会造成什么样的后果也难以确定，即前因—行为—结果之间不存在严格而明确的关系。行为的产生需要原因（触发器），同时行为作为原因也会造成某种结果。行为的弱因果性不仅导致了行为与它的前因及后果之间不存在明确的因果性，同时也导致了行为在社会网络中的传播过程表现出更强的弱因果性，因而给选择、设计有效的行为干预手段增加了非常大的难度。

八、行为的边界性及行为的路径依赖性

行为实验研究表明，行为的边界性及行为的路径依赖性对于行为传播性的影响并不是线性的。这也就意味着并不是行为边界性越明确或者越模糊，行为在一个网络空间中的传播性就越强。实际上，行为边界性的变化对于行为传播性的影响一般遵循如下规律：当行为边界从模糊状态向一个较为清晰的状态转变时，行为的传播性也逐渐增加，但当行为的边界逐渐收缩到一定的明确程度时，行为跨界的难度会越来越大，因而其传播性也会逐渐降低。行为的路径依赖性的变化对于行为传播性的影响也基本上遵循着类似的规律。当行为的边界逐渐收缩并出现行为路径时，发生行为路径的跃迁还是比较容易的，但当行为的路径依赖性达到一定程度使得行为路径进入锁定状态时，发生行为跃迁的概率已经非常低，因而行为的传播性也会降到很低的程度。因此，分析行为的边界性及路径依赖性对于行为传播性的影响要视行为边界的明确程度及行为路径依赖程度的具体情况而定。

在现有的研究水平和条件下，我们暂时只是定性地论述了这些对行为传播性能够产生影响的因素。实际上，在现实的网络中，这些影响因素对行为在网络中传播的影响程度是不同的，这需要进行进一步的实证研究来探索和发现。另外，除了上述因素外，还可能存在某些对行为在网络中传播会产生重要影响的因素，这同样需要在更进一步的研究中去探索和发现。随着我们对于影响行为在网络中传播的因素的研究不断深入，必然会提升我们对于行为在网络中传播的干预效率及效果。

第四节　行为传播的网络结构敏感性及弱因果性的应用：行为干预、社会控制

虽然我们在本项目开展的早期阶段就已经发现了行为的传播性会随着行为传播网络结构的变化而变化，并在某些网络结构参数变化区间内，当行为传播网络结构参数出现细微的变化时，行为的传播性却能够表现出显著性变化，即行为传播性对于行为传播网络结构变化敏感。实际上，敏感性与弱因果性在很多情形下是相互交织在一起的，敏感性本身也部分地包含了弱因果性；而弱因果性反过来又融合了部分敏感性。因此，如果我们能掌握敏感性和弱因果性的相互作用规律，就可以运用它们来进行社会控制和行为干预。在实践方面，将弱因果性和敏感性应用于行为干预时，如果我们能够掌握矿工不安全行为传播性对于传播网络的结构敏感性运动方向，必将显著提高我们对于矿工不安全行为的干预效率。同样，在社会控制方面，一旦一个社会积累了

长期的且广受诟病的制度性问题，这时个体行为、组织行为及社会行为都开始对社会结构的微变不再敏感，最终只能通过改朝换代的巨变来解决社会问题。

一、社会控制及安全文化控制

在社会实践中，我们经常会遇到这种情况：一种新的思想、新的科技或新的事物，即使具有明显的优点，但要获得社会认可或采纳仍然是非常困难的（Rogers，2003），因而难以在一个社会里广泛传播，使得这个社会错过了从这些思想和技术进步中获得发展的机会。另外，一些由于长期积累效应而形成的存在明显缺陷的技术、思想、制度，即使我们想要努力去改变，但在短期内却难以看到效果，以至于它们可以在社会演化中一直占据着主导地位，导致问题也越积越多，最终只能靠暴风骤雨式的社会巨变来解决这种长期积累性问题。人类历史上，上述案例不胜枚举。大多数统治者也都意识到上述问题的严重性，并励精图治，努力治国，试图改变朝代不断轮换的历史事实，希望自己建立的制度、政权能够久盛不衰。但不论是中国的盛唐，还是曾经的日不落帝国——大英帝国，以及盛极一时的苏联，都逃脱不了衰败的命运！其中有一个重要的因素就是社会控制出了很大问题，统治者和被统治者之间的信任危机不断加深，统治者不管推行有利于还是不利于被统治者的变革，被统治者都会认为统治者带有某种不良政治企图，因而最终都难以奏效，所存在的问题也就只能越积越深。被统治者对于统治者的这种不信任行为开始在社会里进行广泛传播并不断被强化，最终导致统治者失去了对被统治者的思想及行为的控制，也就失去了对整个社会的有效控制。敏感性和弱因果性研究所要解决的关键问题之一，就是要研究一种通过社会网络结构的微调实现有效社会控制的方法，其关键思路是通过弱因果性来提升敏感性，并逐步掌握敏感性的运动方向，应用于干预行动人的行为在社会网络中的传播速度及范围来实现社会控制。在煤矿安全管理实践中的具体做法就是，我们可以通过对矿工行为传播网络结构的不断微调，逐步掌握行为与网络结构之间的弱因果性关系和敏感性运动方向，通过对矿工个体及群体行为的干预来改变矿工群体的整体行为，促进良性的安全氛围、安全文化的演化，逐步改善矿工与管理者之间的信任关系，这样可以更加有利于安全法规及安全管理指令的推行。

二、行为干预

企业、社会组织在日常运行中都会出现某些不期望出现的行为，而且这些行为与行为的结果之间一般都只存在弱因果性关系，即这种行为虽然普遍存在，但一次这种行为诱发事故的概率却很低，如煤矿企业的矿工不安全行为、公路交通中大量的不安全驾驶行为。虽然不安全行为在多数情况下不会立马造成不良后果，如煤矿事故、交通事故，但其诱发事故的概率非常高，随着诱发事故的概率累积，最终导致发生事故就成了大概率事件。敏感性控制主要是针对行为生成及其在网络传播中的弱因果性问题设计的，人的行为、系统的行为强度在变动的网络结构下都不是恒定不变的，它总是在网络结构参数的某个变化区间内表现出显著性变化，否则不安全行为诱发的事故就不会表现出突发性。因此，在日常管理中，如果能对弱因果性的非期望行为进行有效控制，则可以显著提升系统的可靠性。

三、提升广告（营销）效果

在激烈竞争的市场经济里，"酒香不怕巷子深"的销售策略已经难以适应现代企业的生存与发展。几乎所有提供产品和服务的企业在整个生命周期里都要在广告和营销上投入大量的物力、财力和人力，广告和营销策略成功与否几乎可以决定一个企业的命运，因而广告与营销部也就成了企业内部最重要的一个部门。实际上，广告及营销的一个最重要的目的就是扩大产品的知名度，提升产品的销量，从而提升企业生产的产品或提供的服务的扩散速度及范围，而这恰恰就是社会网络传播性控制所要解决的问题之一，也是很多世界著名的成功企业的成功之道，它们不仅向消费者提供了非常优秀的产品或服务，而且通过新颖的且让消费者印象深刻的产品或者服务广告而在消费者中建立了高度的品牌知名度和美誉度，提升了产品或服务在消费群体中的传播与扩散的速度。在产品广告投放方面，美国的苹果公司以及韩国的三星集团都曾有非常优秀的作品，它们都有意无意间利用了广告在消费者行为传播网络中的敏感性。这些广告不仅让受众对它们的产品印象深刻，甚至激发了广告受众的购买意愿。随着互联网和智能手机的普及，消费者面对面的社会接触及口口相传的传播已经越来越弱，这导致以电视及互联网为基础的新媒体在产品及服务的广告及营销中所发挥的作用愈加重要。同结构敏感性及弱因果性在行为干预、社会及文化控制中所发挥的作用类似，我们也可以充分利用产品及服务的广告在消费者行为传播网络中的敏感性来提升某个产品广告的传播及扩散速度，通过广告的作用提升消费者对特定产品及服务的行为路径依赖性，从而让企业在市场中建立竞争优势。

四、创新性经济及社会体系的建设

1949 年之后，中国经济及社会的转型经历了四个重要的时期，分别是中华人民共和国成立后的经济及社会转型，"文化大革命"时期的经济及社会转型，1978 年的改革开放条件下的经济及社会转型，1992 年邓小平南方谈话后的经济及社会转型。对于上述四个重要转型期，除了第二个转型期失败了，其他三个转型期都获得了巨大成功，经济、社会及科技都取得了长足的发展，人民的生活水平大幅度提升，我们迎来了一个繁荣的盛世，对于生活质量的追求也越来越高。但是经济、社会及科技的大发展的背后却也掩盖了很多严重的问题，特别是生态环境问题日渐严重。蓝天白云少见了，青山绿水难寻了。尽管退耕还林使得近年的青山越来越多，但绿水仍然难见。人们的健康也因为生态环境的恶化而受到了严重影响。尽管我国国内生产总值排名全世界第二，但社会发展指数却仍然处于世界中游水平。分析我国在过去的四个重要经济及社会转型中取得成功的三个重要转型期，它们共同的特征是依赖于劳动密集型及低附加值的产品出口、固定资产的大量投资并主要集中于高能耗高污染产业的投入。随着我国人力成本的快速增长，目前我国依赖于劳动密集型及低附加值的产品出口已经遇到了极大的挑战，大量相关企业倒闭或者向东南亚及印度等低劳动力成本国家和地区转移。在经过多年的产品出口海外的快速增长后，当前我国成品出口乏力，增长缓慢或者已经停滞，我国国内经济增长也受此影响而逐月回落，人民币也由升值周期而转入贬值通道。经过 30 多年的固定资产的大量投入，目前靠固定资产投入对经济成长的拉动也显出疲态。房地产存在大量库存，银行的坏账又有进一步增长的势头。煤炭、化工、钢铁、水泥等行业产能也严重过剩，也进入一个去产能的周期。因此，目前中国经济、社会的发展都进入了一个重要的转型期。经济及社会的发展对于高能耗、高投入及高劳动密集的依赖性已经不再那么敏感。相对于以往的四个重要经济转型期，当前的中国社会及经济转型可能需要一个更加漫长的时期，经济新常态也可能要维持一个较长时期。经济和社会发展过程中所出现的问题仅依赖传统的产品出口及固定资产投入等手段已经难以奏效。在解决经济新常态中所出现的问题时，不仅仅要改变经济增长和社会发展的模式，还要从人的思想、价值观及社会文化入手来推动创新性社会及经济的建设。

从网络的视角来看，社会系统和经济系统的结构是一个巨型的群体网络结构，其中存在大量的凝聚子群或者网络社团等小群体子网，并在结构上呈现出一定的规则性和层次性，在行为上呈现出一定的有序性，从而对人的思想、价值观、社会文化、技术创新的传播等产生至关重要的影响。而在经济及社会这样超大的巨型网络中，改变人的观念、价值及推动社会文化的创新都涉及行为传播的研究及应用。相关研究表明在复杂的巨型的网络系统中，行为的传播在某些时空条件下表现出对网络结构参数取值变化的敏感性及弱因果性。在前四次的经济及社会转型的过程中，行政命令及官方媒介在短时间内促使人们观念、思想及社会文化发生转变中发挥了关键作用。但是，今天的社会及经济更加多元化和多样化，传播思想、行为、观念及社会文化的媒介越来越丰富，这从某种程度上弱化了社会及经济转型对于行政命令和官方媒介的依赖性，但这也并不就是说行政命令和官方媒介不再发挥关键作用，相反我们可以充分利用社会及经济这个庞大而复杂网络中的其他传播媒介实现对行政命令及官方媒介更加有益的补充，充分利用行为传播过程中对于网络结构的敏感性及弱因果性来促进创新、行为、思想及观念的传播，从而促进经济及社会更加有效率地转型，推动我国创新型社会稳步发展，再续中国经济发展的奇迹。

本章小结

实际上我们在社会科学研究领域中可以遇到大量的有关结构敏感性和弱因果性问题，因此尽管我们可以采用自然科学的研究方法来探索社会科学中的问题，但一般难以得到类似于自然科学中的研究结论。例如，在较为复杂的网络空间或者系统环境下，行为与结构之间只是表现出弱因果性关系。那么究竟是弱因果性导致了敏感性，还是敏感性导致了弱因果性，或者是两者相互影响？现有的研究中对于结构敏感性与弱因果性之间的关系一直没有明确的研究结论。本章我们重点论述了行为致因与行为结果之间因果关系弱化的机制，以及行为在传播的过程中与弱因果性进行交叉作用，导致行为在传播的过程中表现出对网络结构变化的敏感性的成因问题。

首先，我们从网络的生长过程中论述了行为致因与行为结果之间因果关系弱化的机制。由于矿工的行为传播网络结构以煤矿生产系统为基础，矿工的不安全行为实际上嵌入在煤矿生产系统结构之上并逐步生成矿工行为传播网络，最终有一小部分比例的矿工不安全行为演化为带有伤害性的煤矿事故。在网络情境下，由于网络的联通性及部分网络路径的可达性及传递性，矿工的一切行为活动都可以看成一种或长或短的传导过程，而过程本身就是一种因果关系的表现形式，可以通过逆向关系分析确定原因与结果的联系。但是在矿工的行为传播网络中，尽管行为从生成到结果的凸显是一个看上去可以进行逆向追踪因果关系的过程，但是同样的行为即使通过同样的演化过程在大多数情况下也难以最终形成同样的结果，因而行为与结果之间存在的因果关系实际上是一种弱关系，通过行为的结果进行逆向追踪找到的行为致因就有可能不是真正的致因。因而，一个矿工的行为生成可以通过多个网络路径进行传染及传播，而行为在传播和传染的过程中又会和其他行为进行叠加或者受到其他行为的影响作用，逐步使得行为致因与行为结果之间的关系弱化，也就使得通过行为结果来追踪行为致因的难度加大，并且行为致因和行为结果之间的因果链越长，这种逆向追踪的难度就越大。

其次，我们又详细地论述了行为在传播过程中所表现出的对网络结构变化敏感性的成因机制。行为传播性对网络结构的敏感性为我们应对网络情境下的行为致因与结果之间的弱因果性关系提供了一种可行的解决思路。由于行为传播对网络结构变化所表现的敏感性的关键影响因素是具体的网络结构参数取值区间，因此，这一章我们对网络的结构与行为生成及行为传播的关系进行了详细的论述。我们先对社会网络、网络的连接及行为的传播方式进行了详细的界定；在此基础上我们根据行为的发生机制、传染机制及传播机制揭示了行为传播网络的生成过程，以及行为的生成及传播与行为结果之间的弱因果性；接着我们又讨论了矿工行为传播的影响因素及矿工行为传播网络的结构敏感性，并提出了通过结构敏感性应对弱因果性的行为干预策略。

最后，我们又论述了结构敏感性及弱因果性的应用问题。将结构敏感性用于对矿工不安全行为在网络中传播的控制从一定程度上可以处理煤矿事故中的行为致因与结果之间存在的弱因果性关系，避开通过严格的因果关系来设计行为干预策略的途径。由于矿工不安全行为的生成及传播与事故之间在大多数情况下表现出一定的弱因果性关系，难以进行确定性和精确性的控制。但在网络情境下，行为致因与结果的弱因果性关系可以通过网络结构的敏感性进行放大或者缩小，这样我们就可以通过改变网络结构参数的取值范围使得行为的传播速度加快或者减慢，或者改变行为传播的路径，从而可以在没有完全掌握行为致因与结果之间的明确关系的情况下对行为的传播性进行干预。因此，这为我们通过行为传播网络的结构敏感性来应对行为生成及传播的弱因果性提供了问题解决的可行思路。

第六章 矿工不安全行为传播性与路径依赖性的交互效应

行为的传播性本身就反映了行为载体对易染个体的行为传导性作用，即行为的历史延续性。因此行为在群体网络中的传播过程也就会伴随着行为路径依赖性的演化。而行为路径依赖性的演化又会进一步促使行为载体对具有传播性的行为产生记忆，并影响行为的传播速度和范围。由此可见，行为传播性与行为路径依赖性在群体网络环境中是相互影响的。已有文献通常将行为的路径依赖问题和行为的传播性问题割裂开来研究，对两者之间的交互或者耦合效应则几乎没有论述。我们在研究教育部人文社会科学项目"煤矿员工不安全行为路径依赖性诱发事故过程仿真及防控模式研究"（11YJC630242）过程中，发现矿工在工作情境中的行为选择在形成路径依赖过程中与行为的传播性存在复杂的交互效应。由于在教育部人文社科项目中矿工不安全行为传播性与路径依赖性的交互效应并不是研究的重点，因此该问题在当时并没有被深入研究。由于矿工不安全行为传播性与路径依赖性存在交互效应，并且从一个相对较长的时间来看，行为的路径依赖性会对行为传播性产生至关重要的影响作用，因此，在本项目研究过程中对该交互效应进行细致而深入的研究，能够厘清矿工不安全行为的传播与路径依赖之间的交互作用机制，为设计更为科学及有效的矿工不安全行为预防及干预措施提供理论和方法支持。在本项目研究中，我们通过对已有行为传播理论及行为路径依赖理论进行整合及创新，力图厘清行为的路径依赖性与行为的传播性之间的交互作用关系，即路径依赖性是否会增加行动人的行为门槛，而行为传播性又是否会使行动人的行为产生叠加并形成冲击效应，从而导致行动人的行为路径偏离既定方向并最终解锁。因此，本书的成果不仅在路径依赖性研究和行为传播性研究之间架起一座桥梁，也为行为传播性研究探究了一个新的研究方向，而且其相关研究成果还可以为实践中的行为干预策略设计提供新的理论和方法支持。在煤矿安全管理实践中，应通过提高安全行为的传播性，突破不安全行为门槛的临界值，使不安全行为的路径逐步偏离既定方向并最终解锁；通过逐步增加安全行为的路径依赖性，提高安全行为的门槛，从而降低不安全行为的传播性。

第一节 矿工不安全行为传播的驱动机制

从某种意义上来说，行为的传播实际上是在一个共享的群体空间中不同行为人之间的行为联动的过程，也就是不同的行为人之间行为的生成、变化或者演化引起与之存在连接关系的行为人的行为变化，这种影响作用实际就是驱动行为传播的原动力。也就是说在一个共享的群体网络空间中行为的传播首先表现为不同行为个体之间的行为联动过程。包括罗杰斯在内的学者对于传播的驱动机制并没有给出特别细节性的论述，而只是重点论述创新传播的四个构成要素或必要条件。格兰诺维特则认为社会压力或者群体压力为行为传播提供了驱动力，但这种观点忽略了行为主体在行为传播过程中的主观能动性。对于矿工不安全行为在一个共享的群体网络中传播的驱动机制进行研究也是研究矿工不安全行为及其传播性致因煤矿事故的防御理论及方法的一个关键环节。本节将结合已有的研究进展并以矿工不安全行为的同步机制为基础来重点论述矿工不安全行为传播的驱动机制。

一、矿工不安全行为的同步机制

行为同步是指在工作过程中，一项工作任务的完成需要其他工作任务同时进行，因而执行不同工作任务的行为人必须要相互配合，才能够实现预定的效果。这种工作任务间的协调关系及行为主体之间的行动配合通常被称作行为的同步。由行为同步的定义来看，行为同步实质上是工作任务之间的运行需要行为人根据某种既定的程序进行行动配合来执行任务，而行动配合实际上就是不同行为个体生成的行为序列的联动。因此，如果将不同的行为个体生成的行为看成一个个相对独立的时间序列，那么行为同步实际上就是不同的行为序列之间在网络情境下所产生的联动作用关系，并会进一步演化为网络整体有序行为。如果把行为致因煤矿事故看成煤矿生产系统所表现出的一种整体性行为，那么这种整体性行为实际上就是矿工不安全行为在矿工群体网络中传播并形成同步效应的结果。在前文的论述中，我们已经可以非常清楚地看到行为传播是一个过程，当然也是一个时间序列，会经历行为生成、行为传染、行为传播、行为传播网络生成及行为再次在群体网络中传染及传播等不同阶段，这些不同的阶段之间有着明确的先后顺序关系，一旦满足于同步驱动条件就非常有可能实现行为同步，并最终形成煤矿生产系统的整体性行为，如果矿工不安全行为最终在煤矿生产系统中实现同步，则会使得煤矿事故的生成成为大概率事件。

行为的传播过程本身就伴随着新的群体行为生成，而群体行为的生成恰恰就是行为同步的结果。在现代复杂的煤矿生产系统中，独立存在的矿工不安全行为几乎不可能诱发煤矿事故。虽然我们研究的对象——矿工不安全行为是一种个体行为，从概率的角度来看，一次或者有限几次的不安全行为诱发事故的可能性极低，但是多人多次重复发生的不安全行为不仅会导致事故诱发概率以加和的形式叠加，还可能导致行为同步效应叠加，最终形成事故的发生概率以加和及乘积的复杂运算形式叠加，事故发生概率甚至会呈多项式或者几何数量级增长。煤矿生产系统是高耦合系统，在煤矿井下工作环境中，大部分工作任务的完成都需要矿工之间进行密切的行动配合，因而矿工不安全行为一旦产生，在适当的条件下通过矿工之间的密切工作任务配合就可能进行传导和传播，最终在行为的同步机制作用下就会远远比独立的矿工不安全行为诱发事故的概率高出很多。现今，在复杂的高耦合的煤矿生产系统中，矿工不安全行为诱发的事故基本上都需要其他矿工的行动配合才能实现。因此，研究矿工不安全行为在传播过程中的同步机制将有助于设计有效的矿工不安全行为的干预策略。

事实上，矿工不安全行为不会凭空生成，它运行于工作任务的执行过程中，并在不同矿工之间的行为同步过程中造成有伤害性的事故或无伤害性的事件发生。在这个过程中，一些诱导因素导致了矿工不安全行为的生成，并形成不安全行为的载体（矿工A）。由于在工作任务的执行过程中，矿工A需要与其他矿工（如矿工B、矿工C等）相互配合，这时矿工A的行为就会通过既定的任务程序向矿工B或者矿工C发出控制信息，并根据信息的优先等级高低，矿工B和矿工C开始进入行动状态，从而实现了矿工A与矿工B或者矿工C行为的同步。在此过程中矿工A所承载的不安全行为就开始向矿工B或者矿工C进行传导或者传播。从矿工不安全行为在传播过程中的同步作用来看，矿工不安全行为的同步作用可以分为：①有意识的行为同步，矿工A、矿工B及矿工C都明确知道矿工A的行为是不安全的，但在工作任务的执行过程中，仍然密切配合，导致了不安全行为的传播。②无意识的行为同步，矿工B及矿工C都没有意识到矿工A的行为是不安全的，由于在工作任务的执行过程中无法及时地区分出矿工A的不安全行为而无意识地配合矿工A的行动，导致了不安全行为在矿工B及矿工C的无意识状态下传播。

我们从上述分析中可以看到，行为同步出现问题，不仅会导致不安全行为的生成和传播，而且行为的同步过程也会伴随着行为路径依赖性的生成。已有研究表明，行为的路径依赖演化过程实际上就是一个行为人的（决策）行动范围不断收敛的过程。而由行为同步的定义可知，在系统的演化过程中，不同行为载体在完成需要相互协调和配合的工作任务过程中，其行动范围本身就是一个不断收敛的过程，由相对不确定性转变为相对确定甚至是完全确定，从而使得不同行为载体的行动最终能够实现同步，而且行为的确定性越高，行为的同步效率也越高。因此，实现高效的行为同步是一个长期性的过程，这个过程中本身就伴随着个体行为的不断收敛，不同行为载体在工作任务中的长期配合及行为同步也就生成了所谓的行为路径，并最终演化为行为路径依赖。已有的研究和实践表明，行为的路径依赖性本身就是一把"双刃剑"，它在适当的情境下既可以有效地遏制矿工不安全行为的传播，也可以促进矿工不安全行为的传播。因此，同样道理，矿工在井下相对封闭的环境中工作，他们在完成任务的过程中，必然需要密切配合，逐渐形成行为同步并形成行为路径，行为同步也会在适当的条件下促进矿工不安全行为传播，或者是阻碍矿工不安全行为的传播。

二、行为传播的驱动过程

在网络情境下，行为生成、传染、传播及行为传播网络的生成都需要某种驱动机制，在特定的行为驱动机制作用下，行为的生成、传染、传播及行为传播网络的生成才能得以实现。行为的生成主要靠个体需求或者来自群体或社会压力的驱动，而行为传染的驱动则主要靠不同行为载体之间所存在的直接连接关系所形成的接触作用，此外还要受个体的需求及决策的影响作用。那么行为在网络环境中的传播需要不需要内外力的驱动？其驱动机制及过程又是怎样的？行为传播的驱动机制与行为的生成、传染的驱动机制又有什么区别及联系？本部分将针对上述问题展开论述。

目前，学界关于行为传播性的来源大致可以分为两种观点，即被动行为传播及主动行为传播。虽然学者们关于行为传播性来源的观点多种多样，但不论是被动还是主动行为传播观点，都大致认为个体需求、行为传染或社会强化（或者是社会压力强化）为行为的传播提供了驱动力（driving forces），个体及群体的各种需求驱动了行为的主动性传播，而行为传染及社会强化又在特定的情境下驱动了行为的被动传播。由此可见，被动行为传播与主动行为传播的驱动机制也存在明显的差异，最终导致被动行为传播和主动行为传播的干预策略也有所不同。另外，在某些情境下，需求、行为传染或社会强化作用又会融合在一起来共同驱动行为传播，即行为的传播是被动行为传播和主动行为传播交互作用的结果，在这种情形下我们将更难以区分行为传播明确的驱动机制。我们之所以要研究行为生成、传染及传播的驱动机制，真正的目的在于为设计针对矿工不安全行为网络传播干预措施提供科学且可靠的理论和方法支持。一旦我们能够掌握行为生成、传染及传播的驱动机制，我们就可以从影响驱动机制的要素入手来设计干预手段。这也是本研究的主要应用价值之一。

马克·格兰诺维特（Mark Granovetter）和达蒙·森托拉（Damon Centola）等在公开发表论文中论述了被动行为传播观点，他们认为传染性（被动传染）是行为具有传播性的必要条件。1978年，格兰诺维特在《群体行为阈值模型》（Threshold Models of Collective Behavior）一文中提出的群体行为门槛模型实际上就是对"行为被动传染"的进一步完善和改进。行为人是否愿意采纳某种行为主要取决于群体中已经采纳某种行为的人数，或者说是由于群体决策压力所形成的从众效应，也就是当群体中决定要采取某一行动的人数越多，那些还没有做出同样决定的行为个体所受到的压力就会越大，也就是形成所谓的群体决策压力，这种群体压力在网络环境下通过具有传递性关系所形成的个体间接触作用会逐步形成从众效应并导致更多的人决定要采取同样的行动。一旦已经采纳某种行为的人数超过该行为人的行为门槛，则该行为人也会在群体压力的作用下被动采纳某种行为，即行为载体并非主动采取行动，而是在受到了群体决策压力的情形下才采取了行动。在这一点上，行为被动传播类似于疾病传播。因此，群体行为的产生从某种意义上来说实际就是个体行为人的被动传染过程，直至最终在群体内部的协调机制的作用下被同步为群体行为。后来，达蒙·森托拉等又在格兰诺维特的行为门槛模型的基础上研究了行为的在线社会网络传播问题，认为来自小群体内部的社会压力强化（实际上就是群体压力）在促使行为传播上更有优势，即小群体网络相对于均匀分布的网络更加有利于行为的传播。

虽然被动行为传播观点很好地解释了行为人在被动状态下采纳行为的原因，但并没有将行为人的主观能动性考虑进去，存在明显的不足。因为，现实中的行为人大多有好奇和试错的动机，也有学习、交流、逐利的需要，因而他们在很多情况下会在自身内在需求的驱动下主动学习、模仿或者带有风险性地尝试某种行为，也就是说行为主体采取主动决策并采取行动。因此，好奇心、试错的动机，以及学习、沟通和带有风险性逐利的需要就构成了主动行为传播的驱动力。需求驱动的行为传播也被称作行为主动性传播观点。罗杰斯在《创新扩散》（*Diffusion of Innovations*）一书中给出了大量有关创新传播的案例，这些案例说明行为人可以通过个体间的网络相互影响，学习、采纳和传播创新。另外，主动行为传播也可以在很大程度上促进被动行为传播，这主要是由于主动行为传播可以生成越来越多的采纳某一行动的行为人，从而对那些还没有采用同样行为决定的人产生群体决策压力，促进被动行为传播。大量的社会创新传播不仅需要灌输、说服这种被动行为传播的方式，更需要行动人主动采纳这种主动行为传播方式，而且行动人的主动接纳相对于被动采纳不仅可以加快创新的传播速度，而且可以提升创新扩散的效率。

另外，需求、试错、行为传染和社会强化作用、相互融合或各自独立发挥作用不仅可以驱动行为的传播，同样也可以驱动不同行为载体在完成需要相互协调和配合的不同任务过程中的行为同步。从需求的角度来说，人的行为活动的根本目的是满足某种需求，这种需要满足的需求可能是自身需求也可能是社会需求，要由行为个体所处的环境来确定。在一个相对孤立的环境中，需求的满足主要是个体性的，而一个存在丰富连接关系的群体或网络中，需求的满足有很大一部分是社会性的。通常，人的需求的满足是靠参与完成任务来实现的，这时人的需求有很大一部分是带有社会性的，需要对其他行为个体的需求提供行动配合。在现代复杂的大生产系统中，大多数工作任务的完成都无法靠个体行动单独来实现，大多需要行为人与行为人之间进行密切的行动配合，因而也就需要行为同步，否则行动的效率及效果、生产绩效就会受到很大影响。另外，行为的传染、社会强化作用实际上也需要行为载体及易染个体进行行动配合，当然这种配合在实际中既有可能是主动的有意识的行动配合，也有可能是无意识的或者被动的行动配合。例如，人们在一定的时间和工作情境中迅速达成工作共识，准备通过采取一致行动以获取递增的边际行为收益，其中就需要行为同步，而这种行为同步实际上就是行为传染和社会强化作用的结果。由此可见，需求、行为传染或社会强化作用也驱动了行为同步过程。从行为演化的微观机理来看，矿工不安全行为的生成在很大程度上也是一种需求刺激的过程，其一旦生成，则会通过行为传染及社会强化作用在矿工的行为传播网络中进行扩散，而此扩散过程存在大量的矿工不安全行为的同步作用。如果在设计矿工不安全行为干预策略中，我们能够有效遏制矿工不安全行为的同步作用，则可以在一定程度上降低矿工不安全行为的传播性，从而降低矿工不安全行为诱发事故的概率。

第二节　矿工不安全行为的路径依赖性及其来源

在网络环境中，行为的生成、传染及传播都是在一个存在耦合作用连接关系网络中完成的，因而不同行为个体的行为生成、传染及传播相互之间都会存在一定程度的影响。矿工不安全行为的传播过程实际上就是一个行为序列的生成过程，这个过程可以划分为生成、传染及传播三个阶段。而行为的路径依赖演化过程实际上也是行为的存续及往复的过程所形成的一种带有记忆性的行为路径，因而就有可能与行为的生成、传染及传播产生交互作用。这里我们首先对行为路径依赖性的内涵及其来源进行阐述，以逐步揭示行为传播和路径依赖之间的交互作用关系。

一、行为路径依赖性的界定

近年来，Georg Schreyögg 和 Jörg Sydow 等不断尝试对组织及管理研究领域中所涉及的行为路径依赖概念进行更为精确的表述，但至今仍然没有给出学界高度认可的明确定义（Georg and Jörg, 2010）。他们在自己已发表的论文中多次对路径依赖性进行了阐释或者定义，其中比较有代表性的解释是他们认为路径依赖至少意味着事件序列在不断地收缩行动范围，最终进入一个惰性或者刚性状态。由此阐释可见，路径依赖性至少涵盖了以下三个重要因素：①事件序列。事件实际上就是行为主体的行为活动直接或者间接所形成的结果。行为主体持续不断地从事某些事件，因而这些事件构成一个事件序列，这说明行为路径依赖也是一个过程。②行动范围收缩性。也就是说行为主体在完成这个事件序列中的每一个事件时，其行动的范围在逐步缩小。③延续性或者惰性状态。行为主体的行为进入一个延续性或者惰性的状态。就拿消费者对于 QWER-TY 布局键盘的消费行为路径依赖演化过程及消费历史来看，QWERTY 布局键盘也并不是一开始就在市场上取得了主导地位，消费者对于 QWERTY 布局键盘的消费行为路径依赖的形成是涵盖上述三个重要因素的经典案例。首先，消费者在市场上购买键盘，这就相当于一个事件，而从历史的角度来看，不同的消费者或者同一消费者不断地或重复地购买 QWERTY 布局键盘就相当于形成了一个事件的序列；其次，消费者选择其中某一种键盘，就相当于行动；最后，今天当消费者在市场上购买键盘时，几乎不需要做出多少的选择努力就选定 QWERTY 键盘，这就是行为的延续性或者惰性状态。从行为路径依赖性内涵的阐释过程中，我们也可以看到行为路径依赖过程的形成也伴随着行为的传播过程的形成。由于个体行动者，或者组织、经济系统、社会系统等由个体行动者主导的群体都具有外在的行为活动表现，所以，我们可以将行为路径依赖解释为行为主体在长期的行为活动（在特定的环境条件下参与某种事项、解决问题、决策、政策制定、养成行为习惯）的过程中，其行动的范围不断收缩到一个惰性或者延续性的状态上，其外在表现是行为主体的行为活动过程逐渐演化为一条相对确定性的行为轨道。这里需要特别强调的是行为主体的惰性状态或者延续性状态并不一定是一种无效率的状态，它只是行为主体的行为的一种锁定状态，当外部环境出现显著性变化后，行为主体的行为活动与内外部环境不相匹配时，如果这种锁定状态不能快速得到解锁，那这种锁定状态很快就会演化为一种无效率的状态，最终迫使行为主体要么放弃其固有的行为轨道（如我们经常见到的经济及社会转型、企业改变经营方向，对于个体行为人，开启一段新的职业，都可以被看成是对原有行为轨道的放弃），要么将行为主体淘汰出局（国家解体、社会动乱、经济崩溃，对于个体行为人，如失业、离婚等状态）。

实际上 Georg Schreyögg 和 Jörg Sydow 等对路径依赖性从行为主体行为范围收缩进行阐释也就意味着行为主体行为决策范围的收缩，行为路径依赖的演化在很大程度上是通过行为个体的决策行为体现出来的。当我们从决策的过程来看行为路径依赖过程的演化时会发现，随着路径依赖程度的不断加深，行为主体在决策行为上路径依赖主要表现为过去所采用的决策对未来决策的限制、约束会越来越大。过去重复使用的决策模式甚至会成为未来行动路径的必要条件，最终使得行为主体不再尝试进行新的决策，从而使得行为主体的决策模式锁定到一个具体的决策路径上。譬如，长期以来，计算机的消费者和使用者已经习惯于购买和使用 QWERTY 布局键盘，即使市场上有其他更先进和科学布局的键盘，当他们在丢弃旧键盘选择新键盘时也几乎会不假思索地选择购买 QWERTY 布局键盘而不会做出新的尝试。

另外，在定义行为的路径依赖性过程中，有些学者还会将"过程、初始条件、行动范围的收缩、自我强化或者社会强化、锁定状态（惰性或者延续性状态）及不可逆性"等多个相关因素考虑进来，从而使得对行为路径依赖性的阐述更加复杂。目前，无论是经济学、社会学还是组织管理学中所研究的行为路径依赖，学者们关于路径依赖是一个演化过程的观点较为一致。初始条件是该演化过程的触发器或起动机，在这个演化过程的初始阶段，行动的轨迹具有较高的不确定性和可逆性，因而行动范围也较大，并且难以预测，但随着自我强化机制的不断介入，行动范围开始不断收缩，并逐渐形成一条行为路径，不确定性的行为也逐渐过渡到相对确定性的行为，这时路径依赖过程就进入了所谓的锁定状态，也有学者称之为惰性或者延续性状态。在外部环境不断变化的过程中，这种锁定状态最终会带来行动（经济活动、制度安排、企业战略执行）的无效率。虽然无效率的结果是确定性的，但是这种无效率的结果在何时出现却难以被预测到。在实践中，我们可以观察到很多伟大的企业、国家及社会单位在进入行为路径的锁定状态后，都维持了长期而高速的成长，但最终都因为行为路径的锁定走向了衰退，有的甚至走向解体，尽管事先人们已经预测到了这种结果必然会出现，但却难以在结果出现之前通过改变行为路径来避免最终的结果。对于矿工不安全行为的路径依赖性来说，我们也可以参照 Georg Schreyögg 和 Jörg Sydow 等对路径依赖性的阐释来界定矿工不安全行为的路径依赖性。首先，矿工不安全行为是一种带有风险性的行为，在煤矿生产系统中，这种行为从初始的随机生成到最终的反复出现也表现为行为序列形式，实际上最终也可以表现为事件序列。煤矿生产系统中的各种违章事件本身就是矿工不安全行为活动直接或者间接的结果。其次，带有风险性的矿工不安全行为是矿工作为行为主体的一种行为选择的结果，这种行为选择也是一个不断收缩的过程。在一个具体的煤矿生产系统中，如果矿工不安全行为反复出现，说明矿工表现为不安全行为的活动范围已经大幅度收敛。最后，矿工不安全行为也会出现延续性或者锁定状态。在这种状态下，现有的管理方式、制度结构已经不足以从根本上扭转矿工不安全行为反复发生的局面，最终一般通过矿工不安全行为致因的具有伤害性的煤矿事故促使上述锁定状态得到解锁。

二、行为路径依赖性的来源分析

已有文献主要研究了影响行为路径依赖演化的因素，而对行为路径依赖来源的研究则较为少见（Marc Gruber，2010）。对于行为过程的干预或者控制来说，能够明确行为路径依赖演化过程的起点或者源头可以为我们提供更多的行为干预介入时机的选择。当然，要想弄清楚行为的路径依赖性的来源，首先必须弄清楚主导行为路径依赖演化过程的机制是什么。实际上，在组织路径依赖研究领域，研究者一直试图厘清主导行为的路径依赖演化过程的机制，即过往的管理决策为什么会给未来的管理行动创造出一条重要的约束通道并会导致路径依赖的发展和演化。一旦能够厘清行为路径依赖演化过程的起点及主导机制，我们就不难理解我国煤矿安全水平所表现出的显著性差异，即有的煤矿从建矿之初一直到今天也没有发生过重大煤矿事故，而有些煤矿小事故零星出现，重大事故也是间隔10~20年就要发生一次。也就是说对于事故多发性的煤矿生产系统，这种行为致因的煤矿事故也带有明显的行为延续性。为了弄清行为路径依赖性的来源，这里我们尝试从一些最基础的因素入手来解释行为路径依赖性的起源。自然系统中也存在所谓路径依赖性，只不过是用"惯性"这个词来表示的，而且比经济及社会系统中的路径依赖概念提出的时间要早很多。按照牛顿对惯性的阐述，惯性使得物体保持现有的状态，这种状态可以是静止状态，也可以是匀速直线运动状态，即惯性是物体抵抗其运动状态被改变的性质。惯性取决于物体的质量，并因物体所受的外力变化而变化。在经济和社会系统中，由于人脑的记忆、存储、分析和判断能力及人在这类系统中所发挥的主导作用，同时人是经济和社会活动的主导者，因此，经济和社会系统必然也具有记忆能力，并具有行为人的某些特征（如组织的人格化），因而经济和社会活动必然也会带有个体行为活动的印记性。如果人的行为具有路径依赖性，则经济和社会系统也有很大可能会产生路径依赖性。因此，如果上述假定成立，则经济和社会系统的路径依赖性来源于人脑的记忆和存储能力，而人脑的分析和判断能力则使得经济和社会系统的路径依赖性得以外在地表现出来。从人脑的记忆能量着手分析，行为路径依赖性的来源大致有以下几个方面：

（一）人脑的记忆及存储能力

物体的惯性来源于物体的质量，质量的大小决定了物体惯性的大小。而对于行为的路径依赖性来说，由于人的行为主要由人脑进行支配，因而它的来源主要取决于人脑的记忆，并最终使得行为主体的行为活动具有了历史的印记性。尽管行为的路径依赖性来源于人脑记忆，但我们很难验证行为路径依赖程度取决于人脑的记忆能力，是不是记忆能力越强的人，就一定具有更高的路径依赖程度？该命题可能在一个事件和范围内是正确的，但至少从直觉上看不会是普适性地正确。因此，仅仅从人脑的记忆入手来仿照物质惯性的定义难以对行为的路径依赖性进行确切的和行之有效的定义。实际上，人脑的记忆能力是人的行为产生惯性的主要决定因素之一。毋庸置疑，人的行为活动主要受到人脑控制，而行为活动实际上就是一种决策的结果，决策以信息的收集、存储及分析为基础，这些环节都离不开大脑的记忆能力，都需要大脑根据已有的信息进行分析和判断，并决定是否采取行动，也就必然使得人的行为活动带有人脑的记忆特征，也使得人的行为序列或者因人的行为活动而形成的事件序列带有延续性，也就是所谓的路径依赖性。尽管现有的研究者不断尝试对路径依赖性的概念进行多视角的界定，有的从演化过程来进行定义，有的从路径依赖性的构成要素来定义，但是不管从哪个角度来定义，路径依赖都强调了过去对现在甚至是对未来的影响，过去虽然不能完全决定现在和未来，但过去会在某种程度上影响现在和未来，使得未来带有现在甚至是过去的印记，特别是对于有着很强的大脑记忆和存储能力的人类来说，其当前和未来的行为，比如决策、判断、选择等更易于受到过往行为经历的影响。因此，在经济和社会系统中，人脑的记忆和存储能力是行为路径依赖演化的一个至关重要的来源。

（二）学习能力

学习行为是行为人的基础行为之一，是对人的听说读写等最基本行为的综合。人对于知识的学习主要通过两个途径：一方面是对他人已经积累的经验和知识进行学习；另一方面是以自身积累的经验和知识为基础进行的探索性学习。两种途径的学习都离不开过往的经验和知识。因而，我们可以说行为人的学习行为本身就是对已有行为的延续，当然需要以人脑的记忆和存储能力为基础。当行为人向他人学习时，其自身的行为必然会逐渐带有被学习的行为人的行为印记。在一个群体的环境中，这种通过其他行为人已经积累和遗留下的知识和经验进行学习的结果最终会形成不同的企业文化、民族文化，使得一个群体行为表现与另外一个群体行为表现呈现出巨大的行为差异。当行为人以自身所积累经验和知识为基础进行学习时，其当前的及未来的行为表现必然也会在很大程度上被打上过往行为的烙印，最终会导致人与人之间的能力、成就千差万别，从而形成了多种多样各具特性的人。我们可以在现实世界中找到大量这样的案例，两个人 A 和 B 从幼儿园就开始一起学习直到大学毕业，从此各奔东西，但两个人仍然性格各异，能力差别明显，若干年后，我们会发现两个人所取得成就的差别也非常显著。实际上，在行为路径依赖的演化过程中，学习使得行为人行动范围有一个总体收缩的过程，并演化为一条行为路径并最终锁定。从直觉上来看，学习行为虽然开阔了行动人的视野，但随着知识的积累，大多数行为人并没有成为无所不知的全才，而最终却成为通晓某一方面专业知识的专才，说明其行动范围在不断收缩。上述分析表明行为人通过持续不断的学习所获取的知识和能力是对已有知识和能力的延续，最终促使行为人的学习行为向某一个路径方向收敛，行为的路径依赖性也在此收敛过程中逐步形成。

（三）群体情境中的行为积累效应

无论是行为的传播过程还是路径依赖的演化过程都离不开行为的积累效应。行为的积累效应主要是在人脑的记忆及存储能力作用下通过人的学习及人与人之间的相互合作而逐步形成的。在煤矿生产系统中，矿工不安全行为生成于群体环境，其路径依赖性是在群体环境中生成并逐步演化的。因而学习行为对行为路径依赖演化的影响作用是逐步累积的。学习行为本身就是基于经验和已有知识的积累，因而学习过程也就可以看成一个行为延续及经验积累的过程。在群体环境中，这个过程中的学习行为并不一定是由行动人独立完成的，行动人之间通过相互之间的连接关系所形成的接触作用与其他个体互动并通过群体网络的联通性传播经验和知识，相互学习和模仿，同时也要相互合作。当人与人之间的合作行为越来越多时，就会在合作中逐步增加信任，人与人之间关系的不确定性也逐步削减，合作关系会逐步确定下来并在群体中逐步形成一个行为路径。人与人在不断的相互学习和合作过程中，彼此间的行为预期变得越来越确定，行为合作中的不确定性也会大幅度削减。行为预期逐步确定化及人与人之间合作关系的不确定性削减所形成的共同强化机制是一个循环往复的过程，最终导致行为人的行动开始出现同步，这时群体内部的秩序就开始逐步形成，制度也逐渐建立，而制度的建立和秩序的形成会进一步促进学习行为的同步和群体内部社会资本的积累，促进个体间更深入和广泛的确定性互动，个体及群体的行为路径也会随着行为的不确定削减而逐步生成。因此，个体的学习与经验积累是一个循环往复的过程（cyclic process），在此过程中伴随着行为路径依赖性的生成。

（四）判断与分析能力

人的学习行为主要是通过经验和知识的积累影响了行为的路径依赖性，而人的判断及分析能力起到了对知识学习及经验积累的过滤作用。因此，人的判断和分析能力最终影响到行为路径演化过程的方向。正是由于人的判断及分析能力所发挥的作用，我们才可以观察到有很多具有几乎相同行为起点的行为过程最终朝向不同方向演化，锁定了不同的行为路径。例如，即使在今天高度统一的手机操作系统市场上，也并没有出现一种操作系统独占的情形，手机厂商仍然有安卓、苹果 iOS 及微软手机操作系统三大主流系统可供选择。消费者基于个人的判断及分析能力选择了不同操作系统的手机，并推进了不同操作系统的演化路径。类似于学习能力，行动人的判断与分析能力也建立在人脑的记忆及存储能力的基础上，并和学习能力相互促进。学习能力的提升可以使行动人具有更好的判断和分析能力，而分析和判断能力的提升也可以使行动人在学习的过程中更有目的性和针对性，不仅可以提高学习效率，同时也提升了学习能力。行动人在做分析和判断的时候，需要一定数量的信息作为支持，而人脑的记忆和存储能力恰好为人的分析和判断提供了这种支持，这就决定了行动人的判断和分析能力也是具有惰性和延续性的。而行动本身就是由人的判断和分析引导的，因此，分析和判断能力也是行为的路径依赖性的一大重要来源，并影响了行为路径依赖演化的方向。

（五）初始条件的偶然性

无论是早期提出路径依赖概念的诺斯（North）和阿萨（Arthur），还是当前研究组织行为路径过程的 Sydow 和 Schreyögg 等，他们都强调初始条件或者初始决策在路径依赖演化过程中的重要作用。对于不同层次上的行为路径依赖性，初始条件或者初始决策所发挥的作用也不是完全相同的。现实中，根据行为生成的对象所处的群体结构和规模，行为路径依赖性可以分为个体层面的行为路径依赖性、群体层面的行为路径依赖性、组织层面的行为路径依赖性、社会及经济系统层面的行为路径依赖性。

对于个体层面的行为路径依赖性来说，它实际上是群体层面的行为路径依赖性的一个特例，即该群体成员只有一个人。个体层面的行为路径依赖性在更多的时候直接表现为人的行为习惯，但与行为习惯的成因过程又存在很大区别。行为习惯的形成在很大程度上来说是确定性的，行为习惯的形成甚至是可以预知的。而个体层面上的行为路径依赖性的形成则在很大程度上会受到某些偶然事件的影响，即使这种影响作用对行为路径依赖演化过程的影响非常关键，但这种影响作用最终会形成什么样的结果却难以预知。事实上，后文还要对行为路径依赖性的生成机制做进一步论述，行为路径依赖性不仅可以因偶然事件的触发而生成，也可以通过人为设计而生成。我们在这里仅讨论偶然性事件启动行为路径依赖性的过程，也就是行为路径依赖性因偶然事件所形成的初始决策驱动的生成过程。

从还原论的视角来看，群体层面的行为路径依赖性应该是个体层面的行为路径依赖性通过复杂的叠加和交叉作用而形成的。由于行为路径依赖一个过程，因此这种叠加作用在概率上主要表现为乘积关系，这最终导致群体层面的行为路径依赖性的生成相对于个体层面的行为路径依赖性的生成概率要低得多。同理可得，规模更大、结构更为松散的经济和社会系统的行为路径依赖性的生成概率将更低。

因偶然事件所形成的初始决策对于不同层次上的行为路径依赖演化过程的影响作用是不相同的。通常，因偶然事件所形成的初始决策对于个体层面上的行为路径依赖演化过程的影响最大，并且路径依赖演化的结果可预见性最强，而对社会系统及经济系统层面上的行为路径依赖演化过程的影响最小，并且路径依赖演化的结果可预见性最差。尽管初始条件对于促进路径依赖过程的演化非常重要，但是它的出现却是偶然性的。

已有的研究结果表明，虽然路径依赖演化的最终结果是确定性的，但其演化过程却是从偶然性到必然性的逐步过渡。在行为的路径依赖演化过程中，初始条件起到了触发器或起动机的作用，但主导路径依赖演化过程却需要不断发挥自我强化作用，从而促使行为人的行动范围不断收缩，最终锁定特定的行为路径。因此，初始条件偶然所触发的行动选择最终能否生成行为路径并进入锁定状态，还要取决于自我强化作用的强度、介入时机和持续时间。强化作用的适时介入并持续发挥作用，最终能将偶然性的事件逐步转换为确定性持续增加的行为路径演化。因此，如果自我强化作用最终能够促使行动范围进入收敛状态并能够维持下来，行为路径最终达到锁定状态就是大概率事件。在行为的路径依赖演化过程中，偶然事件是行为路径依赖性的来源之一，而强化作用则是偶然事件启动路径依赖演化过程的动力源。

（六）环境的稳定性

Arthur 和 David 等通过对经济和社会系统中大量存在的路径依赖演化案例的分析总结出一个规律，即动荡的环境通常会导致一个锁定路径的终点，同时这种动荡的环境又可以构成一个新的路径诞生的起点。这种情形可以在现实世界中找到大量的案例，涉及社会、经济、政治制度转型及技术创新。例如，走社会主义道路的苏联解体的同时，又在很短的时间内诞生了一个走资本主义路线的亲西方的俄罗斯并不断演化。实际上，上述西方学者对于路径依赖生成及消失的看法与我国古代思想家孟子的"生于忧患，死于安乐"的思想几乎如出一辙。在中国的战国时期，建国和亡国都可以在人的几十年的生命期望内多次经历。孟子通过长期观察并总结出国家总是在内忧外患中诞生，而在君主的安于享乐中灭亡，周而复始，中国两千多年的封建社会的变迁实际上就是"生于忧患，死于安乐"的真实写照。这里的忧患就相当于动荡的环境，动荡的环境却孕育了国家的诞生；而安乐通常只能存在于一个长期稳定的环境中，这样的环境会使得君主失去斗志而安于享乐，并在日积月累中促使一个国家走向灭亡。由此可见，无论是当代西方学者的观点还是中国古代思想家孟子的观点都直接或者间接地表明相对稳定的环境可以为行为路径依赖的演化提供保证。在经济及社会系统中，行为路径在生成的初始阶段，人的行动范围是高度发散的，如果在此阶段环境变化太快，则一种行为模式很难生成并固定下来，则人的行动范围也就难以收敛。稳定环境便于行为人的经验积累和对行为结果的价值进行评价，最终形成一种相对稳定的群体行为模式或行为习惯，并逐步演化为群体行为路径。从某种意义上说，企业文化、社会文化、家庭文化都是群体行为路径依赖的外在表现形式，文化的形成必然需要稳定的环境。

综合上述分析，对于煤矿生产系统中的矿工不安全行为路径依赖性的来源，我们也可以通过对上述六个要素做适当的整合而得到。既然行为人可以在某些条件下生成行为路径依赖性，那么矿工作为行为人也应该具备生成行为路径依赖性的必要条件。毫无疑问，矿工在执行煤矿生产系统的日常任务时，需要不断利用大脑的记忆及存储能力，学习矿工所必须掌握的安全规程、安全生产技能等，并应用于煤矿生产安全实践，完成本人每天需要完成的既定工作任务。矿工在完成工作任务的过程中，需要不断与其他矿工进行配合，这时就要充分利用自身的判断及分析能力来确认自身哪些行为是合规的，哪些行为又有违章的可能并且可能带来多大程度的风险。尽管煤矿生产系统如同一座移动工厂，但矿工每天的工作环境仍然可以保持相对的稳定性，矿工采取具有风险性的不安全行为在很大程度上是受到偶然事件的影响，加之矿工之间在长期的工作配合中形成了较高程度的默契，在安全氛围的间接影响作用下或中介作用下，这种带有一定风险性的不安全行为通常会在群体网络环境中的强化机制作用下不断地重复发生，收缩行动边界并逐步形成特定的行为路径，而且不同个体的行为路径也在日常的工作配合过程中发生不断的契合作用，推进行为的同步作用，并促使个体行为的方向性不断进行同心化或同向化收敛，最终朝整体行为有序性及行为路径化方向发展，其诱发事故的概率也在不断积累，直至带有伤害性的煤矿事故发生，这种既定的行为路径受到冲击而解锁，整体行为失序，个体行为的边界进入模糊化状态。

第三节　矿工不安全行为形成路径依赖的过程模型

矿工的行为路径依赖性与传播性的形成都属于一个演化过程。在这个过程中，行为路径依赖性与传播性会产生复杂的相互作用并对矿工的行为产生潜移默化的影响作用。因此，在这一部分内容里，我们重点对矿工不安全行为生成路径依赖的过程进行建模，结合统计数据以及现实中行为路径依赖与行为传播性之间的相互作用关系的案例并通过抽象的矿工不安全行为路径依赖的过程模型来分析矿工不安全行为的传播性及其可能引发的煤矿安全问题。为了实现上述目标，我们首先需要论证同一类型行为的多发性及复发性是否能够生成行为路径并进行锁定。在煤矿的日常生产活动中，矿工不安全行为表现出多发性、复发性等特征，因而矿工不安全行为也被认为是诱发煤矿事故的主因之一。安全监管者每天要监管或处理相当数量的矿工不安全行为。针对煤矿日常生产活动中出现的各种矿工不安全行为，各大煤炭生产企业都制定了非常严格的行为规范，用于规范矿工生产作业行为及预防矿工不安全行为出现。我国煤炭企业每年在预防和处理因矿工不安全行为诱发的煤矿事故上花费了大量资金，虽然取得了显著效果，但在煤矿日常生产中，矿工不安全行为的多发性，同一类矿工不安全行为的复发性仍然普遍存在，已发表的研究文献也缺乏对不安全行为的多发性及复发性的系统研究。因此，运用行为路径依赖性的相关理论和方法来研究我国煤矿生产系统中的矿工不安全行为的多发性、复发性及其与传播性的形成机制以及相互影响关系可以从新的视角为解决矿工不安全行为问题提供新的解决方案。

大量的事故统计和分析报告表明，不安全行为在一定条件下能够形成路径依赖并通过累积效应提高诱发事故的概率。Heinrich通过大量的事故统计分析得出，在通常的情况下，一般由于人的不安全行为或者是机械原因而导致的329起事故中，只有一起类似的事故会导致停工伤害，这表明事故发生需要事故诱因重复到一定次数从而形成累积效应。有关路径依赖性的研究文献指出，人的行为在重复一定次数后会形成路径依赖性，而且人的行为一旦产生路径依赖性，他在面对任何给定的环境时做出的决定都会受他之前所做的决定的限制，即使当前他所面对的环境与其过去所面对的环境不存在多少关联性。虽然一次单独的不安全行为诱发事故的概率很低，但矿工不安全行为大量出现，却会给不安全行为者带来较为明显的行为收益，进一步强化了矿工的不安全行为，让矿工的不安全行为表现出多发性和复发性。更为重要的是，在煤矿的日常生产过程中，煤矿如同地下移动工厂，矿工每天的生产作业环境并不能保证完全的稳定性，一旦矿工的不安全行为形成路径依赖性，将会在矿工群体中进一步被强化和传播，大幅度增加防控不安全行为的难度。因此，本节将重点研究矿工不安全行为形成路径依赖性的运行过程，厘清不安全行为形成路径依赖的机制，一方面提出相应的预防措施，另一方面为下文中分析行为的路径依赖性与传播性的交互作用关系做理论和方法上的准备。

一、行为路径依赖性研究的理论背景

借鉴物理学中惯性的概念，学者们提出了经济社会系统中的路径依赖概念。Arthur和David等早期发表的有关路径依赖性的研究论文就不断出现"inertia"这个描述物质惯性的单词。对于物理系统来说，惯性反映了一个物体抵御外力作用变化的能力，物体的质量越大则惯性越大，其维持原有状态的能力也越大。而大多数初步涉及该领域的研究者对于路径依赖性的理解实际上近似于对惯性的理解：一个经济或社会系统的过去会影响其现在及未来的发展，也就是说过去会对现在及未来产生约束，系统的现在和未来都带有其过去的历史印记，这与惯性阐释几乎是一样的。尽管随着路径依赖性研究的不断深入，学者们尽量区分路径依赖性与惯性这两个概念，但印记性及惯性仍然是阐释路径依赖性概念的关键用词。

目前，路径依赖性概念已经成为经济学及社会学研究领域中的主要研究方向之一。研究者们不仅继续致力于对路径依赖性的基础理论和方法的研究，还将路径依赖性的相关研究成果应用于实践，用于解决产业发展、城市规划、政治制度设计、经济政策的制定等与经济、社会及组织演化相关的问题。另外，近年来路径依赖性研究也取得了非常明显的进步，主要表现为研究者每年都要在国际上的相关顶级刊物上发表大量研究路径依赖的文献（根据Sydow等统计，近十年来，国际上顶级的组织管理类的刊物每年发表的论文中大约有12%是关于路径依赖性研究的），其中有相当一部分文献重点阐述了路径依赖会影响经济行为主体的行动选择并进而影响到行为绩效的观点（Arthur，1995；Cowan and Gunby，1996；诺斯，2004）。由于路径依赖对于绩效的影响作用，有学者提出行为路径依赖控制思想，即通过对行为的路径依赖演化过程的干预以实现对个体行为或者组织行为进行干预或控制。目前，学术界针对路径依赖性的研究大多是从其生成机制入手，以解释和预测路径依赖性在经济、社会及组织演化过程中所扮演的角色及可能导致的后果。本部分的以下内容主要是通过评述路径依赖研究中的相关重要成果来阐释行为路径依赖性研究的理论背景。

目前，学者们关于经济、社会、组织、群体及个体行为的路径依赖研究提出的概念主要包括演化过程的强化机制、边际收益递增、巨大的沉淀成本、初始决策敏感性等，以这些概念为基础逐步推动了行为路径依赖理论和方法的进展。Robin Cowan指出经济系统的路径依赖性研究强调经济过程自我强化的方式。经济系统在运行过程中的某一时间跨度内存在动态报酬递增情形，这就意味着一旦经济系统选定发展路径，就会固守该路径，直到该自我强化机制最终将经济系统驱动到一个无效率状态。另外，他还指出由于经济系统的路径依赖演化过程的长期性，历史细节在我们理解某些经济系统为什么能够拥有特定产出时显得非常重要。在经济系统的演化过程中，微小的细节变化通过漫长的路径依赖演化过程的积累效应有可能逐步被放大，从而将经济系统推向一条截然不同的发展道路（Cowan，1990）。由于报酬递增、正反馈机制及经济外部性，经济学中讨论的路径依赖性重点关注的是缺乏效率的技术、制度及社会结构能够一直维持存在的可能性（Heffernan，2003；Cowan，1990）。实际上，已发表的文献大多数关注路径依赖可能导致市场失效（failure）的概率（Arthur，1989），但对路径依赖性对于单一企业、组织或个人行为产生的影响机制则缺乏具体性的研究。Gartland认为社会学及管理学领域中关于路径依赖性的相关研究成果也没有引起主流经济学研究领域学者的兴趣（Gartland，2005）。在经济活动、社会活动或管理活动中，监管者所关心的是在各种情境下人或组织行动的选择问题，他们通常期待在特定的情境下被监管者某些行为能够得以保持，但在另外一些情境下，又需要其行为做出改变。于是，小到只由几个人构成的组织，大到一个社会，通常都是采用一套规则来规范或改变其行为。一些学者认为组织内形成的行为规则最终也会成为组织僵化（rigidity）的来源（Goodstein，1995），即这些规章制度最终也会强化行为路径依赖性的发展，并给组织的发展带来某些负面的影响，最终导致组织的发展路径被锁定在一个缺乏效率的状态。当组织所面对的内外部环境出现变化时，需要组织行为也做出相应改变以适应这种变化，但由于组织行为路径依赖性长期演化，组织行为要做出相应的改变却非常困难，即行为被锁定在一个无效率的状态。Heffernan指出学术界关于路径依赖的观点通常可以划分为相互矛盾的两派：①无效率的仍然被固守的路径依赖性之所以存在是由于报酬递增，并由此导致了行为锁定；②由于人的行动建立在高度理性的基础上并能够对盈利机会做出快速反应，无效率的路径依赖性在现实中不会发生。实际上，上述两种观点在现实世界中并不矛盾。从人的有限理性的角度来看，正是由于人的有限理性才最终导致具有报酬递增但又缺乏效率的行为路径依赖性的发生。无论是一家企业还是一个国家的统治者，如果能够在市场的竞争中或者是政治斗争中获得绝对的支配地位，那么当无效率的行为路径出现后如果仍然能够维持对特定利益集团的收益递增，那么这种路径继续存续下去并被锁定就会成为一个大概率事件。除此之外，Heffernan认为路径依赖还存在第三条研究路径，即路径依赖演化过程最终未必会锁定在一个无效率的状态，通常在此过程中只会出现某些临时性的无效率状态。其主要原因在于路径依赖的生成并不仅是报酬递增和技术因素导致的结果，而且是"规则跟随行为"的结果。在正常的情形下，行为个体、组织、经济及社会系统等行为主体的行为是跟随于规则的。但是当行为主体受到冲击时，形式上的规则难以立马发生改变，但由企业家、领导人等主导的临时性实际规则会快速跟随现实中的行为活动而产生，临时性地替代形式上的规则，并快速改变系统运行的无效率状态，从而恢复原有规则的有效性。这说明虽然人的有限理性决定了行为主体的活动会受到既定的行为约束，但人的能动作用又可以对行为主体的路径演化不断进行干预，行为路径生成后并不一定会被锁定在一个无效率的状态。

20 世纪发表的文献大多从组织、系统层次来研究路径依赖性对经济行为主体的影响，并指出路径依赖性最终有可能驱动经济系统进入一个无效率的发展路径。进入 21 世纪，学者们已不仅把研究的焦点放在宏观的经济或社会系统的路径依赖性上，开始针对中观系统中的组织及群体行为的路径依赖性以及微观的个体行为路径依赖性展开了范围广泛的研究。但总体上来说，已有文献对微观及中观层面上的路径依赖研究相对于对宏观层面上的路径依赖性研究仍然存在非常明显的差距。但是，从数据获取及实证难易程度上来看，微观及中观层面上的路径依赖性研究相对于宏观层面上的路径依赖性研究也有自身的优势，前者更易于获得数据支持并建立相关模型，可以在实验室中验证。因此，本研究主要通过对经济个体产生路径依赖的过程进行建模，模拟路径依赖性可能对个体行为产生的影响。

二、矿工行为路径依赖性产生的条件及其对不安全行为的影响性

我们从上一部分中有关路径依赖性研究的理论背景的阐述中可以看到，已有研究中有很大一部分是论述路径依赖性的生成条件的，由此也可以看到相关研究在路径依赖性理论发展中的重要位置。本部分将综合现有文献中有关行为路径依赖性的研究成果分析行为路径依赖性的生成条件及其行为结果的影响。Gartland 认为虽然当前在社会学及管理学研究领域有关路径依赖性研究成果已经非常丰富，但仍然难以获得研究路径依赖性的主流经济学学者的认同，其中一个重要原因是在经济学领域中，学者们对经济系统产生路径依赖的条件达成了一定程度的共识，但其他研究领域还没有明确本领域的研究对象产生路径依赖性的条件。已有文献主要给出了经济系统中或者社会系统中的行为主体自身产生路径依赖的内部条件，但路径依赖性生成在大多数情形下不仅需要满足内部条件，而且还需要满足某些外部条件，但已有研究对不同的经济系统或者社会系统中的行为主体间通过相互作用而产生的路径依赖的外部条件却一直难以确定。在通信技术高度发达的今天，人的社会性得到了进一步的发展，个体间可以通过更为丰富的、有形的或者无形的、直接的或者间接的接触作用而相互影响，个体行为一旦产生并满足一定条件就能够通过网络节点间的连接关系进行扩散或者传播，从而形成个体行为传播网络的外部性。由于网络结构的整体性，不同个体行为传播网络之间会存在一定程度的重叠，外部性就会对个体行为传播网络中的个体行为进行强化，从而行为主体的行为活动范围在不同个体行为传播网络间存在的耦合作用的约束下逐步收缩，逐步生成行为路径，并对此行为路径产生依赖性。因此，在管理学及社会学

研究领域，导致行为主体产生路径依赖的条件可以划分为内部条件及外部条件。这里我们主要结合矿工行为来论述行为路径依赖生成的内外部条件构成。

矿工行为路径依赖性生成的内部条件是由矿工自身因素构成的。内部条件主要包括矿工的适应性、经验的累积效应、预期，以及带有过往印记的判断能力、分析能力、行为偏好等。这些条件构成了矿工产生路径依赖性的基础。适应性使得矿工在煤矿生产系统运行过程中的行为轨迹具备了改变的条件，以适应不断变化的工作环境，同时运用自身的分析和判断能力以及行为偏好取向并结合累积的相关经验对自己的行为选择进行优化，同时与行为的预期结果进行动态对比，并对行为轨迹进行微调或修正，促使行为路径的生成，逐步实现行为锁定，形成路径依赖。

矿工行为路径依赖性生成的外部条件主要是由行为主体自身之外的一切相关因素构成的。因此，外部条件相对于内部条件的范围要广泛，也更难确定其与路径依赖生成之间的因果联系。尽管如此，学者们在长期的研究中发现影响路径依赖生成的外部条件大致包括个体社会网络及其外部性、个体社会网络间的叠加性、不安全行为的简单性（易学习性、易模仿性及易重复性）及群体不安全行为风险收益递增性。煤矿井下环境复杂多变，矿工在工作过程中需要明确的分工和密切配合，决定了矿工间存在大量的社会接触和互动，并进一步形成每位矿工的个体社会网络。某些矿工可以存在于不同的个体社会网络中，不同的矿工个体社会网络相互叠加，形成更大的社会网络，并包含某些小群体网络。这样不同的矿工个体积累的知识和经验就可以通过社会网络进行扩散并被彼此分享，从而形成网络的外部性。存在于该社会网络中的矿工行为选择也将会受到网络外部性的影响。为了分析方便，我们假定矿工在工作过程中只有两种行为选择，分别是安全行为和不安全行为。相对于安全行为，不安全行为更加省力、省时、省钱，但具有更大不确定性和风险性。但是，社会网络的外部效应会削减不确定性和风险性，从而吸引更多的行为主体学习和模仿该行为，随着采用的人数增加，不安全行为的收益也增加，这样行为主体的不安全行为就满足了群体行为风险收益递增条件。Chua 等注意到处于复杂工作情景中的人一旦形成小团体会提高行动结果的成功可能性（Eng et al., 2012）。实际上处于社会网络中的矿工群体成员长期共事已经形成了明确分工和协作并保持频繁互动，他们一旦对采用不安全行为形成一致意见后，就会利用相互监督、相互惩戒和密切配合来建立秩序及积累社会资本。而社会资本可以创造丰富的互动作用用于维持或重建秩序，从而约束不安全行为选择集合，以削减不安全行为可能造成的不确定性。因此，相对于个体单独采取不安全行为，社会网络中的群体不安全行为反而会在一定程度上降低风险（不确定性削减）。这样在内外部条件的共同驱动下，矿工个体行为开始产生自我强化，并通过矿工个体网络间的重叠性扩散这种行为强化，使得更多矿工选择不安全行为而不是受到更多约束的更加具有确定性的安全行为。因此，行为收益预期、网络的外部性、不确定削减通过社会网络中丰富的交互作用构成了矿工行为的共同强化机制，并促使矿工在日常工作中产生路径依赖，最终导致矿工不安全行为锁定到特定的行为路径上。

三、矿工不安全行为形成路径依赖性的过程模型

行为主体路径依赖的生成是一个动态的过程，需要满足众多的条件，并受到多个影响要素的作用，如果能够模型化，将有助于人们对于现实世界中的行为路径依赖演化过程的干预及控制。矿工不安全行为形成路径依赖性的过程模型是对煤矿生产系统中存在的矿工不安全行为生成路径依赖过程的一种简化和抽象的描述。该模型将影响矿工不安全行为形成路径依赖过程的相关条件及因素用逻辑关系方式展现出来。根据前文中阐述的各内外部条件及其关系可以建立如图 6-1 所示的过程模型。

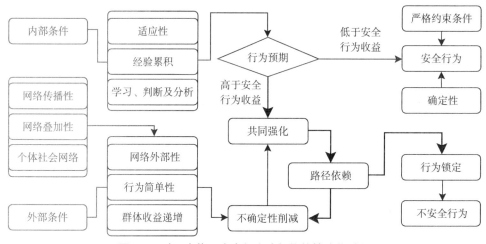

图 6-1　矿工个体不安全行为路径依赖性演化过程

内部条件决定了矿工在一定的工作情景中对其所选择的行为后果的预期。如果矿工个体在其所处工作情境中预估到采取不安全行为的收益预期高于采用安全行为收益预期，这会促使行为主体产生采取不安全行为的动机，当然这种动机能否转换为实际行动还要取决于主体行为所受到的外部条件的约束。煤矿井下环境复杂多变，促使矿工需要建立复杂的高频的互动关系来认知和应对各种行为活动可能造成的风险，而互动关系又促进了矿工群体网络内部效应（类似于社会资本）的积累及网络的建立。反过来，矿工群体网络又进一步创造出丰富的互动关系并促进网络内部效应的进一步积累，培养更高层次上矿工间的合作及群体性行为，提高了矿工群体对复杂环境的认知能力，从而实现对不安全行为的不确定削减，促使不安全行为在矿工可承受的风险预期范围内反复发生。实际上，矿工通过边做边学以及工作经验的积累，不断调整行为预期及削减不安全行为的不确定性，直到行为的预期收益与其不确定风险近乎平衡，在此过程中矿工行动范围逐步收缩，最终促使确定性的行为路径生成。因此，在矿工

群体网络中，行为预期的不断调整及不确定性削减动态相互作用并依赖于网络中丰富的反馈环对不同的矿工个体不安全行为进行强化，这些强化作用的叠加构成了所谓的共同强化机制。而行为主体的路径依赖则产生于社会网络中主体行为的强化过程，一旦行为锁定，主体的行为选择将依赖于以已经积累的个人经验和社会资本为基础所建立的行为路径，直到遭受事故冲击或者引入新的协调机制才能实现既定行为路径的解锁，使得行为主体进入另外一个不同的行为路径演化过程。

目前，学术界有关行为路径依赖性的理论研究成果已经十分丰富，于是学者们又将研究的注意力转向寻找现实中存在的行为路径依赖生成过程的真实案例，并论证这些案例与路径依赖理论的吻合程度，以检验相关理论的有效性。实际上，我们在中国的煤矿生产系统中并不难找到符合上述理论描述的矿工不安全行为路径依赖生成过程的案例，但对于这些案例是不是就是真实的路径依赖生成过程还需要进一步证实。首先，中国煤矿矿工不安全行为表现为多发性及易发性。对于行为路径依赖性来说，同一种或者类似行为的反复发生是衡量某种行为个体对某种行为路径是否形成路径依赖性的一个重要指标。我国煤矿用工结构复杂，矿工间在工作和生活过程中形成了丰富的互动关系。除了工作关系，还有朋友、亲戚、老乡、同学、邻居等关系。这种多样化的关系通过矿工之间在工作过程中的接触作用会对行为产生重要的影响作用，最终对矿工的行为活动的范围产生约束。其次，我国煤矿各项规章制度非常严格，但在实际中大多难以严格执行。由于近十年来，中国经济飞速发展，国内煤炭市场供需失衡，供小于求，煤炭价格一路上扬，煤炭企业迎来了历史上的最好发展机遇。面对旺盛的煤炭市场需求，各煤炭企业为了按时完成客户的订单，竞相扩能增产。在此过程中，煤炭企业的很多规章制度也开始被弹性化执行，某些轻微的"三违"行为也被默许，并逐步形成行为的积累效应，促使重复发生的行为固化为行为模式，生成确定性的行为路径。最后，我国煤矿多采用井工开采形式，煤矿井下工作环境复杂，如果按照严格的规章操作，会显著影响到矿工的行为绩效。而适当降低标准，不会立马显著性地提升事故发生的概率，但却能够显著提高收益。但如何适度地降低标准需要在矿工行为收益预期与降低标准可能带来的风险不确定性间取得适度平衡，需要通过矿工积累经验及社会资本来提升认知能力，该过程实际上就是行为预期与行为风险收益的不确定性削减的动态相互作用并形成共同强化的过程。一旦该平衡达成，矿工即使面对复杂多变的工作环境，也会表现出不安全行为倾向，并在不断的行为重复过程中生成行为路径并进入锁定状态。

由此可见，矿工在日常的生产环境中通过对行为预期的不断微调及行为风险收益的不确定性削减逐步约束了工作中的行为活动，使得行为活动的范围不断收缩，并最终形成行为的路径依赖性。行为路径依赖性一旦生成，则矿工新的行为选择必然会受到路径依赖性的影响。由于路径依赖性是行为主体产生行为惯性的过程，它的存在使得行为主体在面对多种行为选择的情境下依赖过往的经验积累来选择行为，最终导致有限理性且带有行为偏好的行为主体采纳的主导性行为并不是最优的。尽管从一个长的时期来看，采用安全行为的总体收益要远远高于采用不安全行为的收益，但在一定的时期内不安全行为仍然反复发生，这主要是由于矿工社会网络的外部性、不安全行为及工作环境的不确定性削减、认知能力等形成了正向强化作用，强化了矿工不安全行为在矿工群体中的传播，使得采用不安全行为的矿工越多，不安全行为的边际风险收益越高。因此，这里给出的矿工不安全行为路径依赖生成过程模型也从新的理论角度阐释了我国煤矿矿工不安全行为多发及易发的原因。

另外，不安全行为的多发性及易发性所产生的行为积累效应也是诱导矿工不安全行为路径依赖性生成的一个关键条件。虽然一次不安全行为诱发煤矿事故的概率极低，但是不安全行为发生的次数一旦累积到一定数量将会大大增加诱发煤矿事故的概率。因此，不安全行为诱发的事故表现出复发性特征。事故的发生迫使监管者引入更加严格的监管及协调机制，加上事故的冲击效应，迫使矿工行为解锁，并重新进行行为路径选择，直至锁定新的行为轨迹。因此，该模型也在一定程度上解释了煤矿事故的发生具有一定的周期性特征。

四、矿工不安全行为的路径依赖性及传播性的耦合过程模型

尽管在 Arthur 和 Sydow 等的研究成果中早已散见某些针对路径依赖性和传播性相互影响关系的论述，但至今在已经公开发表的文献中还几乎查阅不到有关两者之间确切影响关系的论述。本部分将尝试对行为的路径依赖过程和传播过程中的耦合作用关系进行统一，以构建一个有关行为传播性与路径依赖性的耦合过程模型。根据前文中关于行为的路径依赖性及传播性的相关论述，我们可以从中看到在一个群体环境中行为的路径依赖性的生成过程和行为的传播过程并不是孤立进行的，两者在各自的演化过程中存在着复杂的耦合作用关系，并通过相互之间的耦合作用关系相互影响。尽管已有文献基本上都是从相对独立的研究视角对行为的路径依赖性及传播性开展研究的，但相关研究成果表明两者之间存在密切的联系，这些联系主要表现为演化情境的共享性，演化过程的同步性，生成、驱动、强化及维持机制的交互性，从而使得行为的路径依赖演化过程与行为传播过程之间产生相互的牵制作用。

(一) 情境共享性

虽然研究者们大多将行为的路径依赖性和传播性割裂开来进行研究，但行为路径依赖性演化及行为的传播都离不开群体性环境，于是相关研究者都将行为传播性及路径依赖性放在一个群体的环境中进行研究。在群体环境中，虽然被研究的对象分别是行为的传播性及路径依赖性，但它们都附属于同样的行为主体。如果以行为序列的形式来表示行为的传播过程及行为的路径依赖演化过程，则可以更加清晰地看到两者之

间的情境共享关系。用行为序列表示的行为传播过程实际上表达了不同行为个体之间通过群体内部的接触作用而产生行为的传导及延续；而用行为序列表示的行为路径依赖过程则表达了行为主体先后发生的行为之间的延续性。尽管两者都涉及行为的延续性，但前者强调的是行为在个体间的传导和延续，而后者则主要强调一个行为主体在时间先后关系上的行为延续。从情境共享的角度来看，正是行为传播和行为路径依赖共享同一个情境，使得行为路径依赖的演化与行为的传播产生耦合作用关系。在同一个情境中，行为路径依赖的演化离不开行为的传播，而行为的传播又可以进一步促进行为路径依赖的演化。

（二）行为传播与行为路径依赖的生成、驱动、强化及维持机制等方面在共享的情境中不断产生交互作用，相互影响

行为传播的过程是以具有传染性的行为生成为起点，而行为路径依赖性的生成则以行为主体的行动范围的收敛为起点。在群体情境中，当行为主体生成目标行为（对于煤矿生产系统来说，这种目标行为可能是不安全行为，也可能是企业所褒扬的某种行为）后，具有传染性的行为则不断通过个体之间的接触作用影响易染个体的决策及需求，驱动其采纳目标行为。随着越来越多的易染个体成为已染个体，目标行为转化为一种固定的行为模式并被不断重复，群体中的个体行为活动的范围则进一步收缩，这时目标行为所形成的行为模式也更加清晰，易染个体学习和模仿目标行为难度也就会大幅度地降低，目标行为在群体中的传播速度则会明显加快。但是随着目标行为被采纳的人数增加，群体中仍然没有采纳目标行为的个体则在自身的需求、行为偏好驱动下使得自身的行为决策更加理性，因而其行为阈值也更大，也就更加不会轻易接受目标行为。与此同时，那些已经接纳目标行为的行为个体在不断重复目标行为的过程中也会有部分行为个体逐步认识到目标行为的风险积累效应，从而促使这部分个体逐步放弃目标行为。由此，行为传播的速度也会逐步降低下来，最终逼近到 0 附近，使得采纳目标行为的个体人数在群体中的占比逐步趋于稳定。因此，在群体情境下，个体行为因决策驱动与需求驱动生成，又在传播的过程中通过对目标行为的不断复制而使得目标行为成为一种相对固定的行为模式，在行为强化作用下使得行为主体的行为活动范围逐步收缩，并最终蜕变为相对确定性的行为路径，使得新的行为决策对既有的行为模式的依赖性也越来越大。尽管从表面上看行为传播及行为路径依赖性是两个差异显著的问题，在共享的情境中，它们的生成、驱动、强化及维持机制在不断起到交互作用，行为传播使得以叠加方式表示的行为活动范围更广，但在传播过程中的单个个体行为活动的范围却在不断收缩，从而促进了行为路径依赖过程的演化，但最终随着易染个体的行为阈值逐步推高，最终导致强化机制只能维持行为路径的锁定及行为传播的动态平衡。

（三）行为的路径依赖性演化过程和行为的传播过程都需要以一定的行为积累效应为基础

在群体情境中，行为在时间维度上的延续性为行为路径依赖性的生成提供纵向的积累效应；而这种纵向的行为积累效应可以通过行为的传播向其他行为个体传播，从而又可以为行为传播提供横向的积累效应。关于横向和纵向行为积累效应对于行为传播及路径依赖的影响用时间序列来进行阐释会更加直观一些。通常，过程都可以表示为时间序列的形式，而以行为时间序列表示的行为过程本身就反映了行为的延续性，即既往行为对当前及未来行为的影响，这种影响当然也就含有行为积累效应的成分。在群体情境中，行为在以网络表示的群体中传播，不同的行为序列又会在网络中的中介节点产生交叉和叠加，从而又可以使得行为的积累效应通过行为序列的交叉和叠加传导。因此，群体情境下的行为传播与路径依赖性通过纵向和横向上的行为积累效应而产生耦合作用。

（四）行为的路径依赖性演化过程和行为的传播过程是同步进行的，同步性促使行为传播性与行为路径依赖性在演化过程中的耦合关系更加密切

在行为路径依赖演化过程中，因行为活动范围收缩而逐步形成的行为路径变得更具确定性，使得目标行为模式更加清晰和易于学习、模仿或复制，因而也就更易于在群体中的不同个体之间进行传播。由于个体的行为路径依赖演化过程和行为传播过程都是在同一个群体中进行的，当具有传染性的行为生成后在群体中传播的同时，其行为的路径依赖性的演化也在同步进行，这样对个体行为活动范围收缩的强化作用就会形成一个往复的过程。对于煤矿生产系统中的矿工来说，他们在工作中的相互配合就更加紧密，任务的完成更加依赖于对方提供高质量的行动配合，矿工个体间的行动默契逐步演化为矿工群体的行为同步，这时矿工在工作中已经可以根据已有的行动经验积累而不需要再进行无目的的行为选择方案摸索，从而又进一步促进矿工在工作中的行为活动范围的收缩，并最终使得矿工个体的行为活动范围收缩到一个临界值，矿工的行为路径进入锁定状态。因此，上述同步实际上包含两个层面的意思，一种是行为路径依赖演化过程与行为传播过程是同步进行的，另一种是在行为路径依赖性的影响作用下的行为过程中的行为同步。

根据上述论述，在共享的情境关系下，矿工不安全行为的路径依赖演化过程与传播过程通过各自的生成、驱动、强化及维持机制以及行为的积累效应和同步作用不断发生耦合作用关系，相互影响，在行为的传播过程中确定性和不可逆的行为路径也逐步生成，群体中的新的行动选择对于既定的行为路径的依赖性也越来越强，最终在某个时间阶段内导致无效率的行为路径依赖锁定状态。以上述分析过程所论述的逻辑关系为基础，我们可以建立以下关于矿工不安全行为路径依赖及传播的耦合过程模型（见图 6-2）。

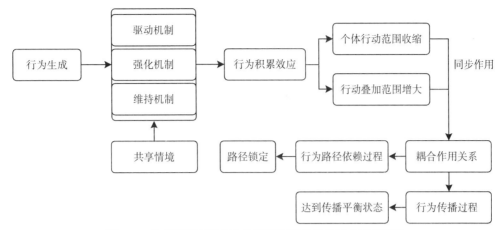

图 6-2 共享情境下的行为传播与路径依赖的耦合过程模型

从上述关于行为传播与行为路径依赖耦合过程模型中的有关逻辑关系的分析中，我们可以观察到，在一个相对封闭的工作情境中，具有传染性的矿工不安全行为在满足一定的传播条件下会犹如传染病一样在群体中蔓延，那些拒绝采用带有边际收益递增的不安全行为的矿工通常会不断受到来自群体内部压力的影响。当群体中有一定比例的矿工在采纳不安全行为的时候，独善其身的矿工常常被视为一个班组中的异己分子，会不断受到劝说或排挤，最终会在个体及群体需求或群体压力的作用下改变个人预期，成为不安全行为的采纳者或配合者，否则就会不断受到排挤，最终甚至会丢掉工作。在一个倾向于负面的安全氛围中，生成具有传染性的不安全行为在大多数情况下会出现这样的结局：一个班组中严格遵规守章的员工会逐渐减少，也越来越难以获得其他员工的合作和支持，这又会对已经采纳不安全行为的矿工进行进一步的强化，使得他们的行动选择范围进一步收缩，个体行为路径与群体的行动路径更加趋向于一致，并最终导致行动路径的锁定。因此，从矿工不安全行为的演化路径的逻辑分析中，我们可以清楚地看到行为路径的演化与行为的扩散是在一个共享的情境中同步进行的，并且行为传播性与行为的路径依赖性通过耦合作用关系不断地影响各自的演化过程。

第四节　行为路径依赖性与行为传播性之间的交互效应分析

从行为决策及行为需求的视角来看，行为路径依赖过程和行为传播过程大致上是通过行为选择或需求的驱动而产生耦合作用的。无论哪个层面的行为主体（个体、群体、组织或社会系统）的行为路径依赖演化过程都要涉及过往行动选择对当前及未来行动选择的约束问题，最终行为路径依赖性形成过程就表现为行为主体的行动选择的范围收缩过程；而行为传播同样也要涉及行为主体的行动选择问题，只不过在这里已染个体是通过具有传染性的行为（目标行为）来影响易染行为个体的行动选择的。对于易染个体来说，采纳目标行为本质上也是一种行动选择范围的收缩。因此，可以说行为主体的行动选择在行为的传播过程与行为的路径依赖演化过程之间架起了一座桥梁，是行为路径依赖性和行为传播性产生交互作用关系的基础。人的最基本的判断能力是以两两比较为基础，并根据对比的结果优劣等次进行行动选择，同时积累决策经验，固化决策模式，从而使得未来的行为选择带有既往行为积累的印记性。行为的路径依赖过程不断通过自我强化机制来约束行为主体决策行动，这导致不同行为主体之间的行动范围的重合度不断增加，行为主体间的接触也就更加紧密，在行为传染性不变的情形下，更加紧密的接触必然会提高行为在个体间的传播速度（因为行为的传播速度和行为传播网络的结构及行为自身的特性是密切相关的，在后文的行为传播网络模型中我们还要对该问题进行详细的论述）。而行为传播的结果实际上就是使得群体中采纳同样行为的个体成员数量占比越来越大，导致不同行为个体的行动模式更加趋向于一致，成员间在执行任务的过程中更容易形成行为同步。同时通过行为同步作用逐级递升，最终导致群体行动路径与个体行动路径也趋于一致。因此，通过耦合作用关系个体行为路径的生成过程中产生行为传播中的逐级同步作用也伴随着群体行为路径的生成。因此，根据上一节中关于行为路径依赖与行为传播之间的耦合作用关系，我们可以进一步对它们之间具体的影响关系进行分析。

一、行为路径依赖性对行为传播性的双重影响性

我们从行为路径依赖过程与行为传播过程之间的耦合作用关系的分析过程中可以看到，行为的路径依赖性在不同的条件下既可以促进行为的传播，也可以阻碍行为的传播。因此，行为路径依赖性对于行为传播性的影响大致可以分为两种情形，分别为阻碍行为传播情形和促进行为传播情形。

（一）阻碍行为传播情形

根据前文中关于路径依赖性的界定及关于路径依赖性的演化过程的论述，行为的路径依赖过程反映了行为主体的行动范围不断收缩的过程。在此过程中，行为主体在群体情境中逐步生成了行为路径，并形成特定的行动选择模式，直至锁定行为路径，当前和未来行为甚至是对已有行动选择模式的简单复制。在这种状态下，群体中的行为个体开始排斥与已经形成行为模式不相吻合的行为，推高个体的行为阈值，而且这种排斥的程度会随着路径依赖过程的演化而加大，导致行为路径依赖性的不可逆性也越来越大，个体对既有的行为路径的依赖性也越来越大。行为路径依赖程度的增加会

导致主体的行为门槛也随之增加，行为主体受到外来新行为感染的难度也加大。在这种群体情境下，无论是来自外部环境的新行为还是在群体内部生成的新行为，在群体中进行传染或者传播的难度都会越来越大，受传染的行为主体数量也逐步达到临界值，并维持在一个相对平衡的时间段后而趋于衰减。因此，根据格兰诺维特的群体行为阈值模型，在一个群体情境中，随着路径依赖过程的演化，过往的行为累积效应对于个体当前及未来的行为选择的约束程度也越来越大，从而推高了个体的行为阈值，降低了一个群体中易染个体被具有传染性行为传染的概率，从而阻碍了行为传播。

（二）促进行为传播情形

虽然路径依赖演化是通过既往的行为积累效应促使行动人的行为门槛逐步增加的过程，提高了行为人的行为被感染的临界值，从而阻碍了行为传播性。但在路径依赖的演化过程中，个体行为活动的范围逐步收缩并依赖于一个确定性的行为路径，不同个体的行动选择模式的一致性也越来越大，导致群体中的不同个体之间的相互作用越来越强。因而在这种群体情境下，一旦有某个个体生成具有传染性行为，或者有外来的传染性行为被群体中的某个或者某几个个体所采纳，则个体之间存在的这种强相互作用将会大幅度地提升这种具有传染性的行为在群体中的传播速度。在这种情形下，虽然行为主体的行为门槛增加了，但来自群体内部行为主体间的行为感染性会成倍增加，超过行为主体的现有行为阈值的概率也会成倍增加，从而可以促使受感染的行为主体数量继续增加。因此，随着行为路径依赖演化过程的深入，如果外来新行为或者群体内部生成具有传染性的新行为为群体成员所接受，行为的路径依赖性使得传染性行为的模仿、学习及复制更加易于实现，从而推进这种具有传染性的行为在群体内部快速传播，这就是路径依赖性促进行为传播的情形。对于群体情境中的行为路径依赖性对行为传播性的促进及阻碍作用，我们可以用以下更为简单和抽象的数学关系式来描述，这样可以促进我们对其之间影响关系的理解。

设 $C(t)$ 为群体内部行为个体间的感染，主要取决于个体行为的活动范围及不同个体行为活动范围的重合程度；设 $K(t)$ 为行为个体的行为门槛，设 S 为行为传播性，$S = F(K, C)$。在行为的路径依赖演化过程中，显然，$C(t)$，$K(t)$ 都保持增加状态，如果 $\frac{\partial S}{\partial C} > \frac{\partial S}{\partial K}$，则行为路径依赖性促进行为传播；如果 $\frac{\partial S}{\partial C} < \frac{\partial S}{\partial K}$，则阻碍行为传播；如果 $\frac{\partial S}{\partial C} = \frac{\partial S}{\partial K}$，则行为传播性与行为路径依赖性在群体情境中达到均衡状态，这时行为路径达到锁定状态而行为传播也达到一个平衡状态。

因此，我们根据上述的数学关系式可以看到，行为的路径依赖性尽管推高了行为人的行为门槛，但也增加了群体内部的行为个体之间的相互感染性，因而并不一定会阻碍行为的传播性。相反，如果群体内部行为个体间的相互感染速度大于个体的行为门槛增长速度，则可以促进行为的传播。只有当群体内部行为个体间的相互感染速度小于个体的行为门槛增长速度，行为人受到特定行为感染的难度加大，在这种条件下行为的传播性才会受到阻碍。

行为的路径依赖性对于行为传播性的双重影响效应为我们干预矿工不安全行为提供了一种新的思路。在煤矿安全管理实践中，如果矿工群体的安全氛围是正面的，则随着行为的路径依赖演化，矿工个体的不安全行为阈值会越来越高，不安全行为就很难在群体中传播，从而可以更进一步地促进群体安全氛围的改善，降低不安全行为的发生概率。如果矿工群体的安全氛围是负面的，则在这种氛围中，随着行为路径依赖性的演化，不安全行为一旦被采纳，就会因行为路径依赖演化而形成个体间的强相互作用而在群体内部以更快的速度传播，并且又会反过来促使群体安全氛围进一步恶化，不安全行为也会在群体中得到进一步强化，其诱发事故的概率也就会逐步增加。

二、行为传播性对行为路径依赖性的双重影响性

与上一部分中的分析类似，在群体情境中，行为的传播性也会从两个不同的方向对行为路径依赖性产生影响。已有的研究表明，生成于群体环境中的大多数人类行为是有感染性的，行为的传染程度也不是一成不变的，而且具有传染性的行为在生成之初其传染程度就有高有低。在经济、社会系统中，人与人之间存在各种各样的接触作用，而接触（包括现实世界中的接触，也包括虚拟世界里的接触，有些是直接接触，另一些可能是间接接触）是行为传播的前提条件。在群体情境中，通过接触作用，行为个体的大多数行为都可能在人与人、群体与群体、组织与组织，甚至是国家与国家之间传播。马克·格兰诺维特早在1978年就系统地论述了群体内部个体行动者之间的行为传播性，建立了群体行为的阈值模型，并解释了群体行为产生的机制（Mark Granovetter，1978）。后来达蒙·森托拉又在格兰诺维特等的研究基础上对行为在在线社交网络中的传播进行了实验，发现不同复杂程度的行为在社交网络中传播所需要的接触作用的强弱也是不同的。另外，也有学者在研究路径依赖性时注意到行为传播对路径依赖的影响性。但目前在已有文献中有关行为传播性与行为路径依赖性之间的交互研究还非常少见。在这部分内容中，我们将主要讨论行为传播性对行为路径依赖性影响的双重效应。

（一）行为传播性促进行为路径依赖演化过程情形

在群体内部，一种具有传染性的行为最终无论是能够在群体内实现大范围的传播还是局部范围的传播，但初始的行为传播一般都需要在行为个体之间发生。如果满足行为传播的条件，一种行为从开始被群体中的某个成员所采纳（或者是群体中某个或某几个成员在几乎同一时间生成了具有传染性的行为），紧接着有其他成员开始学习和模仿并采纳，直到该行为在群体中的传播达到平衡状态。从个体的行为活动范围上来

说，这个过程反映了行为个体的行动范围不断收缩的过程。在一个群体中第一位生成具有传染性行为或者是决定采纳某种具有传染性行为的行动人，相对于群体中的其他行动人，在行动选择上具有最高的不确定性，因为他这种行动的结果在当前的群体环境下没有任何已有经验可以用来参照，需要以更多的信息收集和分析为基础，因此其行动选择的范围也就比较宽广，随后受到感染而采纳类似行动的人，其行动选择已经有参照和复制的对象，因而其行动选择的范围会大幅度收缩。在行为的不断传染过程中，新的行为模式或行动路径就逐渐产生了，并逐渐演化为群体的行为路径，易染个体的行动选择对这些新生成的行动路径依赖性也越来越大。因此，行为的传播性首先促进了个体行为人的行为路径产生，并在此基础上通过行为人之间的交互作用产生行为叠加，逐渐形成群体的行为路径。而群体行为路径的形成又会进一步强化个体行动对群体行为路径的依赖性，并循环往复，最终促使个体和群体行为路径都达到锁定状态。在一个群体内部，当群体的行为路径一旦形成，被群体所接纳的新行为（如决策、创新、新政策）就会在群体内部快速传播，而那些不被群体所接纳的行为则难以在群体内部传播。

（二）行为传播性阻碍行为路径依赖演化过程情形

在行为路径依赖演化过程中，行为都要经过一个扩散的过程。首先行为需要被一定数量的行动者采纳，才能逐步形成特定行为轨道，在对行动者自身产生约束的同时，也对 newcomer 产生吸引力，逐步将 newcomer 引导进入特定行为轨道，增加 newcomer 与已经形成路径依赖的行动人之间的接触性，提高了行为的感染性，最终促使 newcomer 对特定的已有技术或行动路径产生路径依赖性，但这种行为路径依赖性在过度的行为传播性的冲击下有可能脱离既定的行为轨迹。对于一个已经生成行为路径的个体或者群体来说，群体中个体当前的行为已经对既有的行为路径产生一定程度的依赖性，虽然适度的行为传播性促进了行为路径依赖性演化过程中的个体的行动选择范围收缩以及不同行为人的行动选择的一致性，但是，过度的行为传播性又会对行为的路径依赖演化过程形成冲击效应，在合适的条件下，最终会导致行为路径依赖过程的解锁。按照马克·格兰诺维特的行为门槛理论，每位行为人都有一个相对稳定的行为门槛，该行为门槛的高度起到了阻碍行为传播的作用。在一个群体内部，当有新的具有传染性行为生成或者新的外来的具有传染性行为被群体中部分成员所采纳，则这种行为的感染性没有达到均衡之前，会不断有新的群体成员被特定行为所感染，受感染的群体成员数量就会不断超过群体中某些成员的行为门槛数量，在极端的情形下，这种行为甚至可以使群体中的所有成员都被感染。在这种情形下，原有的个体和群体行为路径就会被破坏，新的个体和群体行为路径又将进入重建过程中。由此可见，行为的传播性对于行为的路径依赖性的影响是从两个对立的方向进行的。一方面，行为的传播性逐步推进新的行为路径的生成；另一方面，行为的传播性同时又在促使旧的行为路径解锁。

根据上文的分析结果，我们可以看到过度的行为传播性会促使既定的行为路径实现跳跃，从一条旧的行为路径跃迁到另一条新的行为路径上，群体中的旧的行动选择模式被新的行动选择模式所取代。因此，我们得出行为传播性与路径依赖性具有以下关系：当行为传播性增加速度小于行为路径依赖性增加速度时，行为传播性会促进行为路径依赖过程的演化；而当行为传播性增加速度大于路径依赖性增加速度时，行为传播性会导致行为路径依赖过程解锁。

本章小结

行为传播与路径依赖之间存在交互效应，而路径依赖会影响到行为主体的行动选择问题，一旦行为主体形成路径依赖并锁定某种行为，会增加该行为重复发生的概率，因此在本章我们通过行为路径依赖与行为传播之间的交互作用来研究矿工不安全行为的干预问题。我国大多煤矿采取井工开采方式，矿工井下工作环境复杂多变。在这种环境下，行为主体一旦产生路径依赖并锁定不安全行为，且与矿工不安全行为的传播性进行交互作用，将会大幅度增加诱发事故的可能性。在本章中，我们首先分析了矿工不安全行为传播的驱动机制，论述了矿工不安全行为同步作用与行为传播驱动机制的相互关系，指出需求、行为传染和社会强化作用的耦合作用或者是独立作用不仅可以驱动矿工不安全行为的传播，也可以驱动矿工不安全行为的同步作用，从而为探究矿工不安全行为传播性来源及行为路径依赖性的来源问题提供了新的理论视角。紧接着我们分析了路径依赖的研究进展及存在的相关问题，讨论了行为主体产生路径依赖性的内外部条件，然后在此基础上建立了行为主体产生路径依赖性并锁定不安全行为的过程模型，并利用该模型对矿工不安全行为的多发性、易发性及煤矿事故的反复发生性进行详细讨论。然后我们以矿工不安全行为形成路径依赖过程模型为基础构建了矿工不安全行为的路径依赖性及传播性的耦合过程模型，并对矿工不安全行为的路径依赖性与传播性的交互作用过程进行了详细的研究。

从矿工不安全行为的路径依赖性及传播性的耦合过程模型中可见，交互效应的存在导致行为传播过程与行为路径依赖演化过程更加复杂，还存在大量的问题需要进行更进一步的研究。在本章的第四节中，我们主要解释了行为的路径依赖性和行为的传播性之间所存在的交互效应，主要包括：

（1）行为的路径依赖过程促使行动人的行为门槛逐步增加，从而对行为传播性产生迟滞作用，并最终使得受众达到一个稳定的数量。因此，行动人一旦形成路径依赖，其行为门槛就会逐渐增加到一个恒定值，会对行为的传播性产生迟滞效应，加大行为传播的难度。因此，从表面上看行为的路径依赖性阻碍了行为的传播，但从上文的分析中我们可以看到，在不同的情境下，它既可以促进行为传播也可以阻碍行为传播。

（2）只有技术和行为具有传播性，才能使得技术或行为的采纳者达到一定的数量，进而促使行动人在选择技术或行动方案时产生路径依赖性。因此，从表象上看，行为的传播性会使得受感染的人不断增加，因而超过行为人的行为门槛临界值的概率就会增大，从而改变行为人的既定行为路径，导致行为主体的行为路径过程解锁。但从上文的分析中我们可以看到，在不同的情形下，行为的传播性既可以促进行为路径依赖过程的演化，也可以阻碍行为路径依赖过程的演化。

（3）传播性和路径依赖性的交互作用使得主体行为在群体网络中传播具有高度复杂性，通过行为传播性及路径依赖性的机理进行研究可以为社会网络控制提供理论和方法支持。随着互联网的普及，今天的技术、创新及知识的传播与以往任何时候的社会都显著不同，通过对行为主体演化路径进行干预可以促进转型中的社会形态演变的效率。在煤矿安全管理中，通过对传播性和路径依赖性的交互作用也可以为矿工不安全行为干预策略的设计提供理论和方法上的支持。

（4）行为序列概念的引入使得我们可以在一个统一的架构下分析行为路径依赖演化过程与行为传播过程的交互作用关系。行为的路径依赖性体现了行为主体在一个行为序列中的前后两个不同的行动选择之间的延续性，而行为传播性则体现了新的行为序列对于旧行为序列的交叉性与替代性，表现为个体从一个行为序列向另一个不同的行为序列跃迁的过程，旧的行为路径被新的行为路径所取代，这个过程既涉及行为的路径依赖性又涉及行为的传播性，因而以行为序列表示的行动选择模式的跃迁实现了对行为路径依赖与行为传播分析的统一。

第七章 小群体矿工不安全行为形成及网络传播机制

煤矿生产系统是一种高耦合系统，决定了矿工的日常工作任务需要在相互配合的情境中完成。因此，在煤矿井下相对封闭的工作环境中，矿工的不安全行为一旦产生就有可能在矿工之间相互配合的工作过程中被其他个体学习和模仿，并通过矿工小群体间的连接关系进行传播。因此，不安全行为在煤矿井下作业环境中具有传播快速、复发、多发及预防难等特点。另外，在煤矿井下工作环境中，很多工作任务还需要通过小群体的协作来完成，而小群体行为在形成机制和传播机制上是不同于个体矿工行为的形成及传播机制的。在第五章和第六章中我们重点论述了个体矿工不安全行为的传播问题。在本章中，我们将重点论述小群体矿工不安全行为的形成问题及传播机制。我们主要运用社会网络来分析小群体矿工不安全行为的传播性，以及影响小群体矿工不安全行为传播性的因素，同时我们还分析了个体行为传播与群体行为传播之间的联系及相互影响机制。研究结果表明群体网络中存在的"紧连接"会在两个极端的方向上影响矿工的安全行为（既可能阻碍不安全行为的传播——当安全氛围为正面的时候；也有可能促进不安全行为传播——当安全氛围为负面的时候），而"松连接"则不利于不安全行为在小群体内部的传播（由于各个小团体间协作较少，因此一种不安全行为产生后，只会存在于本小团体内）。

第一节 不同层面的不安全行为的划分及相互作用机理

不安全行为可以生成于不同层面或者层次的行为人。尽管本研究主要针对的是个体层面上的矿工不安全行为，但是在群体情境中，生成于不同层面上的不安全行为会通过群体内部的连接关系而相互影响，因而我们无法将个体层面上的矿工不安全行为与其他层面上的不安全行为割裂开来。因此，为了更加充分掌握个体层面上的矿工不安全行为的生成机制，有必要对不同层面上的不安全行为的相互作用机理进行研究。

一、不同层面的不安全行为的划分

我国煤矿生产安全管理实践者根据不安全行为的不同表现形式将煤矿中从事生产、管理的工作人员分为 21 种不安全人。在前文中有关不安全行为种类的划分中，我们也曾指出这种划分存在的问题：过于笼统，没有层次性，而且不同类型的不安全人之间存在过多的重叠，也没有体现出不安全人的不同类型之间的联系。因而，尽管这种类型划分看上去比较细致，也有一定的科学性，但在应对我国煤矿生产管理实践中所存在的不安全行为的多发性、重复性及难以预防性等问题时仍然存在诸多不足。根据近年来公布的一些事故分析报告的结论，不安全行为一直是我国各类事故的主因。统计资料表明，我国每年发生的交通事故中有 90% 以上是由于司机的不安全行为造成的。在煤矿采掘业，有文献指出我国 80% 以上的煤矿事故是由于不安全行为造成的，因此，在安全管理实践中，研究不安全行为的形成机制对预防煤矿事故有着重要意义。已有文献大多数将不安全行为作为一个相对笼统的概念进行研究，对小群体安全问题的研究并没有受到学界应有的重视。实际上，不安全行为可以是个体层面的不安全行为、群体层面的不安全行为，甚至是组织（社会）层面的不安全行为，不同层面上的不安全行为都有各自的生成、传播机制，但又相互影响、相互促进，导致不安全行为的成因机制及因不安全行为致因的煤矿事故生成机制都比较复杂，不安全行为也成了煤矿安全管理中最难以有效管控的对象之一。行为科学的相关研究表明，人对于层次化的事件的处理效率要远远高于对杂乱无章事件的处理效率。因此，在煤矿安全管理实践中，如果能够将多发性的不安全性按照一定的规则划分出不同的层次，将有助于降低煤矿安全人员对不安全行为的误判，提升对不安全行为的监管效果。

目前，我国煤矿生产系统的结构基本上都是层次化的。这种层次化的结构最终也使得不安全行为的生成具有层次性。由此，我们可以依据个体的数量及其之间的结构关系和功能将不安全行为划分为在个体层面上、群体层面上及组织层面上的。①个体层面上的不安全行为主要指的是行为个体生成的不安全行为。简单地说，就是一个行为人在完成工作任务过程中所出现的不安全行为，通常这种层面上的不安全行为发生频率高，但因这种不安全行为致因的煤矿事故的影响性则非常有限。在煤矿生产系统中，大部分工作任务通常都需要由多个矿工相互配合才能够完成，而这些在工作中相互配合的矿工就可以形成带有一定由序关系的矿工群体。②群体层面上的不安全行为指的是一个群体作为总体所表现出来的不安全行为，也就是群体成员在完成工作任务过程中，有成员产生了不安全行为，并且该不安全行为在工作任务执行过程中得到了其他成员的配合，他们的行动在同步作用下所产生的一致性行为，在总体上就表现出所谓的群体不安全行为。根据群体层面上的不安全行为的界定可知，群体层面上的不安全行为的发生概率要低于个体层面上的不安全行为的发生概率。由于群体层面上的不安全行为是个体行为在工作中的交互作用的结果，因而群体不安全行为一旦诱发煤矿事故，其影响性要比个体层面上的不安全行为诱发的煤矿事故大一些。③组织层面上的不安全行为主要是指组织的各个职能部门在完成工作任务过程中由于相互协调和配合出了问题导致不同职能部门的不安全行为出现同步，最终演化为组织不安全行为。通常，组织层面上的不安全行为生成过程要比群体层面及个体层面上的不安全行为的生成耗费长得多的时间，因而也就具有更高程度的潜伏性，难以及时发现。一旦组织层面的不安全行为生成，具有很强的行为不可能性，通常难以在短时间内进行有效干预。最终，对于组织层面的不安全行为问题通常只能通过冲击效应（如大型矿难）导致的激烈的组织变革来解决。

由上述的论述可见，根据不同层面上的行为生成及传播机制的复杂程度来比较，组织层面的不安全行为的生成及传播机制最为复杂，因而也最难进行控制，群体层面的次之，个体层面的最为简单、易控。而小群体是介于群体与个体之间的一种群体，其结构关系及功能相对于组织和群体来说都要简单得多，因而在实际中也就比较容易生成，对煤矿生产管理的不安全行为影响也比较大。从发生概率上来看，规模越大结构越复杂，不安全行为的发生概率越低。因此，个体层面上的不安全行为的发生概率最高，而组织层面上的不安全行为发生概率最低。前文中，我们已经对于个体层面的不安全行为的生成及传播机制进行了较为充分的论述，因此，在随后的研究内容中，我们将主要论述群体层面及组织层面的不安全行为的生成及传播机制，特别是与个体层面不安全行为（矿工不安全行为）关联最为密切的小群体不安全行为的生成及传播机制。

二、不同层面的不安全行为的相互作用机理

在上一部分中，我们主要根据个体的数量、个体之间的结构关系及功能关系对不同层次上的不安全行为进行了划分。由此可见，个体、群体及组织在结构和功能上的复杂程度差别决定了它们各自的不安全行为的生成和传播机制所存在的明显差异性。尽管个体、群体及组织在结构和功能上存在很大不同，但是它们的结构和功能之间不仅存在着非常密切的相互作用关系，而且还存在着功能的传导性，从而推动了低层面的行为通过叠加或同步作用向高层面上的行为跃迁，同时高层面上的行为在演化过程中又会对低层面上的行为演化产生约束作用。因此，我们不能够将不同层面上的行为及其在事故诱因中的作用相互割裂开来研究。

近代行为科学的研究表明，行为取决于结构，该理论也适用于对于不同层面上的行为生成机制的解释。因此，不同层面上的行为正是通过不同层面上的结构关系的传导作用而相互影响的。由于人是结构化的系统或组织中活跃的构成要素，人的行为通过结构中的关系的叠加及传导作用演化出不同层次上的行为。根据行为人数量及结构关系的不同，我们可以将行为人的群体划分为：个体（群体的特殊形式）、小群体、群

体、组织及社会等。从个体到社会，行为人的群体规模越来越大，结构关系也越来越复杂，功能也越来越完善，个体与社会的结构和功能的差异也越来越大，直至我们甚至无法找到一个社会与一个个体行为人有多少相似或者相关的痕迹，这时社会行为的表现形式与行为个体的行为表现形式的差异性也就越来越大。从表面上看，高层面上的社会行为似乎已经与低层面上的个体行为不存在多少联系了。但是，个体行为活动以及个体之间的合作行动仍然是小群体、群体、组织及社会的外在行为表现最重要和最活跃的构成要素，个体与个体之间的互动关系也就在不同规模群体之间发挥了纽带作用，从而使得不同层面的行为活动产生交互作用。关系本身就是一种互动作用，并存在于不同层面内部或者之间，个体、小群体、群体、组织及社会之间的行为交互也主要通过人与人之间的关系进行相互作用，导致不同层面的行为活动相互作用、相互影响。因此，无论是群体行为还是组织行为，甚至是社会行为，它们的生成都是以个体行为或者个体行为通过接触作用形成的纵向及横向行为传播和叠加作用为基础的，最终使得社会行为和组织行为相对于个体行为表现出更高的复杂性、多样性及不确定性。

同样，在煤矿安全管理中，矿工在日常工作过程中的行为的合作性、偏好性、传播性、需求传导性及行为强化作用导致了矿工间存在的大多数关系都带有一定的传导性，而行为的传导作用又促进了不同层面的不安全行为的相互作用，或是行为累积效应，或是行为叠加效应。当矿工的不安全行为在需求或者群体压力的驱动下生成后，通过传染、强化及同步作用就会在矿工群体内部或群体之间传播，逐步形成不安全行为路径，并最终演化为不安全行为路径依赖性，其整个过程中不同层面上的不安全行为都在进行持续的相互作用，形成了个体行为、群体行为及企业组织行为的各自演化的逻辑。

第二节　小群体、小群体行为特征及小群体不安全行为

在行为科学研究领域，小群体、小群体行为以及小群体行为结果一直受到研究者及实践者的持续关注。之所以如此，主要是由于小群体行为是从个体行为向群体行为过渡过程的一个重要环节。在此过程中，小群体起到了衔接或承上启下的作用。理解、解释及预测小群体行为对于我们理解更大规模的群体、组织或者社会系统行为的生成及演化机制会起到很重要的作用。对于煤矿生产系统中存在的不安全行为来说，由于其嵌入在煤矿生产系统结构之上，随着系统结构的分层而分层，不同层面上的不安全

行为既存在从低层面向高层面跃迁的问题，也存在高层面上的不安全行为对低层面的不安全行为约束的问题。因此，厘清矿工小群体不安全行为的生成及演化机制会有助于上述问题的解决。

一、小群体、小群体行为及小群体行为的成因

（一）小群体

小群体的概念大约是在 20 世纪初被提出的，但在当时没有得到重视，直到 20 世纪五六十年代小群体在生产管理中所充当的角色越来越突出后才受到研究者及实践者的足够重视。由于群体通常在关系化及社会化的情境中发挥作用（Poole and Roth，1989），因而小群体行为的产生与所谓的大群体行为（社会行为）及个体行为的产生虽有相似之处，但也存在许多本质上的不同。需要特别指出的是，本书中的小群体与管理学中所界定的小群体既有区别也有一定的联系。本书中所使用的小群体概念主要是指以正式组织中的工作活动为基础而形成的具有一定功能和结构的规模较小的群体，它也兼顾管理学上所定义的小群体行为的某些特征，但更多的是强调这种小的群体与规模较大组织或社会系统在结构和功能上的差别。之所以这样做主要是为了便于对不同层面上的行为生成机制的分析。在管理实践中，不同层面上的行为的干预措施也就不会完全相同。因此，该概念的提出对于研究在特定工作环境中的个体及群体行为的生成机制及干预措施有着非常重要的意义。

通常在心理学上，小群体指的是拥有 3~20 位个体成员的群体。在世界范围内，至少从形式上来说中国是一个非常重视小群体关系的国家。在中国情境下，各个层级的社会单位里都存在着形式非常多样化的小群体。特别是在中国的计划生育政策的影响下，中国产生了大量的所谓独生子女家庭，来自这种家庭的子女更易于小群体的生成。随着这些独生子女成为就业的主力，小群体行为对于中国企业的生产管理的影响将越来越难以确定。独生子女在家庭生活中大多缺乏与同龄孩子的合作经历，并逐步影响到他们正常的学习、生活及社交行为。近 30 年的中国人口学研究表明，来自独生子女家庭的孩子不是更加独立和富有合作性，而是更加自我和缺乏合作性。他们一方面特别渴望与他人交往，但对于处理复杂的多样化的人际关系又缺乏应有的能力，这导致他们最终只具备发展局部的相对简单的群体关系的能力。于是，在中国的校园里，班级里存在着丰富的学生小群体，而家长则又附属于学生小群体而衍生出所谓的家长小群体。随着这些独生子女逐步成为中国企业的新生代成员，这些小群体在行为传播、决策、引导社会舆情上也发挥着越来越重要的作用。中国的煤矿企业存在于一个相对封闭的产业环境中，存在各种各样的小群体，因此对小群体中的行动人的社会属性及群体行为进行研究可以为干预和防控小群体不安全行为提供可行的理论和方法支持。在后文里我们用小群体矿工或者矿工小群体指代我们的分析对象，它们都表

示同一个概念。

（二）小群体行为的表现

小群体行为是介于个体行为和社会行为之间的一种行为，既具有一部分个体行为特征，也具有一部分社会行为特征。在现实中，小群体行为主要表现为成员具有高度的同质性，群体中的个体成员联系紧密，个体行为与群体行为具有较好的一致性，因而比较容易形成统一意见且反应迅速；小群体内部可以没有正式任命的领导者，但存在事实上的领导者。这里需要说明的一点是，在中国管理情境中，也存在很多小群体领导者与企业正式任命的管理者身份相重合的情况，但同一个人在现实中承担了不同的角色。小群体中存在的事实上的领导者可以更加易于促进群体思维的形成（也可以称作非理性思维、从众思维，即使事实上的领导者的决策或者行动方案是错误的，群体成员也会无条件支持）。因此，小群体行为既有自身的优点，也有自身的缺点，对煤矿生产安全的影响也就具有双重性。在特定的条件下，既可以促进安全绩效的提升，也能够导致安全绩效的下降。

在快速变动的决策环境中，小群体行为在应对突发事件时有着自身的优势。由于成员间联系密切且利益较为一致，因而他们通常能够快速地形成一致行动来对付危机（执行力强）。因此，面对危机，小群体有反应快、内部合作效率高、决策迅速、容易形成统一意见的优点。

另外，从社会网络的角度来看，一个带有长连接的小群体社会网络能够促进行为和信息的快速传播。由于小群体内存在大量的连接冗余，个体间可以在短时间内通过学习和模仿而同时采纳同一种行为，这种行为又可以通过小群体之间的长连接传递到另外一个小群体。

（三）小群体行为的生成机制

小群体行为成因于小群体的个体成员间的密切接触作用（短连接）及小群体网络的高密度。由于小群体的个体成员之间存在频繁的接触作用，形成较为冗余的连接关系，并且这些连接关系大多表现为直接连接和强相互作用，因而小群体网络密度大，一个个体的行为活动会对与之存在直接连接关系的个体产生较大影响。实际上，小群体网络的内部强化机制正是以高密度网络为基础并通过网络内部个体之间密切的互动作用而形成的，从而也使得小群体网络与更大规模的群体网络有着具有显著差异性的网络内部效应。在小群体网络中，一旦有某个个体成员学习和模仿某种行为，其他成员可以在短时间内受到他的相关行为选择的影响作用，并决定是采用还是拒绝，从而使得小群体个体成员可以在短时间内采取一致行动（要么一起行动，要么一起拒绝），形成小群体行动选择模式并进一步固化为小群体行为路径。因此，当一种行为被小群体所接纳时，这种行为可以在小群体网络内部快速传播，形成焦点行动选择模式，生成小群体行为路径，从而进一步促使小群体中还没有采纳目标行为模式的个体行为选择向既有的小群体行为路径收敛，最终使得个体行为与小群体行为取得高度的一致性。

由此可见，结构形式呈现为高密度、内部连接以直接连接为主的小群体的内部成员之间存在的密切联系（相互接触，或者叫交互作用）是小群体行为形成的前提条件，而个体行为与群体行为一致性的程度与群体的大小及群体内部耦合作用的方向密切相关。小群体行为是一种个体行为间叠加而成的行为，表现为个体行为与小群体行为间的一致性程度。对于社会行为来说，由于群体成员的数量众多，个体间的耦合关系松散，耦合作用的方向性和有序性也较差，最终导致个体行为与社会行为的一致性较差，难以形成有效的群体行为同步，因而社会行为的形成需要相对漫长的时间，即群体规模越大，群体行为形成的难度就越大，所消耗的时间也更长。对于小群体来说，由于个体间在日常的工作和生活中存在密切而频繁的行为互动（不仅天天在一起工作，甚至每天同吃同住），个体间的耦合作用会朝向有序性、确定性及有向性发展，长期积累下来，个体之间在完成工作任务中已经形成默契，因而可以实现更加高效的行为同步，最终导致个体行为本身与小群体行为的一致性程度也越来越高。在极端的情形下，个体行为路径几乎与群体行为路径完全一致，从而使得小群体决策过程非常短暂，小群体行为可以在一个相对较短的时间内形成。在同样的外部环境下，对于同样规模的小群体来说，群体成员间的联系越密切，个体行为与群体行为间形成一致性的难度就越低。如果一个小群体的内部成员的行为路径与小群体行为路径的一致性程度越来越低，呈现为发散状态，说明该小群体行为的演化已经进入衰退阶段，随着时间的积累这种小群体将逐渐解体。在现实世界中，正常意义上的小群体内部一般都存在大量短连接（也就是强连接），成员间联系不仅紧密，而且互动频繁，并使得个体间合作行动的默契度也越来越大。因此，在小群体形成的过程中，同时也会形成一种过滤效应，行为差异过大的个体成员由于难以与其他成员密切合作，通常在此过程中都会被逐渐过滤掉，最终导致留下的小群体个体成员间的行为特征越来越相似，因而他们的行动也越来越一致，就更加容易形成行为同步，外在的小群体行为表现也就更加明显。

因此，小群体行为是在两种不同的力的作用下形成的，分别是小群体成员之间的耦合作用力和小群体作为一个整体所形成的过滤力。小群体成员之间的耦合作用力不断对在工作中存在相互配合的不同个体之间的行为进行修正，从而使得相互配合的个体之间的行动越来越默契，逐步形成相对一致性的行为路径。同时，在小群体行为的逐步生成过程中，群体中的大部分个体成员的行为路径越来越一致，这时对于那些与小群体行为路径一致性较差的个体行为就会产生过滤作用，他们的行为越来越难以和群体中的大部分成员的行为融合起来，这样的个体最终只能分离出去。

（四）小群体网络的特征

综合已有文献的论述及我们的研究发现，小群体网络主要存在以下几个特征：

（1）小群体行为与个体行为有较高的一致性，在某些情况下小群体行为可以看成个体行为的放大版。在小群体内部，成员易于形成统一意见，采取一致行动，且行动高效，小群体行为几乎是个体行为的放大版。由于小群体成员之间接触密切，关系虽然多样，但较为固定，因此小群体网络具有高度的联通性和完备性，具有良好的信息传递及分享机制，易于在短时间内形成有效的行为同步，从而促使群体成员快速形成一致性意见，采取一致性行动。在这一点上，小群体行为非常类似于个体行为。

（2）小群体内部行为强化作用的单一性。较大规模的组织或者社会系统内部存在的强化作用，既可能是正强化，也可能是负强化，甚至有时候是正强化和负强化一起作用。在小群体内部，强化作用的方向主要取决于群体氛围，以及受群体氛围调节的小群体思维。通常，正面的群体氛围对群体成员的正向行为起到正强化作用，而对负向行为起到负强化作用；负面的群体氛围对行动人的正向行为起到负强化作用，而对负向行为起到正强化作用。由于小群体成员的同质性以及小群体成员之间的高耦合作用性，通常正强化作用和负强化作用几乎不能同时存在于一个小群体情境中。

（3）小群体网络成员的稳定性。通常，小群体网络一旦形成，其成员构成则比较稳定，具有非常良好的凝聚和过滤能力。这种凝聚能力主要体现在个体成员行为的一致性以及达成行为选择一致性的效率上。一方面，小群体易于形成统一意见因而能够快速做出得到群体成员高度支持的决策；另一方面，个体的行动如果符合小群体的利益取向非常易于获得群体的支持。这种过滤能力不仅体现在对行为的过滤上，而且也体现在对成员的过滤上，即小群体一旦形成，新成员的加入就会有非常大的难度。通常，在成为一个小群体新成员之前，该新成员需要与该小群体进行长期的实质性的行为互动，并逐步形成行为同步，并最终获得已有的小群体成员的接纳。

（4）小群体中存在事实的领袖，在群体中具有较高的威信。小群体是附属于或者与正式组织有一定关系的群体。小群体与正式组织有可能产生交叉但又保留相当程度的独立性。在小群体内部，没有严格的明文规章制度，因而也就没有具体的职能部门和明文分工，以及所谓的管理者和被管理者。那么小群体是如何高效运行的？除了我们在前文中所提及的小群体内部存在密切而频繁的接触所能形成的高效的行为协调和配合外，小群体内部还存在一个事实上的领袖，并且在某些情况下这个事实上的领袖与正式组织中的管理者是同一个人。他可以运用来自正式组织的权力并通过个人在群体中的威信，促使群体成员之间在完成任务的过程中形成有效的配合，并最终形成行为同步，从而更进一步地提升群体一致性行动的效率。

（5）小群体网络具有高聚合度和高完备性。小群体中不同成员之间的合作者常常可能就是同一个人，即不同行动人的个体网络具有高度的重合性。根据图论的相关理论，这种高聚合度的网络同时也具有高完备性和联通性，也使得个体成员之间具备较多的冗余关系，从而保证了个体成员的行为活动可以转换为个体成员之间的行为互动。因此，在这种网络中，成员之间在日常工作中就存在大量的配合，已经互相熟悉，形成了高度的行动默契。小群体网络结构所具有的这种参数特征更加易于促进群体中不同群体成员在执行任务过程中形成行为同步,而对于一个小群体来说,行为同步的外在表现主要呈现为不同成员可以快速形成一致性的行动。

(6)兼具个体网络行为及社会网络行为特征(双重网络行为特征)。在煤矿安全管理实践中,小群体网络、矿工群体网络、矿工行为传播网络都以煤矿生产系统中的矿工个体及其之间的连接关系为基础并嵌入于煤矿生产系统结构之上,且表现出各自不同的网络结构参数特征。在煤矿生产系统中,小群体网络是介于个体行动人和企业组织之间的以生产工业产品为目的的带有一定社会性的生产单位,它既可能存在于企业内部或者企业内部的职能部门,又有可能通过小群体网络间的连接形成网际小群体网络。因而,小群体网络一方面会具有一定的个体行动人的特征,另一方面又会具有某些社会网络的特征。小群体网络的这种双重特征决定了它在煤矿安全管理实践中可以发挥不可忽略的作用。一方面,我们可以利用小群体的个体行为人特征,让小群体成员在行动选择时快速统一意见,采取一致性行动,从而保证工作计划及任务能够顺利执行和按时完成;另一方面,我们也可以利用小群体的社会特征加强部门之间的密切配合,保证重大安全计划和任务的顺利执行。

(五)小群体不安全行为、群体不安全行为及其在事故调查和预防中的作用

由小群体的定义及小群体的行为特征可知,如果小群体在存续的过程中,其内部成员生成了负面行为,当然这种负面的行为在煤矿生产系统中可以表现为所谓的不安全行为,这种不安全行为在小群体内部存在高耦合作用下及负面安全氛围的调节作用下会大幅地提升矿工个体之间的行为同步效应,可以在极短的时间内形成矿工小群体行为同步。在这种小群体情境下,不安全行为一旦被群体中的某个成员或者某几个成员采纳,并被其他成员所认可,则小群体中的成员能够在短时间内形成一致行动。因此,小群体不安全行为是指一旦群体中有某个成员或者某几个成员采用不安全行动,群体成员在短时间内通过行为同步及强化作用所形成一致性的不安全行动。较大的或者更大的群体不安全行为与小群体不安全行为的形成过程基本相同,但更为复杂,发生行为同步的概率更低,所需要的时间也更长,这主要是因为达成群体行为一致性(群体行为同步)要耗费更多的资源和更长的时间,因而难度也更大。

充分利用小群体所具有的上述特征既可以实现对矿工不安全行为的有效干预,也可以为我们调查行为致因的事故原因提供有益的帮助。由于小群体是高密度网络,在自我强化机制的作用下,也很容易形成小群体的行为路径依赖,小群体中的个体偏好相对于更大规模的结构松散的社会系统中的个体行为偏好具有更高程度的偏好性,使得小群体在接纳信息和创新、学习和模仿行为时带有群体性偏好,即对自身有利的就接受,对自身不利的就会拒绝。因此,当行为致因的事故发生后,在事故调查的过程中,小群体成员会有意识地掩盖或者突出事故真相。他们通常会提供对自身有利的证据而有意掩盖对自身不利的证据，于是不同的事故责任部门就会相互扯皮，推卸责任，甚至会相互掩盖责任。在中国情境下，上述情形在现实中还有可能被进一步放大。因为在我国，很多重大事故发生后，所成立的事故调查小组的成员大多数来自事故责任部门之外，由于事故信息的不对称性，以及行为致因事故的弱因果性，都给事故责任部门推卸或者掩盖责任创造了很好的条件，并会给事故调查造成较大麻烦，拉长事故调查周期，耗费更多的人力和财力，甚至有些重大事故的责任最终变得含混不清，无法确定真正的责任人。根据上述分析，通常可以得出以下判断：群体规模越大，结构越复杂，由不安全行为致因的事故调查难度也越大，也更加耗时。在有些复杂的极端情形下，某些大型组织发生了安全事故后，最终可能会找不到明确的事故责任人，导致最终事故调查不了了之。

另外，充分利用小群体的上述特征也可以有助于我们实现对矿工不安全行为更加有效的干预。由于小群体与小群体成员之间的行为路径具有高度的嵌合，当小群体中的某个成员的行为路径偏离小群体行为路径时，小群体就会通过小群体内部的耦合作用力对个体行为路径进行修正，或者小群体的整体效应实现对偏离的个体行为进行过滤，从而达到对个体行为的干预目的。

二、行为个体的不安全行为的生成及小群体不安全行为传播的方式

从网络的视角来看，任何有连接关系的结构都可以表示为一种网络结构。在现实中，那些层次化的有序组织结构都可以看作网络结构的特例。在网络结构中，个体的行为活动或者个体之间的行为互动都会使得一个个体的行为对另外一个的行为产生影响作用，而这种影响作用在网络情境中最终都可以用行为传播形式来表示。在小群体情境中，个体行为虽然仍然存在一定的独立性，但由于个体成员间又存在密切接触作用，使得个体行为之间会逐渐同步化。这种群体成员之间的行为同步化最终会促使群体成员生成一种介于社会网络和个体网络之间的小群体网络。一方面，小群体网络是一种高密度、高完备性及高聚合度的网络，网络内部成员之间的连接紧密，因而个体行为的变化能在较短的时间内形成群体性影响。另一方面，小群体网络相对于社会网络对于个体行为的影响更加直接，影响程度也更大，因而在行为传播条件得到满足的条件下，小群体中一旦存在个体行为缺陷更容易传播和被强化。另外，在小群体情境中，小群体中的个体网络可以看成小群体网络的子网。从主观上来看，个体行为与小群体行为密切相关，行动人的个体网络越大，则行动人对小群体行为的影响程度也将越大。因此，我们可以将个体网络的有效尺度作为行动人的行为收益函数的一个变量。随后我们将建立模型来描述小群体不安全行为的形成过程。

这里我们用 g 来代表一个小群体，I 表示该小群体的成员个数。在完成群体行动任务时，对于成员 i，其外在行为表现用 $w_i(i=1, 2, \cdots, I)$ 表示，该行动人所有可能表

现出的行为用集合 $\Omega = (w^1, w^2, \cdots, w^t, \cdots)$ 表示。并用向量 $w^t = (w_1^t, w_2^t, \cdots, w_I^t)$ 表示在 t 时刻小群体中所有成员行为的集合。为了使所获得的小群体不安全行为模型更加贴近于实际，有必要对影响个体行为的因素进行合理划分，因为这些影响因素对群体所表现出的行为具有不同影响作用。

这里我们把影响行动人个体行为的因素分为三类：

（1）h_i 表示对成员 i 能产生确定性的且具有明显个人特征的影响，主要指在 t 时刻，行动人肯定可以采取的行动，小群体中其他成员也可以预料到他肯定会采取的行为。

（2）ε_i 表示对成员 i 能产生随机性的且具有明显个人特征的影响，这种行为通常行动人自身也难以预料会不会出现，它取决于即时的小群体内外部环境。ε_i 取值范围为 $[0, 1]$。

（3）$\mu_i^e(w^t, \lambda)$ 表示成员 i 基于群体规模及个体网络的有效尺度对群体行为所持有主观看法，只有当行动人主观判断自身与小群体的意见较为一致时，行动人才会采取积极的行动。行动人的主观看法取决于小群体的大小（I）（通常小群体规模越大，个体就越主观，觉得自身在群体中承担的责任和发挥的作用越小）及行动人的个体网络的有效尺度，其中 λ 表示行动人的个体网络的有效尺度，它等于个体网络的密度总和（d_{sum}^i）与小群体网络密度总和（d_{sum}^g）的比（$\frac{d_{sum}^i}{d_{sum}^g}$），其取值范围为 $(0, 1)$。$\mu_i^e(w^t, \lambda)$ 的取值越大，则表明个体意见更加容易与小群体意见取得一致。

在小群体行为函数中，h_i、ε_i、$\mu_i^e(w^t, \lambda)$ 为小群体行为函数的自变量，这些变量在小群体行为的形成过程中分别起到不同的作用。通常这种确定性的和随机性的且具有明显个体特征的影响因素对个体行为所起到的作用是决定性的。因此，在煤矿井下开采过程中，如果 w_i^t 表示行动人 i 在 t 时刻决定是违章操作还是遵守规章操作，那么 h_i 则包括该行动人采用违章行为所带来的确定性变化：

（1）行动人的违章所能带来的额外经济利益的大小程度，行动人对现有生产规程的掌握程度，或者本单位对违章的处罚程度。这些变化所带来的结果是确定性的，行动人自身及小群体中的其他成员都可以明确预见。

（2）ε_i 包括的是一些不确定的难以察觉的变量，如情绪、注意力和身体状态、个人对事故的倾向等。在煤矿安全管理实践中，区分个体的确定性的和随机性的行为特征有助于我们把握小群体不安全行为的形成过程，及时制定行为干预措施。

在执行群体合作性任务时，个体最终决定是否参与行动（即最终的行为表现）取决于 $\mu_i^e(w^t, \lambda)$ 的取值大小，$\mu_i^e(w^t, \lambda)$ 的取值越大，个体主观看法与小群体整体的主观看法就越一致，个体行动人就会越积极主动参与小群体行动。也就是说个体与个体之间的联系越紧密，相互依赖性越强，在差的安全氛围下，就越容易促进小群体不安全行为的形成。在构建小群体不安全行为模型时，我们假定一个成员对其他成员的看法对成员之间的行为传播起到中继作用，也就是说成员 i 的行为会受到他所设想的群体成员可能采取的行动的影响，并不一定是他们的实际行为影响。每个成员都希望自己的行为能够使个人行为收益函数值最大，由于小群体内部连接的紧密性，个体行为收益的最大化也可同时带来群体行为收益的最大化。

根据上文的分析，行动人 (i) 的个体行为收益函数可以定义如下：

$$F_i = V(h_i, \mu_i^e(w^t, \lambda), \varepsilon_i) \qquad (7-1)$$

因此，个体行动人的行为表现可以通过计算个人行为收益函数 V 的最大值来获得。

$$B_i = \max_{\lambda \in [0,1]} V(\lambda, h_i, \mu_i^e(w^t), \varepsilon_i) \qquad (7-2)$$

为了使该模型与客观实际更加一致，这里我们将个人的主观看法 $\mu_i^e(w^t, \lambda)$ 用下面的条件概率形式表示：

$\mu_i^e(w^t, \lambda) = \mu(w^t, \lambda | K_i)$，这里 K_i 表示成员 i 所能够获得的有关小群体中其他成员的信息。我们假定每个成员都知道其他人及其自身的确定性行为，同时也了解其他人可能做出的选择的结果。即对于任意 j，行动人的个人主观看法服从：

$$\mu_i^e(w^t, \lambda) = \mu^e(w^t, \lambda | h_j, \mu_j^e(w^t, \lambda)) \qquad (7-3)$$

在 t 时刻，小群体的行为收益函数 V^g 可以定义如下：

$$V^g = f(w^t), \quad w = (w_1^t, w_2^t, \cdots, w_I^t)(i = 1, 2, \cdots, I) \qquad (7-4)$$

根据式（7-1）和式（7-4），我们可以看到群体行为的形成是以个体行动人的行为为基础的，是各成员行为之间复杂的相互作用的结果。个体行动人的不安全行为可以通过小群体内部的连接传导和叠加作用导致小群体不安全行为；反过来，小群体的不安全行为又会影响个体行为表现，促使个体不安全行为出现。

第三节　小群体网络对矿工不安全行为传播的影响

尽管系统具有整体性，但人类对于系统的理解却是通过分层的方式来实现的。煤矿生产系统结构的分层性也直接和间接地影响了嵌入于煤矿生产系统结构之上的行为传播网络的分层性。而结构的分层性最终也会影响到具有传播性的行为在网络不同结构层次内部及之间的传播方式及传播速度。尽管从理论的合理性上来看，我们从矿工群体网络的整体性来研究矿工行为的传播性更为合理，但从方法上来说，人类无法完全依赖网络的整体性来控制或干预行为的传播性，往往需要通过对整体网络的分层或者分级来研究网络结构对于行为传播的影响作用。这样做一方面是由于网络结构的整体性与行为传播性之间的影响关系复杂；另一方面是由于通过对网络的分层可以为行为传播性的干预提供更多的策略选择。小群体网络是介于个体网络和群体网络之间的一种网络，通过对小群体网络的研究将有助于我们理解个体网络与整体网络之间的联系。本节将主要讨论小群体网络对矿工不安全行为传播的影响作用。

一、我国煤矿企业的工作环境更易于形成矿工小群体网络

本研究中所给出的小群体网络与Strogatz提出的小世界网络既有联系也有区别。在复杂网络研究中，Steven H. Strogatz 提出了小世界网络的概念（Strogatz，2003）。小世界网络主要特征表现为高聚合系数和低平均路径长度，即其中的大多数网络节点彼此不相邻，但大多数节点之间的路长较短，行动人之间通过少数几个中介就可以产生联系。因此，小世界网络在具有高聚合度的同时并不具有高完备性和高密度性。而我们讨论的小群体网络与小世界网络在聚合度特征上非常相似，小群体网络也具有极高的聚合度，即两个不同的行动人的任务合作者可能是同一个人。但小群体网络具有高聚合度的同时也具有高完备性和高密度性。

我国大多数煤矿都以井工方式采煤，井下环境复杂且封闭，煤矿生产系统也是高耦合系统。在工作过程中，矿工之间不仅需要通过密切合作来完成既定任务，而且不同的工作任务在执行过程中，也需要同一部门或者是不同的部门之间的矿工（或者是不同职能部门）进行高效的行动配合。根据行为同步理论，在一个相对较短的时间内和变化的工作空间内，行为主体的高效的行为同步是以行为主体在日常工作中的密切接触为基础的，只有当行为主体之间形成行动默契才能实现不同个体或者职能部门间的高效协调。因此，在这个过程中，行为主体之间必然要建立起紧密联系以促使行为同步顺利进行，这样在执行工作任务过程中与不同的个体进行工作配合的人就有极高的概率是同一个人，这就满足了高聚合度小群体网络的生成条件。

事实上，我国煤炭企业的用工状况非常容易满足小群体网络的生成条件，这就导致了我国煤矿井下工作环境中矿工小群体网络非常司空见惯。我国煤矿工人构成复杂，有正式工、合同工、轮换工、全民工、集体工、临时工、劳务工等。从理论上来说，复杂矿工来源构成更加不利于矿工小群体网络的生成才对。但是由于我国特殊的国情及人情关系，农民工及技术工人在选择外出工作时会以密切的老乡关系、朋友关系、亲戚关系或者血缘关系为纽带结伴而行，每逢春节或者农忙时节，他们可以一起回家，并一起回单位上班，在路上或者在工作中也可以相互照应。这样在同一煤矿工作的矿工可能就是亲戚、朋友、老乡、师徒，矿工之间来往密切，存在着复杂的人际关系，因此更容易形成复杂的小群体网络。由于构成小群体网络的行动人之间存在密切的行为接触，因而在小群体内部能够快速形成特定的行为习惯，并逐步演化为小群体安全氛围（文化），而安全文化又会反过来影响个体行动人的行为模式，并最终对煤矿的安

全生成产生实质性的影响。在某些特定的时期，如麦收季节或者秋收农忙季节，煤矿甚至要调整安全生产计划和井下工作班组，安全管理方案也要随之改变。

二、运用矿工小群体网络干预矿工不安全行为

组织行为科学领域有大量针对组织结构与组织行为、组织功能及组织文化之间相互关系的研究成果，可以说组织结构与组织行为、组织功能及组织文化是组织研究的四个核心研究领域。这些领域中的相关研究成果为我们设计行为干预的策略及措施提供了很好的理论和方法支持。从时间的先后关系上看，现实中的组织结构生成要先行于或者是稍稍先行于组织行为、组织功能及组织文化的生成。但从组织演化的角度来看，在组织的结构、行为、功能及文化生成并进入一个演化进程后，难以判断组织结构、行为、功能及文化的演化过程谁领先于谁。实际上，组织文化的大多数研究结果支持了组织的结构与组织的功能、组织行为及组织文化是同步进行的判断。因此，小群体网络结构及功能的生成过程中会伴随着小群体氛围（或者是小群体文化）的生成，而小群体氛围又反过来会影响个体成员的行为表现。已有的研究文献表明群体氛围与群体行为及个体行为之间都存在着密切的相关关系，但是由于小群体相对于组织及社会的特殊性，小群体氛围对于小群体行为具有双重的影响作用，该作用既可能是正面的，也可能是负面的。通常情况下，正面的小群体安全氛围对个体行动人的不安全行为起到负强化作用，因而可以抑制不安全行为的传播。在正面的小群体安全氛围中，个体行动人都有较高的安全意识，由前文的分析可知，小群体成员可以快速高效地形成统一意见，群体决策效率高，并能够快速形成统一行动。因此，一旦小群体中的某位成员有意无意间出现了不安全行为，小群体中的其他成员可以在短时间内发现，并认识到该不安全行为可能带来的危害，并快速形成小群体意见和行动，对不安全行为采取果断的干预措施。因此，从小群体的长期利益出发，当下的个体的不安全行为即使能够为本人或小群体带来高收益，其他群体成员也不会接纳和模仿，其在小群体内部的传染媒介及传播路径就被阻断了。因此，正面的小群体安全氛围有助于阻碍个体行动人的不安全行为的传播。

与正面的小群体安全氛围对于不安全行为的作用相反，负面的小群体安全氛围能够对个体行动人的不安全行为起到正强化作用，因而可以促进不安全行为的传播。在负面的小群体安全氛围中，个体行动人的安全意识普遍较差，小群体中的大部分成员对于不安全行为一般持有支持的态度。在这种小群体氛围中，如果不安全行为能够为小群体带来明显的收益，这种不安全行为一般也可以得到小群体领袖的支持从而在小群体内得到快速强化，并被群体成员接纳和模仿，这时小群体网络的高度联通性会进一步促进不安全行为在小群体内部快速传播。因此，负面的小群体安全氛围可以促进个体行动人不安全行为在小群体内传播，并最终通过小群体网络的行为同步作用演化

为小群体不安全行为。

目前，组织行为科学领域的相关研究已经验证了领导行为的目标导向、企业文化等对员工行为的影响作用。借用已有相关研究成果并结合以上的相关论述，我们也可以基本厘清煤矿领导行为、小群体安全氛围、小群体领袖行为及小群体内矿工行为之间存在的传导性影响关系（见图7-1）。该影响关系不仅告诉了我们在设计矿工不安全行为的干预措施时所要注意的先后关系，而且也较好地解决了行为干预措施设计中的介入手段的选择问题。在煤矿安全管理实践中，我们可以通过遏制负面小群体安全氛围形成，促进正面小群体安全氛围形成，从而改变小群体内部强化作用的方向以提升对个体矿工不安全行为的干预效果及效率。以下的五点论述了主要构念之间的影响关系：

（1）煤矿领导对正面小群体安全氛围的支持。通常一个企业的高层管理者对于本企业的内部氛围能起到引领性的作用。如若他们支持某种企业文化，则可以加速这种企业文化的演化进程。在20世纪末21世纪初，学习型组织文化被引入国内，在宣扬学习型文化热度最高的近十年时间内，不仅企业、学校要力争构建学习型文化，即使中国行政体系中的最低一层的村一级组织也要努力构建学习型文化。因此，相对于西方情境，中国情境下的企业组织的高层领导对于企业文化有着更大的影响力。中国煤炭企业大多数都采用非常严格的层级组织结构。煤矿高层管理人员的权力很大，因而领导行为对煤矿企业的影响是方方面面的，很多下属都以老板来称呼自己的上级领导，所表达的更深层次的意思就是"这个煤矿就是领导家的，我们要绝对服从领导的安排，为领导服务，领导让做什么就要做什么"。每次煤矿领导出现在生产一线，总是有前呼后拥的下属簇拥在周围，呈现在公众面前的煤矿领导形象总是高度重视煤矿安全生产，对矿工的工作和生活进行方方面面的关怀。而实际情况却是，在煤矿日常管理中，他们很少有机会能够独自亲临煤矿生产一线，与矿工进行直接而深入的面对面的长时间接触。煤矿领导的思想、决策及所发布的指令在更多的时候是直接传递给矿工的小群体领袖而非矿工本人。因此，煤矿领导的行为直接影响的是矿工小群体的安全氛围及矿工小群体领袖的安全行为。

（2）矿工小群体领袖的安全目标导向。通常行为的目标导向并不对行为的本身产生直接的影响作用，而是对两个有直接影响关系的要素之间的影响作用起到调节作用。矿工小群体的领袖安全目标导向会对矿工小群体领袖的安全行为及煤矿领导的安全行为起到调节作用，是由特殊的中国煤矿安全管理情境所决定的。中国的煤矿企业具有非常明显的官僚层级结构，矿工与煤矿的高层领导鲜有直接接触，更不用说长时间的直接接触了。因而煤矿领导行为几乎不会对煤矿生产系统中处于第一线中的矿工行为产生多少直接的影响作用。在煤矿企业内部，煤矿领导行为主要是通过矿工小群体领袖的中介作用来影响矿工的安全行为的，而矿工小群体领袖的安全目标导向又会对煤矿领导行为对矿工小群体领袖安全行为的影响起到调节作用。对于安全目标导向型的矿工小群体领袖，当煤矿领导要求他不断改变自己的安全行为习惯、改进工作方式以提升小群体安全行为的可靠性时，他一般都会非常乐意接受这样的领导行为并付之于实际行动。相反，"绩效目标导向型"的矿工小群体领袖很可能就不乐意接受这样的领导行为，因为他可能认为煤矿领导提出的各种要求没有充分考虑自身所处的情境，不了解实际生产问题，同时也是对自己能力的否定，甚至是对自己小群体领袖地位的挑战，从而使得煤矿高层领导的决策在实际执行中会打上不小的折扣。

（3）煤矿企业内部的矿工小群体的安全文化氛围。在组织的演化过程中，组织文化与组织行为相互影响。但在组织情境中，组织文化尽管会对组织的高层领导行为产生一定影响，但从影响程度的大小和方向上来看，还是组织的高层领导的行为对组织文化的影响要远远大于组织文化对于组织高层领导行为的影响。在这样的企业内部环境下，煤矿领导会拥有绝对权力及高度威信，煤矿领导的行为不仅会影响煤矿企业内部的矿工小群体安全文化氛围，甚至对整个煤矿企业的安全文化氛围都会产生全面而深层次的影响。在煤矿井下的日常工作中，我们可以观察到矿工的小群体领袖把煤矿领导提出的安全口号常常挂在嘴边，不时提出来用以约束小群体成员的行为，最终导致在一个矿工小群体内，煤矿领导的口号甚至会成为他们的"口头禅"。煤矿高层领导的行为不仅会对形成正面的矿工小群体的安全文化氛围产生直接影响，而且这种矿工小群体的安全氛围还会部分中介煤矿高层领导行为对矿工小群体领袖行为的影响。

（4）煤矿企业内部的矿工小群体领袖安全行为。这里的矿工小群体领袖行为不仅是考虑一般意义上的小群体领袖行为，同时也考虑在组织分层结构上的小的群体的管理者行为。由上文（1）和（2）的分析可知，在一个组织结构等级明显的煤矿组织结构中，煤矿领导的行为一般不会对个体层面上的矿工安全行为产生直接影响，需要通过中介变量（矿工小群体领袖的安全行为）对矿工的行为产生间接性的影响。在煤矿企业中，企业高层管理者的决策一般都是通过各个部门的管理者或者代表传达给个体层面上的矿工的。在矿工小群体内，小群体领袖的行为具有高度的示范效应。在通常情况下，如果小群体领袖重视安全问题，群体中的成员也会非常重视安全问题，小群体领袖的安全行为对矿工的安全行为的影响是直接的且快速响应的。

（5）矿工的安全行为。为了问题分析方便，在煤矿生产系统中，我们约定以时间序列表示的矿工行为活动过程的取值只有两个，分别为安全行为（0）和不安全行为（1）。影响矿工行为的因素既有直接的也有间接的，在一个相对封闭的环境中，对矿工行为产生直接影响作用的主要是以工作任务为基础而形成的小群体领袖行为。对于煤矿领导行为、小群体安全氛围、小群体领袖行为及小群体内矿工行为等变量之间的传导性影响关系，如图7-1所示。由该图可见，矿工安全行为绩效的提升是一个复杂的系统工程。在这个系统中，矿工安全行为绩效是因变量，煤矿领导的行为是自变量，而矿工小群体领袖的行为是中介变量，它直接对个体矿工的安全行为产生影响，同时又对煤矿领导行为对矿工安全行为的影响起到中介作用。而矿工小群体领袖的安全目标导向对煤矿领导行为对矿工小群体领袖行为的影响起到调节作用。煤矿领导行为既可以直接影响矿工小群体领袖的安全行为，也可以通过矿工小群体安全文化氛围的中介作用间接地影响小群体领袖的安全行为。

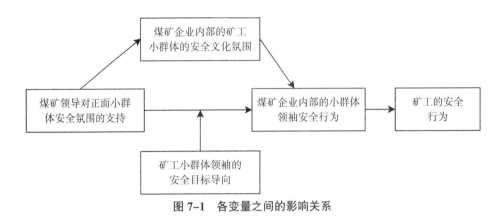

图 7-1　各变量之间的影响关系

根据上述分析，我们可以给出以下相关假设：

假设 7-1：煤矿企业领导的行为会直接影响煤矿企业内部的矿工小群体安全文化氛围和矿工小群体领袖的安全行为。

假设 7-2：矿工小群体领袖的安全行为会直接影响矿工的安全行为。

假设 7-3：煤矿企业领导的行为与矿工小群体领袖的安全行为之间的影响关系有一部分会以煤矿企业内部的矿工小群体安全文化氛围作为中介。也就是说，煤矿企业领导行为对矿工小群体领袖行为的影响是通过矿工小群体安全文化氛围的中介作用而间接发生的。

假设 7-4：煤矿企业领导的行为与矿工的安全行为之间的影响作用会以矿工小群体领袖的安全行为作为中介。

假设 7-5：矿工小群体领袖的行为目标导向会调节煤矿企业领导的行为与矿工小群体领袖的安全行为之间的影响关系，矿工小群体领袖的学习型目标导向会增强两者之间的影响关系，矿工小群体领袖的绩效型目标导向则会削弱两者之间的影响关系。

从上述有关煤矿领导行为、矿工小群体领袖行为、矿工小群体安全氛围、矿工小群体领袖的行为目标导向及矿工安全行为表现之间的传导性影响关系分析及相关假设可以看到，通过小群体领袖的安全行为可以直接实现对矿工安全行为的影响，这为干预矿工行为提供了一条捷径。在一个相对成熟的矿工小群体情境中，由于小群体行为与小群体成员的行为具有高度的一致性，因此小群体领袖的安全行为也应该和小群体内的其他成员的安全行为具有高度一致性。这样，在小群体行为的生成过程中，个体行为就可以实现同步。正面的小群体安全氛围可以强化正面的小群体领袖的安全行为，而小群体领袖的安全行为通过行为同步作用使得安全行为可以在小群体内部进行传播，从而实现对矿工不安全行为的干预。另外，煤矿领导行为、小群体安全氛围、小群体领袖行为、小群体领袖的行为目标导向及小群体内矿工行为之间存在的传导性的影响关系，为设计矿工不安全行为的干预措施提供了多条可行路径，从而也实现了矿工不安全行为干预措施设计的多样性。

在煤矿安全管理中，虽然严格的安全法律法规可以在一个较短的时间内取得明显的安全效果，但是严格的安全法律及法规在实际执行过程中具有高成本性和不可持续性，因而很难长期执行下去。从历史的视角来看，没有任何一个国家、企业或组织能够通过严刑峻法取得长久的可持续性发展。从一个长期的过程来看，人的行为真正的改变是从其深层次的思想、观念或信仰的改变开始的，而人的观念的改变本身就是一个相对漫长的过程，有时甚至需要几代人的轮替才能实现。同理，矿工安全理念的改变也是一个漫长的过程，这最终决定了对于矿工不安全行为的干预也是一个相对长期的过程，不是仅仅通过严格而明确的安全法律法规和安全规程的条文就能够在短时间内解决的，需要从行动人的思想层面入手，培养行动人的主动安全意识，并最终形成一种稳定的安全价值观（信仰），让行动人在主观意识上不仅不想去违规，而且对于他人出现的违规行为也会想方设法去主动劝止。安全氛围恰恰在行动人的行为层面和精神层面架起了一座桥梁，一旦行动人形成了主动安全意识，其在行为表现上就会拒绝不安全行为，这种行为就会在小群体成员之间快速感染，促进小群体安全氛围的进一步完善，并通过小群体网络间的长连接在企业内部的各职能部门间快速传播，并逐步演化为企业层面的安全文化，甚至会进一步影响社会文化的演化进程。20 世纪 90 年代，温州制鞋企业几乎是在一个很短的时间内自发地形成一致行动，不再造假鞋和劣质鞋，如纸皮鞋，一举摘掉"温州鞋业是劣质鞋"的帽子。通过不断提高皮鞋质量，最终温州鞋业驰名中外，生产了很多高质量的名牌皮鞋。而且，今天的中国市场上也难以再买到纸质的劣质皮鞋。这就是一个区域性制鞋企业文化改变最终影响整个行业制鞋企业文化的典型案例。通过此案例我们也可以预判在不远的将来中国制造也会很快摘掉"山寨大国"的帽子，"山寨中国"必然会转变为"创新中国"。因此，在实践中，一旦正面的安全文化得以形成，组织中的小群体安全氛围既可以在中观的组织层面有助于企业内部的安全规章制度执行和贯彻，也可以在宏观层面有助于国家宏观安全法律法规在中观的企业层面的贯彻和执行，并最终在矿工的思想层面形成一道预防煤矿安全事故的主动安全防御屏障。

本章小结

现有的一些研究文献从行为演化的角度来研究行为致因的事故通常只重视了事故成因的过程，而忽视了不同层面上的行为生成机制以及不同层面上行为之间的相互影响关系，因而也就存在一定缺陷。相关研究成果用于煤矿生产安全管理实践，其有效性也会大打折扣。小群体行为是个体行为向组织行为及社会系统行为过渡的一个重要环节，掌握小群体行为的生成机制及小群体行为对矿工个体行为的影响作用对于从一个组织整体上解决相关行为问题可以提供非常有益的帮助。因此，本章中我们从矿工小群体不安全行为的生成、传播机制入手，揭示了小群体在矿工不安全行为传播过程中所发挥的作用，并给出运用小群体行为干预矿工不安全行为问题的解决思路。首先，我们讨论了不同层面的不安全行为的分类及其相互作用的机理问题。其次，在此基础上我们论述了小群体行为、小群体不安全行为的生成及传播问题，分析了群体规模与群体行为生成之间的影响关系。相对于组织及社会等大群体行为，小群体行为与群体内的个体行为具有更高的一致性程度。在小群体内部，矿工在日常工作中，在执行不同的任务过程中更易于形成行为同步，因而也就更有利于行为在小群体网络内部的传播。最后，在厘清了小群体不安全行为与生成更高层面上的不安全行为关系基础上，我们又重点分析了煤矿领导行为、小群体领袖行为、小群体安全氛围、小群体领袖的安全导向及矿工个体行为之间的影响关系，以及小群体网络对矿工不安全行为传播的影响机制。而煤矿领导行为到矿工安全行为之间的传导性影响关系也是设计矿工不安全行为干预措施时所需要重点考虑的一环。

由于我国特有的国情，人际关系通常会对工作关系产生重要影响。在前文的论述中，我们可以看到，在我国的煤炭采掘行业中，矿工的工作关系中掺杂了更多的人情关系，因而在井下的封闭工作环境中，更易于形成小群体网络。由于小群体网络对个体行动人的行为取向具有双向作用，因此，在煤矿安全生产过程中，安全监督及管理者应该对矿工小群体进行正面的行为引导和干预，使得小群体网络在传播行为的过程中发挥正面的影响效应。在实践中可以尝试通过引导正面的小群体安全文化氛围来影响小群体行为，从而实现对矿工不安全行为的生成、传播的方向及速度的影响。

（1）以正式组织结构为基础，正面引导小群体的发展，并且利于正面的小群体安全氛围的形成。在条件允许的情况下，正面引导矿工在班组中建立小群体，鼓励这些小群体定期举办互助（可以是家庭间的也可以是工作上的互助）及娱乐休闲等内容的活动，单位工会组织可以给予适当的物质支持。通常由正规组织支持小群体活动，并且在小群体成员愿意接受的情形下进行，是有助于形成正面的小群体安全氛围的。

（2）在中国的企业情境中，组织中正式任命的部门或单位管理者同时也承担着小群体领袖的角色。因此，煤矿企业在班组长的任命过程中要充分考虑民意，在适当的条件下，可以由民主选举产生，也可以在充分考虑民意的基础上进行任命。通常，在民意基础上产生的班组长，一般在矿工中都有较高的威信，在日常的工作过程中通常也更能兼顾各方面的利益、协调各方面的关系，能够在小群体中营造正面的安全氛围，加之来自正式组织的官方支持，因而具有很强的执行力，可以对不安全行为起到很好的预防作用。

（3）充分把握小群体的概况，发挥小群体对矿工个体行为的正面引导作用。在日常的安全管理中，要充分重视小群体的正面作用，对本组织中存在的小群体的数量、类别及活动概况等要有较为充分的了解，从而在突发事件发生时，能够充分发挥小群体的正面作用。

（4）充分发挥小群体的领袖的桥梁作用。存在负面安全氛围的煤炭企业，通常小群体的存在会给煤矿的日常安全管理带来一些负面作用。因此，煤矿的安全监管人员应该在对小群体情况进行充分了解的基础上，尝试与小群体的领袖建立良好的工作及私人关系，充分发挥小群体领袖的桥梁作用，通过他们对矿工的安全观念进行正面的引导，形成正面的煤矿安全文化氛围。

（5）充分利用小群体网络对行为传播的同步作用。小群体内的个体行为与小群体行为之间具有高度一致性，更加有利于不同矿工在执行不同的工作任务过程中形成高效的行动配合，并进一步形成行为同步，更加有利于行为的感染和传播。因此，煤矿高层决策者可以通过对正面的小群体安全文化氛围的引导，充分利用小群体网络对群体内部不同矿工个体的行为同步作用，从矿工小群体领袖的行为入手实现对矿工不安全行为的干预。

第八章 小群体矿工不安全行为路径 依赖演化过程不同阶段对行为 传播性的影响性分析

在组织及群体情境中，为什么有的具有偶然性的触发事件能够促使行动人的初始行动决定快速演化为焦点行动决策模式，并进一步形成固定的决策模式且能够让群体中其他行动人对该决策模式产生持续而稳定的行为依赖，而另外一些却又不能够呢？为了回答这个问题，组织研究的学者发展了很多有创新性的概念，并分析了各种影响路径依赖演化过程的条件和因素。North 和 Arthur 等最早在经济学领域中发展了路径依赖的概念，该概念指出技术演化或制度变迁也有类似于物质系统中所存在的惯性，一旦进入某一路径就可能对该路径产生依赖（Arthur，1995；Cowen and Gunby，1996；诺斯，2004）。此后，社会学、组织科学及管理学等领域也开始将路径依赖理论用于研究个体、组织甚至是社会行为的演化过程。North、Cowen 等在路径依赖研究中发现微小的偶然性的历史事件可能导致一种并不占优的技术在与另一种技术竞争时胜出（North，1990），并认为该过程是由以下的自我强化机制造成的，分别是：①巨大的启动或固定成本（规模经济）；②学习效应；③协调效应；④行为主体随内外部条件变化的预期（适应性预期）。Sydow 和 Vergne 等（2010）特别强调了微观层面，如组织及行动人的路径依赖研究。因为，相对于技术和制度路径依赖性，由于行动人、小群体、组织（甚至是社会，统称为行为主体）在空间尺度上要比社会及经济系统小得多，其强化机制也不尽相同，对能否将影响行为主体形成路径依赖的因素一般化也知之甚少。但在现实世界里，小群体充当了从个体行动人行为向整体性行为主体的行为跃迁的桥梁作用，而且小群体的行为生成演化既有个体行动人的印记又带有更大规模行为主体的行为特征，利用小群体行为的生成机制、路径依赖性及传播性对个体行动人行为进行干预是直接对个体行动人行为进行干预措施必要且有益的补充。我们在实践中具体的做法可以是，对影响小群体路径依赖性的因素进行研究将有助于人们利用路径依赖对主体行为进行干预，以影响他们的行动方向及结果（安全绩效），避免小群体过早地锁定缺乏效率的路径。此外，这样做也有非常重要的实践意义。人类大多数更高层面上的行为传播性和路径依赖性在实践中是通过小群体情境孕育的。因此，在小群体情境中，煤矿安全管理或监督者可以通过小群体的安全氛围对煤矿工人的安全行为进行强化，避免锁定不安全行为路径；交通安全监管和设计者可以通过区域性的或者局部区域的小群体安全驾驶氛围对驾驶者的安全行为进行强化，以避免驾驶者生成交通不安全行为的路径依赖；股票投资人可以通过有效率的投资行为强化，避免形成无效率的投资行为路径依赖：在股市上涨的时候投资不足，在股市下跌的时候却又不能及时退出。

相对于微观层次上的个体行动人的行为路径依赖性来说，处于中观层面上的小群体矿工的不安全行为一旦形成路径依赖性，再去进行干预，其难度就会大幅度增加，因而其诱发事故的概率也会显著性增加，相对于微观层面上个体行动人的不安全行为诱导的事故的影响性也更大。第六章的相关研究表明在一个共享的群体情境中的行为传播性与行为路径依赖性之间存在交互作用，且行为的传播性在行为的路径依赖演化过程中能起到双重作用，我们可以利用这种双重作用实现对小群体矿工不安全行为的干预，从而降低事故发生的可能性。现有文献基本上是把行为的路径依赖过程与行为的传播过程割裂开来研究，而对行为的传播过程与路径依赖演化过程的相互影响作用则鲜有论述。针对上述问题，在本章中我们通过借鉴 Sydow 等对路径依赖突现过程的划分，提出了解释组织情境中矿工小群体产生行为路径依赖的理论框架，并将组织情境中的行为路径依赖的演化过程划分为四个阶段，指出行为路径依赖的"临界节点"并不是强化过程的起点，而是吸引阶段和收敛阶段的分割点。通过对行为传播性在启动路径依赖演化过程中所起作用的检验，我们发现具有传染性的新的行为生成过程中，行为传播性越大，其启动自我强化机制的时间越短，矿工小群体就越早进入路径依赖过程，且矿工小群体的惰性主要发生在路径依赖过程的后期阶段，而在其初始阶段反而会表现出敏感性。因此，本章我们将重点分析小群体矿工在建立路径依赖性过程的不同阶段对行为传播性影响程度的变化，这对于利用锁定条件或解锁条件来干预小群体矿工不安全行为的路径依赖具有重要的实践意义。

第一节　相关理论与假设

路径依赖思想从提出之初就非常强调过往事件对未来行动的重要性。对于行为的路径依赖性来说，路径依赖性则表现为行动人过去的行动或者行动选择会对现在或未来的行动或行动选择产生约束作用。从时间维度上来看，行动或行动选择的范围会逐步向一条所谓的行为路径上收敛。目前，组织行为科学领域的行为路径依赖性研究主要派生出两大研究方向：路径依赖的属性研究及路径依赖的过程研究，它们是目前路径依赖理论的主要构成部分，与经济学领域中的路径依赖研究既有很多共同点，也有一定的区别，但核心思想是一致的，即 "History Does Matter"，过去很重要，现在是过去的一种延续，并对未来产生约束。因此，从过程的角度研究行为路径依赖性的学者指出一切人类活动和组织过程在某种方式上都被打上了历史的烙印（Gerog and Sydow，2011），即人的行动和决策从某种意义上来说都具有一定程度路径依赖性，初始决策可以通过行为的传播性（传导性）对行动人未来的路径选择产生持续性的影响。在通常意义上，如果初始决策影响了行为人自身未来的行动，则是行为的传导性，也称作行为的延续性或行为的纵向传播性；如果一个行为的初始决策不仅影响了该行为人的未来行动决策还影响了组织或群体中的其他行为人的未来决策，则为行为的传播性或行为的横向传播性。组织路径依赖演化过程在现实中主要表现为组织中的行动人的行为路径逼近组织行为路径的过程。而从事属性研究学者则对路径依赖的属性进行了总结，指出路径依赖的产生过程都应该具有共同的属性或者受到相似因素的影响。

一、路径依赖属性

属性指的是路径依赖应该具有的特征，用于判断一个过程是否是路径依赖性的。路径依赖性的属性研究主要目的是发现路径依赖性的特有属性，而属性主要由性质和关系构成。因此，研究者只能通过路径依赖过程所特有的性质和关系与其他演化过程进行区分。

现有文献虽然指出了路径依赖性的很多属性，诸如惰性、制度化、组织承诺、刚性、黏性、缺乏弹性、延续性、不可逆性、历史印记性、约束性，但路径依赖的惰性、历史印记性和约束性这三个属性受到研究者的关注最多，几乎在每一篇有关路径依赖性的研究文献中，我们都可以见到相关学者对于 "历史对未来的约束作用" 的论述。

Mahoney（2000）指出路径依赖具有三个明确的特征，分别是：①过程的因果性；②过往事件的偶发性；③路径依赖序列生成标志。另外，Mahoney 也研究了路径依赖性的识别问题。Beckman（2008）通过实证研究检验了个人的历史背景对行为绩效的影响作用。因此，企业在设计激励制度时需要重视对员工背景的研究（Christine and Burton，2008；Finkelstein and Hambrick，1996；Williams and Reilly，1998），以便充分利用他们已有的经验积累，使他们能够尽可能快速进入工作角色，避免不同情境转换的冲突所造成的额外成本，保持员工行为演化的连续性，而路径依赖作为连续性理论很好地解释了行为的连续性及积累效应。因此，借助于路径依赖控制，可以为在实践中克服行为人在不同情境中角色变换所产生的摩擦提供理论和方法支持，即需要行动人保持行为连续性时，可以通过路径依赖控制将行动人推进到一个特定的行为轨道并锁定；反之，则避免行为人进入特定的行为轨道。Wagner 等（2011）根据路径依赖概念研究了路径依赖对技术创新的约束作用，指出由于技术演化存在路径依赖性，实行激进的创新要比渐进的创新遭受的阻力大得多。类似地，Helfat 等（2003）也研究路径依赖对学习和能力的约束作用，指出（公司）能力演化具有强烈的路径依赖性，公司的竞争优势一旦建立并得到顾客的尊重，竞争对手就将难以模仿和超越。诺贝尔得主 North（1990）把路径依赖解释为一个约束未来选择集合的过程（也参见 Sydow et al., 2011），随着路径依赖过程的发展，行动人在组织中可供选择行动的范围会逐渐收缩。路径依赖所具有的这些属性决定了行动人在组织情境中做选择时所受到的种种约束及由此而产生的决策惰性，即在组织情境中行动人受到组织路径的约束越大，行动人对组织路径的依赖程度就越强烈。

相关研究文献对于路径依赖性属性的阐释也为我们对路径依赖性进行实证研究创造了必要条件。但是对路径依赖所具有的上述属性进行进一步分析可以看到，现有的研究者，甚至是诺贝尔得奖的学术大师也仍然难以给出路径依赖性所具有明确的且不具有任何争议的特有属性。现有的文献对于路径依赖性属性的研究还主要停留在对其必要条件的阐述上，对于路径依赖性的充分条件或者充要条件具体是什么依旧存在诸多疑问，这在一定程度上阻碍了路径依赖研究向一个系统化的理论体系演化的进程。另外，依据路径依赖性非特有的属性所进行的实证研究必然会影响到实证结果的信度和效度。因此，当前学术界还需要对路径依赖性的特有属性进行更为深入和全面的研究。

路径依赖性的属性研究也可以帮助我们更深层次地理解行为路径依赖过程与行为传播过程之间的交互作用机制，进而用于对煤矿生产系统不同层面上的不安全行为的干预。煤矿生产实践中的矿工不安全行为传播网络控制仍然是建立在还原论科学基础之上并通过因果关系分析来寻找影响行为传播的因素。而原因的追寻是以影响因素的分析为基础的，既包含部分直接关系也包含部分间接关系，前者的影响更为直接和明显，而后者的影响在短时间内大部分不甚明显，但可以在演化的系统中不断积累，最终仍然会对系统的演化产生至关重要的影响。基于属性研究的路径依赖控制实际上就是要掌握路径依赖属性的变化对于路径依赖过程的影响，进而分析这种影响对于行为传播过程的影响，从而采取有针对性的行为干预措施。

二、路径依赖演化过程

近年来，Vergne、Durand、Sydow 等进一步明确了路径依赖是一个过程的观点，强调了时间、关系、结构及逻辑在路径依赖演化过程中的作用。该方向主要研究了路径依赖演化过程的触发条件、阶段划分、不同阶段的特征及维持机制。尽管路径依赖性属性研究和路径依赖演化过程研究是两个不同的方向，但这并不意味着这两个不同的研究方向是完全不相关的。事实上，这两个方向是从不同的角度对同一问题展开研究的，特别是路径依赖演化过程的研究在一定程度上依赖于路径依赖性的属性研究的进展。另外，路径依赖演化过程的不同阶段中的路径依赖性的属性也并不是一成不变的，也会产生一定程度的变化。

首先，路径依赖过程的触发（初始）条件。既然路径依赖是一个过程，那么这个过程就应该有一个启动点（起点）。路径依赖过程是可以自然而然地不要任何推力就可以启动，还是需要在某种推力的作用下才可以启动？如果需要某种推力，那么这种推力又是什么？目前，学术界关于路径依赖过程的启动问题主要有两种观点：一种是偶然事件的推动；另一种是人为设计的推动。前一学术观点认为大多数行为主体的路径依赖过程的演化都需要一个带有偶然性的触发事件的推动（North，1990；Scott，1991；Helfat，1994；Hannan and Freeman，1984；Marquis，2003）。后一学术观点则认为路径依赖过程也可以靠人为设计而推动。两种学术观点都可以在现实中找到大量的案例支持。Cowan 和 Gunby（1996）在研究杀虫剂技术的路径依赖性时特别强调了触发事件的重要性，他们认为一些显而易见的微小细节可能被放大并促使经济系统沿着一条完全相反的路径运行。Beckman 和 Burton（2008）检验了高级管理团队演化的路径依赖性。他们通过实证分析了企业高层管理团队演化的路径依赖的影响因素，研究了企业创始人的已有经验宽度及对职能结构的早期决策是如何影响企业高级主管的类型和随后付诸实施的结构类型，企业创始人在企业的早期历史中为其带来了重要的经验积累并做出了关键决策，组织的制度变迁实际上是由若干次具体的微小的随机的变化积累而成的。他们验证了企业创始团队演化的路径依赖性，并得出初始因素、微小的随机的变化积累在路径依赖过程的演化中发挥了重要作用。Milanov（2013）检验了初次交往关系对新入职者未来地位的影响。上述文献中的研究结论主要支持了第一种学术观点。Driel 和 Dolfsma（2010）的研究表明丰田生产系统的生成及发展的路径依赖性也是可以通过人为设计的。另外还有大量文献与 Sydow 等的观点类似，直接或者间接地支持了第二种学术观点。

关于触发事件对于路径依赖演化过程的意义，学者们还存在很多争论，他们不清楚触发事件是在组织路径的起点还是在其后某个节点激活了路径依赖性。尽管确定路径依赖过程和行为传播过程的起点非常困难，但两者的起点都是客观存在的。路径依赖演化过程的触发条件恰好对应于小群体矿工中具有传染性的不安全行为的生成条件，小群体矿工不安全行为的传播过程及行为路径依赖过程都是以各自的生成条件及触发条件发挥作用为起点，开启了各自的演化过程。另外，路径依赖演化过程是可以设计的观点也为我们利用路径依赖性干预和控制行为提供了一种新的问题解决思路。

其次，一些学者试图确定某些影响路径依赖性演化过程生成的指标、影响路径依赖性演化过程的条件以及这些指标和条件之间的影响关系。Garud、Kumaraswamy 和 Karnøe 等（2010）在 Vergne 和 Durand 关于路径依赖定义的基础上又进一步阐释了行动者路径构建过程的四个影响因素：初始条件、偶然事件（外部冲击）、自我强化机制及锁定，另外他们主张关系过程，或是结构化过程、复杂耦合作用过程推动了行为路径的建立，并且该过程具有复杂性，受到众多相互作用的因素推动以生成反馈环和非线性动力学机制，推进行为主体的行动选择范围向确定性的行为路径收缩。Sydow 等（2010）研究了 Berlin-Brandenburg 的光学产业群演化过程的路径依赖性，结果发现产业集群的发展是由自发涌现和人为规划两大因素所驱动（Zucchella，2006），但对于现实中具体事例的路径依赖性的确切环境又常常难以证明和解释，特别是在发展持续时间很长并突然被某些重大事件打断的情况下。他们的案例研究表明路径依赖过程可以自发突现，也可以人为规划（Sydow et al.，2009；Martin and Sunley，2006），同时也说明了人在某些更大规模的行为主体的行为路径依赖演化过程中可以发挥能动性作用，干预其行为路径演化的方向及进程。Thrane 等研究了创新的路径依赖性，发现认知框架和组织过程是影响企业创新的路径依赖的两个重要因素。由此可见，影响路径依赖性过程的因素非常众多，但 Vergne 和 Durand 认为偶然性和自我强化是生成路径依赖的两大必要条件。同样我们在论述行为传播性时发现行为的传播也要满足某些必要条件，而且行为预期的不确定性与群体情境下的行为强化作用也是促使行为传播的重要条件，它们与行为路径依赖所要满足的两大条件实际上是相同的，只是在表述上略有不同。另外，研究者们还发现影响路径依赖性演化过程生成的因素和条件也并不是孤立存在的，在群体环境中，这些因素和条件之间又会相互影响，最终使得对路径依赖过程进行实证研究异常困难，现有的研究条件大多只能寻求相关案例对路径依赖演化过程的观点加以支持。

最后，部分学者对路径演化过程的认识越来越深入，并尝试将路径依赖演化过程划分为较为明确的阶段。Koch 等（2008）研究了技术路径依赖的影响因素，并构建了路径依赖突现过程的模型，并将技术路径演化过程划分为三个不同阶段，同时将该模型运用于解决组织路径依赖的突现问题。Sydow 等将行为路径依赖演化过程划分为明确的三个阶段，并指出了不同阶段的行为路径依赖具有不同的维持机制。Vergne 等明确主张路径依赖是一个过程，并且把路径依赖研究划分为宏观、中观和微观三个层面，但同时也认为路径依赖理论还没有形成自身的明确边界，在解释和预测微观层面上的问题还有很多不足，还需要进一步探索。从过程的角度来看，矿工不安全行为传播性及路径依赖性的形成都可以看成行为演化过程，同时可以用行为的时间序列来表示。在群体情境中，矿工不安全行为传播过程既涉及行为的纵向延续性又涉及行为的横向传播性，而矿工不安全行为的路径依赖过程虽然主要涉及的是行为的纵向延续性，但行为的横向传播性会对行为的纵向延续性产生耦合作用。这最终会使得矿工行为传播过程和矿工的行为路径依赖演化过程产生交叉影响作用。由此，我们可以尝试建立矿工不安全行为传播过程与矿工不安全行为路径依赖演化过程之间的联系，并探索两者之间的对应关系。根据矿工不安全行为传染的巴斯模型，小群体矿工的不安行为的传播过程主要分为五个阶段。这种阶段的划分虽然和当前关于行为路径依赖过程的阶段划分不能完全一致，但其划分阶段的主要指标是近似的，行为人在路径依赖演化过程的行动范围的变化曲线（见图 8-1）与行为传播过程中的 S 型曲线和钟型曲线非常相似。从中我们可以找到行为传播过程与行为路径依赖演化过程之间的某些相似之处和内在联系，主要表现为：①在行为路径依赖演化过程中，行为收敛会经历一个快速变化的过程，而且收敛阶段持续的时间长短对行为路径的锁定会产生至关重要的影响。同样在行为的传播过程中，行为的传播速度也不是恒定不变的，在某一个时间段内，传播速度会快速变化，并决定了达到传播饱和状态所持续的时间长短，创新采用者和早期采用者在短的时间内达到的占比越大，则行为传播达到饱和状态的时间也会越短。②行为的传播过程和行为的路径依赖演化过程都存在强化机制。③在群体情境中，行为路径依赖演化过程最终会达到一个锁定状态，而行为传播过程通常最终也会达到一个与之相对应的饱和状态。锁定状态和饱和状态都是一种平衡状态。通常在行为路径依赖进入锁定状态后，行为传播也进入了饱和状态。因为进入行为路径依赖锁定状态后，行为个体几乎是在复制既定的行动选择模式，既不会生成新行为，也不会采纳具有传染性的新行为。

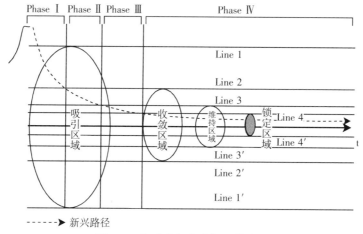

图 8-1　行动人行为路径形成过程

虽然已有文献对路径依赖的属性、条件及过程进行了大量论述，并得到了学术界较高的认可度，但相关学者仍然对路径依赖理论能否作为一种解释行为连续性过程的理论存在质疑。Peter（2011）在展望路径依赖理论的未来时也指出当前关于路径依赖研究的不足，他认为现有的路径依赖研究缺乏计算机模拟、实验研究及反例研究支持来解释是什么条件、因素或者机制保证了组织演化的连续性。Kay（2005）也对路径依赖研究提出了诸多批评，认为该理论中强调的历史性对随着时间变化而变化的决策机制缺少明确且令人信服的解释。尽管如此，在组织与管理学研究领域，有关路径依赖的理论和方法研究在近 20 年来取得了巨大进展，一些国际顶级的期刊每年发表的关于路径依赖研究的文章几乎要占到其发表论文总量的 10%，由此可见路径依赖在理论研究中的重要性及学者们对其重视的程度。结合已有的研究成果，我们根据路径依赖过程中不同阶段小群体矿工行动选择的传播性、不确定性及自我强化程度的变化对路径依赖过程进行了重新划分，指出并检验了小群体矿工的行为路径依赖演化过程的不同阶段对行为传播性的影响，并阐述了其理论依据和逻辑。

三、路径依赖过程的不同阶段对矿工小群体不安全行为的影响

由于已有文献对路径依赖的随机过程属性进行了丰富论述，本部分将"路径依赖具有随机过程属性"作为已经通过检验的假定而不再加以论证，本部分将论述重点放在分析行动人路径依赖性演化过程的阶段划分，以及各个不同阶段的主导机制，这些主导机制的影响因素及这些影响因素间的因果联系上。另外，我们还要对行为路径依赖过程的不同阶段对于小群体矿工不安全行为传播性的影响作用进行分析，并给出相应的干预措施。

（一）路径依赖演化过程的划分依据及其与 Sydow 划分的区分和联系

参考 Sydow 等对组织路径依赖过程构成阶段的划分，本部分在 Sydow 对于组织行为路径演化过程三阶段划分的基础上将行动人的行为路径依赖过程划分为四个阶段，分别为吸引阶段、收敛阶段、保持阶段及锁定阶段。本划分既与 Sydow 划分有相近之处，但也存在许多明显差异，而且我们进一步阐释了路径依赖演化过程与行为传播性之间的交互作用机制，特别论述了路径依赖演化过程中的不同阶段对行为传播性的影响，以及相关行为干预措施的设计及接入时机选择问题。而 Sydow 等的研究只是简单地提及了行为传播性对于行为路径依赖性的影响问题，而对路径依赖性对于传播性的反向作用则没有提及，更没有提出相关行为干预策略的设计及介入问题。

第一，无论是从直觉上、理论推演上还是对现实案例的观测上，不同的行为主体的行为路径依赖演化过程所持续的时间是不同的。在不同的环境中，不同的行为路径演化过程从生成到解锁的时间（总持续时间）也是不同的，而不同阶段所持续的时间在总持续时间中的占比也是不相同的。但经验数据表明，对于不同情境中的行为主体，各个不同阶段所持续的时间在总持续时间中的占比具有一定的稳定性。上述文字表述配合以下数学符号的表示将更加易于我们对路径依赖演化过程持续的总时间及不同阶段在总持续时间中的占比的理解。设 t_{11}、t_{12}、t_{13}、t_{14} 表示行为主体 1 在其行为路径依赖演化过程中的不同阶段所持续的时间，用 T_1 表示行为主体 1 在行为路径依赖演化过程中的总持续时间；t_{21}、t_{22}、t_{23}、t_{24} 为行为主体 2 在其行为路径依赖演化过程中的不同阶段所持续的时间，用 T_2 表示行为主体 2 在行为路径依赖演化过程中的总持续时间。尽管 $t_{11} \neq t_{21}$、$t_{12} \neq t_{22}$、$t_{13} \neq t_{23}$、$t_{14} \neq t_{24}$、$T_1 \neq T_2$，但 $\dfrac{t_{11}}{T_1} \approx \dfrac{t_{21}}{T_2}$、$\dfrac{t_{12}}{T_1} \approx \dfrac{t_{22}}{T_2}$、$\dfrac{t_{13}}{T_1} \approx \dfrac{t_{22}}{T_2}$、

$\frac{t_{14}}{T_1} \approx \frac{t_{24}}{T_2}$。也就是说不同行为主体在不同的情境中的行为路径依赖过程所持续的总时间以及各自过程中的不同阶段所持续时间的绝对值不相等，甚至有非常大的差异，但是不同行为主体的行为路径依赖演化过程的不同阶段所持续的时间在其路径依赖过程持续的总时间中的占比却有很大的近似性。但是，在路径依赖演化时间上，Sydow 并没有对路径依赖过程各阶段持续的时间进行明确说明，更没有对路径依赖演化过程中的不同阶段所持续的时间在总持续时间中占比的规律进行总结和解释。我们只能从 Sydow 关于行为路径依赖演化过程的不同阶段划分的图形上大致地看出，路径依赖的形成阶段所耗费的时间最长，而预形成阶段及锁定阶段所耗费的时间明显要短一些，这似乎不符合已有经典路径依赖案例的实际情况，下文我们将详细论述各个不同阶段所花费时间的因果联系。

第二，主导本划分各个阶段的因果机制也与 Sydow 划分不尽相同。Sydow 指出主导路径依赖过程三个阶段的是不同的机制，分别是偶然的触发事件、正自我强化机制及无效率的锁定。也就是说路径依赖演化过程的预形成阶段的主导机制是随机性的触发事件，但实际上，随机性的触发事情对路径依赖演化过程所起到的影响作用只是在一个时间点上而不是一个持续的时间区间，只是起到了启动路径依赖演化过程的预形成阶段并没有主导该阶段的演化，该阶段的演化仍然是靠强化作用机制来发挥作用的，并将随机事件的影响作用延续并积累下去。同样行为进入无效率的路径依赖锁定阶段也是强化作用机制在继续发挥作用，只是这时这种强化作用机制在路径依赖演化过程的不同阶段发挥了不同的作用。在预形成阶段和形成阶段，强化作用机制保证了路径依赖的效率，而在锁定阶段则导致了路径依赖的无效率。因此，我们认为主导路径依赖过程不同阶段的机制是相同的，只是程度不同。Sydow 指出的第一和第三阶段的两个机制实际上是路径依赖过程在第一阶段中所受到的影响作用及第三阶段的表现形式，而不是机制。

第三，Sydow 划分只包含了三个阶段，而本研究的划分包含了四个阶段（见图 8-1），从图 8-1 中我们可以清楚地看到不同阶段所持续时间的显著差异，以及不同阶段行动人的行动范围的变化。另外，在本划分中，我们并没有给出所谓的路径依赖过程的预形成阶段，这也是本划分与 Sydow 划分最主要的区别之一。我们的四阶段划分中没有考虑预形成阶段的作用主要是由于预形成阶段在整个路径依赖过程中所起的作用非常模糊，也不存在明显的特征指标，难以确定路径依赖过程的起点在哪里。因此，我们把偶然性事件的发生及人为设计的介入作为路径依赖过程的起点标志。在现实世界中，无论对于由偶然性事件驱动还是人为设计所驱动的路径依赖演化过程，只要偶然性事件发生或人为设计的介入启动了路径依赖过程，则以此作为路径依赖过程的启动。当然偶然性事件发生或人为设计的介入对于路径依赖过程的影响分为两种情况，启动路径依赖过程或者没有启动路径依赖过程。后一种情况本研究不做详细论述。Sydow 划分的预形成阶段与路径依赖过程的演化之间并没有体现出多少因果联系。本划分更希望找到行动人路径依赖演化过程中各个不同阶段之间的因果联系。

第四，已有组织研究特别强调组织结构惰性对决策的影响，同时也论证了路径依赖是一个关系过程，具有结构惰性，从而会阻碍组织变革或组织创新。也就是大多数研究文献都强调了路径依赖演化过程对于组织演化的负面效应。实际上，从已有文献可以看到，任何组织并不是说在演化的起点就具有了结构惰性（也就是结构成了一种阻碍变化的力量，因为结构本身就具有记忆性，这种记忆并不一定就带来黏性），我们甚至可以说任何组织的行动路径在演化过程的特定阶段不仅不具有结构惰性，反而具备结构敏感性，即在路径依赖过程的 I 和 II 两个阶段，并不具有结构惰性，组织结构甚至是推动变化的动力，组织和行动人也是有效率的，只是该过程在进入维持阶段才具有惰性。所谓的结构敏感性是指在一定的时间范围内，组织结构的微小变化，组织和行动人绩效却会发现显著性的变化。路径依赖过程的敏感性是指一个特定的时间跨度内，行动选择范围快速收缩，焦点决策模式突现，行动人的决策快速形成对特定行动路径的依赖。另外，对于主导行为路径依赖演化过程的自我强化机制，我们所给出的解释是：路径依赖演化过程中的自我强化机制既是路径依赖性效率的来源，也是路径依赖锁定后最终出现的无效率的来源，承担了双重的角色。这种解释也与 Sydow 对于路径依赖演化过程中的关于自我强化机制的解释有着本质不同，并且我们同时也认识到行为传播过程及路径依赖演化过程中都需要强化作用不断对行为个体及群体的行动进行持续不断的影响，这一方面保证了两种不同过程的连续性及传递性，另一方面又使得两种不同的过程具备了产生耦合作用的基础。

第五，在已有的研究中，Sydow 等并没有对在共享情境下的路径依赖演化过程与行为传播过程的耦合作用机制给出解释。Sydow 等虽然也发现了传播性对于路径依赖性的影响，但对两者之间的交互作用关系一直没有进行详细而清晰的描述。在我们的研究中，不仅认识到了路径依赖演化过程与行为传播过程存在的耦合作用机制，而且详细论述了这两个过程中的路径依赖性与传播性的相互作用机制，我们指出个体的需求及行动选择在共享的群体环境下所受到的强化作用推动了行为的传播及行为路径依赖性的演化，以及两个不同的过程之间的耦合作用。

（二）触发事件及其在路径依赖演化过程及行为传播过程中的作用

当前的研究更加倾向于认同路径依赖演化过程是一个随着时间的推移其确定性不断增加而其随机性不断降低的连续性过程，以此观点为基础，我们将对行为路径依赖过程的阶段进行进一步的划分，并与 Sydow 划分做对比分析。根据 Sydow 和 Vergne 等的论述，由于路径依赖过程是一个随机过程，其第一阶段应该是预形成阶段，主要特征是行动没有显著的限制范围。技术路径依赖研究认为行动人在搜寻替代方案时从零开始，决策也不受约束。但根据理性决策传统，组织的决策和行动嵌入在组织惯例和组织实践中，反映了对组织规则和文化的继承性（Child，1997；March，1994），也就是说预形成阶段不可能是从零开始的。但是这也并不是说路径依赖从一开始就是注定的，或者说是确定性的，否则该理论也就失去了其应有的意义（Sydow，2009）。实际上，Sydow 在论述路径依赖过程的第一阶段时特别提到了"更进一步行动的触发"问题，认为它是初始决策在以后形成路径依赖的推动力（impetus）。多年来，学者们一直在到底是微小细节、重大事件、随机事件、关键事件还是初始决策最终导致了路径依赖过程的生成及演化问题上争论不休。实际上，他们争论的本质问题恰恰就是什么触发了路径依赖性，并推动和维持路径依赖过程的演化。换一种说法就是，路径依赖的触发条件是什么，维持条件是什么。满足了触发条件，则路径依赖性被激活，路径依赖过程的演化才成为了一种可能。否则，行为路径依赖只能处于一种蛰伏状态。那么究竟是触发条件还是行为的强化作用机制在路径依赖演化过程中充当了关键决策？对此学者们并没有给出进一步的解释。由于具体的触发条件繁多，难以一一列举，并且是偶然性、非确定性和难以预料的。在对行为路径依赖过程进行的行为实验中，不失一般性，本部分用触发事件作为任何路径依赖过程的起点，并且提出以下假设：

假设 8-1：初始决策的积累效应越显著（触发事件启动自我强化机制耗时越短，或者说是越敏感），小群体矿工的行动范围收缩得就越快。

由于触发事件也是导致行为在群体中传播的启动器，因此在本部分的假定设计中我们将始终围绕行为路径依赖性对于行为传播性的影响作用进行论述。当中国旺盛的煤炭需求周期来临时，通常煤矿领导会动员各方面力量以鼓励矿工采取加班的方式提高煤炭产量以应对短期的煤炭需求激增，但是如果旺盛的煤炭需求一直持续下去，长期的轮班制度也就成为了一种常态，矿工会逐渐用比较隐蔽的不安全行为来降低行为成本。虽然近年来由于安全技术进步、安全设备的大力投入、管理水平的提升降低了每年煤矿生产事故的死亡人员的绝对人数，但矿工不安全行为在煤矿日常生产中仍然比较常见，仍然是我国煤矿事故的主要诱因之一。在这里，触发事件（旺盛的煤炭需求）充当了小群体矿工不安全行为生成的推动力角色，而强化机制充当了不安全行为的吸引力和维持力的角色。在矿工小群体情境下，自我强化机制逐步制造了焦点不安全决策行动模式的积累效应，并逐步压缩了小群体矿工的选择范围，使得行动范围的边界和决策的参照标准开始构建。另外，初始决策的积累效应取决于自我强化机制启动的时间及强度。在小群体矿工在做行动选择的过程中，自我强化机制启动越早且强度越大，则其积累效应越明显，这时不安全行为在小群体内部的传播速度越快，初始不安全行动决策模式也就越容易成为焦点决策模式并进一步取得优势地位，矿工个体的行为路径逼近矿工小群体的行为路径时速度也就越快。加之高耦合煤矿生产系统中的矿工之间快速及密切的合作行动，不安全行为一旦产生，会快速通过小群体行为的同步作用而在群体内部成员之间快速传导，并可以在一个较短的时间内达到平衡状态。因此，小群体矿工的行动范围收缩越快，新生成的不安全行为在矿工小群体中的传播速度也会越快。触发事件不仅起到了加速行为路径依赖过程启动的作用，也会影响到具有传染性的矿工不安全行为在矿工群体的传播速度。

（三）路径依赖演化过程中的不同阶段及其对行为传播行为的影响

1. 第一阶段：吸引阶段（Phase Ⅰ：Attracting Phase）

虽然路径依赖过程兼具偶然性和确定性，是一个从偶然性向确定性过渡的过程，但路径依赖过程的启动却充满了随机性和复杂性。我们在既往的众多文献中经常可以读到学者们对于路径依赖过程的描述：路径依赖是一个复杂的结构化的约束过程，一旦建立路径依赖，行动人难以轻易逃脱对其依赖，并且初始条件通过群体行为的积累效应对于行为人建立路径依赖影响深远。对相关的细节问题，研究者很少对其展开来研究。近年来，这种局面有所改善，很多学者开始从微观层面开展对路径依赖过程的研究，并取得了很多重要的进展。Baum 等（2000）在对加拿大生物技术公司初始业绩的研究中发现，初创公司首次合作行动的性质会影响初始业绩，并会对企业的未来发展方向及业绩产生积累性影响效应，说明企业的初始行为选择与企业绩效之间存在强相关关系。Hana Milanov 和 Dean A. Shepherd（2013）提出新员工首个合作者的属性要比公认的早期关系的直接利益更重要，并且充当形成新员工未来身份的长期"社会关系印记"。Vergne 和 Durand 将组织路径依赖划分为宏观、中观及微观三个层次，并重点研究了微观层次的路径依赖，分析了影响组织建立路径依赖性生成的不同阶段的影响因素及其之间的关系。Wilson 和 Dearden（2011）从路径依赖视角研究了城市发展路径对初始条件的依赖，并通过图像分析明确展示了初始条件对城市发展的不连续变化的影响路径。目前有关初始条件对于建立路径依赖性的影响作用还存在诸多争论，有些研究文献认为初始条件对建立路径依赖的影响性弱，而另一些则认为较强，以至于某些学者认为初始条件对建立路径依赖的影响性具有随机性，通常一个明确的触发事件一般会加速路径依赖过程的启动。实际上，明确的触发事件在矿工小群体中充当了"大众传播的角色"，它直接促使了初始的矿工不安全行为生成者的突现。而触发事件的公共传媒效应能使得不安全行为生成者的行为表现受到小群体中的其他矿工成员的高度关注，加之小群体成员易于形成快速统一行动的属性，一旦不安全行为生成者的行为表现符合小群体的利益，则该行动模式就会快速被小群体成员所认可，使得个体的行动路径快速逼近小群体行为路径，并促使目标行为在矿工小群体成员之间进行快速的传播。

因此，在行为路径依赖的演化过程中，触发事件扮演了"起动机"和"大众传媒"的角色。在群体情境中，触发事件不仅可以启动路径依赖演化过程，还通过群体内部效应使得自我强化机制做出快速响应，而矿工小群体的成员之间具有强的接触关系，因而能够快速促使已有决策模式在矿工小群体成员之间传播并形成焦点决策模式。也就是说触发事件初步启动了路径依赖过程，激活了行动人的自我强化机制，行为路径依赖的生成标志是焦点决策行动模式的突现。因此，我们提出以下假设：

假设 8-2a：小群体矿工在进行初始行动选择时，成员间的接触关系越强，越容易启动不安全行为的路径依赖。

假设 8-2b：矿工小群体成员间的接触关系越强，不安全行为在群体中的传播性越强。

假设 8-2c：矿工小群体的不安全行为路径依赖过程启动越容易，则不安全行为在群体中的传播性越强。

在共享的群体情境中，路径依赖演化过程和行为的传播过程几乎是同时进行的，并且在个体需求、群体压力及自我强化机制的作用下相互影响。这里我们主要是检验行为路径依赖过程对于行为传播过程的影响作用，因而忽略了对行为传播过程对于行为路径依赖演化过程的阐释。自我强化机制是促使路径依赖过程向行为路径锁定状态逐步演化的必要条件。可以说仅仅只有触发事件而没有自我强化机制持续性的发挥作用促使行为主体的行动范围收缩，使得个体行为路径不断逼近群体的行为路径，最终就不会出现一个完整的行为路径依赖演化过程。如果由触发事件诱导的不安全行为生成者所做出的行动选择能在较短的时间里且在矿工小群体中成为焦点决策行动模式并建立优势，那么他们的行动选择将会对矿工小群体中的其他矿工成员（不安全行为模仿者）产生强有力的吸引效应，小群体矿工采用不安全行动的边际决策成本明显递减，从而吸引矿工小群体中更多的矿工来学习、模仿、采纳焦点决策行动模式并付诸实践，这时具有传染性的矿工不安全行为就会获得一个更大的初始传播速度。在空间上，小群体矿工在吸引阶段的行动范围逐步形成明确的边界（如图 8-1 中的吸引区域所示）。个体行为边界的生成是个体行为路径生成的起点，是群体行为路径生成的基础，也是促使小群体矿工行动选择范围进一步收缩的前提条件。当个体的行为边界开始形成后，处于小群体情境中的矿工个体行动选择的范围开始受到一定程度的限制，其随机性和不确定性也随之降低，小群体矿工的学习和模仿开始具备了比较清晰的参照，并能够通过各自的个体网络进行有效的知识搜寻和传递，从而具备了选择行动路径的条件。在时间上，吸引阶段要比维持阶段及锁定阶段短暂，特别是比锁定阶段要短暂得多，但要比收敛阶段稍长一些，否则现有的决策行动模式就会快速失去吸引力，甚至被替代，难以到达自我强化过程的临界节点（Collier and Collier，1991）。个体的行动范围会再次扩展，甚至突破既有的行为边界。判断一个矿工小群体有没有进入路径依赖过程，其关键指标为：在吸引阶段之前，其初始决策和行动有没有明确的边界，有没有明确的参照。在实践中，我们通常用在一个群体情境中是否具有明确的且确定数量的备选方案，并且备选方案间优劣程度是否具有可区分性，作为行为边界明确性的衡量指标。

2. 第二阶段：收敛阶段（Phase Ⅱ：Converging Phase）

吸引阶段只是初步激活了自我强化机制，而在收敛阶段自我强化机制得到了进一步发展，但在强化程度上存在明显差别，也就是说从第一阶段到第二阶段的过渡上存在一个临界节点，该节点类似于行为传播 S 型曲线上导数最大的点（是行为传播进入中期阶段的标志），一旦跨越此节点，就进入了第二阶段。在收敛阶段，自我强化的程度显著大于吸引阶段，从而使得个体行动范围的边界更加明确和规则，个体行为活动的范围也会进一步收缩，这时目标行为模式对于行为个体来说不仅具有很大的吸引力，而且还具有一定的可复制性。在空间上，个体行动范围继续快速缩小，行动人越来越难以摆脱初始决策或者是初始行动模式的累积效应，这时占优的行动模式开始突现并且难以逆转，行为路径开始快速演化，决策的随机性和不确定性也快速降低，因果律逐步取代随机性开始主导行为路径的演化，即行动人的行为在时间的先后关系上已经呈现出明确的因果性。由此可见，随机性和因果律在行为路径依赖演化过程中共同作用影响了行为路径的发展，并且在不同的阶段各自所发挥的作用也是不同的。在时间上，收敛阶段是路径依赖过程所包含的四个阶段中最短的一个，也是路径依赖过程中对时间最敏感的一个阶段。否则如果行动路径的收敛阶段持续的时间很长，在外在冲击或者组织内部冲突作用下，导致自我强化机制快速弱化，行动的范围有可能再度膨胀，行为路径的方向可能出现偏离而被推进到收敛区域之外，或者进入一个完全不同的吸引区域或者是吸引区域之外。因此，由行为路径依赖过程在收敛阶段的特征可知，在该阶段，具有传染性的不安全行为在矿工小群体的成员之间的传染性最强，传播速度也最快。这主要是由于路径依赖过程在收敛作用下使得矿工小群体的个体成员的行动范围快速缩小，成员之间的接触更加密切，行动选择也更易于复制和受到其他采用同样行动选择的矿工影响。根据矿工不安全行为传染的决策模型及巴斯模型可得，这种情境中的成员间的行为传染性更强。上述论述部分地解释了现实中为什么有些行动模式最终形成了路径依赖，而另外一些则不能。已有的实证研究文献并没有明确证明路径依赖过程各个阶段都是完全不可逆的，只是指出其整个过程是不可逆的，其实际情况可能是第一阶段的不可逆性最弱，而锁定阶段几乎是完全不可逆的。因此，我们根据上述分析对不同阶段的不可逆性、自我强化程度及行为传播性的排列顺序（见图8-2）做出以下推断：

Phase Ⅰ<Phase Ⅱ<Phase Ⅲ<Phase Ⅳ

自我强化程度排序（见图8-2）为：

Phase Ⅰ<Phase Ⅱ，Phase Ⅱ>Phase Ⅲ>Phase Ⅳ

行为传播性的排序（见图8-2）为：

Phase Ⅰ<Phase Ⅱ，Phase Ⅱ>Phase Ⅲ>Phase Ⅳ

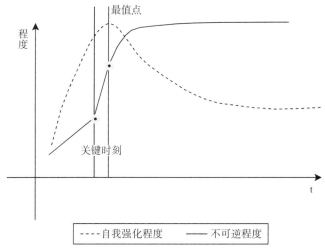

图 8-2　各阶段的自我强化程度趋势及不可逆性

另外，行为的不可逆性也会影响到行为的传播性。这主要是由于行为的不可逆性一方面是行为积累效应的结果，另一方面是行动选择内外部环境不可重复性的结果。两者同时作用进一步降低了个体行动方案的可选择性。当小群体矿工的不安全行为路径依赖过程进入完全不可逆阶段，这时群体成员间的行动一致性及个体行为与群体行为的一致性都达到很高的程度，行为的传染性甚至能够被行为的高度同步性所取代，群体内部产生同步作用个体的行为路径几乎完全重叠，这时在小群体内部具有传染性的不安全行为甚至会失去传播性。而这时矿工小群体对于来自外部的行为感染的接纳程度会走向两个极端：如果来自外部的具有感染性的行为能够被群体中的成员所接纳，那么该行为就会在小群体中快速传播，否则的话，小群体成员就会对该传染性行为具有高度的免疫力，该行为几乎不可能在小群体内部传播。因此，针对上述理论论述，我们可以对在收敛阶段的行为路径依赖性对行为传播性的影响作用给出以下假设：

假设 8-3：触发事件促使矿工个体搜寻、发现及复制焦点决策行动模式持续的时间越短，则矿工小群体的行动范围收敛得越快，具有传染性的行为的传播性也越强。

通常，人的习惯、行为模式及组织结构和文化在时间维度上都具有明显的不可逆性，一旦形成，则会按照既定的路径演化，从而最终达到路径锁定状态。不可逆性使得任何偏离约束通道的行为都会付出额外的成本，行为主体几乎只能按照既定的行动序列进行选择。在矿工的小群体情境中，不可逆性使得行为主体在做选择时不愿意付出额外的决策成本搜寻新的替代行动方案，这就使得初始的行动决策得以演化为焦点决策模式，并不断被模仿和复制，在矿工小群体的成员之间进行传播，并进一步促进群体行为路径的生成。随着自我强化程度的增加（见图 8-2），不可逆性也逐渐增加并逐渐逼近关键节点，在此点附近，不可逆性开始加速向最大值逼近，增速最大点对应于自我强化程度的最值点。当自我强化程度达到最大后的一段时间内，不可逆性也将逼近最大值。此后尽管自我强化程度逐渐衰减，但由于积累效应，不可逆性将不再随之而变化，这时具有传染性的不安全行为在矿工小群体中的传播性也进入饱和状态。因此，我们给出以下假设：

假设 8-4：在收敛阶段，行为路径依赖过程的不可逆性越大，则小群体矿工的不安全行为的传播性也越大。

图 8-2 中虚线表示的是自我强化程度及行为传播性的变化趋势，该曲线实际上就是钟型曲线的变异，表明自我强化程度和行为传播性在行为路径依赖的演化过程中存在极值点，不可逆性的变化曲线则表现为近似的 S 型生长曲线，通过对比这两条曲线的特征我们可以明显地划分出收敛阶段和维持阶段的界线。但是，在现有的研究中，从理论上我们仍然很难运用精确的数学模型对吸引阶段和收敛阶段进行细致的描述，同样也难以对维持阶段及锁定阶段进行准确的区分。另外，当前在实践中，明确地区分吸引阶段和收敛阶段的界线，及维持阶段及锁定阶段的界线也是几乎不可能的。这主要是由于行为路径依赖演化过程的时间漫长性及弱因果性使然，加之研究者无法获得可靠的连续性观察数据，最终导致我们只能从理论上对行为的路径依赖演化过程进行直观地逻辑推理性论述，并推演出行为路径依赖演化过程的不同阶段对于行为传播性的影响。因此，路径依赖研究在迈向系统化的理论历程中，还有很多关键性的问题有待于解决。

3. 第三阶段：维持阶段（Phase Ⅲ：Maintaining Phase）

从行为主体的行动范围收敛过程所呈现出的趋势来看（见图 8-1），维持阶段和收敛阶段并没有非常明显的界线，维持阶段只是收敛阶段的延续，它们之间在特征上并没有明显的变化。吸引阶段启动了路径依赖过程，个体逐渐有了行为边界，个体在行为边界内的活动范围仍然具有很大的随机性和不确定性，无法生成行为路径。而收敛阶段个体行为边界的收缩已经使得行动路径的生成成为可能，行为主体逐步形成较为固定的决策模式，并能感受到明显的行动选择约束范围，即行为主体的决策模式开始对已经构建起的行动路径产生一定依赖，但是仍然存在个别的个体行为路径与群体行为路径的一致性较差的情形。在矿工小群体不安全行为路径依赖表现形式上，成员之间在执行工作任务过程中已经可以形成较为有效的行为同步，群体中大多数个体行为与小群体行为有较高程度的一致性，一旦处于行为同步作用中的某个成员采纳了不安全行为，该行为在该作用过程中有极大可能会得到其他成员配合，并通过行为同步在小群体中快速传播。在收敛阶段的尾声，个体行为路径几乎已经完全逼近群体行为路径，群体行为路径的生长也逐步完成。群体行动路径一旦形成，自我强化强度将逐渐趋于稳定，行动范围进一步收缩，但收缩的速率明显降低。具有传染性的不安全行为在小群体中的传播性也逐步进入一种均衡的状态，在这个过程中，不安全行为处于一种持续的高发状态，但诱发事故的概率却没有增加，被发现的概率也较小，这主要是由于小群体成员在不安全行为的传播与同步过程中也在不断积累经验，小群体作为一个整体有着较高的风险抵御能力，从而可以有效抵消了多发性不安全行为诱发事故累积概率的增加。另外，小群体成员也会对不安全行为进行有意识的掩盖，因而也增了监管者发现问题的难度。因此，在空间上，维持区域与收敛区域相比并没有小很多。由于行动范围进一步收缩，小群体内矿工行动决策所需的知识和信息可以在小群体内部进行快速的搜寻和传递，具有传染性的不安全行为传播速度也越来越快，进一步促进了行动决策模式的固定，可供选择的替代行动方案也受到限制，个体在决策时会积极搜寻由初始决策及初始行动模式演化而来的小群体惯例的明示方面（ostensive aspects），并作为个体决策的参照，使得个体决策对已有行动路径的依赖程度趋向于稳定。在决策效率和行为绩效上，维持阶段都达到了峰值。这主要是由于在该阶段，决策过程有明确的参照标准，获取决策信息的成本大幅度降低，小群体内部成员间就占优的决策模式已经达成共识，任何个体的决策都会被快速地吸引到已有的行动路径上，从而对现有的决策模式维持了稳定的路径依赖，占优的决策模式变得更加不可逆。在持续时间上，维持阶段长于吸引阶段和收敛阶段，但远远短于锁定阶段。在此阶段，路径依赖过程不仅开始逐步失去对时间的敏感性，而且也逐步失去对组织内部矛盾和外在冲击的敏感性，这是路径依赖过程进入维持阶段最明显的标志。在路径依赖的维持阶段，具有传染性的行为传播性缓慢增加，并逐渐达到峰值，然后再缓慢性下降，这时小群体内的易染成员几乎都被具有传染性的不安全行为所传染，行为传播即将达到饱和状态，已染行为个体在总体中的占比基本趋于稳定，加之小群体边界的相对封闭性及小群体成员的行动高度同步性，行为的传播性在小群体中也就逐渐失去了敏感性，并逐步向饱和状态逼近。

4. 第四阶段：锁定阶段（Phase Ⅳ：Lock-in Phase）

Sydow认为路径依赖过程锁定阶段的特征表现为"行动范围进一步受到限制，主导性的行动模式甚至是可完全复制的，并最终导致整个行动情境都陷入锁定状态"。我们在对锁定阶段的认识上和Sydow的观点基本相同。只不过我们认为锁定阶段是维持阶段的延续或自然过渡，两者在路径依赖程度上并没有显著性差别，只是在不可逆性、可复制性、确定性及敏感性的程度上得到了进一步加强，并进入一种更加稳定的平衡状态，且决策模式已经近似于完全可复制。在组织情境下，行为主体的任何决策都可以参照组织的明文规定，在决策效率和行为绩效上，锁定阶段开始以一种组织和个体都不易察觉的变化缓慢下降，个体的行动范围受到极端的限制，对任何外在影响几乎表现出高度的不敏感性，即使是组织的新入职员工也会在极短的时间内完全对已有的行动路径产生依赖。对于矿工小群体情境，小群体的行为路径依赖性与行为传播性已经达到一个稳定的均衡状态，行为的传播性对路径依赖性已经失去敏感性，小群体矿工的行为进入高度的同步状态，个体行动与小群体行动几乎是完全一致的。个体开始对搜索和传递新知识失去兴趣，任何决策行动几乎都是有章可循，最终导致锁定阶段进入完全的可复制状态。在此状态下，矿工小群体成员之间执行工作任务过程中已经形成高度的行动默契，已经不需要新的决策信息支持他们之间的行为配合，相互之间支持决策行动的信息几乎是完全对称的，至此在矿工小群体中具有传染性的不安全行为的传播过程也就进入终结状态。但是已有研究对于路径依赖演化过程的锁定阶段究竟会持续多长时间及锁定阶段在路径依赖演化过程总持续时间中的占比鲜有论证。不同情境下不同行为主体的路径依赖演化过程的不同阶段在总持续时间中占比是不是有某种规律可循？占比是不是基本恒定的？如何测度？这些问题从现有的文献中仍然难以找到令人信服的回答。从可以观测到路径依赖案例来看，路径依赖演化过程的锁定阶段所持续的时间短的可能是几个月、几年，长的可达几十年甚至上百年，而且行为主体的规模越大、越复杂，锁定阶段所持续的时间也越长。对于微观层面上的个体行为的行为路径依赖演化过程的锁定阶段有可能只持续几个月时间；而对于规模庞大、结构复杂的组织、社会系统，其行为路径依赖过程的锁定阶段可能会持续几年，甚至是上百年之久。因此，从事路径依赖研究的学者们主要运用案例研究来论述锁定阶段的特征及其持续的时间。另外，从表面上看，由于各个国家的历史背景和文化的演化过程存在很大差异，不同情境下的行为主体的路径依赖过程、行为的传播性，以及行为路径依赖与行为传播性之间的交互效应也存在很大区别。中国情境下的行为主体的路径依赖过程的建立及解锁都可能要比西方背景下容易得多。同样，中国情境下的行为主体的行为传播性也可能要比西方背景下强一些。这主要是由于在中国情境下的制度体系里，权力过于集中，且行政权力一家独大，又主要由企业或组织的一把手掌握，由此而形成的行为传播网络高度中心化，领导可以很容易通过个人的影响力来干预行为主体的行为路径演化及行为传播过程。因此，在行为主体的路径依赖演化过程中，当存在人为的干预时，其收敛阶段和解锁阶段所持续的时间相对于西方情境下的行为主体演化过程都要更加短暂一些，建立和解锁路径依赖过程也更加容易一些，这最终导致中国情境下的组织演化过程表现出更大的波动性和不确定性。

由上文分析可知，路径依赖过程的第一阶段和第二阶段持续时间相对较短，但对路径依赖过程的演化却起到了关键作用，通过实验的方法也易于实现。在现有的理论和方法体系中，尽管学者们也尝试对收敛阶段、维持阶段及锁定阶段做理论和逻辑上的区分，但由于上述三个阶段在时间和趋势上都表现出渐进性，难以建立特征性的评价指标，因而很难用现有的方法进行有效的区分，研究者还需要在未来研究中进一步寻求理论和方法上的突破。鉴于上述原因，在下文中，我们将通过实验的方法来检验矿工小群体不安全行为的路径依赖演化过程的不同阶段对于具有传染性的不安全行为的影响作用。

第二节　数据及分析方法

通常定性的研究只要提出命题即可，并不需要对命题进行以数据为基础的验证性研究。但是实证研究不同于定性研究，不仅要提出假设，还需要对所提出的假设进行证伪，以保证研究结果的可靠性。组织管理研究领域的实证研究基本上是借鉴自然科学领域中的实证研究方法，该研究方法主要包含三个关键的要素，分别是数据采集、数据分析方法及支撑数据分析的理论。数据采集是整个实证研究过程的基础，所采集到的数据质量的高低也是影响后续研究发现可靠性的关键因素。因此，本节将重点讨论数据采集的经验依据，介绍数据采集的过程，评估数据的可靠性，选择合适的数据分析方法，并以此为基础对所采集到的数据进行分析，同时对数据分析所得到的结果结合相关理论和实践进行解释。

一、数据采集的经验依据

从路径依赖概念提出之初，研究者一方面努力构建体系化的理论，另一方面也试图对相关理论进行实证研究。但现有的路径依赖研究进展表明，无论是在现实中还是在实验室中获取支持路径依赖理论的数据都非常困难。在现实世界中，行为的路径依赖演化过程持续的时间漫长，难以对行动者的活动范围、触发事件的随机性及积累效应、强化机制的作用机理进行持续不断的记录，获取翔实的数据。于是研究者转向实验室研究，试图通过行为实验的方法对于路径依赖相关理论的有效性进行检验。显然，在实验室环境中，研究者只能对现实中漫长的路径依赖演化过程进行大幅度的缩微，所获得的数据是在一个非常短暂的非连续性时间段的行为数据。这个缩微的过程很大程度上导致了大量带有时间依赖性的关键信息丢失，以至于实验室中缩微的路径依赖演化过程并不能真实地反映现实中的路径依赖的演化过程。于是，研究者们又转向收集现实中的经验数据，通过案例研究来佐证相关路径依赖的正确性或有效性。目前，路径依赖研究领域众多著名学者，诸如 Sydow、North、Arthur、Vergne 和 Durand 都通过经验数据来支持自身所提出的有关理论。他们主张路径依赖近似于一个约束程度不断增加，从而使得行为主体（主要指人、群体、组织或者社会，这种研究对象在完成任务的过程中都需要人的语言和行动发挥主导作用）难以轻易逃脱对特定路径依赖的过程。

在本章中，我们一方面对已有相关研究进行整合以寻求矿工小群体行为路径依赖演化机制的经验支持，另一方面由于小群体行为与个体行为有高度的一致性，我们又通过行为实验的方式来检验矿工行为依赖过程初始阶段的生成机理。在矿工小群体行为的路径依赖演化过程的前期阶段，矿工个体的学习、模仿、记忆能力及知识和经验的积累创造了矿工小群体行为的路径依赖情境，使其具有了自身的属性，并构造了矿工小群体边界和行为路径（见图 8-3）；而在其后期阶段，路径依赖所具有的属性又决定了矿工个体在矿工小群体情境中做选择时所受到的种种约束及由此而产生的行动决策惰性，即在矿工小群体情境中矿工个体受到矿工小群体行为路径的约束越大，矿工个体对矿工小群体路径的依赖程度就越大，矿工小群体行为约束性的变化必然影响到不同矿工个体间的接触及由此生成的关系，从而影响到群体情境中的矿工个体行为的传播性。

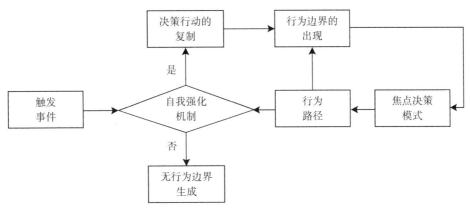

图 8-3　行为主体的路径依赖演化过程

由此可见，从一般意义上来说，行动人在路径依赖的演化过程中在不同阶段的约束感受是不断变化的，行动人的约束和路径依赖之间的因果关系也在不断改变。行动人在群体中所受到的约束主要受到个体自身因素（内部因素）及个体之外因素（外部因素）的共同影响作用而形成。内部因素和外部因素对行为个体的影响作用，诸如个体需求、来自群体的压力，最终通过复杂的耦合作用形成了对个体行为的强化作用，并且这种强化作用于行为个体的方向也会经历一个从无序到有序的过程，并逐步推进行为路径依赖过程的生长，个体行为的约束性在不断增加，而行为活动的范围则不断收缩，直至个体行为路径的生成。

在初始阶段，个体的约束是建立路径依赖的一个重要影响因素；而在后期阶段，个体约束与路径依赖则互为因果关系。根据本章的理论论述，由于现有的理论和方法还不足支持对路径依赖演化过程的后期阶段进行实证研究，而且已有文献也只能通过案例研究对路径依赖过程的后期阶段进行定性的理论描述，大多数是通过案例的形式来描述路径依赖演化过程中的理论逻辑性，路径依赖研究亟须实证研究对其理论的充分性提供支持。在这种背景下，我们想努力通过实验来寻找路径依赖与行为传播之间的证据。由于在理论和方法上，路径依赖演化过程的后期阶段还存在众多问题没有解决，因此，在实验中我们重点检验路径依赖演化过程的初始阶段行为路径依赖性对行为传播性的影响，通过观测行动人在做选择时所感受到的约束程度来衡量路径依赖的演化程度及路径依赖性对于行为传播性的影响。

Sydow 等通过案例分析发现随机事件或人为规划都有可能触发路径依赖性过程的演化。但是，在实验室的环境中，事件随机发生的概率极低，通常只能通过事件介入行为路径依赖演化过程的时机上实现一定的随机性。因此，在本书的实验中我们通过人为设计的触发事件来判断路径依赖过程能否被启动及是否可以加速路径依赖过程的演化。实际上，人为设计的触发事件对于实验室环境中的不同参与者也能够实现一定的随机性。触发事件是实验者人为设计的，对于实验者来说，触发事件当然是确定性事件。但对于实验环境中的参试者来说，他们对有没有触发事件（若有触发事件，触发事件又会何时发生及以什么方式发生等）一无所知。在这种环境下，触发事件对于参试者来说则表现为随机事件。另外，大量理论文献论证了行动人在做出新的行动选择时会积极地和有目的地借鉴和利用已有规则和资源的观点，即人的选择在很大程度上是带有历史印记性的，并依赖于已有知识和经验的积累。行动人从进入一个群体开始，就对选择（行动）进行自我约束，这种约束一部分来自自身的知识和经验的积累、个体需求，另一部分则来自群体的行为规范及由此而产生的群体压力。当个体的行为选择不符合群体的行为规范时，个体需求及群体压力共同作用下的个体行动选择就带有了一定的风险性，偏离群体行为规范的个体行动选择就可能会受到打压甚至惩罚，并且这种偏离的程度越大，受到打压及惩罚的程度也越大。另外，不同个体的自我约束相互叠加促使群体的边界逐渐建立起来，反过来又进一步强化对个体行动人选择的约束，这时不同的行为主体行动范围重合度也逐渐增大，群体行为路径逐步生长，具有传染性的行为的传播性也逐步增长。由于我们分析的是一个共享群体情境中行为路径依赖演化过程中的路径依赖性对于行为传播过程中的行为传播性的影响效应，而且行为传播性和行为路径依赖性都是所谓的潜变量，直接观察有很大难度，因而只能通过与之密切相关的可测指标对这两个不同的潜变量进行测度。在实验室研究中，我们要确定不同阶段的路径依赖性对行为传播性的影响作用，这样路径依赖性就作为自变量，行为的传播性就作为因变量，并通过各自的观测指标间接地分析自变量对因变量的影响。我们把上述变量之间所存在的理论上的逻辑关系作为本研究设计实验的理论基础，之所以做出这样的实验设计是由我们的实验目的所决定的。由于我们要检验行为的路径依赖性对行为的传播性的影响，就必须在行为的路径依赖演化过程中才能进行实验，所以必须首先设计一个行为的路径依赖演化过程，进而分阶段检验路径依赖性对行为传播性的影响程度。当然，分析行为路径依赖演化的整个过程对行为传播性量化的影响作用难度很大，而且现有的研究还没有给出路径依赖演化过程后几个阶段逐步过渡的较为明确的指标，由此，我们仅仅把实验局限于对行为路径依赖演化过程初始阶段的研究。

二、数据采集过程

为了检验在行为路径依赖演化过程不同阶段中，行为主体的路径依赖性的变化对行为传播性的影响，我们考虑了行为路径依赖演化过程启动的两种情境，即有触发事件和没有触发事件。因此在实验中，我们明确设定了两种相对照的实验情境：①有触发（突发）事件，用 1 表示；②无触发（突发）事件，用 0 表示。经过两个阶段，每个阶段各三天的实验，采集到了我们所需要的数据。参加第一阶段实验的被试人员主要是当前处于煤矿生产一线且从事同一工种超过三年的矿工，其年龄构成在 28~50 岁，他们基本上都已经掌握了当前所从事工种的工作流程及所需的相关技术，也就是说第一阶段的被试人员是所谓的某一工种的熟练工。参加第二阶段实验的被试人员主要是 22~35 岁的从事当前工种还不满两年的煤矿生产一线工人。他们对当前所从事的工种的工作流程及技术要求已经比较熟悉，但还没有完全达到这个工种的熟练工人的水平。当然，对于后一阶段的参试人员如果能够选择那些刚参加完培训走上生产第一线的矿工最好，他们对现有的工种还没有产生多少记忆效应，这样便于对触发事件的影响程度进行对比分析。但在实践中，同时找到那些刚刚参加煤矿生产一线的矿工作为参试人员有很大难度。另外，对于新手也很难定义，比如：是第一天到生产一线的工人还是第一周到生产一线的工人？有着不同时长工作经历的矿工，其行动选择的印记性也不同，这个需要大量的行为实验进行测度。在本次实验中，由于条件限制我们只能选择那些还没有完全达到熟练工的矿工作为第二阶段的参试人员。

关于参试人数，我们只是基于有效样本人数考虑，基本达到实验目的即可，并没有进行大样本实验。因此，每个阶段的被试者都是 27 人。由于实验场地限制，我们将每阶段的参试人员随机分成两组，一组 13 人，另一组 14 人。关于实验情境问题，我们设计为"煤矿井下生产环境中矿工的安全行为及不安全行为的选择问题"。触发事件为"现有的条件下将当前日均煤炭产量提升 1.33 倍，日均工资提升 2~3 倍"。这种实验情境的创设及触发事件设计主要是考虑了中国煤矿生产的实际情况。由于中国煤矿原设计生产能力通常都可以在原设计产能基础上提升 1/3 左右，600 万吨设计年生产能力的矿井通常在实际中都可以达到 800 万吨的年生产能力。当煤炭市场供不应求、煤价上涨时，适当放松安全标准，煤炭企业可以在短时间内将原设计生产能力提升 1/3 左右，矿工的日均工资甚至会提升到原日均工资的 2~3 倍。但是，仍然按照原有的安全标准，则会需要更长的时间才能实现现有的生产目标，并且综合起来看，矿工的总体收益也更高，发生事故的概率却更低。在这种情境下，矿工仍然是坚持安全生产而完不成增产任务还是降低安全要求而采用不安全行为以提升煤炭产量（2016 年 10 月底到

12 月 5 日，中国煤矿发生了 10 次重大事故，很大程度上就是由于煤价快速上涨及产量快速提升所诱导的)？第一阶段中的两组实验同时开始。另外，为了营造一种近似现实中的小群体，允许参试人员在实验开始后就行动选择进行充分的沟通。

第一，第一组实验有触发事件。实验开始之前实验人员向参试者宣读实验指导用语，营造一种尽可能接近生产现场的氛围。实验开始后，实验人员可以通过秘密的视频监控或者观测窗口密切观察参试人员的行动及实验氛围的变化，并决定突发事件的介入时机。第二，第二组没有触发事件。实验人员只是在实验开始之前向第二组的参试人员宣读事先设定的实验指导用语，帮助营造实验氛围，并告诉参试人员整个实验如何结束。如果参试人员在事先创设的实验情境中就选择一种被他们认为是最优的一种行动方案达成较为一致的意见时，则可以报告实验结束。

由于行动人的路径依赖程度和行为传播性都是潜变量，无法直接观测，在本章中，我们用可选方案、积累效应、不可逆性作为行为路径依赖程度的观测指标，而关系强度和可复制性作为行为传播性的观测指标，其相关理论依据已经在前文中详细论述。本实验采用七点李克特量表来报告观测变量各指标的程度，测量结果为各指标取值的均值（徐淑英、蔡洪滨，2012）。我们这里的实验主要要检验以下几个方面的问题，分别是有无触发事件对于行为路径依赖性的影响；有无触发事件对于行为传播性的影响；在同一个共享的实验情境下，路径依赖性对于行为传播性的影响。对于前两个问题，本章主要采用多元方差分析的方法来处理，而对于最后一个问题，限于目前的研究进展情况，本章主要采用变量间的两两相关性的分析方法来处理。对于路径依赖性与行为传播性之间的更为复杂的因果关系、影响关系或相关关系则还需要进一步的研究。

潜变量的可观测指标如下：

（1）可选方案（X1）。行动经验的积累对人的行动选择的影响并不是说经验积累得越多，行动人的行动选择就越大。现实中的情形是：随着时间的增长，先增加再减小，由于我们在实验中主要检验路径依赖过程的第一阶段和第二阶段，也就是初始阶段中路径依赖性对行为传播性的影响，因此，行动人的可选方案的数量应该呈现出不断增加的趋势。

不管是在实际的决策环境中还是在实验室中，行动人的决策行为一般表现为：有限理性决定了行动人需要首先掌握一定数量的信息，在此基础上通过思考、分析、讨论、学习及判断等一系列的行动序列最终形成可供选择方案集。在此过程中，行动人的行动范围在整个行为路径生成的开始阶段是逐渐增加的，然后又逐渐缩小，并最终达到稳定（开始时）。例如，现实中我们并没有见到有人随着经验、知识的积累不断增加而成为无所不知、无所不晓的通才，反而最终都成了某个领域的专才。企业的发展趋势也是这样，大多数企业随着资本及人才的积累并没有成为什么产品和服务都生产或提供的多元化实体，最终大多都集中于某个行业的有限几个产品或服务进行专业化的生产和经营。现实中的大多数企业最多只能进行有限度的多元化。因此，路径依赖演化过程的初始阶段行动人的可选方案越来越多，但随着获取的信息越来越充分，行动选择的记忆性也越来越强，行动范围开始逐渐收敛，并最终确立行动选择的初始方案。由于行动人初始决策是从可选方案中产生的，只不过这个方案是行动人最为满意或偏好的那一个，因此，我们可以通过观测在一个群体情境中的行动人在确定初始决策所耗费的时间来判断路径依赖程度。通常，形成初始方案时间越短，则说明进入路径依赖过程就越快。这里，我们主要用以下问题来获取数据：①行动人能够很快制定出新方案吗？②有了新方案后，行动人又能够制定出多个可选方案吗？③行动人还想要更多的可选方案来优化自己的行动吗？

（2）行为的累积效应（X2）。该指标主要测量的是行为积累效应是否会随着时间的增长而增加并最终趋于稳定的问题。人脑的记忆性及存储功能决定了人的行为必然具有积累效应。通常人在学习某种知识或技能的初始阶段，行为的积累效应非常显著。但随着时间的增长及知识和技能的增加，这种行为的积累效应的增长会越来越不明显。行为积累效应一般无法通过直接测量的方式获取，这里是通过测量行动人在做行动选择时所感受到过往行动选择的影响程度来度量的。主要通过以下三个问题来测量：①在搜寻新的行动方案时会受到已有方案的影响吗？②现在仍对已有方案可行性有质疑吗？③对已有方案感觉满意吗？前一个问题是直接对过往行动选择的影响性进行提问，而后两个问题虽然没有提到过往行动选择，但人的怀疑行为、感受行为都带有过往行为的印记，也反映了过往行动选择的影响性，仍然是对于同一个问题而从不同的角度进行表述，符合测量指标规范。

（3）不可逆性（X3）。该指标主要测量一种行为选择的可逆程度，也就是说行动者能够重返当时的决策情境并且重新做出更优行动选择的可能性。这种可能性越大则说明行为的路径依赖程度越小，反之则越大。通常在群体情境中一种行动选择存在的时间越长，行为的累积效应就越显著，其不可逆性越大。所以我们可以观察到，移民过程中由于行为路径依赖性的影响，成年人要比儿童更难以融入一个新的国度。不可逆性通过测量行动人改变现状的难易程度来获得：①在决策环境突然变化时（由于突发事件造成决策环境改变，出现新的可选行动方案），行动人愿意对现有行动方案做出调整吗？②当行动人改变行动方案时，那些和他采用同样行动方案的人也愿意改变吗？③行动人在表达要调整现有行动方案意愿时，会受到其他行动人的反对吗？

（4）行动人之间的关系强度（X4）。该指标测度的是群体环境中一个行动人对另一个行动人的影响程度，本章中不考虑行动人对自身产生的影响，因而以网络图表示的群体结构中不存在环。在路径依赖性演化过程的初始阶段，随着过程持续的时间越长，行动人之间的关系强度越大。实际上，从参试人员进入实验的环境开始，其行为就开始受到约束，行为边界已经生成，在这一点上实验室里的参试人员的行为边界的生成明显不同于现实中的行为人的行为边界的生成，边界的生成及行动的范围的收缩都会明显加快。在实验室环境中，行动人行为活动范围的收缩导致不同行动人之间的"距离"及行动人活动范围的重合度越来越大，而关系的强度与距离是成反比的，距离越近，则关系强度就越大。在路径依赖演化过程中，行动人之间存在的关系越强，行为的传播也会越快，则会促使焦点决策模式出现得越早，且先发者对后发者的影响也就越大，后发者就会更加快速发现和采纳焦点决策模式，行动人也会越早感受到对特定行为选择路径的依赖性。这里我们主要通过以下几个问题来获取数据：①在进行行动选择时，行动人觉得需要和其他成员沟通吗？②行动人和其他成员之前更加了解吗？通常参试人员在进入实验室环境后，如果他们之前就比较熟悉，可以提升沟通的效率及效果，降低沟通的频次，因而他们也就可以更快速地形成一致性意见并采取行动。

（5）行为的可复制性（$X5$）。行为的可复制程度同时也决定了行为的可传播性。一种行为越容易复制就越易于传播，但这并不表明易于复制的行为就可以在群体中或者社会范围内传播到更广的范围。一些复杂的行为虽然不易复制但可以在很大的范围内传播，而有些非常简单且易于复制的行为传播范围却非常有限，甚至根本不会传播。但在群体的情境中，行为的复制性带有明显的时间方向性。通常，时间越长，可复制性越大。路径依赖过程的演化一旦启动，除非遭受大的冲击事件影响，否则在时间的不可逆性和强化作用的共同推动下行动者行为路径向更加确定性的方向发展，行动选择的可复制性也越来越大。如果该行为路径依赖过程最终能达到完全锁定状态，那么就像 Sydow 所言，"行动者的行动选择达到完全可以复制的状态"。

复制性主要是用来测量已有行动选择模式的可重复性，重复性越高，说明行动人对已有行动选择模式越依赖。这里我们通过以下三个问题来测量：①行动人在做选择时能否明显感受到焦点行动选择模式的存在？②行动人在做选择时是否会参照已有的行动选择模式？③行动人在做选择时所采用的行动选择模式与已有行动选择模式是否高度相似或一致？很明显，当行动人刚进入一个群体，对于群体内部的行为习惯及价值取向都很不熟悉，因而很难立马就感受到焦点行动选择模式存在，加之个人固有的行为路径与群体行为路径的差异性，很难在一个非常短的时间内建立依赖于群体行为路径的依赖性来做出行动选择。但随着时间的推移，群体内部成员的同质化越来越强，不同个体之间在完成工作任务中行动配合的默契度也越来越高，个体行为之间的同步作用越来越明显，个体的行为路径也越来越逼近于群体行为路径，以至于群体情境中的个体行动选择几乎可以复制已有的焦点选择模式。例如在现有的个人电脑市场上，人们在购买个人电脑时只有三种操作系统可以选择，分别是微软的 Windows 系统、苹果公司的 Macintosh 系统及 Linux 系统，但在中国市场上很多有多次购买电脑经历的消费者在购买个人电脑时几乎是不假思索地就选择了预装有 Windows 系统的电脑，这说明在中国个人电脑市场环境中，已经有大量的消费者建立了对 Windows 操作系统的路径依赖性，他们新的个人电脑消费行为选择几乎是对现有的焦点消费行为选择模式的完全复制。这是现实中的个体行动选择复制焦点行动选择模式（中国个人电脑市场上有大量的长期选择 Windows 操作系统的消费行为，实际上就是一种典型的消费行为选择模式）的一个典型案例。同样，在煤矿生产系统中，矿工在日常工作中通过经常性的合作也会形成所谓的焦点行动选择模式，群体情境中的矿工在工作中遇到需要做出行动选择时会对这种焦点行动选择模式进行复制，行为的可复制性必然会提升行为的传播性。如果这种模式是不安全行为取向的，矿工不安全行为在群体内部的传播也就必然会提高行为致因煤矿事故的发生概率。因此，在路径依赖演化过程的初始阶段，个体行为活动范围的收缩，焦点行动选择模式的逐步出现，也逐步提升了焦点行为模式的可复制性。

第一阶段实验中的参试人员都是在煤矿有一定工作年限、掌握本身所从事工种流程及技术的熟练矿工，他们已经有长时间煤矿井下现场工作的经历，在工作中已经形成对安全行为及不安全性行为的偏好与依赖。因此，无论有无触发事件，实验开始后，他们都能根据实验人员提供的相关实验问题的信息和自身现场工作经验积累很快选择占优行动选择方案。两组实验持续的时间都非常短（有触发事件组为 28 分钟，另外一组为 31 分钟）。第一阶段实验所收集的数据无法用于分析真实的行为路径依赖演化过程。因此，我们又进行了第二阶段的行为实验。在第二阶段实验中，我们主要选择了一些参加煤矿生产一线工作不久的矿工。由于煤矿井下工作环境的复杂性及艰苦性，通常要达到一个熟练矿工的水平至少需要三年的时间。由此，我们选择参加第二阶段实验的人员为到煤矿生产一线工作不满两年的矿工。下文分析所采用的数据是在第二阶段收集的。

三、数据分析及结论

我们的实证分析（empirical analyses）通过采用多元方差分析来解释矿工的初始行动选择在有触发事件和无触发事件两种情形下启动行动人路径依赖演化过程所起的作用。由表 8-1 中的描述性统计结果（从多元方差分析可以得到）可以看到，在第二阶段实验中，变量在有触发事件类别下的均值要明显大于没有触发事件类别下的均值。这说明触发事件对行为路径依赖演化过程产生了明显的影响作用。

从表 8-2 中可以看到，Box 统计量的值为 21.629，F 统计量取值为 1.125，相对应的 Sig.值为 0.327 大于 0.05，表明在 95% 置信度下，五个观测变量总体方程协方差相等。

表 8-1　描述性统计结果

	xc	Mean	Std. Deviation	N
	0.00	3.1900	0.63752	14
X1	1.00	5.0000	1.14779	13
	Total	4.0615	1.28865	27
	0.00	3.1429	0.88419	14
X2	1.00	5.3592	0.86518	13
	Total	4.2100	1.41772	27
	0.00	3.2143	0.51636	14
X3	1.00	4.5615	0.86457	13
	Total	3.8630	0.97411	27
	0.00	3.2143	0.69929	14
X4	1.00	5.0385	1.26592	13
	Total	4.0926	1.35899	27
	0.00	3.5957	0.64362	14
X5	1.00	5.0000	0.82720	13
	Total	4.2719	1.01696	27

表 8-2　协方差矩阵等性的 Box 检验

Box's M	21.629
F	1.125
df1	15
df2	2482.353
Sig.	0.327

从表 8-3 中可以看出，X2、X3、X5 的 Sig.值大于 0.05，而 X1 和 X4 的 Sig.值大于 0.04，也就是说，五个变量都通过了 Levene 检验，可以采用方差分析。

表 8-3　误差方差等性的 Levene 检验

	F	df1	df2	Sig.
X1	4.925	1	25	0.036
X2	0.126	1	25	0.725
X3	3.412	1	25	0.077
X4	4.575	1	25	0.042
X5	0.880	1	25	0.357

从表 8-4 中多元方差检验结果可以看到，每个假设都分别用了四种方法进行检验，且 Sig.值均小于 0.05，也就是说在有触发事件和无触发事件条件下初始决策在启动行动人路径依赖过程的作用是有明显不同的。

表 8-4 多元方差检验结果

Effect	Value	F	Hypothesis df	Error df	Sig.	Partial Eta Squared
Pillai's Trace	0.992	531.124	5.000	21.000	0.000	0.992
Wilks' Lambda	0.008	531.124	5.000	21.000	0.000	0.992
Hotelling's Trace	126.458	531.124	5.000	21.000	0.000	0.992
Roy's Largest Root	126.458	531.124	5.000	21.000	0.000	0.992
xc	Value	F	Hypothesis df	Error df	Sig.	Partial Eta Squared
Pillai's Trace	0.833	20.896	5.000	21.000	0.000	0.833
Wilks' Lambda	0.167	20.896	5.000	21.000	0.000	0.833
Hotelling's Trace	4.975	20.896	5.000	21.000	0.000	0.833
Roy's Largest Root	4.975	20.896	5.000	21.000	0.000	0.833

本章小结

在理论分析部分，我们对行为路径依赖过程进行了重新划分，论述了路径依赖过程的吸引阶段、收敛阶段、保持阶段及锁定阶段之间的关系，并对各个阶段的持续时间提出了假设。在应用部分，我们主要是在实验室环境中对小群体情境下的矿工不安全行为路径依赖演化过程中不同阶段的行为路径依赖性对于行为传播性的影响效应进行了检验。

实验第一阶段的参试人员主要是煤矿生产一线的熟练工，被试人员都有三年以上的从事同一工种的工作经历，由于他们对煤矿系统生产环境、工作流程及工种的技术要求已经非常熟悉，已经形成固定偏好。因此，他们在进入决策状态时，几乎在五分钟之内就做出了初始决策，而且随着时间的推进，即使有冲击事件（煤炭需求增加，要快速提高产量，并且大幅度提高薪酬）发生，被试者也不会轻易改变决定，难以检验小群体情境下的行为路径依赖性对于行为传播性的影响，导致我们无法收集到可靠的实验数据。实验第二阶段通过降低参试人员已有行为惯性的影响，最终收集到了较为可靠的数据并通过了多元方差检验，验证了我们在理论阐述中提出的假设。

依据本章对路径依赖演化过程的论述，初始决策的出现反映了路径依赖的演化程度。初始决策出现的时间越短，说明个体在群体中的行为边界出现得越早，行为活动范围收缩得也越快，个体行为进入行为路径依赖演化过程的时间就越早。通常情况下，群体环境中的个体行为人形成初始决策所耗费的时间要短于群体决策所耗费的时间，随着群体规模的增大，群体结构越复杂，则群体决策所耗费的时间与该群体情境下的个体决策所耗费的时间差也就越大。而煤矿井下生产环境中的矿工小群体的规模通常不大，而且结构并不复杂，小群体决策所持续的时间与个体决策所持续时间的差异也并不大，这样就便于我们通过行为实验的手段来检验行为路径依赖过程中的不同阶段的路径依赖性对于行为传播性的影响。我们在实验的第二阶段模拟了初始决策在有无触发条件下启动路径依赖过程的作用。通过多元方差分析，我们发现在有触发事件情形下，从初始决策开始出现到最终形成占优决策所持续的时间要明显短于没有触发事件情形，而且在前一种情形下，各观测变量的均值也明显高于后者。多元方差检验结果也表明在有触发事件和无触发事件条件下初始决策在启动行动人路径依赖过程的作用是有明显不同的。触发事件更快速地启动了初始决策的自我强化机制，逐渐压缩了行动人的选择范围，最终导致占优决策的出现，行动人的行为路径依赖过程进入吸引阶段。

改革开放以来，中国经济经历了30多年的高速发展，目前经济、社会、企业等实体都进入了重要转型阶段，出现了很多具有路径依赖特征的问题，如果没有科学的理论和方法作为依据对相关问题进行适当的人为干预，这些实体的行为演化就有可能进入一条低效率的发展轨道，一旦进入路径依赖，往往会出现这样的悖论："游戏规则中每个人都知道问题所在，但却无法改变这个存在问题的游戏规则"，即大家都知道问题是由于制度所引起的，但却无法通过改变制度来解决问题。在中国长达五千年的历史文明的长河中，这种情形每隔几十年或者上百年就要出现一次，历史上的盛世很少有持续超过50年时间的，更不用说上百年甚至是几百年了。上述问题一旦出现，必将会对中国经济及社会的持续健康发展造成非常大的阻碍。

本章中采用的行为实验方法为解决上述问题在一定程度上提供了可行的依据，但仍然还存在某些不足，诸如实验次数非常有限、样本主要来源于煤矿企业、实验中的观测指标也还有很大的改进空间、其普适性非常有限。在随后的研究中，我们将进一步改进实验方法，逐步提升实验效果。

第九章 矿工不安全行为传播网络结构模型及其参数分析

我国大多数煤矿日常生产中存在着较高的矿工不安全行为的发生频次。矿工不安全行为一旦产生在合适的条件下就有可能被其他矿工学习和模仿，并以嵌入在煤矿生产系统结构之上的矿工群体网络进行传播，最终演化为所谓的行为传播网络。另外，在网络情境下，不安全行为还会在传播过程中进行强化、同步和叠加，从而进一步增加其诱发煤矿事故的概率，使群体情境中的矿工不安全行为表现为多发性、重复性及难预防性。已有的研究文献主要从两大方向对不安全行为进行研究，分别是不安全行为的构成（研究方向1）及不安全行为的形成过程（研究方向2），并在此基础上分析、解释及预测不安全行为可能造成的结果，给出相应的预防或者干预措施。虽然这两个研究方向都各自有非常明显的优点，但其缺点也非常突出。研究方向1主要研究了影响不安全行为的因素及其结构关系，即形成不安全行为的原因及原因之间的关系，而忽略了对不安全行为从生成到诱发事故的动态演化过程研究，也就是说研究方向1的研究忽略了不安全行为的动态机制。研究方向2虽然主要是研究不安全行为的形成及诱发事故的过程，但该过程只相当于行为传播网络中不安全行为诱发事故的一条路径，因而没有能够从整体上把握不安全行为诱发事故的机制。可见研究方向1只是从关系的角度研究了不安全行为与事故的联系，而研究方向2只是从过程的角度研究了不安全行为与事故的关系，而社会网络视角是包含关系表达和过程描述的理论、模型及应用，传播网络模型不仅可以研究行为人的行动之间的关系，也可以研究行为人行动在网络中的传播过程，以及这些过程之间的交叉及叠加可能对行为的传播造成的影响。该研究方向充分考虑行为人之间的行动关系及行动在网络中的传播过程的融合问题，从理论上来说更加科学。

基于上述问题描述，我们在本章中的主要任务是通过构建矿工不安全行为的传播网络模型来分析、解释和预测矿工不安全行为在行为传播网络中的动力学机理，并给出干预行为传播性的措施。为了完成上述任务，首先，我们研究了矿工行为传播网络的内外部环境；其次，我们研究了矿工在工作和生活过程中会对行为产生影响的各类交互关系；再次，我们研究了矿工行为传播网络的拓扑结构问题，这部分研究内容也是研究矿工不安全行为传播网络中的同步效应的基础；复次，我们研究了矿工不安全行为在行为传播网络中的动力学问题，构建了矿工行为状态空间模型，设定了矿工不同行为状态转换条件，并在此基础上对矿工不安全行为传播条件进行了综合，指出行为的成本收益条件、行为的可学习和模仿的价值条件、社会接触条件是影响矿工不安全行为传播性的主要条件；最后，我们讨论了本章研究成果应用于干预矿工不安全行为的安全管理实践问题。

第一节　矿工不安全行为传播网络的数学表示

无论是网络的概念还是网络分析的方法及其应用都有着漫长的研究历史。自从网络概念提出之后，研究者就一直在探索网络模型的数学表示方法。如今网络研究所涵盖的内容非常广泛，既有可能是现实中的网络问题，也有可能是虚拟网络中的问题。网络与人类现实的联系越来越紧密，人类的生活及工作受到网络的影响也越来越大，如何将网络的直观结构与抽象的数学模型结合起来用于研究网络中的行为生成、传染及传播机制具有重要的理论和现实意义。实际上，网络是一个笼统的概念，它描述的是相互作用的个体之间关系的模式或者规律性。因此，任何事物或者研究对象只要其分解后的构成部分之间存在相互作用，那么该事物就可以用网络结构来表示。在我们的日常研究中，我们可以按照不同的分类标准把网络划分出具体的网络类型，如按照复杂程度的高低，可以把网络分成复杂网络和简单网络；按照虚拟世界和真实世界的区别可以把网络划分为现实网络和虚拟网络，前者诸如社会网络、企业、组织或者社团，后者诸如互联网、即时聊天工具中的群组、网站论坛中的注册用户；按照网络结构的层次，可以将网络分为互联网、区域网及局域网等；按照网络的规模可以分为巨型网络、大型网络、中型网络及小型网络等。尽管网络的类型繁多，但网络结构的构成却非常简单，只有边和连接两个基本要素构成，因而都可以用统一的数学化的结构语言来描述。在这一部分中，我们将重点论述我们所研究的矿工不安全行为传播网络的数学表示问题。实际上，行为传播网络本身就是社会网络的一种，我们可以通过网络结构的形式来描述矿工的集合（矿工群体）、行为属性及矿工间的关系，不仅直观，而且简洁，可以更加有助于我们找到矿工不安全行为传播的规律性，揭示矿工不安全行为与煤矿事故之间的内在联系，寻求更加合理和有效的行为干预时机。

实际上，从网络研究之初，学者们和实践者们就在寻求描述行动者之间相互交错影响关系的知识体系，这种知识体系不仅要研究不同节点之间的相互影响作用，还要研究这些节点之间相互影响所形成的综合效应。至今，已有的数学知识体系内主要存在三种符号体系可以用来描述行为传播网络的结构：①代数。代数本身就是通过数学符号（用数学符号代替变量）替代具体的数值来研究事物间关系的数学知识，因而代数知识可以用来分析和解释不同行动人在网络中的角色的关系，可以将网络中不同节点上的矿工行动关系整合起来（如矿工之间是朋友关系还是老乡关系等）。②社会关系矩阵。该符号体系主要是通过关系矩阵的形式来描述不同矿工之间的关系。关系矩阵的行和列都表示我们所要研究的矿工，且行数和列数相等，矩阵中的元素就表示相关联的两个矿工之间的关系。③图论。虽然文字、代数及关系矩阵是描述微观网络结构较为基础的分析工具，但不够直观。因此研究者在描述网络直观结构时主要还是采用图论知识。另外，可以证明用图论来直观地表示行动者或者行动者之间的关系所得到的研究结果和用代数及关系矩阵所得到的结果是完全一致的，而且有更加便捷、直观的优点，因此在网络分析中，图论的应用更加广泛。

一、矿工间行动关系的图论表示

图论是网络分析方法的基础。图论表示法就是用图的形式来表示网络的结构，从中可以直观地分析矿工间的行动关系及行为传播的路径，从而可以用于分析某个节点上生成的不安全行为可能传播的路径及可能带来的后果。在实际应用中，我们把所有被用来研究矿工不安全行为传播性的矿工看作一个行动者的集合，并用 N 来表示该集合。该集合 N 由 g 个行动者组成，记为 $N = \{n_1, n_2, \cdots, n_g\}$。在图论文献中，$N$ 是英文单词"nodes"的缩写，用来表示图中节点的集合。考虑一个由 17 位矿工组成的班组，即 $g = 17$，如张三、李四、王五……张十七等，我们令 $N = \{$张三，李四，王五，$\cdots$，张十七$\}$，则我们可以用相应的记号来标记这个矿工群体：$n_1 =$ 张三，$n_2 =$ 李四，$n_3 =$ 王五……$n_{17} =$ 张十七。从上述关于行动者的集合表示过程中可以看到，行动者集合只能告诉我们行动者的数量有多少，但不能描述行动者之间的关系。在理论和应用上，学者们之所以用图论的方法而不是用纯粹的数学方法来描述社会网络的结构，主要是由于在抽象实际问题时，我们不仅要知道行动者的数量，更要知道他们之间的关系，甚至是行动者之间的关系在实际中的方向，而基于图论的网络结构表示法恰好提供了这样的便捷性，不但可以对研究问题进行抽象化，而且又不失直观性。在实际应用中，用图所表示的行动者之间关系主要可以分为两种类型：单一关系（如工作关系）和多重关系（除了工作关系还有朋友关系、老乡关系、亲人关系等）。实际上，在社会网络分析方法中，仅仅处理行动者之间存在的单一关系已经非常复杂了，如果行动者之间是多重关系，其复杂程度会呈几何级增长。在本书中，除非特别需要，我们所采用的网络分析方法主要处理矿工之间的工作关系。

（一）矿工之间只存在单一关系的情形

尽管在群体情境中人与人之间可能同时存在很多具有传导性的影响关系，但我们在解决问题时由于理论、方法、时间及其他影响因素的限制只能针对主要的影响关系，而对某些看似是次要的关系要么是忽略不计要么是随着问题研究的深入再做进一步的考虑。在研究矿工不安全行为传播网络中，我们主要靠矿工之间的不安全行为的传播性所构建的矿工群体网络主要针对矿工之间的工作关系，也是一种单一关系网络。在网络中，所谓的单一关系是指两个不同的行动者之间只存在一种关系。在网络结构图上，如果两个不同的矿工 n_i 和 n_j 之间只存在一种关系，且这种关系是无向的，那么我们就可以用一条边来表示。如果是有向的，那么就用一条有向线来表示，有向线也称作弧，并记作 $n_i \rightarrow n_j$。方向符号 "$\rightarrow$" 在现实中有着非常丰富的含义，但有两种含义是最主要的，分别是"影响"和"传递"，表示前者影响后者，或者是前者的行为传递给后者。在本书中，网络中节点之间的关系主要表示不同个体直接的影响关系以及影响关系的传递性。对于有向网络结构图来说，$n_i \rightarrow n_j$ 和 $n_i \leftarrow n_j$ 所表示的矿工之间的关系是不同的，是有序对 $< n_i, n_j >$ 和 $< n_j, n_i >$。在一个有向的网络图中所存在的有序对 $< n_i, n_j >$ 就构成一个矿工之间关系的有序对集合，记作 ψ。如果在实际中不同矿工之间的有向关系一共有 l 个，那么集合 ψ 中就有 l 个元素。通过排列组合公式可以计算出，对于一个有向的网络结构图来说，ψ 中最多可能存在 $g(g-1)$ 个有向关系。由于一个网络结构图由点的集合和线的集合所组成，为了方便起见，就可以用集合 N 和 ψ 对网络结构图进行抽象，并记作 (N, ψ)。从网络结构图的图论符号表示法来看，一个矿工集合加上一个矿工之间关系的有序对集合就可以充分地表示具有二分关系的网络结构了。当然，在实际应用中，也有一些矿工之间的关系是没有方向的或者是区分他们之间的方向是非常困难的，抑或根本就没有什么意义。在这种情形下，我们就无法或者无须判断从 n_i 到 n_j 和从 n_j 到 n_i 有何种不同。如果出现这种情况，则两个不同矿工之间的互动关系是完全对等的，或者说是无方向的。如果一个网络结构图中的所有矿工之间的互动关系是完全对等的，那么该网络图就是无向图。对于一个无向的网络结构图来说，最多可能存在 $g(g-1)/2$ 种关系。

（二）矿工之间存在多重关系的情形

人的能动性及组织结构的演变性导致嵌入在煤矿生产系统结构之上的矿工行为传播网络中矿工与矿工之间的关系在某些情况下并不是唯一的或者一成不变的。在矿工的行为传播网络结构中，矿工之间的关系可能不止一种。在群体情境中，个体之间通常存在一种或者少数几种主要的关系，此外还存在某些次要的关系，并且这些次要关系依附于主要关系而存在。例如，在矿工的行为传播网络结构中，矿工之间除了工作关系，还可能存在朋友关系、老乡关系及亲戚关系等，也就是说这种矿工的行为传播网络结构的关系数据集里存在多于一种关系。另外，这些关系都可能会对矿工的行为在网络中的传播性产生直接或者间接的影响，而且这些影响作用还有可能逐渐在组织的演化过程中显现出来，并且在某个时间段内甚至可能起到主导作用。目前，图论符号不仅可以表示单一关系的有向及无向网络结构图，也可以表示多重关系的有向及无向网络结构图。因此，我们在研究存在多重关系的矿工行为传播网络结构图时，可以用 R 表示两个网络节点间存在的所有可能关系的数目，如工作中的协作关系、朋友关系等，其中任一种单独的关系都可以构成矿工之间的关系图或者有向关系图。于是，每一种关系都定义在同一个矿工群体上，但每一种关系都有自己相对应的弧的集合 ψ_r，$r=1$，2，$\cdots$，R，而且在大部分情况下当 $i \neq j$ 时，ψ_i 和 ψ_j 也是不相同的。我们用（N，ψ_r）来表示第 r 种关系所对应的有向关系图，用此符号我们就可以来分析矿工之间存在多种关系的情形。现在考虑 R = 3 的情形：①在新工作面出煤之初，矿工之间的协作关系，即在工作中，哪位矿工要对哪位矿工进行配合；②在该工作面采煤进行过程中，矿工之间的协作关系；③同一班组中是老乡关系的矿工。这样可以得到以下三种关系的集合（见表 9-1、图 9-1 和图 9-2）。图 9-1 和图 9-2 中的有方向的边表示不同矿工之间在工作中的配合关系，而无方向的边表示不同矿工之间的老乡关系。在煤矿的日常生产运营过程中，处于工作一线的矿工之间关系的冗余度是逐渐降低的，这主要是由于煤矿生产一线通常采用承包制，在矿工个体收入既定的情况下，他们通常会通过降低他们在工作中配合关系的冗余度来提升其投入产出效率。

表 9-1　网络结构中矿工间不同种类关系的表示

关系 1(L_1)（见图 9-1）	关系 2(L_2)（见图 9-2）	关系 3（L_3）
新工作面出煤之初	工作面采煤进行过程	老乡关系
$\langle n_1, n_5 \rangle$	$\langle n_1, n_2 \rangle$	(n_1, n_2)
$\langle n_1, n_2 \rangle$	$\langle n_2, n_6 \rangle$	(n_1, n_5)
$\langle n_2, n_6 \rangle$	$\langle n_3, n_5 \rangle$	(n_2, n_6)
$\langle n_3, n_5 \rangle$	$\langle n_3, n_6 \rangle$	(n_5, n_6)
$\langle n_3, n_6 \rangle$	$\langle n_4, n_2 \rangle$	
$\langle n_4, n_2 \rangle$	$\langle n_6, n_4 \rangle$	
$\langle n_5, n_6 \rangle$		
$\langle n_6, n_4 \rangle$		

从表 9-1 中可以看到，对于第一种关系，矿工之间总共存在八种配合工作关系，$\langle n_1, n_2 \rangle$ 表示后一个矿工需要配合前一个矿工的工作，说明不同矿工间的关系是有方向性的。在第二种关系上，矿工之间总共存在六种配合工作关系。对于第三种关系，在一个矿工群体中共有四种老乡关系，它们表示 n_1 和 n_2 是老乡关系，n_1 是 n_2 的老乡，当然 n_2 也是 n_1 的老乡，这种关系没有方向性，因而用（n_1，n_2）这种记号表示。为了使表 9-1 中表示的不同矿工间的关系更加直观，在实际应用中也将表中的关系用图 9-1 和图 9-2 来表示。

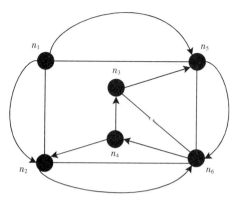

图 9-1　新工作面出煤之初不同矿工之间的有向关系

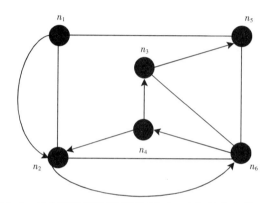

图 9-2　工作面采煤进行过程不同矿工之间的有向关系

可见，网络结构的图论表示法只是对于现实中的网络结构进行了适度抽象，既在一定程度上保留了群体中行为个体之间连接关系的直观性，又在一定程度上具有了数学描述的抽象性。因而，图论成了研究网络结构最为倚重的一种数学基础。但是基于图论所表示的网络结构在描述不同个体之间的行为传播或者影响作用时也存在某些不足。这些不足主要表现为两个方面，分别是：①网络结构中节点间的关系只能半定量半定性地表示节点之间的影响作用及影响作用的传递性；②网络节点所包含的信息太匮乏，没有反映自身的行为变化，而我们在研究行为传播网络时，节点自身行为的生成及变化对于行为传播过程有着重要影响作用。为了弥补上述不足，一方面，我们需要对处于网络节点上的个体行为建立抽象的数学模型，如节点行为的状态方程，用于描述节点行为的变化，而且通过节点状态方程可以计算节点的输入及输出的关系，达到对行为传播性更为精确的描述。另一方面，我们需要通过寻求其他的网络结构表示方法，如社会计量符号法或者关系的代数符号法对基于图论的网络结构表示法进行补充。

二、矿工间行动关系的社会计量符号表示

基于图论的网络结构表示法尽管有自身的许多优点，但当网络构成的节点超过几十个、几百个，甚至几万个及几百万个时，网络中节点之间的关系更是成倍甚至是呈几何级数增加，以至于我们无论是用一个平面图还是用计算机辅助设计来显示这种具有大量网络节点和连接的网络结构都难以保证直观性，这种表示法所具有的优点不明显。因此，在研究中，我们不仅需要基于图论表示网络结构的直观性，而且还需要对网络结构中的节点以及节点之间的关系进行存储、计算及分析，并建立网络结构与网络行为在不同层面上的联系，以解决我们所要研究的问题。在现代煤矿高耦合的生产系统中，大多数生产任务都需要矿工之间进行密切的配合才能完成。这些密切配合的矿工很自然地就形成了能够完成特定工作任务的矿工小群体，也就是所谓的行动者集合。行动配合实际上就是一个矿工对另一个提供配合行动矿工的行为产生影响。如果小群体中矿工个体之间的关系大多数是传递性，那么这种行为的影响性就很可能在小群体网络中进行传播，并最终达到饱和状态。这个过程涉及行为的生成、传染、传播、强化及同步等行为动力学问题，也涉及网络度、网络联通性及关系传递性等的分析，仅仅用图的符号并不足以应对矿工不安全行为在网络中传播的这些深层次性问题，还需要对矿工之间的关系进行量化，并建立模型，从而逐步掌握矿工行为在网络中的传播机制。通过对不同行动者之间存在的网络关系进行测度所得到的数据被称为关系矩阵，而该测度过程被称为社会计量。矿工之间的关系矩阵有两个维度，一个维度表示行为的主导方，另一个维度表示行为的配合方。对于一个一模网络结构，矿工间行为关系的矩阵就是一个 $n \times n$ 阶的方阵，基于这种方阵的分析并不太复杂。用二分关系表示的矿工之间的关系矩阵实际上是邻接矩阵，矿工行为传播网络的结构图就是根据邻接矩阵绘制的，两者在本质上是一致的，只不过表现形式不同而已。邻接矩阵和关系矩阵是对基于图论表示的网络结构图的抽象描述，两者实际上是对同一问题的不同描述而已。但网络结构的关系矩阵表示法将直观的网络结构中的节点间存在的关系转化为便于计算机存储和分析的数据，使得我们可以对网络中不同节点之间存在的众多关系进行分析处理。

（一）矿工间存在单一有向关系的度量

实际上，现实中的矿工之间存在多种关系，但并不是每一种关系都对群体情境中的矿工行为的生成、传染及传播有决定性的影响。为了分析问题的方便，同时也为了对重点或者关键问题的突出，我们有时只对矿工之间的某一种对行为有至关重要影响性的关系进行研究。因此，在传播网络的研究中，如果矿工之间只存在一种重要的关系，则可以采用以下计量方法：假定 $N = \{n_1, n_2, \cdots, n_g\}$ 为一个由 g 个矿工组成的集合，X 表示矿工之间存在的唯一的有向关系。不失一般性，我们定义 x_{ij} 为从第 i 个矿

工到第 j 个矿工之间的有向关系取值，$i \neq j$，i，$j = 1$，2，$\cdots$，g，当 $i = j$ 时，$x_{ij} = 1$，因此，x_{ij} 取值就可以生成一个关系矩阵，这个关系矩阵的行和列由个体矿工组成，而且矿工间的排列顺序完全相同，该关系矩阵的行按照从左到右的顺序，而列按照从上到下的顺序。由于是由 g 个矿工所组成的关系矩阵，因此这个矩阵是 $g \times g$ 阶的。基于社会计量法测度的矿工间存在的关系实际上就是用关系矩阵来度量他们之间的联系。X 的取值可以是离散的，也可以是连续的，本书中涉及的矿工之间的关系都以离散取值来对待。假定每个关系的所有可能的取值都来自集合 $\{0, 1, 2, \cdots, C-1\}$，$C = 2$，3，$\cdots$。如果矿工间的有向关系取值是二值的，那么 $C = 2$，即不同矿工之间的取值只可能是两个，为 0 或者 1。因此，C 定义了不同矿工间所存在的唯一有向关系的取值个数。

（二）矿工间存在多重有向关系的度量

上文主要讨论了矿工之间存在单一关系的情况，这种单一关系的计量也相对简单。如果矿工之间存在多重关系，那么就需要在单一关系计量方法的基础上做出适当改变。现在，我们假定所度量的不同矿工之间存在 R 个关系 X_1，X_2，$\cdots$，X_r，$\cdots$，X_R，$r = 1$，2，$\cdots$，R。与矿工间存在单一有向关系的度量方法一样，我们可以假定这 R 个关系的所有可能的取值都来自集合 $\{0, 1, 2, \cdots, C_r-1\}$，$r = 1$，$2$，$\cdots$，$g$；$C_r = 2$，$3$，$\cdots$，$g+1$，然后就可以对每一对矿工间存在的关系进行测度。对于矿工之间存在的多重关系，我们定义 x_{ijr} 为从第 i 个矿工到第 j 个矿工之间的第 r 种有向关系取值，由此可以得到 R 个关系矩阵，每一个关系矩阵对应一个关系。与单一关系矩阵一样，对应于每一种关系的关系矩阵的行和列也是由个体矿工所组成，而且矿工间的排列顺序完全相同，且任何一种关系所对应的关系矩阵的阶数都是 $g \times g$。因此我们可以将 R 个关系矩阵看成一个大小为 $g \times g \times R$ 的三维矩阵的不同层次。这些关系矩阵的行都是按照行为的施加方排列的，而列是按照行为的接受方（配合方）排列的，层是按照不同关系的顺序来排列的。在应用中，这样的关系矩阵也被称作超级关系矩阵，用于表示一个多重关系网络中不同矿工之间的联系。在上文中，我们给出的案例中矿工之间存在三种关系，其中有两种是有向关系，而另外一种则是无向关系，因而可以生成三个关系矩阵，每一种关系矩阵都对应一个图，有向关系所生成的关系矩阵对应有向关系图（有向图），而无向关系生成的关系矩阵则对应无向关系图（无向图）。因此，对于矿工之间存在多重关系情形的测度要比只存在单一关系情形复杂得多。随着计算机数据处理能力的不断增加，多重关系矩阵的研究和应用也受到越来越多的重视。

煤矿生产系统的整体性说明以网络表示的煤矿生产系统的结构是联通的，而系统结构上的联通性则说明系统中的构成要素间都至少存在一条可达路径。由此可以推断，处于同一煤矿生产系统中的不同矿工之间至少存在一种直接或者间接的联系。实际上，我们构建的基于社会接触视角的矿工不安全行为传播网络模型的主要路径就是通过矿工之间存在的基本联系，并以这些基本联系为基础建立起矿工间联通的网络。因此，我们所构建的矿工不安全行为传播网络模型嵌入在煤矿生产系统结构之上，用于研究不同矿工行为活动的相互影响性通过他们之间存在的连接关系的传染及传播机制。系统的整体性决定了以网络表示的系统结构必然是联通的，而网络的联通性为具有传染性的矿工不安全行为通过矿工间的社会接触关系进行传播创造了必要条件，也为我们研究行为的传播机制提供了理论分析的逻辑依据。因此，在实际应用中，我们不仅可以分析矿工间存在的不同关系对行为传播性的影响，也可以利用矿工间的关系网络来分析具有传染性的不安全行为的传播速度和范围。

用社会计量符号来表示行动者之间的关系是最古老也是最传统的方法。在一个网络图中，如果行动者之间的关系是单一的，可以用二维关系矩阵来表示；若行动者之间的关系是多重的，则只能用多个关系矩阵来表示。关系矩阵中非对角线上的每个元素就对应两位不同的行动者之间的关系。但是在我们研究矿工不安全行为网络传播机制时，不能仅仅考虑不同矿工之间的关系，还要考虑矿工自身属性所包含的信息及其对行为传播性的影响作用。例如，我们在研究矿工行为传播性时除了要考虑矿工之间的基本关系外，一般还要考虑他们的年龄所处区间范围。在这种情况下，就难以用上述的三个关系矩阵来表示行动者自身属性所包含的信息。虽然如此，社会计量法在分析网络结构的联通性、网络节点的属性及网络直径和路径路长的计算中仍然发挥了重要作用。

三、矿工间行动关系的代数符号表示

相对于图论及社会计量方法对于矿工间行动关系的描述，本书较少用到代数符号来描述矿工之间的行动关系，因而我们只用了很少的篇幅来阐述代数符号如何描述行动人之间的关系。关系代数方法是表示多重关系最有效的方法（当然该方法也可以用来处理单一关系网络），因为该方法可以对多重关系网络中的关系进行高效的合并，从而给问题的分析和处理带来便捷性。关系代数方法与社会计量方法在表示行动者之间的关系时存在两个主要的区别，分别是：①关系代数方法仅仅用大写的字母（如 W 表示工作中的配合关系）而不是用带下标的字母（如用 x_{ij} 表示）来表示不同行动者之间的关系。②在关系代数方法中，我们用表示关系的字母来替代社会计量法中的符号"→"。例如，若从第 i 个矿工到第 j 个矿工之间存在有向关系，在社会计量法中，我们用记号 $n_i \rightarrow n_j$ 来表示；而在关系代数方法中，我们用 iFj 来表示，即 $x_{ij}F = 1$，并记作 $i \overset{F}{\rightarrow} j$，也就是说，在表示不同行动者之间的关系时，关系代数法可以完全实现对社会计量法的替代。相对于图论及社会计量方法，关系代数法在对于二值关系的表示上可以实现直接编码，因而更加便于计算机进行关系数据的分析和处理，但其致命的缺点是这种方法无法有效处理带有权重的关系。虽然存在自身的缺陷，关系代数方法可以在某些方面弥补社会计量方法在表达行动者之间存在多重关系情况下所存在的不足，并且在表示多重关系网络中的关系时可以与社会计量方法取得一致的结果。

由上述三个部分的分析可以看到，社会网络分析方法的关键是对行动者之间关系的表述及计量，但现有的方法在描述和测度行动者之间关系时都或多或少存在自身的缺陷。例如，社会计量方法在表示行动者属性上存在缺陷，关系代数方法又不能表示带有权重的关系。图论的方法虽然可以同时表示不同行动者之间关系的权重并通过文字描述作为对行动者属性的补充，但不便于计算机处理，特别是不便于对存在大量网络节点及网络节点间存在大量连接关系的网络的表述。因此，在实际的应用中，我们在描述行动者之间的关系及行动者关系网络结构时，不仅需要对现有的三种方法进行综合应用，还要借助于其他方法进行补充。

第二节　矿工不安全行为传播网络的拓扑特性及建模

上一节重点讨论了矿工行为传播网络的不同描述方法，以此为基础我们就可以来分析矿工行为传播网络的拓扑特性并进行建模。已有的行为科学研究结论表明，组织结构是组织行为及功能的基础，也即组织的行为和功能是嵌入组织结构的。因此，通过结构调整来干预行为，影响具有传染性的矿工不安全行为的传播性，不仅在理论上是合乎逻辑的，在现实中也是可操作的。随后的章节将要回答现实中网络的结构究竟是通过什么机制影响网络行为以及个体行为在网络环境中的传播和同步的结果。已有的大量研究成果都支持网络结构决定网络行为并影响网络功能实现的论断。因此要实现对网络行为的干预，就需要对实际的网络结构特征及相关参数有深入的理解，并在此基础上建立合适的网络结构模型，确定相应的网络参数变化区间，通过参数的调整实现对网络结构的调整，并进一步达到影响网络行为的目的。因此，我们研究矿工不安全行为传播的网络模型，分析不安全行为在网络中的传播机制，其基础就是要掌握行为传播网络的基本结构。在本部分中我们重点研究矿工不安全传播网络的拓扑结构。

一、矿工不安全行为传播网络的拓扑特性

(一) 矿工行为传播网络节点的度分布

度 (degree) 是网络结构最为基础也最为重要的参数之一。虽然度是用来表示单一网络节点的属性，但从一个网络整体来看，度这个网络结构参数反映了网络结构在整体上的均匀程度。如果一个网络结构上的每一个节点的度都大致相等，则该网络结构

就比较均匀，至少从结构上看该群体网络不存在一个中心控制者，处在该网络情境下的个体所能分享的资源也比较平均。反之，如果一个网络节点中的度分布得非常不均匀，存在一个或者少数几个网络节点的度非常大，则说明网络中存在中心控制者。这些处在度较大（小）的节点上的个体通常在网络资源总体有限的情况下却占有了更多（少）的资源份额，在网络情境中也具有相对更大（小）的影响性。因此，网络节点度分布的变化不仅表现在网络结构的不均匀上，还会对个体的行为的生成、传染及传播产生非常大的影响。

矿工不安全行为传播网络是以矿工作为网络节点，以矿工之间存在的基本关系作为边或者弧而构成的联通关系结构。从上述分析可以看到，度反映了网络结构中的单一节点的重要属性。为了后文论述的方便，这里我们对度的相关定义及性质做一个简要的说明。节点 n_i 的度 k_{n_i} 就定义为与该节点连接的其他节点的个数。对于一个有向的行动者网络，节点的度分为出度和入度。节点的出度就是指从该节点指向其他节点的弧的个数，节点的入度则是指从其他节点指向该节点的弧的个数。在现实中，节点的出度表达了该节点能够对网络中节点施加直接影响作用的节点的个数，因此出度越大则说明该节点在网络中所发挥的影响就越广。而入度则表示该节点受到网络中能够对其施加直接影响作用的节点的个数，入度大则说明处在该节点上的矿工要承担更多的配合任务。

因此，从表面上来看，节点的度越大，说明该行动者与其他行动者之间的联系就越多，因而就有可能越重要，或者在群体中的影响性越广泛。在矿工群体中，处在度最大位置上的矿工有可能是矿工小群体的领袖或者是班组的管理者。对于一个有 g 位矿工的网络，其网络节点的平均度就是网络中所有节点的度的平均值，即 $k = \dfrac{\sum_{i=1}^{g} k_{n_i}}{g}$，并记作 $<k>$。如果网络中任意两个节点之间至多只有一个连接，那么 $<k>$ 大于 0，小于或者等于 $g-1$。矿工行为传播网络中节点的度分布可以用分布函数 $P(k)$ 来表示。$P(k)$ 表示从矿工行为传播网络中随机选取一个节点，该节点的度恰好为 k 的概率。

均匀网络只是一种理论上的设定，一般不存在于现实中。在某些情况下人们容易将层级化的规则网络混淆为均匀网络，实际上两者之间并没有多少因果联系。我国煤矿生产系统带有非常明显的层级化规则结构，因而嵌入于煤矿生产系统结构之上的矿工行为传播网络也表现出明显的规则化层次结果。但这并不意味着该网络是均匀的。从基于矿工之间的基本关系调查所收集的关系数据来看，在矿工关系网络结构图中，矿工节点的度并不服从一个均匀的分布，也不服从正态分布，这主要是由于煤矿现有的管理制度、井下工作环境及长期形成的文化背景所决定的。我国的煤矿企业组织结构不仅存在严格的层次等级，而且在一个相对封闭的工作环境和企业文化中还存在普遍的小群体，特别是在井下的一线工作环境中的班组中，矿工小群体更加普遍。在一个网络结构中，一旦小群体普遍存在，则网络节点的度分布就不可能满足均匀和正态分布，其分布非常有可能接近幂律分布。实际上，现实中不仅存在大量的社会网络结构的度分布服从幂律分布，而且 Faloutsos（1999）研究 Internet 的拓扑结构时，也发现虚拟的互联网结构也存在普遍的幂律分布现象。这也就是说现实世界中大部分网络都不是随机网络，大多数服从幂律分布，即网络中的少数节点拥有大量的连接，而大部分节点的度较小。这说明现实中的组织运行及演化并不一定需要在组织内部存在大量的耦合作用，组织中局部存在的高耦合作用并配合部门间的长连接作用已经足以保证组织功能的正常运行。这种服从幂律分布的网络结构拥有的内部连接较少，但足以保证网络功能的实现，说明网络中的行动人在选取工作配合或社会交往的人时，其行为是有偏好的，偏好于与网络中度更大的节点建立联系，即存在偏好依附性。通常我们将节点的度符合幂律分布的网络称作无标度网络。研究者发现现有的社会网络节点的幂律分布可以分为如表 9-2 所示的四种类型，在本书中我们主要采用下述四种公式来检验存在大量小群体的矿工行为传播网络的节点度是否服从幂律分布。

表 9-2 社会网络节点的度的幂律分布种类

分类	公式	备注
幂律分布 1	$d_v \propto r_v^R$	其中 d_v 是节点 v 的度，r_v 是将网络中所有节点按照度的降序排列，排序为 v 的节点的序列号。R 为关系矩阵的秩，也称为秩指数常数
幂律分布 2	$D_d \propto d^D$	D_d 表示度大于 d 网络节点在整个网络中所占的百分比，$D = 1/R$，D 被称为度指数常数
幂律分布 3	$\lambda_i \propto i^\varepsilon$	λ_i 为与网络相对应的关系矩阵的特征值，i 为将特征值按照降序排列时的序列号。特征值指数 ε 与度指数常数 D 存在近似关系 $\varepsilon \approx 0.5D$
幂律分布 4	$P(h) \propto h^H$ $h<<\delta$	其中 $P(h)$ 为距离不超过 h 的节点对的数量（也包括字节点对），并对非自节点对记数两次。则可以推得 $P(h) = \begin{cases} ch^H, & h<<\delta \\ N^2, & h>>\delta \end{cases}$

资料来源：Faloutsos M., Faloutsos P., Folloutsos C.. On Power-law Relationships of the Internet Toplogy [J]. ACM SIGCOMM Computer Communication Review, 1999, 29（4）：251-262.

（二）矿工不安全行为传播网络的平均路径长度

网络的平均路径长度不仅是网络结构的一个重要参数，也是影响行为传播速度的一个重要因素。通常情况下，一个网络的平均路径长度越长，在同样的网络内外部环境下，具有传染性的行为传播的速度会较慢，因而达到饱和状态所消耗的时间就越长。要计算网络的平均路径长度，首先必须计算出网络中任意节点之间的路径长度，然后再除以网络可能存在路径的数量。对于矿工不安全行为传播网络来说，网络中任意两个节点间的距离定义如下：任意两个节点 n_i 和 n_j 之间的距离 d_{ij} 是指这两个节点之间的所有存在的路径中最短的那条路径所包含的弧的数目（节点距离）。而该网络中任意两个节点之间的距离的最大值则称为网络直径，即 $\max_{i,j} D_{ij}$，$i, j = 1, 2, \cdots, g$。网络的平均路径长度 L 定义为任意两个节点之间的距离的平均值，由于一共有 $\frac{1}{2}g(g+1)$ 条路径（当 $j=1$ 时，$i=1$，2，…，g，共 g 条；当 $j=2$ 时，$i=2$，3，…，g，共 $g-1$ 条；当 $j=g$ 时，$i=g$，共 1 条。根据级数公式把 $g+(g-1)+(g-2)+\cdots+2+1$ 加起来，就可以得出前式。注意：这里考虑了节点到自身的距离），则：

$$L = \frac{1}{\frac{1}{2}g(g+1)} \sum_{i \geqslant j} d_{ij}$$

其中，g 为网络的节点数，由我们研究的矿工群体的规模所决定。网络的平均路径长度也称为网络的特征路径长度，是衡量一个网络对影响效应传播效率的重要指标。平均路径越短，不同节点之间的影响作用传导或者传播的速度会越快。上述公式包含了节点到自身的长度，如果不考虑节点自身到自身的距离，即存在 C_g^2 条路径，为 $\frac{1}{2}g(g-1)$。因为，当 $j=1$ 时，$i=2$，3，…，g，共 $g-1$ 条；当 $j=2$ 时，$i=3$，4，…，g，共 $g-2$ 条；当 $j=g-1$ 时，$i=g$，共 1 条。把 $(g-1)+(g-2)+\cdots+2+1$ 加起来，根据级数公式，就可以得出 $\frac{1}{2}g(g-1)$，则上述公式为：

$$L = \frac{1}{\frac{1}{2}g(g-1)} \sum_{i \geqslant j} d_{ij}$$

在矿工的行为传播网络中，L 是连接网络内两个矿工之间最短路径中的平均人数。实际上，现实世界中存在的许多网络虽然节点数量众多，但平均路径的长度却非常小，也就是说现实世界中存在的很多网络是具有小世界效应的。当然，毋庸置疑，这种小世界效应也会体现在我们研究的矿工行为传播网络上。因此，有学者推测并验证，对于给定的网络，网络节点的平均度及网络路径的平均长度的增加速度至多与网络规模的对数成正比。尽管煤矿生产系统是大型复杂的耦合系统，但是需要提高直接或者间接配合的矿工之间的平均路长在大多数情况下都并不长，从而保证了这种高耦合高风险性的生产系统的高效运行，但同时也使得矿工个体行为更易于同步。一旦不安全行为生成，则可以在较短的时间内在矿工群体内达到传播的饱和状态，使得不安全行为致因的煤矿事故发生的概率大幅度增加。

（三）聚类系数

在网络情境中，不同行为个体之间的路径长度是变化的，有长有短，而且网络节点的度的分布也不均匀，这说明一个矿工生成的行为对与之有直接或者间接关系的其他矿工行为的影响程度是有差别的，这也就给网络情境下的行为个体的聚合提供了条件。煤矿生产系统的高耦合性和环境多变性决定了矿工在井下工作的任务在大多数情况下无法独立完成。通常，一位矿工在完成某一具体的任务时，或多或少都需要其他一位或者多位矿工提供某些配合。例如矿工 n_i 在完成一项工作任务时，需要矿工 n_j 和矿工 n_k 的配合。而矿工 n_j 和矿工 n_k 在配合矿工 n_i 完成工作任务时也需要相互配合，这种属性就是所谓的网络聚类特性。聚类性决定了煤矿井下工作任务在执行时某些矿工之间的配合程度要高于另外一些矿工，更容易形成群体情境下的行为路径依赖性，从而在适当的条件下促使行为以更快的速度传播。因此，通过聚类系数的计算也可以帮助我们分析和测算矿工的某些行为在煤矿生产系统中的传播性。

通常，我们按照以下方法来定义网络的聚类系数：假设网络中的节点 n_i 和 k_i 个其他节点相连接，这 k_i 个节点就被称为节点 n_i 的邻居。通过排列组合公式的计算，k_i 个节点之间最多有 $C_{k_i}^2$ 条弧，即 $C_{k_i}^2 = \frac{1}{2}k_i(k_i - 1)$。而这 k_i 个网络节点之间实际存在的弧的数目可能是 E_i，则我们将节点 n_i 的聚类系数 C_i 定义为：

$$C_i = \frac{2E_i}{k_i(k_i - 1)}$$

而整个网络的聚类系数则可以定义为：

$$C = \frac{\sum_{i=1}^{g} C_i}{g}, \; 0 \leqslant C \leqslant 1$$

当 $C = 0$ 时，说明该网络中的所有节点之间都不存在连接，而当 $C = 1$ 时，说明该网络是一个联通的完全图，即网络中的任意两个节点之间都是直接连接的，即至少存在一条弧或者边。我们的研究表明，矿工的行为传播网络具有明显的聚类效应，并且聚类效应会影响具有传染性的矿工不安全行为在网络传播中达到饱和状态所耗费的时间。通常，如果煤炭企业的安全生产氛围是偏负面的，那么聚类系数越大，具有传染性的矿工不安全行为在矿工群体中传播达到饱和状态所耗费的时间就会越短。

（四）网络结构的层次性

对认知对象进行层次划分，是人类认知世界的重要方式之一。因此，在人类的认知体系内，无论是自然界还是社会学界，人类在面对问题时总是把其转换为具有结构化和层次化的模型，并最终促使人类思维惯性的形成，并认为现实中的大多数事物的结构都具有层次性。虽然有学者对通过事物结构的层次化会在很大程度上扭曲其真实结构并丢失重要信息提出很多批评，但对研究对象的结构进行层次化处理仍然是解决现实问题的主要手段之一。

针对有序的层次化结构会扭曲研究对象真实结构的观点，有些学者认为可以采用网络结构来代替层次化的有序结构。这主要是由于网络结构虽然不能完全等同于但可以更加接近于真实的事物结构，因而其在处理有结构化的问题时会更加有效，从而可以更进一步地避免丢失事物真实结构中的重要信息。事实上，网络结构的提出并不是对已有层次化结构问题分析路径的否定，反而是对层次化结构的必要补充。即使是看似与真实事物结构非常相似的网络结构也并不意味着节点之间的联系是随机的和杂乱无章的，实际上也是有很多规律可循的，且在很多情况下也是分层次的。在我国，煤炭企业多为国有企业，它们的组织结构层次非常分明，即使我们研究个体层面上的矿工不安全行为传播的网络结构，由于矿工间联系的形成与演化会不断受到组织层面的结构关系的影响，最终导致矿工不安全行为传播的网络结构也会是分层次的。矿工不安全行为传播的网络结构是在煤矿企业的正式组织结构的基础上派生而出的，是嵌入在煤矿生产系统结构之上的。煤矿生产系统的层次化结构在很大程度上也使矿工不安全行为传播网络具有层次性。

按照工作关系的密切程度和指令的传递方向，煤矿领导层面的管理人员形成了第一级子网，主要履行决策职责；煤矿职能部门的管理人员形成了第二级子网，主要履行对决策执行的职责；而班组层面的人员又形成了第三级子网，主要履行执行具体工作任务的职责。每一级子网都存在较高的聚类效应，而处在不同层面的子网之间的联系的数量和强度也是具有显著差异的。通常领导层面子网与职能部门子网之间的联系数量和强度要大于其与班组层面子网之间联系的数量和强度，这使我们最终所构建的矿工不安全行为的传播网络也具有了明显的层次性。

（五）网络节点的偏好依附性

网络节点的偏好依附性（preferential attachment）来源于网络情境中处在不同节点上的个体行为偏好及其所占有资源的差异性，导致网络节点行为向异质化发展，从而使那些处在拥有更加丰富资源网络节点上的个体具有更大的吸引力，那些处于同样网络情境下掌握更少资源的节点往往需要依附于那些拥有丰富资源的节点才能生存下去。

在群体情境中，行动者所处的地位及掌握资源的差异性也决定了其在群体中影响性的不同。那些掌握丰富资源和处于特定社会位置上的行动人在社会网络结构中会存在丰富的关系，如矿工群体中的小群体领袖、班组长。在网络结构图中，上述行动人所处的网络节点上会有大量的边与之相连接。通常社会网络中这类存在大量边或者弧与之相连接的网络节点是少量存在的，而处于这类网络节点上的行动者都掌握着丰富的资源（信息、资金等），因而也就比较"富有"，我们形象地将这类节点称为"富节点"。在现实中，处于富节点上的行动人又倾向于相互联系。由此可见，在现实的网络中，行动人偏好与处在网络富节点上的行动人建立联系，而那些处于富节点上的行动人也偏好于相互联系，这样就形成了所谓的网络节点的偏好依附性。由此可见，网络节点的偏好依附性生成过程同样会导致网络结构层次化和有序化。实际上，在煤矿的日常生产中产生了大量的矿工小群体就是网络节点的偏好依附效应的一种现实表现。

在实际中，我们可以用网络节点的偏好依附联通性来描述这种现象，即计算那些拥有大的度的节点构成的子网的联通性。首先，我们将网络中所有节点的度按照从大到小的顺序进行排列，并选取度排在前 r 顺序的节点来计算连通性 $\Phi(r/g)$。假设这 r 个节点之间实际存在的边或者弧的数目为 L 个，如果不考虑这 r 个节点自身与自身相联系的情形，那么按照前文的计算公式，这 r 个节点之间的边或者弧的数目最多，有 $\frac{r(r-1)}{2}$ 个，于是我们可以计算出这 r 个节点所形成的子网的联通性为：$\Phi(r/g) = \frac{L}{\frac{r(r-1)}{2}} = \frac{2L}{r(r-1)}$。如果 $\Phi(r/g) = 1$，那么这 r 个富节点就形成了一个完全联通的子图。$\Phi(r/g)$ 的取值越大，说明网络节点偏好依附联通性就越大，网络资源越集中于少数节点之上，这些节点对整体网络行为的影响也越大。

（六）网络结构的核数与介数

在对实际的研究问题进行网络分析的过程中，研究者或实践者需要将那些度较大的节点单独划分出来，重点对待。由于这些度的取值较大的网络节点往往在一个群体中占有比较重要的地位，其行为的生成、传染、传播所产生的影响性也更为广泛和重要，因而它们也就成了我们在行为干预措施执行过程中需要给予重点对待的对象。在现实中，研究者提出了网络结构核数（coreness）这个概念用于识别那些度大于某个事先设定值的节点。由此可见，网络结构的核数实际上是对网络结构中存在的偏好依附效应的另一种表示方式。偏好依附性导致一个网络中存在某些网络节点，它们的度要远远大于其他网络节点，从理论上来说它们在网络情境中也掌握了更多的网络资源，其行为的变化对于那些与之有联系的特别是有直接联系的网络节点的行为必然也有更大的影响作用。网络结构的核数是在网络模型建成之后才能分析和计算的网络结构参数。计算一个网络结构的核数主要采用以下做法：首先，我们从一个网络中反复删除那些网络节点的度小于或者等于 k 的节点后所剩余下的子图就被称为该网络图的 k-核。显而易见，一个网络节点存在于 k-核中，但在 $(k+1)$-核中被删除，那么该节点的核数就等于 k。网络节点核数中的最大值称为网络整体结构的核数（或网络结构图的核数）。偏好依附性让我们从直觉上认为网络节点的度越大，其掌握的网络资源越多，在网络中所能产生的影响性也就越大，这只是绝对意义上的比较。而网络节点的核数则可以在一定程度上从相对意义上对那些度取值很大的网络节点在网络中的相对重要性进行比较。我们进一步对节点核数的定义进行分析，从中可以看到并不是节点的度越大，则该节点的核数就越大。通常，有可能节点的度很大，但其核数却很小，核数还考虑了节点度同网络中其他节点度的比较的相对大小。例如，包含 g 个节点的星型网络结构，其中心节点的度为 $g-1$，但其核数为 0。由此可见，节点的核数用于度量一个节点在核中的深度。一个网络的大部分节点的度都很大，但核更大。

网络中一个节点的介数（betweenness centrality）用于测度网络中通过该节点的最短路径的数目，该概念描述的是一个节点对于同一网络中另外两个不同节点之间想要建立最为便捷的联系时所能发挥的作用。在一个网络中，两个不相邻的矿工之间如果要进行工作协作，那就只能通过网络中其他矿工的中介作用实现。很显然，这时连接这两个不相邻矿工的最短路径上的其他矿工对于处于该条最短路两端点上的矿工间的信息沟通、工作配合将起到决定性的作用，可以控制着这两个不相邻节点上的矿工间的相互作用，因而处在这种位置上的节点拥有更大的信息优势，对于处在合作两端的矿工之间能否成功合作起到关键性作用。因此，一个行动者要想获得更大的中介作用，就必须能处于更多的不同行动者之间的最短路径上，以获得中介中心的地位。实际上，节点的介数与节点核数密切相关，核数大一般介数也大；反之亦然。

（七）带权图（有值图）的密度

网络密度是从整体上测度一个网络内部节点之间联系的密切程度。带权图和无权图的网络密度的测度公式是不相同的。在有些情形下，我们除了要考虑网络图中不同节点之间的关系，还需要考虑这些关系的强度，因而分析带权图要比分析无权图复杂得多。无权图通常只能直观地表示两个节点之间存在影响性，而带权图则可以进一步直观地表示两个节点之间影响作用的大小。一个有向网络图的密度在不考虑弧的权重（取值）时一般定义为图中实际存在的弧数与图中最大可能存在的弧数的比值，记为

$\rho = \dfrac{\pi}{g(g-1)}$，$\pi$ 表示网络图中实际存在的弧数，ρ 为网络密度。如果需要考虑有向网

络图上不同弧的取值，那么网络密度则可以表示为 $\rho = \dfrac{\sum v_k}{g(g-1)}$，$v_k$ 表示每条弧的取

值。对于无向网络来说，不考虑边的权重时，其网络密度为 $\rho = \dfrac{2\pi}{g(g-1)}$，当考虑边的

权重时，则为 $\rho = \dfrac{2\sum v_k}{g(g-1)}$。从平均意义上来说，一个密度大的网络中行动者之间联系

密切程度要大于一个密度小的网络中的行动者之间联系密切程度，处于密度大一些网络中的个体的行为变化对于其他与之相邻个体行为的影响要大于处于密度小一些网络中个体的行为变化对于其他与之相邻的个体行为的影响。密度大的网络对于个体行为传播的影响性也要大于密度小的网络对于个体行为的影响性。当存在负面安全氛围时，不安全行为在一个密度大的网络中的传播速度将会大于在密度较小网络中的传播速度。而当正面安全氛围成立时，则不安全行为在一个密度大的网络中的传播速度将会小于在密度较小网络中的传播速度。

（八）网络图中的路径长度及网络直径

实际上网络分析的一个重要任务就是分析处在不同网络节点之上的个体之间的相互影响性。而影响作用主要是通过不同节点之间的连接进行传递的，或者是通过网络连接之间的网络节点进行中继的。因而路径的长度及网络节点的属性最终对于网络内部的不同个体之间的行为生成及传播会产生重要的影响作用。在前文中，我们已经分析了网络节点属性对于行为的影响性，这里我们主要分析网络内部连接对于行为传播的影响性。网络内部连接主要表现为网络路径、直径等具体的网络参数。我们在前文中已经详细定义过网络直径，这里不再赘述。网络中的路径长度是指网络中两个不同的节点之间最短路的长度。当不考虑关系的权重时，网络的路径长度实际上就是网络中两个不同节点间最短路所包含的边数。当考虑关系的取值或者权重时，网络的路径长度的计算要复杂很多，不同节点间的最短路并不一定是包含边数最少的那一条路。路反映了网络中两个不同行动者所处的网络节点之间的可达性，决定了一种具有传染性行为最终可能传播的范围。通常，对于一个权重图，一条路传播行为或者信息的能力主要取决于该路中权重最小的那条边（相对于"瓶颈"作用），该取值被称为路径的值，简称为路值。如果边表示网络中两个相邻的行动者之间的沟通量，那么网络中路径的值就表示该路中任何两个不同的行动者之间最低可以达到的沟通量。在实际中，这两个网络参数既会影响具有传染性行为波及的范围，也会影响其传播的速度。通常具有传染性的行为在一个平均路径长度更长及网络直径更大的网络图中从生成、传播达到传播饱和状态要比在一个平均路径长度更短及网络直径更小的网络图中传播要耗费更长的时间。虽然网络平均路长可以用来控制具有传染性的行为传播，但也会带来某些负面的效果。例如，在对矿工不安全行为传播进行干预时，虽然增加网络的平均路长可以延缓具有传染性的矿工不安全行为在网络中达到传播饱和状态的时间，但同时也会降低矿工之间行动配合的效率，特别是那些相互提供间接行动配合的矿工之间的合作效率。

（九）中心性与声望及其对行为在网络中传播的影响效应

与网络核数相类似的一个概念是网络节点的中心性。对于一个由行为人作为网络节点所构成的网络，节点的中心性在一定程度上反映了该节点在网络中的活跃程度、地位、掌握资源的多少等。通常意义下，中心网络节点在整个群体中拥有关键性的网络资源，并具有较高的活跃性、社会地位，因而处在这类节点上的行动者对行为在网络中传播的影响将会大于其他节点。在对矿工不安全行为进行干预和控制过程中，这类网络节点需要给予更多的重视。因为处在这些网络节点上的个体行为倾向或者行为活动一旦出现了变化，能够对那些与之存在直接联系的其他个体行为产生快速的影响，并在较短的时间内波及那些与之有间接联系的个体。在实际应用中，研究者一般是通过度来测度行动者在网络中的中心性，记为 $C_D(n_i) = d(n_i) = \sum_j x_{ij} = \sum_i x_{ij}$。该式表示的是行动者在网络中的绝对中心度，不便于在不同的网络中对不同的行动者的中心性进行比较。因此，我们还需要对上述绝对中心度进行标准化，并给出以下标准化的计算公式：$C_D'(n_i) = \dfrac{d(n_i)}{g-1}$。之所以该式的分母为 $g-1$，主要是因为对于简单图来说，图中的任一节点的度都不可能超过该图所包含的节点总数，即对于一个节点总数为 g 的图，其中任一节点最多可能与另外 $g-1$ 个节点相邻。另外，标准化后的中心度为对来自不同网络结构中节点的中心性进行比较提供了便利，否则如果仅仅通过绝对中心度对不同网络中节点的中心度进行比较将不存在多少应用价值。Burt 和 Knoke 的研究结果表明：相较于其他处在较低中心性网络节点上的行动者，如果一位行动者所处的网络节点具有较高的中心性，其对网络的行为及行为在网络中传播的影响性也更大。因为，处在度高节点上的行动者与网络中其他行动者之间的直接联系更多，是信息、资源及行为传播的主要通道，因而也就占据了网络的中心地位，其行为对于其他网络中的个体来说具有一定的示范效应，更易于对其他个体的行为选择产生实质性的影响，对于行为传播的影响作用也就至关重要。

当然，对于 $C_D(n_i) = 0$ 的节点，处在该节点上的行动者在网络中处于完全孤立的状态，因而其存在与否对于一个网络也就并无影响。但从系统的视角来看，现实中的网络不会存在 $C_D(n_i) = 0$ 的节点，这主要是由于人的社会学及网络结构的联通性所决定的。本书中所分析的矿工不安全行为传播网络嵌入于煤矿生产系统结构之上，系统的整体性也决定了 $C_D(n_i) = 0$ 节点的不存在性。之所以设定 $C_D(n_i) = 0$ 的节点主要是为了理论的完备性。因此，从直观上来看，节点的中心度越大，处在该节点上的行动者与群体的联系越密切，对群体行为的影响作用也越大。由于矿工不安全行为是在群体网络中传播的，我们除了要考虑行为个体所处节点的中心性外，还需要考虑一个网络中不同节点的中心性在整体上所能产生的效应。于是 Freeman（1979）又定义了网络整体的中心性，并记为 $C_D = \dfrac{\sum_{i=1}^{g}\left[C_D(n^*) - C_D(n_i)\right]}{\max \sum_{i=1}^{g}\left[C_D(n^*) - C_D(n_i)\right]}$。由于 n^* 是网络中度最大的节点，则 $C_D(n^*)$ 的最大值为 $g-1$，而 $C_D(n_i)$ 的最小值为 1，则 $C_D(n^*) - C_D(n_i)$ 的最大值为 $g - 1 - 1 = g - 2$，因此，$\max \sum_{i=1}^{g}\left[C_D(n^*) - C_D(n_i)\right] = (g-1)(g-2)$（因为 $n_i \neq n^*$，所以只有 $g-1$ 项进行加和）。所以可以得到 $C_D = \dfrac{\sum_{i=1}^{g}\left[C_D(n^*) - C_D(n_i)\right]}{(g-1)(g-2)}$。网络整体的中心性反映了网络中不同行动者的中心性的分布情况。对于三种常见网络的基本结构：星型网络、环型网络及链式网络，当 $g = 13$ 时，我们可以分别计算出三种不同的基本网络结构中的不同节点的中心性，如表 9-3 和表 9-4 所示。

表 9-3 三种基本网络结构中的节点绝对中心性（g = 13）

节点	星型结构图	环型结构图	链式结构图
n_1	12	2	1
n_2	1	2	2
n_3	1	?	2
n_4	1	2	2
n_5	1	2	2
n_6	1	2	2
n_7	1	2	2
n_8	1	2	2
n_9	1	2	2
n_{10}	1	2	2
n_{11}	1	2	2
n_{12}	1	2	2
n_{13}	1	2	1

表 9-4 三种基本网络结构中的节点相对中心性及网络整体中心性（g = 13）

节点	星型结构图	环型结构图	链式结构图
n_1	1.000	0.167	0.083
n_2	0.083	0.167	0.167
n_3	0.083	0.167	0.167
n_4	0.083	0.167	0.167
n_5	0.083	0.167	0.167
n_6	0.083	0.167	0.167
n_7	0.083	0.167	0.167
n_8	0.083	0.167	0.167
n_9	0.083	0.167	0.167
n_{10}	0.083	0.167	0.167
n_{11}	0.083	0.167	0.167
n_{12}	0.083	0.167	0.167
n_{13}	0.083	0.167	0.083
网络整体的中心性	0.923	0.000	0.014

对于上述三种基本网络结构，我们也可以分别计算出其各自的网络整体中心性，星型结构图为 0.923；环形结构图为 0，从表面上看，处于环形结构图节点上每位行动者具有等同的地位和影响力，没有所谓的中心节点，这种结构图在现实中只能以非常

小的规模存在；而链式结构图为 0.014。实际上，中心性、节点的网络密度、核数等网络参数都主要表达了行为者与一个网络连接的密切程度或者在网络中所处的地位，只不过各自的侧重点不同而已。无论一个网络的规模有多大，最终都可以分解为具有上述三种基本网络结构的子图，从而便于我们对于个体行为及网络整体行为的分析和解释。

除了用行动者在网络中所处节点的绝对中心性、相对中心性，以及网络整体中心性来度量行动者在网络中的地位、活跃度及密切程度之外，还可以用距离或者接近度来度量一个行动者与其他行动者之间的亲近程度，即亲近中心性。根据实际经验，如果一位行动者能够在短时间内快速地与其他行动者建立实质性的联系，那么这位行动者在一个网络中一般会处于中心地位。在工作过程中，如果一位矿工处于中心地位，那么他通常不是配合其他矿工的工作，而是其他矿工来配合他的工作，因而在工作配合过程中，一般不需要依赖其他矿工来获取信息，而是直接向其他矿工发表工作配合的指令信息，在与其他矿工的工作交流过程具有更高的效率。因此，在矿工不安全行为的传播过程中，不安全行为的有效传播主要依赖于传播路径的结构，要实现对不安全行为的有效干预则需要对不安全行为生成矿工与网络中其他矿工在工作中的直接交流或配合途径进行全面的把握。如果我们控制了处于亲密关系中最活跃矿工的行为活动，则不仅切断了不安全行为中继路径，而且控制了不安全行为发生的主要源头。这里我们主要借用 Hakimi（1965）和 Sabidussi（1966）对行动者之间亲密程度的量化方法，该方法主要测度了网络的中心节点与网络中除中心节点之外的其他每一个节点相连时所具有的最短路径。很显然，处在中心节点上的矿工如果生成了具有传染性的不安全行为，在同样的条件下，可以比其他矿工以更快的速度把不安全行为传染给其他矿工，离中心节点上矿工越远的矿工，被传染不安全行为的时间就会越晚。通过距离来度量中心性除了要考虑处于中心上的行动者与其他行动者之间的直接联系，还要考虑他们之间的间接联系。矿工的亲近中心性的度量方法如下：

设 $d(n_i, n_j)$ 表示矿工 n_i 和 n_j 之间的最短距离。这里需要说明的一点是，n_j 可以取网络中除 n_i 之外的任意一个网络节点，即 $j \neq i$，$j = 1, 2, \cdots, g$。因此，矿工 n_i 与网络中除 n_i 之外的所有节点之间的最短距离的总和为 $\sum_{j=1}^{g} d(n_i, n_j)$，且 $j \neq i$，该值越小说明节点 n_i 在网络中所处的中心地位就越高，网络中的其他节点与 n_i 就越亲近。因而，网络节点 n_i 行为生成、传播及变化对这些与之更为亲近的网络节点行为的影响作用就会更大、更直接。为了表述方便，Sabidussi 将节点亲近中心性的计算公式记为 $C_C(n_i) = \dfrac{1}{\sum_{j=1}^{g} d(n_i, n_j)}$。$C_C(n_i)$ 的最大值为 $\dfrac{1}{g-1}$，即 n_i 与网络中除 n_i 之外的所有节点之间的最短距离都为 1，也就是所谓的星型网络结构。同绝对中心性存在的问题一样，根据

Sabidussi 关于节点亲近中心性的公式所计算出来的结果也不便于在不同网络之间进行比较，于是 Beauchamp 对 $C_C(n_i) = \dfrac{1}{\sum_{j=1}^{g} d(n_i, n_j)}$ 进行了标准化，得到 $C'_C(n_i) = (g -$

$1)/[\sum_{j=1}^{g} d(n_i, n_j)]$，即 $C'_C(n_i) = (g-1)C_C(n_i)$，$0 < C'_C(n_i) \leqslant 1$。很显然，星型网络结构的中心节点的 $C'_C(n_i) = 1$，但对于一个联通的有限网络，$C'_C(n_i)$ 是不可能等于 0 的，这一点我们已经在前文中进行过阐述。

由此可见，网络结构的参数主要是从节点的属性及连接的属性两个主要方面描述了网络结构与网络行为及功能之间的内在联系，为我们通过参数调整来干预网络情境下的个体行为或网络整体行为提供了依据。在矿工不安全行为传播网络模型研究中，我们可以通过改变节点属性及网络连接属性来调整网络结构的变化，改变网络功能，从而达到对网络行为的干预。

二、常用网络模型的类型和主要网络参数选择及其意义

在上文中，我们重点讨论了网络分析的基础知识，实际上主要是分析了网络的静态结构、节点及关系及其在网络分析中承担的角色。虽然现实中的网络结构大多不是静态的，但在一定的时间段内仍然可以保持很大程度上的稳定性，从静态的网络拓扑结构入手来解决动态网络演化过程中所出现的问题仍然是网络科学研究过程的重要且必要的一环。因此，从逻辑关系来看，要研究矿工不安全行为传播网络模型必须要对网络模型的类型先进行必要的分析，以确定哪一种网络模型适合于分析矿工不安全行为的传播性。

从时间演化的角度来分类，可以将网络模型分为两类：动态网络和静态网络。相对于静态网络来看，动态网络中的节点、路径、节点输入输出函数关系式及其他网络参数及属性可能会随着时间而变化，因此动态网络是一个时变生长网络，网络的结构在不断变化，而网络行为和功能也随之而改变。静态网络的参数及属性不会随着时间而变化，因而结构不会变化，网络行为和功能也不会随着时间的变化而变化。根据上述有关静态及动态网络的定义，我们所研究的矿工不安全行为传播的网络显然应该归类于动态网络。动态网络最大的特征就是时间的变化会导致网络的结构化重组，形成有序性的行为和能完成特定任务的功能，即所谓的网络演化，也即所谓的网络涌现——网络结构出现规则化和层次化，而网络行为从无序到有序。在网络的生长过程中，网络的初始状态可能是具有一定随机性的网络，或者是有序性比较差的网络。但随着时间的推移，网络结构会朝着规则化和层次化方向发展，网络节点度的分布逐步从无序的随机分布演化为服从于幂律分布，随机网络也逐步过渡为有序网络，如无标度网络就是一种有序的网络。在社会网络研究领域，研究者针对网络的功能和结构及

规模的不同划分出很多种网络类型，但总体上来说这些网络的分类标准并不是非常的严格，在很多情况下不同分类的网络之间仍然存在很多交叉和重合部分，如大型网络有时候也是复杂网络，而有些复杂网络在规模上却比较小。尽管如此，这并没有阻碍网络研究的发展。近年来，研究者及实践者绕开网络分类的制约，在规则网络、随机网络、小世界网络及无标度网络等网络模型方面都取得了非常巨大的进展，而且这几种网络也成了实际中最为常用的几种网络。在本书的研究中，我们主要针对这几种网络结构形式并结合矿工行为传播的实际情况来选择适合于分析矿工不安全行为传播的网络结构类型。

（一）规则网络

虽然完全规则网络在实践中存在的概率非常小，大多数只存在于理论研究中，但之所以需要对规则网络进行研究，是因为它可以为非规则网络的无序性提供有效的对照基准。规则网络由于其结构上的有序性，会显示出较低程度的熵或者直接表现为零熵。在这类网络中，节点之间的可达路径的长度一般都较小，因而规则网络一般是稀疏的联通网络，并具有较小的网络直径、中心节点半径及平均路径长度，这导致规则网络相对于随机网络在节点连接上显示出更好的经济性和有效性。规则网络一方面可以确保组织具有较高程度的凝聚性，另一方面又可以保证组织内部具有良好的沟通性，从而可以促使规则网络中的个体成员能够快速就行动选择达成一致性意见，保证个体间行动配合的高效性。因此，我们在经济管理实践中设计组织结构时，基于经济性和有效性目的，会对具有较小平均路长的稀疏网络非常感兴趣，因而规则结构就成为研究时间的组织结构设计的最佳选择，这也就是实际中的组织结构都是高度规则化的几乎没有采用随机的组织结构的重要原因。我们在煤矿安全管理实践中所采用的层次化的组织结构（类似于二叉树网络）就是一种典型的规则网络，这种组织结构不仅结构简单，便于信息传递和矿工间沟通，而且还可以快速地促使组织行为向有序化发展，也就便于干预和控制，但其可靠性一般。矿工不安全行为一旦生成，这种网络结构难以有效遏制其在网络中的传播。

（二）随机网络

组织主要是由人参与活动而形成的实体，人的有限理性决定了以网络表示的组织结构不可能是完全随机的，但人的行为活动不确定性及人与人之间相互行动配合的不确定性也决定了网络行为也不可能是完全确定性的。通常组织结构规则化程度和一个企业的发展成熟程度是密切相关的。在企业初创阶段，其组织结构的规则性较差，个体行为活动的随机性也较大，但随着企业逐步发展和走向成熟，其组织结构的规则化程度会越来越高，个体行为活动的边界越来越明显，也越来越有序。但是，当组织结构规则化达到一个临界值时，其又会向无序化发展。因此随机网络结构模型适合于描述一个企业处于初创阶段，或者是受到突然的内外部冲击作用，或者是处于崩溃阶段的员工之间的结构关系。由此可见，随机网络结构也会在煤矿生产过程中的某一个时间段内存在，例如，当一次较为严重的局部性的煤矿事故发生后，在混乱中，矿工之间本来存在的有序结构关系在突然之间就被重新生成的无序关系所取代。如果在煤矿生产过程中发生了大型矿难，几乎可以短时间内造成煤矿企业的生成秩序进入混乱状态，员工之间原有的有序关系也就会被混乱无序的临时关系所取代，并因此而形成矿难时的临时性的带有一定随机性的网络结构。在事故发生的初始阶段，处于随机网络中的行动者可以自组织地应对突发事件，随着灾后重建的展开，又会逐步恢复秩序，形成规则化的组织结构。目前，常用的随机网络主要包括 Gilbert 随机网络和 Erdos-Renyi 随机网络，都可以采用算法生成，并根据节点的度分布或熵值大小来判断通过算法生成网络的随机程度。随机网络和规则网络都是实际中存在的网络类型的极端形式。在一个网络的演化过程中，网络处于完全随机状态或完全规则化状态应该只占有很小的时间比例，在大多数时间内既具有一定的随机性，也具有一定的有序性。

（三）小世界网络模型

由于在实际应用中，随机网络和规则网络都存在一些致命的缺点，因而人们又开始寻求并研究介于随机和规则网络之间的网络以克服上述这些缺点。小世界网络是一种具有相对较短的平均路长及高聚类系数的介于规则网络和随机网络之间的网络结构。这类网络中存在的小世界效应会导致网络在生长过程中，随着网络节点的增加（减少）或者网络中节点连接的增加（减少），路径长度却极大地减小（增加），因而快速地提升（降低）具有传染性的行为的传播速度。网络中的小世界效应的出现说明网络在生长的过程中，人在不断参与活动，人的思考、学习及判断能力使他们能够不断对其行动选择及行为路径进行优化，一些需要通过比较多的中介网络节点进行连接的两个网络节点间会有捷径生长。

（四）无标度网络模型

小世界网络中由于捷径的存在导致其网络平均路长较短。与小世界网络不同的是，无标度网络是一种存在少量大的度节点和大量小的度节点的网络。用数学语言来说，就是这类网络的度序列服从幂律分布。单纯从网络节点的度与网络资源的相关关系来看，节点服从幂律分布的网络中的那些处在少量的度的取值更大的网络节点上的个体拥有更多的网络资源，这些只占网络内部总体节点很少比例的节点对于与之相邻的节点的行为生成及变化会产生更大的影响性，从理论上来说也会对网络整体行为演化发挥更大的影响性。现实中的网络节点分布的幂律性说明，无论在社会和经济系统中，还是在我们所研究的网络情境中，帕累托最优是普遍存在的。少数人拥有多数资源，进而对系统的运行和演化发挥着主导性作用，并促进系统结构的规则化及系统行为的有序化。

总体上说，任何类型的网络模型从结构上来看都非常简单，主要由网络节点及节点间的连接这两个基本要素所构成。但是以这两个基本要素为基础而衍生出的各种网络参数诸如度分布、网络直径、半径、中心性、紧度、介数、聚类系数、平均路径长度、连接效率及网络结构的熵值等使网络结构与网络行为之间的因果联系及影响作用表现出高度的复杂性。网络研究的一个重要方向就是研究网络结构、网络功能及网络行为之间的相互关系，根据它们之间的相互联系来调整网络结构，分化网络功能并进而达到干预网络行为的目的。对于本书所要解决的关键问题来说，我们重点关注的是矿工不安全行为及其动力学机制（如行为在网络中的传播、网络行为同步、网络同质效应、网络外部效应等），而网络结构决定网络行为，通过这些网络参数的改变能确定网络结构变化对网络行为的影响作用，从而为矿工不安全行为网络传播性的干预策略设计提供理论和方法支持。在理论和实践中，上述四种类型的网络模型最为著名，应用也最为广泛，但它们都有各自解决问题的重点及适用范围。我们所研究的矿工不安全行为传播网络以煤矿生产系统为基础并嵌入于煤矿生产系统结构之上，而煤矿生产系统本身就是人为设计的人造系统，该系统在生成之初就不是完全随机网络，其结构就是有序化、层次化的。但矿工行为生成及演化的随机性也决定了矿工不安全行为传播网络也具有一定的随机性，网络内部连接并不是一成不变的。因此，矿工不安全行为传播网络模型需要综合考虑随机性、有序性、层次性及规则性等问题。我们在应用于构建矿工不安全行为传播网络模型时也必然要对相关网络参数进行必要的修改，以适用于本书所要解决的关键问题。

三、矿工不安全行为传播网络模型的选择与匹配

上述四种类型网络模型实际上都是依据网络结构的规则程度及网络行为的有序程度来划分的。其中的规则网络和随机网络分别代表两个不同的极端，而小世界网络和无标度网络则介于这两种极端模型中间的网络模型，它们在结构上既不能够达到完全规则，行为上也不能达到完全有序。现实中的小世界网络和无标度网络在结构上只是达到了一定规则程度，而行为上也只能维持一定的有序程度，因而分析、解释或者预测这种网络情境下的矿工不安全行为的传播性仍然存在很大的复杂性。实际上，矿工不安全行为传播网络嵌入在煤矿生产系统的结构之中，在煤矿生产系统结构的基础上衍生而来，而煤矿生产系统本身就是人为设计具有高度规则化的结构，因此矿工不安全行为传播网络不可能是完全随机的。这主要是由于矿工不安全行为传播网络的生成与演化过程是一个由人参与设计与引导的过程，因而也与自然状态下的网络生成存在根本性区别。由此，选择适合于分析矿工不安全行为传播性的网络模型要考虑矿工不安全行为在现实网络中传播特征与理论构建的网络模型之间的匹配性。这里主要从以下几点影响因素来考虑矿工不安全行为传播网络模型的选择问题及模型与现实中不安全行为传播性的匹配性问题。

（1）实际中矿工不安全行为传播网络的随机性和有序性与理论构建的行为传播网络所能体现的随机性和有序性相匹配问题。问题与解决问题的途径之间存在的分层逐级维度匹配性规律既是自然演化的结果，也是人类认知问题逐步深入的体现。

在网络的自然生成和演化过程中，其开始阶段相对于演化过程的其他阶段会表现出更大的随机性，既不会很快出现规则化和层次化的结构，也不会很快分化出明显的功能，因而也就不会表现出有序的行为。但是有人参与的社会网络系统在生成与演化的整个过程中，人的行为活动发挥了主导作用。首先，煤矿生产系统是通过系统地和周全地设计而生成的，并不是随机演化的结果，因此其生成过程相对于其演化及存续过程要短暂得多。因而嵌入于煤矿生产系统结构中的矿工不安全行为传播网络的结构在生成之初同样具备了层次化和规则化的结构，并通过人为手段分化出清晰的功能，实际的行为活动必然也会表现出有序的网络行为。其次，在网络的存续过程中，由于人不仅是网络行为的参与者而且还是网络行为的干预者，这又会进一步降低网络结构中的随机性，并进一步促使网络行为向更高层次的有序性演进。毋庸置疑，传播矿工不安全行为的网络是以煤矿生产系统为基础并嵌入于煤矿生产系统结构之中的，系统结构的整体性决定了传播矿工不安全行为的网络在结构层面上是联通的，而网络结构的联通性则决定了矿工个体行为在网络空间的行为层面上是联通的，即矿工的个体行为以联通的网络结构为基础，每个矿工个体的行为对于网络中其他与之相连的矿工个体都会产生或大或小的影响作用。因此，基于上述分析，矿工不安全行为传播的网络结构不可能是完全随机的，但也不可能是完全有序的，应该是一种适度有序的层次化的规则性网络。

（2）矿工不安全行为传播网络结构模型的匹配。实际上，无论从理论上还是从方法上来说，网络构成、网络建模过程及网络模型都并不复杂，它们都是以网络节点及网络节点间的连接为基础的，这就正如现代计算机及互联网是以二进制的 0 和 1 两个非常简单的数字为基础一样。尽管 0 和 1 非常简单，但无论多么复杂的图像、视频、公式、语音最终都可以各种变换（如傅立叶变换、H 变换、Z 变换等）转换成以 0 和 1 为基本构成的数码，并在互联网中进行自由的传输，人与人之间从而可以随时随地分享丰富的互联网讯息，并以互联网为基础进行各种娱乐和沟通。同样道理，建立网络模型实际上也是要寻求一种变换，这里我们称之为网络变换，它是以网络节点及网络节点间的连接为基础将煤矿生产系统中行动者（矿工）及行动者之间的连接变换为一种抽象的网络结构模型，从而建立起抽象网络结构模型与实际网络行为层面联通性（实际中的行动人之间相互影响，行为会在行动人之间进行传播）最为匹配的模型，从抽象的网络模型中研究行动人之间的影响作用及行动人的行为传播性可能带来的结果。当然，模型只能是现实的近似，越是复杂的现实，模型和现实之间的近似程度就越差，这也是在社会系统中无法建立像物理系统中那样精确模型的主要原因之一。因此，网络模型与实际中的行为传播网络的匹配性将最终决定行为干预手段的效率和效果。

尽管网络从其构成上看并不复杂，而且目前研究者及实践者针对网络结构给出的参数个数也是非常有限的，但这些网络参数的取值范围却是千变万化的，而结构决定行为，网络参数的千变万化导致网络结构的变化非常丰富，分化出复杂多样的功能，同时也使网络行为表现出非常丰富的变化，这最终使在网络空间效应（类似于整体性联动效应，主要是由于结构层上关系的传递性、行为层上的行为传播性、功能层上的行为活动有序性、文化层上的人的价值取向的路径依赖性通过复杂的耦合作用所形成的）作用下的矿工行为在网络中传播所形成的网络行为层面具有高度的联通性，矿工在日常工作中的配合一旦出现问题就有可能可以通过联通的网络行为层面（网络空间分为四个层面，分别为结构层、行为层、功能层及文化层）进行传播，一旦形成煤矿事故，必然具有一定连锁效应，事故的影响性有可能是局部性的也有可能是全局性的。尽管在高耦合的煤矿生产系统中，发生具有一定连锁效应的煤矿事故的概率要远远低于只能导致局部性影响的个体矿工不安全行为的发生概率，但如果在网络情境下，矿工不安全行为一旦生成并没有得到及时制止，在网络空间效应的作用下就会不断积累，也就会不断增加诱发煤矿事故的概率。因此，运用科学合理的方法建立起网络不同层次结构与网络行为不同层面之间的因果联系，掌握网络行为及网络功能随网络结构的变化规律，并选择一个与实际情形相匹配的矿工不安全行为传播网络模型对于掌握不安全行为的生成及其在网络中的传播过程有着至关重要的作用，对于提升网络情境下的事故干预及控制的有效性也是至关重要的。要实现上述目标，从问题与解决问题方案的分层逐级递升维度匹配性的角度来看，网络模型需要与现实中的矿工不安全行为传播网络实现四个层面的匹配，分别是结构层匹配、功能层匹配、行为层匹配及文化层匹配，最终实现矿工不安全行为传播网络与理论网络模型在结构层面上的联通性及整体性匹配、在行为层面上的传播性及同步性匹配、在功能层上的有序性匹配、在文化层面上的契合性匹配。

上述分析同时也说明，尽管网络构成非常简单，但网络的结构在丰富多样的网络参数取值区间内仍然能够呈现出高度的复杂性，并在网络空间效应作用下促使复杂网络行为涌现。因此，网络建模的关键环节最终落在网络结构与现实中矿工之间关系的匹配上，这也是整个网络建模过程的基础。从个体行为决策的角度来看，矿工不安全行为的传播或传染是以个体行为决策为基础的，并最终导致行为传播网络在结构上出现分层化及规则化，而在行为上则表现出有序化。但从网络视角来看，矿工不安全行为传播及其致因的煤矿事故则是在共享的网络空间中，由于行为的传播性与防控行为传播性的策略维度不匹配性所导致的结果。因此，要实现对矿工不安全行为传播性致因事故的有效预防，不仅需要合理的事故理论支持，也需要模型对实际问题的适度抽象，而矿工不安全行为传播网络模型则充当了现实中矿工不安全行为传播致因的安全问题与事故理论之间的桥梁。在下文的模型检验环节中，我们将重点通过相关网络结构参数的计算来检验煤矿生产系统结构、矿工个体构成的网络、行为传播网络的匹配性，从而构建一个与现实中矿工不安全行为传播网络相匹配的网络模型。

第三节　矿工不安全行为传播网络的数据采集及分析

模型往往根据假定条件或者已有的研究经验就可以建立出来，但其正确性和有效性必须放到实践中去检验。因此，数据采集就是检验模型正确性和有效性的一个重要环节。我们在本节中将重点讨论矿工不安全行为传播网络的数据采集问题，以及如何将所采集到的数据应用于网络分析。

一、网络模式的判断及数据分类

针对上文中所建立的不同拓扑结构下的矿工不安全行为传播的网络模型，我们将收集具体的网络数据来验证和模拟行为传播网络模型的有效性。我们所要收集的数据主要包括结构数据和成分数据。另外，在网络数据采集之前，还需要对我们所研究的网络的模式进行判断，从而确定需要收集的网络数据是来自一个行动者集合还是多个不同的行动者集合。很显然，来自同一个行动者集合的网络数据用于网络分析要比来自多个行动者集合的网络数据用于网络分析要简单一些。因此，网络分析之前，我们需要对所研究的网络进行模式判断，以确定采集数据的类型及范围。

（1）网络模式及模式判断。模式表示结构变量所测量的行动者来自不同行动者集合的数量。这也就是说处于同一集合的行动者所形成的带有结构化的实体称为一个模式。如果我们测量的结构变量都是来自同一个行动者集合中不同行动者之间的关系，那么由这些行动者所形成的网络就是单模网络。如果我们测量的结构变量是来自不同行动者集合中的不同行动者之间的关系，那么这些行动者所构成的网络就是多模网络。在网络数据采集之前首先对网络的模式进行判断是必要的，因为单模网络和多模网络的性质及行为表现都存在诸多差异，所需要采集的数据侧重点也存在许多差异。单模网络只要研究一个行动者集合中不同的行动者之间的关系就可以了，但是多模网络不仅要研究每一个行动者集合中不同行动者之间的关系，还要研究处于不同行动者集合中的行动者之间的关系。因此，仅仅从这一点上来看，多模网络要比单模网络复杂得多。通常，我们研究的比较常见的多模网络是二模网络和三模网络。另外，还存在一种比较特殊的二模网络，即所谓的从属网络或者隶属网络，即存在两个网络行动者集合 A 和 B，其中 B ⊆ A，B 行动者集合是因为某个事件而形成的网络，如矿工不安全行为传播网络和矿工小群体不安全行为传播网络都是所谓的隶属网络，主要是针对矿工个体或者小群体的行为传播构建的网络（很显然行为传播是一个事件），而这两种网络则是从属于矿工群体行为网络的。

（2）社会网络数据及其类型。社会网络数据主要是针对行动者在网络结构中的位置及关系进行测量所得到的数据，一般是以结构变量或属性变量的形式来表示。通常网络数据集合主要包含结构变量和成分变量两个不同的变量类型。结构变量主要是针对网络结构中呈二分关系的行动者测量所得到的，是网络数据集合的基础，主要测度了网络中两个相互关联的行动者之间的特定联系，它可以是一个工作群体中的人与人之间在工作过程中的配合关系，如矿工之间在日常工作过程中的工作关系。成分变量主要测量的是行动者的属性，如矿工的年龄、性别、受教育程度、民族、身高、技术等级、熟练程度等。属性变量和结构变量的取值都反映了行动主体行为受到结构及属性变化所产生的影响程度的大小，都可以用来干预个体或者网络整体行为。

（3）网络关系及其测度。对于单模网络来说，网络关系是指一个行动者集合中的不同行动者之间的某种实质性的连接。这种连接的性质决定了具有传染性的行为能否在一个网络中进行有效的传播，并且会对行为的传播速度及范围产生实质性的影响。在社会网络范畴中，网络关系也常常被称作关系内容。按照 Knoke 和 Kuklinski 对网络关系类型的划分，一般在网络研究中会遇到七种关系（见表9-5）。

表9-5 常见网络关系的类型

序号	网络关系类型	关系内容
1	个体间的评价关系	友谊（朋友关系，一般用"A 和 B 是朋友，我和你是朋友"等句式表示）、喜好、尊重，主要测量不同行动者之间的影响效应（正面的或者负面的）
2	有形物质的交易关系	买卖关系、借贷关系
3	无形资源的传递关系	沟通、信息的发送和接收
4	互动关系或影响关系	一个人或物可以对另外一个人或物产生影响。如工作中的配合；社交中的聚会、走亲访友等
5	迁移关系	移民、搬迁、社会地位的变化
6	角色关系	如政府部门职员或者企业中员工的上下级关系，某些特定行业中人与人之间的师生关系、医患关系等
7	亲属关系	婚姻、血缘关系

在矿工不安全行为传播网络模型研究中，我们主要研究对矿工在日常工作中的行为活动能产生实质性影响的网络关系。我们主要通过对矿工间的工作关系（在某些情况下也考虑矿工群体中的老乡关系及朋友关系）进行分析和测度来研究在网络情境下这些关系对矿工不安全行为的生成及传播的影响。按照上述网络关系类型的划分，矿工间工作关系应该属于互动关系，而老乡之间的关系则应该属于角色关系，朋友关系

则应该属于个体间的评价关系。另外，即使对于单模网络，我们也可以对于来自同一个行动者集合中的不同矿工之间的多种关系进行测量。对于双模网络，我们重点测度处于两个不同的行动者集合中的行动者之间的关系而不仅是处于一个行动者集合中不同行动者之间的关系，在这一点上与单模网络所测度的行动者之间的关系有着明显不同。对十隶属网络，它存在的前提条件是需要一个行动者集合和一个事件集合（行动者参与的某种活动，如矿工小群体、工会等）构成隶属网络的逻辑基础，而事件集合则构成隶属网络的行动基础。隶属网络中的每一位行动者所参与的活动都可以被看成一个变量，而一个二元的度量则表示一位特定的行动者是否参与了某个特定的行动。由于这些变量是从属性的，因此根据行动者的活动关系而形成的网络被称为从属网络，即从属于行动者关系网络。如某个矿工采取了不安全行动，因此矿工不安全行为传播网络就是一个典型的隶属网络。

二、网络边界的确定及抽样

网络边界实际上就是网络中个体的行为活动边界，这个边界也是我们所研究的个体行为的生成、传染、传播的约束条件。因此，在数据采集之前，我们必须首先确定所要研究的网络的边界，即需要识别出所要研究对象的总体，并确定采用普查还是抽样来获取我们所必需的网络数据。如果我们研究不安全行为在矿工小群体内部的传播性，则一个班组内部成员所形成的小群体网络就可以作为我们研究对象的总体。如果我们要研究不安全行为在不同的小群体之间的传播，则需要以多个班组所构成的网络作为我们的研究对象。对于我们所研究的矿工不安全行为传播网络模型来说，由于在一个单位里工作的矿工人数比较固定且矿工的行动边界本身就比较容易确定，因而矿工不安全行为传播网络的边界也就比较明确、比较易于确定。在实际中，确定网络边界主要有两种途径：①行动者自我感觉，即行动者自己感受到的行动者集合的边界及成员构成。②研究者根据已有的理论和方法设定网络边界。例如，我们在上文提到的矿工不安全行为传播网络的边界就是根据已有相关理论和方法的逻辑性设定的。

很显然，在矿工不安全行为传播网络模型的研究中，我们在大多数时候所面对的研究对象总体的数量是有限的，而且数量也并不是非常巨大，因而不需要通过对研究对象的总体进行抽样来获取网络数据。通常，我们把一个班组、一个部门，或者一个煤矿所有处于生产一线的工作人员作为我们的研究总体。在研究总体并不是十分巨大的情况下，如果采用抽样来获取数据，有很大可能会丢失我们所要研究网络涵盖的重要信息，加上行为传播对网络结构的敏感性，我们所构建的行为传播网络模型模拟的行为传播机制就不能正确地反映现实中煤矿生产系统中生成的不安全行为的传播机制。

三、网络参数（变量）的测量与数据收集

（1）网络参数或变量的测量。在这里我们将重点针对矿工不安全行为传播网络模型中的网络参数或变量的测量及数据收集进行论述。很显然，社会网络数据在某些重要方面不同于组织行为科学的数据，因而所采用的测量方法也有所区别。这主要是由于网络情境中我们要测量的变量是一组行动者中的不同行动者之间的关系，并且关系的测量比属性测量要复杂得多。在实践中，关系的测量所要考虑的观察对象、模型参数及关系量化问题与属性测量所要考虑的问题都存在显著性区别。在观察对象上，前者考虑的主要是行动者对（笛卡儿积）、行动者之间的联系及事件，而后者考虑的主要是行动者单体属性。在模型参数或变量的选择上，前者选择的是二元组、三元组、子网或者网络作为模型变量，而后者通常只以单一行动者进行参数和变量设计。在关系量化问题上，前者需要考虑不同行动者之间关系的方向、关系权重等问题，而后者通常不涉及这些问题。因此，关系变量的测量与属性变量的测量存在重要区别，需要采用不同的测量方法和路径。

（2）网络数据的收集。网络数据的收集是整个研究过程中一个比较耗时和费力的阶段。我们在项目的开展过程中，多次到样本煤矿进行调研，结果发现很难获取细致而有效的矿工在工作、生活中的关系数据，如果说能够获得关系数据的话，那就是在各个煤矿都可以收集到组织结构、职能图和员工的岗位责任任务书。这些资料虽然也在一定程度上带有矿工之间的网络关系的信息，但仅仅依赖这些信息依然难以帮助我们建立同一工作环境下的矿工之间确切的网络关系。因此，为了完成我们的研究任务和实现我们的研究目标，不能仅仅通过收集煤矿已有的档案数据，还需要通过其他方式来收集和获取我们所需要的网络关系数据。我们所采用的主要数据采集技术包括：档案数据收集、访谈、观察、实验及调查问卷。对于档案这样现成的数据，我们可以在所调研的样本煤矿的各个部门采集到，但是对于更为复杂的关系数据，根本就不存在完整的现成数据，我们只能到所调研的样本煤矿通过访谈、观察或者发放调查问卷的形式进行采集。有的时候，为了保证我们通过访谈、实地观察及调查问卷所采集的关系数据的质量，还需要在实验室环境中对类似数据进行实验模拟，以确定我们所需采集的关系数据的格式和类型。通常，我们所采集的网络数据在大多数情况下不需要考虑时间的方向性，但当我们要研究网络中不同的行动者之间的关系随时间的变化对行为传播所产生的影响时，就要采集带有时间方向性的关系数据，也即所谓的纵向网络数据。这类数据的采集方法与不带时间方向性的网络关系数据的采集方法在本质上没有什么差别，因而也可以用访谈、实验及观察等方法采集。另外，针对采集到的数据，我们还需要考虑这些数据的信度和效度等问题，这可以借助于后续的统计分析工具来进行评估。

四、矿工不安全行为传播网络模型的检验

无论从理论上还是从方法上来说，网络结构模型都算不上复杂。尽管网络结构可以根据不同的标准划分为很多种类型，但它们都是由两个基本的构成要素，即由网络节点及其之间的连接所构成，并在此基础上分化出能够实现特定任务的网络功能及演化出具有不确定性和高度复杂性的网络行为。已有文献已经提出几类得到广泛应用的网络模型对现实中的网络行为进行分析、解释和预测，本书也是以现有的经典网络模型为基础，通过收集模型检验所需要的数据，计算相关模型的参数，从而对上述的理论论述部分进行检验，并对相关网络传播模型做出必要的修正。整个网络模型的检验过程需要充分重视以下四个关键步骤：

首先，基于已有的理论论述并针对不同的可能适合于矿工不安全行为网络传播的模型做出初步选择。因此这一步骤的主要任务是确定适合于分析矿工不安全行为网络传播的模型有哪些，并初步排除那些不适合于分析矿工不安全行为网络传播的模型。在此基础上，针对初步选择的网络模型计算其相关网络参数。实际上，根据前文的论述，我们基本可以排除矿工不安全行为传播网络是完全随机性网络或者完全规则化网络类型。

其次，观察单位的确定。观察单位是我们数据采集及测量所基于的实体。通常，我们是通过观察、问卷（这里需要特别强调的就是网络数据的采集通常不能采用随机抽样的方法得到样本）、实验或者访谈的形式来确定行动者与集合中的其他行动者之间的关系，从而收集相应的网络数据。因此，如果观察单位是个体，我们主要是采集这个行动者与集合中其他个体之间的关系。如果我们要测量成对行动者之间的关系，则观察单位就是成对的行动者。在矿工不安全行为传播网络模型中，我们观察的单位主要分为两种类型：矿工及矿工之间的配合关系。

再次，建模单位的确定。从结构和行为的关系上来看，不同的网络结构层次必然会生成不同层次的行为，而分析不同的网络层面上的行为需要不同的网络数据。因此，我们要分析不同网络层次上的行为就需要运用不同层次的网络数据来进行建模，以保证问题及问题的解决方案在维度上是基本匹配的。如果研究网络的整体行为的生成机制，就不能仅仅去研究网络中的某一个节点及该节点与其他相邻节点之间的联系，而应该综合考虑所有网络节点之间的联系及这些联系的传导作用。常用的网络层次主要包括单个行动者、二元组、三元组、子群、行动者集合（即联通性的网络）等。在本书中，我们主要分析三个网络结构层次上的行为，分别是：网络情境中的个体行动者行为（矿工）、中观层次上的矿工小群体行为及宏观层次上（企业层面）的整体网络行为，分别对应单个行动者、子群及行动者集合的行为。

最后，根据已经采集的网络数据计算出实际的网络结构参数，并与理论网络模型

的结构参数进行对比，从而判别矿工不安全行为传播网络所属的类型。实际上，这一步骤主要是通过网络参数的计算来检验现实中的矿工不安全行为传播网络模型与已有的理论网络模型之间的匹配性，从而选择适合于分析矿工不安全行为传播性的网络模型。在现有的条件下，我们判断理论网络模型与现实中的行为传播网络之间的匹配性主要是通过逐级递减的降维方式来实现的，把具有整体性的网络分解为各种可以反映网络整体结构变化的参数，也就是网络结构参数来——测度理论网络模型与现实中的行为传播网络模型之间的匹配性，从而选择适合于分析矿工不安全行为网络传播性的模型。

因此，网络模型的检验或者网络模型匹配性的检验过程主要是由模型初选、数据采集、网络参数的计算、模型匹配四个核心步骤构成（汪小帆等，2006；刘军，2014）。这种网络建模的过程与其他类型的模型构建过程大致相同，但在细节上仍然存在某些区别。例如网络模型用参数计算取代模型的参数拟合，而用模型匹配性检验取代所谓的模型检验。虽然网络的构成非常简单，但网络的结构并没有因为网络构成的简单而成为简单问题。通常有三个节点的网络结构内部就有可能存在八种关系之多，而且随着网络节点的增加，网络内部的关系则几乎呈几何级倍数增加，从而造成了网络结构的复杂性。当网络节点较少时，可以不借助于计算机及相关模型来分析和处理网络内部关系及相关参数。而当网络节点较多时，则必须要借助于计算机及相关软件来分析和处理网络结构参数及网络内部关系。目前，根据国际社会网络分析网（www.insna.com）提供的数据，用于分析和整理网络数据的软件已经达到几十种之多，虽然这些软件都有各自的优点，但也存在或多或少的缺点。这些软件中最常用的软件仍然是由加州大学欧文分校的学者们编写的 UCINET 软件，该软件基本可以实现对常见网络结构参数的计算及网络结构关系的分析，满足本书对于网络结构模型的分析要求。本书中所涉及的网络数据分析也主要采用此软件进行。

前文已经基本解决了模型初选及数据采集问题，这里我们运用已经采集到的网络数据来计算网络结构模型的主要参数，并就理论网络模型与现实中的矿工不安全行为传播网络模型匹配性进行判断。上文我们已经针对这些参数做出论述，而 UCINET 软件是一款比较常见和实用的软件，只要具有初步的 Excel 软件使用基础，初学者一般都可以在很短的时间内学会使用该软件。因此，这里不再阐述相关计算公式的来源及软件的用法，而只是说明公式的应用及通过软件对采集到的数据进行计算所获得结果的理论及现实意义。目前不同的文献对于网络模型参数检验的要求也是有很大不同的（汪小帆，2006；刘军，2014；Wasserman，1996）。本书主要参考上述三篇主要文献并结合本书所要解决的关键问题对下述网络结构参数进行计算，并用于检验理论网络模型与现实中的矿工不安全行为传播网络模型的匹配性。

（一）网络节点的度分布

网络结构的参数有很多种类型，但并不都是处于同等的重要地位。从实际应用来看，网络节点的度分布在这些我们所讨论的网络结构参数中处于非常重要和特殊的地位。首先，该参数是判断现实中的网络属于哪一种特定网络类型的关键指标。目前学者们提出的几种经典的网络结构类型主要都是从网络节点的度分布来描述和识别的。其次，该参数可以帮助我们初步识别网络中哪些个体占有丰富的资源，可能会对网络整体行为产生较大的影响作用。因此，在对矿工不安全行为传播性进行干预策略设计时，我们会对那些网络节点度取值较大的节点的行为给予更多的关注。网络参数的计算主要针对矿工群体网络和矿工小群体网络。前者的网络节点为样本矿井中所有直接参与煤矿生产的人员，而后者主要指一个班组或者职能部门的员工。虽然有人会对于将一个班组或者职能部门的员工作为矿工小群体网络对待存在疑虑并提出批评，但我们这里所应用的矿工小群体的概念与组织行为科学中的小群体还是有明显区别的。本书中所涉及的矿工小群体主要是从群体内部连接的考虑，强调小群体内部连接关系的高冗余性及高联通性，而不是仅仅强调组织行为科学里所界定的小群体性，因此从这个意义来说一个班组或者职能部门的员工可以等同于一个矿工小群体网络，这样也就使在一个矿工群体网络里会存在多个矿工小群体网络。

根据我们所采集的网络数据并运用 UCINET、MATLAB 及 Excel 软件对我们所研究的网络的度及节点平均度进行分析和计算。

小群体网络的度分布基本上符合幂律分布，幂指数 K 介于 2 和 3 之间。这里我们首先用 UCINET 软件计算出网络中每个节点的度取值，然后再用幂指数曲线拟合的方式得出 K 的取值，最终得出小群体网络的度分布幂指数 K 为 2.1。从小群体网络图（见图 9-3）可以看出节点 5、节点 12 和节点 24 都具有较高的度取值，而节点 9、节点 6、

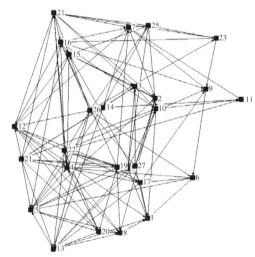

图 9-3　小群体网络

节点 23 及节点 11 的度取值则较小。

小群体网络（27 个节点）的平均度为 8.741（见表 9-6）。整体网络的度（563 个节点）分布也接近于幂指数分布，但 K 取值更大一些，整体网络的平均度为 5.908（见表 9-7）。从矿工的整体网络图来看，节点 42、节点 290 及节点 359 拥有最大的度取值，而节点 478、节点 361、节点 82、节点 56、节点 486、节点 462、节点 488、节点 472、节点 87、节点 466、节点 211、节点 29 等则具有最小的度取值（见图 9-4）。

表 9-6　小群体网络的描述性统计（27 个节点）

	Degree	NrmDegree	Share
Mean	8.741	33.618	0.037
StdDev	2.083	8.013	0.009
Sum	236.000	907.692	1.000
Variance	4.340	64.204	0.000
SSQ	2180.000	32248.521	0.039
MCSSQ	117.185	1733.509	0.002
EucNorm	46.690	179.579	0.198
Minimum	4.000	15.385	0.017
Maximum	12.000	46.154	0.051

注：网络中心度（Network Centralization）= 13.54%；网络不均匀性（Heterogeneity）= 3.91%；网络正态性（Normalized）= 0.22%。

表 9-7　整体网络的描述性统计（563 个节点）

	Degree	NrmDegree	Share
Mean	5.908	1.051	0.002
StdDev	2.401	0.427	0.001
Sum	3326.000	591.815	1.000
Variance	5.764	0.182	0.000
SSQ	22894.000	724.852	0.002
MCSSQ	3245.197	102.747	0.000
EucNorm	151.308	26.923	0.045
Minimum	1.000	0.178	0.000
Maximum	14.000	2.491	0.004

注：网络中心度（Network Centralization）= 1.45%；网络不均匀性（Heterogeneity）= 0.21%；网络正态性（Normalized）= 0.03%。

上述计算结果表明，矿工小群体网络的平均度要明显比矿工群体网络的平均度大一些，也就是说，小群体网络比企业层面的矿工群体网络内部存在更为冗余的联结。

矿工小群体网络的度分布也更接近于幂律分布。企业层面的矿工群体网络的度分布虽然也接近于幂律分布，但其度分布明显要稀疏一些，也更加均匀一些（Hetero-

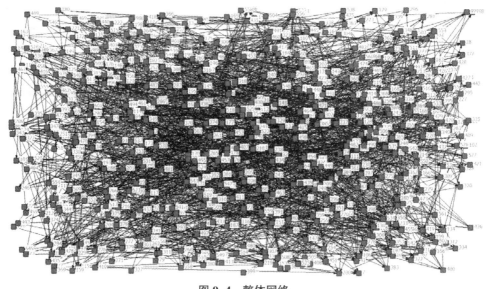

图 9-4　整体网络

geneity = 3.91%）。

（二）网络节点间的平均路长

这是一个对于行为传播有着重要影响的网络参数。根据上文所给出的网络节点间平均路长的计算公式（不考虑节点自身到自身距离）：

$$L = \frac{1}{\frac{1}{2}g(g-1)} \sum_{i \geqslant j} d_{ij}$$

则整体网络的平均路长为 3.568，小群体网络的平均路长为 1.598。

由此可见，小群体网络的平均路长明显比整体网络的平均路长要短，并且网络的直径也并不大，整体网络直径要比小群体网络的直径大得多。

这说明不安全行为一旦产生将首先在小群体网络中传播并达到饱和状态，并实现小群体网络内部的不安全行为同步，从而使小群体情境下的行为致因煤矿事故的发生概率明显高于整体网络情境下的行为致因煤矿事故的发生概率。

（三）节点聚类系数及网络整体的聚类系数

节点聚类系数通常只是在针对具体的某个网络节点进行分析时才能用得到。这里我们只计算小群体网络和矿工整体网络中排名前五个节点的聚类系数，对比两种不同网络中度取值最大的几个节点的聚类系数的差别，这将有助于我们对网络中聚类系数存在明显差别的网络节点行为对于网络整体行为的影响作用的理解。

从表 9-8 中我们可以看到，煤矿企业的领导者之间的群聚度明显弱于小群体领袖的群聚度。小群体网络中的"领导者"与煤矿一线员工联系密切程度明显要比整体网络中的"领导者"与煤矿一线员工的联系密切程度高。这说明在网络情境中，企业领

表 9-8　矿工小群体网络和矿工整体网络中某些特定节点所形成的个体网的群聚度

	1	2	3	4	5
度取值前五个的节点（小群体）	5	12	24	13	16
群聚度	0.343	0.313	0.299	0.271	0.280
度取值后五个的节点（整体网）	41	290	359	329	174
群聚度	0.057	0.026	0.021	0.015	0.013

导者行为对于矿工安全行为的影响作用还需要通过矿工小群体领袖的行为中介，也就是说矿工小群体领袖行为对于矿工行为的影响更为直接。

在大多数情形下，我们关心的并不是单个网络节点的聚类系数，而主要关心如何计算整个网络的聚类系数，用于解释一个群体网络的凝聚性。

整体网络的聚类系数的计算公式为：

$$C = \frac{\sum_{i=1}^{g} C_i}{g}, \ 0 \leqslant C \leqslant 1$$

根据此公式并运用我们所采集到的网络数据计算出的整个网络的聚类系数为 0.05，小群体网络的聚类系数为 0.176。

该数据表明，小群体网络具有很高的聚类系数，明显高于整体网络的聚类系数，这说明处于同一个小群体内部的矿工之间的关系密切，小群体网络比整体网络具有更高的凝聚力，这为他们完成复杂而高强度的工作任务创造了必要条件，同时也使不安全行为更易传播和同步。

（四）网络节点的偏好依附性

偏好依附性是从网络视角对群体情境中存在的帕累托最优的社会现象的一种总结，即由网络中度取值大的节点所形成的子网具有较高的联通性或完备性。该结构参数主要是由前文给出的下述公式来计算：

$$\Phi(r/g) = \frac{L}{\dfrac{r(r-1)}{2}} = \frac{2L}{r(r-1)}$$

通常，$\Phi(r/g)$ 取值越大，说明网络中其他节点对该节点的偏好依附性就越大，结果造成基于该节点所形成的子网的联通性就越大。该节点掌握了丰富的网络资源，因而对整体网络行为的影响也大。

由于 $L = 6$，$r = 5$，将上述我们所收集的网络数据代入该公式，得出 $\Phi(r/g) = 0.6$，该数值要比 0.143 的均值明显大很多。由此可见，在煤矿生产系统中，的确存在少量的富节点，并且这些富节点也构成了矿工小群体网络的生长基础。矿工小群体内部的富节点一旦生成不安全行为，将使不安全行为在小群体内部更具有传播性，推动小群体不安全行为在较短的时间内实现同步。因而小群体内部的富节点也就成为干预和控制小群体不安全行为的重点。

（五）网络密度

该参数主要度量了一个网络的构成节点在整体上的密切程度。对于一个无向的网络结构来说，其计算公式为：$\rho = \dfrac{2\pi}{g(g-1)}$。由于 π 表示的是网络图中实际存在的弧数，$1 - \rho$ 表示网络结构中最多还可以继续填充的边数。如果不考虑重边问题，这个可以继续填充边数的最大可能取值为 $\pi - \dfrac{g(g-1)}{2}$，而如果考虑重边问题，则无法给出一个普适性的计算公式。在本书中，我们所研究的小群体矿工网络的平均网络密度为0.1681，而矿工行为传播网络的平均网络密度为0.0053。可见小群体网络比矿工的整体网络具有更好的行为传播性。

网络模型构建主要从网络节点及网络节点之间的连接入手，并从所构建出的网络模型计算出相关参数，通过这些参数来分析矿工不安全行为的传播问题。社会网络分析的建模思想是具有普适性的，但是研究者运用社会网络分析的思想所构建的模型是具体的和具有情境依赖性的。这里我们主要针对样本煤矿构建了矿工不安全行为传播的网络模型，结果表明，矿工不安全行为在煤矿生产系统中一旦产生，通常可以在局部的子网中进行快速的传播，从而形成不安全行为的同步作用，这也验证了煤矿重大事故的长周期性与矿工不安全行为传播的分层逐级维度递升同步的相关性，即重大煤矿事故的发生概率低且事故周期长，小事故的发生概率相对较高，周期也相对较短。来自煤矿生产安全管理实践的数据也表明，几乎不存在重大事故频发的煤矿企业。

第四节　网络环境下的矿工不安全行为触发及传播机制分析

上述的数据分析表明基于煤矿生产系统结构由矿工群体构成的网络结构既不是完全规则和层次化的，也不是完全随机和无序的。数据分析表明矿工群体网络的结构是既有一定的层次性，又带有一定随机和无序的高度规则化的网络，但它在总体上又并不是一个高密度网络。即使存在一些冗余连接，矿工小群体网络也没有表现出我们直觉上所感受到的高密度性，但会表现出矿工小群体网络特有的内部效应，如果没有很好的工作激励机制发挥作用，矿工小群体所形成的网络内部效应会使矿工小群体在煤矿生产系统运行过程的某些时间区间内不仅表现出群体合作行为的低效率，还将导致不安全行为的高发生概率。因此，我们需要对网络情境下的矿工不安全行为的触发及传播机制做进一步研究，探求通过网络结构参数的调整来干预网络情境下的个体或群体行为的演化过程。煤矿生产系统的动态性决定了矿工不安全行为传播网络的动态性。在网络情境下，网络自身也在不断消长，矿工的行为也会随着网络情境的改变而发生某些变化。因此，透过网络结构参数的变化，一方面可以帮助我们理解网络情境下的矿工不安全行为的触发及传播机制，另一方面也可以帮助我们找到干预矿工不安全行为的有效手段。

一、网络环境下的矿工不安全行为的触发机制

统计数据主要从数量上说明了矿工不安全行为的存在性。同时数据的大小或者占比多少可以引起安全监管者的相应重视，但统计数据并不能告诉安全监管者如何去干预矿工不安全行为的生成、传播等的措施。从我国已有煤矿事故致因的调查和分析报告中可以看到，煤矿日常生产中存在的大量"三违"行为实际上很大一部分就是由矿工不安全行为构成的。因而矿工不安全行为也被公认为是诱发煤矿事故的重要因素之一，当然也就成为煤矿日常安全管理的重点管控对象。煤矿在生产安全管理过程中，针对矿工不安全行为制定了很多预防措施，但矿工的违章操作、违反劳动纪律等不安全行为仍然会经常性、重复性地发生。本项目组在实际调研和对煤矿安全管理及监督人员的访谈中发现这主要是由于触发矿工不安全行为的条件在煤矿生产环境中比较容易成立，难以有效或者彻底性地消除，导致大量的不安全动机存在并一直处于一种蛰伏状态，虽然不会马上激活并表现为不安全行为，但一旦满足触发条件，蛰伏的不安全动机很快就会被激活，并显现为不安全行为。已有文献针对矿工不安全行为触发条件缺乏系统的模型，大多是定性的描述，主要是从"需求—动机—行为"的过程来描述行为的产生，并没有解释群体情境下存在复杂耦合作用条件下的行为生成机制（如在网络环境下不安全行为的生成）。在本部分中，我们将重点论述在网络环境下，矿工不安全行为的触发机制。根据前文中关于矿工不安全行为传播网络的拓扑结构的论述，在这里我们将运用状态空间来描述矿工行为的状态在网络环境下的演化过程，给定矿工不安全行为的触发条件，描述不安全行为的产生机制。

根据"需求—动机—行为"的过程理论，人的行为是在需求的刺激下生成的，这一点也是我们研究矿工不安全行为在网络环境条件的触发机制的理论基础。根据已有的"需求—动机—行为"模型，在动机驱动下的行为主要是为了满足人在不同层次上的需求，而满足需求是需要付出成本的。人在需求被满足的过程中所愿意付出的成本大小体现了其因某一项需求刺激而产生的动机的强烈程度，并最终会影响到行为的强度。很显然，行动人在获得某一项需求满足的过程中所付出的成本越大，则其要承担

的风险也会越大,否则如果低风险高收益普遍存在于人的行为活动中,人就不会表现出冒险行为。而在煤矿的日常生产中,矿工的不安全行为是一种具有高风险性的行为,在大多数条件下,其既不会独立产生也不会独立存在,只能在社会网络环境下生成并维持下去。而在网络环境条件下,不安全性行为的触发机制与普通的无风险性的行为触发机制是有明显差异的,前者依赖于社会强化及网络外部性条件下的行为成本收益的确认,而后者主要取决于行动者自身的判断能力。因此,在网络情境下,个体行为的产生除了受到自身需求的驱动还受到来自群体中已经采纳目标行为的个体行为选择的压力作用。这时采纳目标行为的个体数量占群体总人数的比例越大,还没有采纳目标行为的个体受到的群体压力就越大。在个体行为门槛取值一定的情况下,个体采纳目标行为的概率就越大。如果这种目标行为是不安全行为,那么在群体中,这种行为在群体内部不同个体间的行为耦合作用叠加后的发生概率有可能会成倍增加,则行为致因的煤矿事故的发生概率也会以相应比例的速度增加。

从演化的观点来看,行为致因的煤矿事故的直接致因就是由于矿工个体行为状态变化通过复杂的内部耦合作用而导致的。煤矿生产系统的动态性也决定了矿工的行为状态不可能是一成不变的。当然这也并不意味着一个时间段内,一位或者少数几位矿工的行为状态变化就可以诱发具有伤害性的煤矿事故。在网络情境下,单次的个体行为状态变化导致煤矿发生的概率非常低,但在煤矿生产系统的长期运行过程中,有大量的矿工在不断参与系统的运行,总会在某些时间区间内出现矿工的行为状态转变,而这些行为状态的转变通过系统内部的耦合作用进行叠加,则会大幅度地提升诱发事故的概率。实际上,在行动人的生命存续期间,尽管人的生命活动一直处于连续的状态,但人的行为在这个漫长的时间区间内是无法保持一直连续的,只能在一个相对较短的时间区间内保持连续,因而人的行为状态从一个时间的过程上来看是在不断变化的。因此,从一个过程的视角来看,我们所研究的矿工不安全行为实际上就是矿工在工作过程中众多的行为状态的一种。尽管从一个长期过程来看,人的活动存在多种行为状态,为了分析问题的方便,我们将在日常工作过程中的矿工行为划分为两种主要状态,分别为不安全行为状态和安全行为状态。

设矿工在 t 时刻的行为状态为 $b(t) = [b_1(t), b_2(t), b_3(t), b_4(t)]'$,$b_1(t)$ 为矿工在 t 时刻在网络环境中所感知到的行为收益程度,$b_2(t)$ 为矿工在 t 时刻在网络环境中所感知到行为风险高低程度,$b_3(t)$ 为矿工在 t 时刻所处的网络环境,这里用矿工所存在的网络结构参数的综合取值来表示。如果矿工在网络中所处的节点的度更大,并且通过工作配合所形成的矿工小群体网络的聚类系数也更大,偏好依附性效应也更高,则处在该节点上的矿工更倾向于采取主动决策,更加容易生成新的行为种类。在这里,我们用网络内部效度所形成的综合效应来笼统地表示网络结构参数变化对矿工行为产生的影响。若其生成的新的行为种类是不安全行为,也更容易让与之相关联的其他矿工所认同并采纳，即更容易获得社会确认（群体内部支持）和社会强化，则处在这类节点上的矿工更容易触发不安全行为。相反，如果在同样的网络环境中，处于度较低的网络节点上的矿工，即使有意生成了新的行为，也难以得到小群体网络环境中的社会确认和社会强化，因而相对于度更大节点上的矿工，其触发不安全行为的概率更低。$b_4(t)$为矿工其他未知的行为状态分量。另外，为了分析问题的方便，这里假定矿工的行为状态变量是连续可导的。

$$\frac{\mathrm{d}b_1(t)}{\mathrm{d}t} = \alpha \cdot b_2(t) + \tau_1 \cdot b_4(t) \tag{9-1}$$

式（9-1）表明在网络环境中，矿工的行为收益的变化与所要承担的风险是直接相关的。矿工在一个有着长期稳定合作的群体环境中，经验的积累及判断能量的不断增长使他们对于行为收益及风险的衡量会达到一个相对稳定的平衡。通常，对于理性的行为人来说，只有当其行为选择所可能引起的风险增加与行为选择可能获得的收益成某种比例时，他的行为状态才可能出现转变。当行为选择的风险与收益呈负向比例关系时，对于理性的人来说，一般不会去采用这种冒险性的行为；当行为选择的风险与收益呈正向比例关系时，这时对于有限理性的人来说，他的行为动机有可能从蛰伏状态而转变为激活状态，但并不一定会进一步演变为行动。如果矿工采取不安全行为选择的风险增加的同时，其获得的收益能够以更快的速度增加，则可以不断强化矿工的不安全行为动机，并跃迁为现实中的带有风险性的行动。对于式（9-1）来说，如果 α 的取值大于1，则表明行为收益的增加速度明显快于风险程度的增加速度的网络环境更加易于触发不安全行为的生成。

$$\frac{\mathrm{d}b_2(t)}{\mathrm{d}t} = -\delta \cdot b_2(t) - \psi \cdot b_3(t) + \tau_2 \cdot b_4(t) \tag{9-2}$$

式（9-2）表明矿工如果采取不安全行为的风险增加快于行为收益增加，并且矿工个体间联系紧密程度（即矿工行为传播网络的聚类系数及偏好依附性）也同时增加，则矿工在自身内外部需求刺激及网络内部效应作用下产生不安全行为动机时，一方面他会考虑到短期内的个体行为选择的风险收益之间的平衡性；另一方面他也会迫于其所处的网络环境下存在的群体压力，考虑到自身一旦采取不安全行为，其所处的网络环境中的其他成员有可能会从群体的整体及长期利益出发而主动制止群体中的成员所生成的不安全行为。

因而，当行为的风险明显快于行为收益增加时，在网络环境中的社会确认和群体行为强化作用下所形成的网络内部效度不足以形成群体行为同步，反而会抑制不安全行为的生成。式（9-2）为我们干预群体情境下的矿工不安全行为的生成提供了理论依据。也就是说，在群体环境中，个体行为的生成不仅取决于个体需求，还会受到其所处的群体压力的影响作用，当群体压力的影响大于个体需求的影响时，个体行动的选择方向就会出现逆转，可以通过群体内部所形成的压力来改变个体的行动选择。

$$\frac{db_3(t)}{dt} = -\mu \cdot b_2(t) + \beta \cdot b_3(t) + \tau_3 \cdot b_4(t) + \gamma \cdot \prod{}_B(t) \tag{9-3}$$

式（9-3）表明，在网络环境下，如果在一个矿工群体网络中，有少数矿工开始有意采用不安全行为，且他们通过不安全行为完成的工作任务所获取的收益远远大于他们所需承担的风险，则会快速提升网络的内部效度，形成行为的示范效应，群体网络中的其他矿工就会学习和模仿这种不安全行为，导致不安全行为在群体内部的传染及传播。不安全行为的传播也会不断改变矿工不安全行为传播网络的固有的网络聚类系数和网络偏好依附性。从网络内部效度的界定可知，网络的聚类系数及偏好依附效应增加和扩散得越快，则网络的内部效应就越强，并进一步促使矿工不安全行为的传播，使具有传染性的矿工不安全行为以更短的时间达到传播的饱和状态。同时，矿工个体行为传播性的增加又会进一步促进矿工行为传播网络内部效度的变化速度。其中 $\prod_B(t)$ 为矿工在 t 时刻对矿工行为传播网络内部效度的感知程度，即不安全行为生成者对自身的不安全行为可能获得网络群体中其他成员学习和模仿的感知程度。通常意义下，不安全行为生成者所采纳的不安全行为能够为自身和他人带来的收益越高，其他成员学习和模仿的意愿就越强，这就会使矿工行为传播网络的内部效度更快速地扩散。通常以安全或者不安全来描述其程度，取值越大，则矿工行为传播网络的内部效度变化速度越快。

由此，矿工个体行为在群体网络环境下的状态空间可以描述为：

$$\frac{db(t)}{dt} = A b(t) + B \prod{}_B(t)$$

$$y(t) = C b(t) + D \prod{}_B(t)$$

其中，$y(t) = b_1(t)$。

$$A = \begin{bmatrix} 0 & \alpha & 0 & \tau_1 \\ 0 & -\alpha & \psi & \tau_2 \\ 0 & -\mu & \beta & \tau_3 \end{bmatrix}$$

$B = \begin{bmatrix} 0 & 0 & \gamma \end{bmatrix}'$，$C = \begin{bmatrix} 1 & 0 & 0 & 0 \end{bmatrix}$，$D = \begin{bmatrix} 0 \end{bmatrix}$

网络情境下的不安全行为生成机制研究是探索不安全行为干预措施的理论基础。前面的章节主要从网络结构与网络行为的因果关系上分析了矿工不安全行为生成的两大主要来源，即主动生成及模仿，其中行为的模仿主要是行为具有传染性的结果。实际上网络情境下的行为生成除了受到网络结构的影响，还要受到个体需求、网络效应等因素的影响，是多种因素通过复杂耦合作用的结果。现有的研究试图将这些影响因素割裂开来研究，找到各自的作用机理，而不考虑它们之间的耦合作用机制。因而这种研究路径的缺陷也比较明显。本部分主要是从行为演化的视角并运用微分方程来描述矿工不安全行为的生成动态机制。

从上述分析可以看出，矿工不安全行为在网络环境下具有复杂的触发机制，不同因素在不同的条件下所起到的作用也有很大区别，而不用的要素之间的耦合作用的精确关系则更难以测定。目前我们只能通过上述微分方程组对影响矿工不安全行为生成的复杂耦合作用进行描述。在这些影响因素中，矿工所处网络环境的内部效度、矿工自身属性及行为的传染性是这种耦合作用的两大主要来源。因此，在这些因素的共同作用下，矿工的不安全行为既可能主动生成，也可能通过行为的模仿而被动生成。因此，随着人与人之间的接触关系的不断演化，需求—动机—行为并不是一个简单的时间维度上的过程。在网络环境下，该过程还伴随着复杂的耦合作用关系。当矿工所要采纳的行为具有高风险性特征时，仅仅满足单一的触发条件未必能够激活矿工蛰伏的不安全动机。在多数时间里，矿工处于蛰伏状态的不安全动机不会被激活形成不安全行为，其能否被激活，要视式（9-1）至式（9-3）被满足的情况而定，这可以通过对网络环境下的矿工行为状态演化过程进行仿真实验来检验。

目前，行为实验及统计分析方法通常只能对影响行为生成的因素进行相关或因果关系分析，而对影响行为生成及传播的因素的综合效应的分析和解释仍然存在很多缺陷。虽然用微分方程能够对行为演化的动态机制及综合效应进行分析和解释，但仍然停留在关系描述或者数值模拟阶段。未来还需要将行为实验、现场调研与微分方程求解结合起来，建立关于网络情境下的矿工不安全行为的触发及传播机制的更为精确的函数关系，用于分析、解释或预测矿工不安全行为的生成及传播的规律。

二、矿工不安全行为的网络传播条件

近 15 年来，我国煤矿生产系统越来越庞大而复杂，其对人—机、人—人的配合要求也越来越高，具有传染性的矿工不安全行为在网络群体行为嵌入高耦合系统结构的过程中一旦生成，通过系统内部的耦合及同步作用就可以推动不安全行为在不同矿工个体间传播。研究表明，行为嵌入于结构上由有限理性人的行为活动所构成。因此，煤矿生产系统的运行过程实际上就是行为个体或以行为个体为基础生成的群体的行为嵌入系统结构的过程。系统结构的整体性及内部关系的传导性在一定程度上创造了行为传播性的必要条件之一。发现及厘清影响矿工不安全行为的网络传播条件是设计有效的行为干预措施的重要一环。实地观察及调研表明煤矿生产过程中存在的大量不安全行为并不是独立存在的，大多数产生于人—机及人—人配合的过程中，并嵌入于系统结构之上，个体行为的变化必然会通过系统内部的耦合作用及具有传递性的关系而影响那些与之存在直接及间接关系的个体。因此，在追查煤矿事故致因的过程中，事故调查人员最终发现大多数煤矿事故是由群体不安全行为造成的，重大煤矿事故最终责任很少应该是由个人来承担。这说明煤矿生产系统的高度耦合作用最终也导致了事故成因结构呈现出网络化形态，从而弱化了煤矿事故的原因与结果之间的关系，使很多行为致因的事故表现出较高程度的复杂性。因此，我们非常有必要从矿工不安全行为在网络中的传播过程来揭示其在行为致因的煤矿事故形成过程中所扮演的角色。

在高耦合的煤矿生产系统中，耦合作用及关系的传导作用使矿工不安全行为的生成及其可能诱发的行为结果都具有很高的复杂性和不确定性。在煤矿生产系统中，并不是说矿工个体偶然发生的一次不安全行为完全不可能演化为事故，只不过其诱发事故的概率很低。单个矿工偶发性的不安全行为在具有较强行为纠错能力的高耦合煤矿生产系统中难以在短时间内进行行为传导和同步，只有这种矿工不安全行为在一个相对较长的时间段内通过网络连接进行传播并被其他矿工学习和模仿，且产生行为叠加或同步从而逐步形成行为的积累效应后才会增加诱发事故的概率。这也是矿工不安全行为频繁发生但最终导致煤矿事故的概率却很低的原因之一。在实践中，并不是所有的矿工不安全行为产生后都会传播，只有那些满足传播条件的不安全行为才能通过个体社会网络进行传播。在传播过程中，一部分不安全行为通过接触作用会衰减，耦合系统的各个构成部分在不断的耦合过程中也会产生纠错能力，从而阻止行为的继续强化；另一部分则有可能被强化，从而最终诱发事故。这就是说最终诱发煤矿事故的矿工不安全行为要经历从行为生成、行为传染、行为传播、行为同步、形成行为积累效应，并不断往复循环的过程（见图9-5）。因为矿工不安全行为诱导的事故本身就是一个概率积累的过程，需要不安全行为发生的数量不断积累，并进行传播和行为同步，最终是通过积累效应提高了诱发煤矿事故的概率。

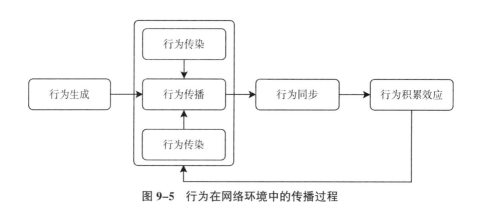

图 9-5　行为在网络环境中的传播过程

相对于无风险或者低风险的行为活动，我们所研究的矿工不安全行为是具有风险性的传染性行为，并且这种行为活动的外部环境也具有较高程度的不确定性、风险性及封闭性。从理论上来说，矿工为了自身的安全不会在生产过程中采用有意识性的不安全行为，因此行为致因的煤矿事故发生的概率应该很低，并且不应该是煤矿事故的主因。但煤矿生产系统中经常性、反复性发生的矿工不安全行为及行为致因是煤矿事故主因的现实显然与理论推断相悖。这说明矿工不安全行为在群体网络环境中诱发事故的机制要比我们直觉上的判断复杂得多。矿工不安全行为从产生到传播的过程中，有相当一部分被高耦合系统的纠错功能所阻碍，只有一部分矿工不安全行为产生并在满足一定的条件后才能实现传播。这些条件主要包括网络环境下的行为的收益及风险条件、正向的网络内部效应条件、网络结构参数敏感性条件和其他未知条件等。

（1）行为的收益及风险条件。作为有限理性的行为人，行为的生成在很大程度上受到个体需求的影响。矿工对于物质财富的需求在很大程度上会影响其行动选择。在高风险的煤矿井下工作环境中，只有矿工明显可以感受到行为的收益要大于行为的风险时，矿工才可能采用不安全行为来完成生产任务。因此，促使一位矿工做出从安全行为状态转变为不安全行为状态的决定，首先要满足行为的风险收益条件，即要满足 $b_1(t) > b_2(t)$。本条件表明，当某个矿工决定是否要采用不安全行为时，首先要判断其行为收益是否大于其所要承担行为风险。如果大于，则该行为会在动机的刺激下逐渐生成并逐步通过网络内部效应的作用被其他矿工模仿和采纳，这就构成了不安全行为传播的基础。通常情况下，当 $b_1(t) \leqslant b_2(t)$，在理性条件及网络内部效应的共同作用下，一方面，矿工会通过自我控制而不让其不安全行为表现出来；另一方面，即使生成了不安全行为，也会在网络内部负效应所形成的群体压力的作用下迅速弱化，矿工不安全行为很快将失去其传播的基础。

（2）正向的网络内部效应条件，即 $\dfrac{db_1(t)}{dt} > \dfrac{db_2(t)}{dt}$。在群体网络环境中，当该式成立时，说明行为收益的增速大于行为风险的增速。随着时间的推移，行为收益和风险之间的正的差值也越来越大，并进一步推进正向的网络内部效应的形成。正向的网络内部效应作用能够快速地提升一种行为的可学习和模仿的价值，从而可以提升网络情境下的矿工采纳具有高风险收益条件行为的意愿。而当 $\dfrac{db_1(t)}{dt} < \dfrac{db_2(t)}{dt}$ 时，说明负向的网络内部效应成立，则会对具有传染性的行为产生弱化作用。该条件表明，在网络情境下，如果采用不安全行为，矿工的行为收益增加速度大于行为成本的增加速度，这样就会使矿工不安全行为在群体中的吸引力进一步增加，同时会对网络情境下的矿工采纳不安全行为的意愿及动机产生更进一步的强化作用，提升该行为可学习及可模仿的价值，同时降低矿工不安全行为的门槛，逐步使不安全行为具备在网络环境中传播的条件。

（3）网络结构参数敏感性条件。该条件实际上是对条件（2）的一个补充。网络结构参数为我们干预矿工不安全行为传播提供了可行的手段。但网络参数的变化对于行为传播的影响作用的合成过程比较复杂，仅仅通过某一个结构参数的调整通常难以达到预期的干预效果。因而，在实践中，对多个结构参数同时进行调整，以此所产生的综合效应来干预矿工不安全行为的生成及传播过程。通常，在网络情境中，矿工在某个时刻决定要生成不安全行为还是模仿不安全行为，不仅取决于该矿工自身的意愿，还要受到该矿工对行为传播网络内部效度的感知程度的影响。而行为人对行为传播网络内部效度的感知程度主要取决于网络联通性、网络偏好依附性、网络层次性等网络结构参数。其中网络联通性也决定了个体间接触作用的可达性及传导性，是偏好依附性及网络层次性形成的基础。对于网络的联通性来说，$\lambda \in [0, 1)$，若 $\lambda = 1$，则说明该矿工的个体社会网络不联通，这时行为的偏好依附性也失去了存在的基础，无法形成层次化的网络结构，该矿工无法与其他矿工产生社会接触，因此矿工之间没有任何关联，也就无法相互影响，即使是具有传染性的不安全行为也无法传播。这里，λ 取 Burt（1992）关于行为主体与其存在的网络之间的接触深度定义。接触深度综合考虑行动者网络中其他行动者及网络整体的影响性。

$$\lambda = \sum_{j} \left[1 - \sum_{p} p_{iq} m_{jq} \right], \ q \neq i, \ j \tag{9-4}$$

$$p_{iq} = \frac{(Z_{iq} + Z_{qi})}{\sum_{j} (Z_{ij} + Z_{ji})}, \ i \neq j \tag{9-5}$$

$$m_{jq} = \frac{(Z_{jq} + Z_{qj})}{\max_{k} (Z_{jk} + Z_{kj})}, \ j \neq k \tag{9-6}$$

其中，Z 为网络连接矩阵。可以根据行为主体所处的网络连接情况计算出该矩阵中的各个元素。由式（9-4）可得，λ 取值越大，表明该矿工个体与整个网络的联系越不紧密，处在网络要径的概率则越小，因而其与其所存在的网络之间的接触深度就越浅，其对网络中其他成员行为传播的中介作用的影响性也就越小；反之 λ 的取值越小，则该矿工与之所处的网络之间的接触就越紧密，获得信息、资源的机会越大，对其他矿工行为传播的影响也越大，即该矿工一旦采用不安全行为会对其他矿工的行为产生更大程度的影响，甚至会使那些与之直接相邻的矿工不得不被动地接受其行为选择的影响，从而能够使其生成的不安全行为在网络情境下实现快速的行为同步和传播。对于矿工的个体网络，网络连接的过于冗余或者冗余度不足都存在一定缺陷，必须保持在一个有效的尺度，但现有的研究还无法解释该有效尺度处于什么区间会强化或抑制不安全行为的传播，未来还需要用更多的案例和数据进行实证检验，以找到网络内部冗余度与行为传播之间的影响关系。另外，行动者与一个网络的接触深度还受到其所处的节点的核数和介数的影响。网络中一个节点的介数或核数越大，则处在这种位置上的节点的行动人拥有越大的信息优势，越易于影响其他行动者的行为，对行为的传播会起到决定性的作用。

另外，矿工在行为传播网络中所处节点的网络偏好依附性及网络层次性变化也会对行为的生成及传播产生重要的影响。通常，矿工在网络中所处的节点的偏好依附性及网络层次高，其对其他矿工及网络的整体性影响也就大，更倾向于生成新的行为，并且这种行为能够在网络中快速形成同步，其传播性也更大。在这一部分中，我们主要是结合网络参数并运用微分方程对矿工不安全行为进行了带有推理性质的描述，未来还可以将行为实验和统计分析的方法与微分方程方法结合起来研究行为在网络情境下的传播机制，以获得更加定量的研究结果。在目前的研究条件下，微分方程用于分析和解释行为在网络情境下的动态演化机制仍然存在缺陷，主要表现为微分方程虽然可以描述行为传播的动态性及综合效应，但仍然是从单个网络节点的行为状态入手建立微分方程，以至于一个包含大量节点的大型网络结构，最终给出的微分方程组会包含大量的微分方程，而行为传播所受到的网络综合效应的确定正是通过求解微分方程组而获取的。目前，大型的微分方程组的求解仍然是一个非常大的难题，不仅很难获得解析解，而且即使借助于计算机进行数值模拟而获得了数值解，其精确性也难以得到很好的保证。但是我们可以相信，随着行为实验方法逐步完善、高质量网络数据的获得，借助于微分方程将可以对行为的网络传播机制进行更为精确和真实的解析。

三、矿工不安全行为网络传播的动力学分析

自然界中的物体运动与物体受力之间的关系存在着严格的规律性，这种规律性的研究构成了动力学研究的主要内容。既然物质运动的产生及运动状态的改变都是与其受力状态的改变存在着密切关系，那么人的行为活动及行为状态的改变与其受到的影响作用（力）是不是也应该存在某种规律性？事实上，行为科学的研究表明，行动者的行为在网络中传播也是在受到复杂的内外部作用的条件下完成的，这种内外部作用与行为活动的关系类似于物体受力与运动的关系，但难以写出类似于牛顿给出的动力学方程的表达式，因此，这里我们只是借鉴动力学概念对矿工不安全行为网络传播做动力学分析。参照动力学定义，我们可以把行为在网络中传播看作一种运动，但是这种运动又不同于物质在受到外力作用下所产生的运动。物质运动的动力学分析只要研究物质受力状态与运动之间的关系即可，而行为在网络中传播虽然也是一种运动，但我们无法准确地测度行动人所受到的各种力（各种因素的影响作用）的大小和方向，因而我们用一个笼统的概念"作用"或者"影响作用"来表示行为在网络中传播所受到的各种可能的"力"（影响作用）。由此，我们可以给出以下定义：所谓的网络传播动力学分析就是对行为在网络情境下的传播所受到的内外部作用机制进行分析，从而明确行为在网络环境中受到的"内外部因素的作用"是如何影响行为传播的。根据上述定义，我们对矿工不安全行为网络传播的动力学分析主要研究的问题包括网络传播的临界性、行为传播方程的动力学特征等。

(一) 网络传播的临界性

行为在社会网络的传播性研究一直受到流行病学关于疾病传播模型的影响。即使今天社会网络研究的边界越来越明显，其很多重要研究成果仍然是以流行病传播模型为基础的，或者是受到流行病传播模型研究的启发而形成的。例如，学者们在研究行为或者创新传播时仍然借用流行病传播模型中关于个体的三种基本状态的界定。在流行病传播模型中，任何个体都存在三种基本状态：易染状态（Susceptible，即 S，在易染状态下，个体仍然是健康状态）、已染状态（Infected，即 I）、恢复状态（Recovered、Removed 或 Refractory，即 R）。因此，在行为传播网络模型中，行动者所处的网络节点的行为状态也可以用上述三种状态来表示，而基于这些网络节点的动力学模型，我们就可以研究行为在一个网络中传播所能够达到的临界状态。

网络对行为的传播是网络行为活动的一种重要表现形式，而网络结构又是网络行为生成及活动的决定因素，并会对行为传播的速度和范围产生实质性的影响。因此，在不同的网络结构中，行为传播最终所能够达到的临界状态也是存在明显差异的。目前，在社会网络传播临界性研究中，学者们主要研究了均匀网络传播的临界性、无标度网络传播的临界性、BA 无标度网络传播的临界性、有限规模无标度网络传播的临界性、关联网络传播的临界性，以及更广义的复杂网络传播的临界性问题。由于我们研究的矿工不安全行为传播网络模型中所采用的行为主体（矿工）具有判断能力并可以在网络环境下形成偏好依附效应，因而矿工所生成的不安全行为在网络中传播会与病毒或者疾病在网络中的传播存在明显的差异，前者不可能构成随机网络传播，但却可以形成近似小世界网络传播，这在前文中已经给出初步验证。因此，如果矿工不安全行为以小世界网络传播，而小世界网络又是均匀网络，我们就可以运用平均场理论对行为传播网络做解析研究。由于行为在网络环境中传播受到已知或者未知因素的影响作用复杂，通过平均场理论，我们可以把网络环境对行为的作用进行整体性处理，用平均作用的综合效应替代单个作用效果的加和的方法。当然将矿工的行为传播网络作为均匀网络来处理，需要满足以下三个条件：

（1）网络结构稳定性。不安全行为延续时间远远小于行为主体的生命周期，从而可以不考虑行为传播网络节点的增加和减少问题。也就是说，我们在研究行为传播过程中不考虑新入职和离职情况。在实际中，从一个长期的角度来考虑，要满足该条件比较苛刻。但在一个较短的时间范围内，如三个月或者半年，该条件还是可以近似满足的。因为煤炭企业的人员流动大多数每年只会集中发生一次，且在没有特别大的外部环境变动下，这种人员流动性也不会很大。但是，近年来中国煤炭产业环境所出现的巨幅震荡已经使网络结构稳定性条件难以满足。我国煤炭行业经过 2002~2012 年长达 10 年的快速发展，目前煤炭行业总体上已经具备年产 55 亿吨煤的能力，煤炭产量严重大于需求，整个行业已经处于严重产能过剩状态。各大煤矿企业在去产能的过程中已经转岗了大量人员，这必然会导致网络结构的不稳定性。因此，网络结构稳定性的条件只能在煤炭产业环境相对稳定时才能满足。

（2）网络均匀性。实际上随机图和小世界网络都属于均匀网络范畴，这类网络的节点的度分布在网络平均度<k>处有个尖峰，而度远远大于 k 和远远小于 k 的节点数量则呈指数趋势下降。因此，在实际中处理该问题时，可以假设网络中每个节点 n_i 的度都近似等于 k。这里必须强调的一点是，随机网络结构图与小世界网络虽然都可以归类为均匀网络范畴，但它们还是存在根本区别的，后者在社会网络范畴中体现了行动者的社会性、理性思维及判断能力，而前者则没有体现行动人的理性、社会性及判断能力。小世界网络是有限理性人参与网络行为演化而出现的结果，而随机网络一般是研究者为了实现某些研究目的通过人为手段生成的网络结构，现实中并不一定存在这种网络。网络均匀性中所给出的假设也是符合现实逻辑的，按照前文中我们对矿工小群体网络的论述，矿工小群体成员之间在长期的工作配合中，已经形成了高度的行为同步性，他们之间的接触关系也逐步同质化，除了小群体领袖及极少的成员外，其他群体成员在其所处的网络点上的度基本上都会趋近于网络平均度 k，这种网络结构并不是随机性演化的结果，而是理性和有序发展的结果。

（3）均匀混合，即感染强度 s 与感染个体的密度 $\rho(t)$ 成比例，即 $C = \dfrac{s}{\rho(t)}$。目前学界关于感染强度的定义还存在诸多争议，一般以易染个体所能直接接触到的已染个体的数量来测度。个体密度 $\rho(t)$ 的定义稍微有点复杂。其定义过程如下：设与个体 A 相邻的网络节点有 g 个，则网络中与个体直接相邻的连接为 g 条，而个体 A 所处的网络共有 N 个网络节点，则该网络中与个体 A 直接相邻的网络节点最多可能有 $N-1$ 个。因此，个体 A 与其所处的网络中的最多 $N-1$ 个节点之间存在直接连接，该节点的密度可以定义为 $\rho(t) = g/(N-1)$。很显然，$\rho(t)$ 越大，则个体 A 与其所处网络中存在直接接触的网络节点就越多，因而 A 所受到的感染就越强，感染强度 s 与感染个体的密度 $\rho(t)$ 之间成一个相对固定的比例。设从易染状态到已染状态的概率为 v，从已染状态到易染状态的概率为 δ，则可以定义有效传播率 $\lambda = \dfrac{v}{\delta}$。不失一般性，我们可以令 $\delta = 1$，因为最终所有采纳不安全行为的矿工，其不安全行为都会被干预或者通过自我修正而得到恢复。

在实际计算中，如果我们忽略不同网络节点之间的度相关性，则可以得到个体被感染密度的反应方程（Pastor–Satorras and Vespignani，2001）：

$$\frac{\mathrm{d}\rho(t)}{\mathrm{d}t} = -\rho(t) + \lambda <k> \rho(t)[1 - \rho(t)]$$

对于现实中的矿工行为传播网络来说，要求网络节点的度之间完全是不相关的，这几乎不可能。因为矿工在工作中存在密切的配合关系，相邻网络节点之间存在的网络连接必然会对其中一个节点的行为变化产生影响。因而只要存在直接或者间接连接，不同矿工在网络中所处的节点之间必然也存在相关性。因此，该条件比较苛刻，这里只是为了问题分析的方便而引入。在随后的研究中，我们还需要找到对该条件的替代处理方法，以避开这种动力学模型对于节点度之间不相关性的苛刻要求。

显然，对于 $\rho(t)$ 接近于 1 和 0 的情形，也就是说，节点 A 与网络中除自身之外都存在直接连接或者没有任何连接，这时节点 A 受到感染与不受到感染都是大概率事件，因而不是我们所要关心的。我们重点关注的是那些 ρ 远小于 1 和大于 0 的网络节点的感染情况，因此上述方程忽略了高阶项。

若 $\dfrac{\mathrm{d}\rho(t)}{\mathrm{d}t}=0$，则说明行为传染进入稳定状态，这时可以求出被传染个体的稳态密度：

$$\rho = \begin{cases} 0, & \lambda < \lambda_c \\[2mm] \dfrac{\lambda - \lambda_c}{\lambda}, & \lambda \geq \lambda_c \end{cases}$$

其中，$\lambda_c = \dfrac{1}{<k>}$，说明均匀网络中存在一个有限的正的传播临界值。如果 λ 大于 λ_c，则已染个体能够将具有传染性的行为传播扩散，且最终能够使整个网络的已染个体总量保持在一个平衡的饱和状态。如果 λ 小于 λ_c，则已染个体将呈现指数衰减状态，具有传染性的行为无法在网络环境中进行大范围传播，通常在有限度传播后就会逐步消失。

基于均匀网络的行为传播动力学分析实际上是一种有限度的行为动力学分析。从具有传染性的行为在均匀网络中传播的临界分析中可以看到，均匀网络没有考虑现实中网络的两个重要性质，即网络的增长特性和网络节点连接的偏好依附性。网络生长性及节点偏好依附性的变化会使网络结构出现积累性的变化，并对网络行为的生成、传染及传播机制产生至关重要的影响，并进一步影响到网络情境下的行为生成及传播的动力学机制，并且这种网络结构的变化难以在动力学方程中体现出来。因此，在网络情境下，动力学方程只能有限度地描述行为的动态性。网络的增长性说明了网络的大小不是不变的，网络的节点是在不断变化的，会有新的行动者加入，也会有已有的行动者退出，这也会使网络节点的度出现不同程度的变化，最终影响到网络结构的均匀程度。而网络连接的偏好依附性则说明，当网络中有新的节点生成时，该新生成的节点更倾向于与大的度节点建立联系。因此，在矿工小群体网络中，由于偏好依附效应的存在，小群体领袖相对于其他成员掌握了更多的物质和信息资源，因而对不安全行为的生成及传播的影响性也要远远大于群体中的其他成员。因此，如果网络在不断生长及网络在生长过程不断受到偏好依附效应的影响，上述均匀网络临界值模型就存在明显的缺陷，于是学者们又提出用无标度网络模型（非均匀网络模型）来模拟行为传播的临界性问题。

无标度网络与均匀网络所具有的根本不同主要表现在，均匀网络中的大部分网络节点的密度都近似于某个常数，因此我们假定网络中每个节点被感染的密度都是 $\rho(t)$，很显然对于非均匀网络无法做出以上这种简化。在无标度网络中，我们针对每一个网络节点 n_i 都重新定义一个相对密度 $\rho_{n_i}(t)$ 来表示该节点被感染的概率。很显然这种处理方法更加接近于现实，但给问题的分析和求解也增加了更大的难度。根据 Pastor-Satorras 和 Vespignani 的研究结果可以得到以下平均场方程，详细过程可以参见汪小帆等（2006）的研究。

$$\frac{\rho_{n_i}(t)}{dt} = -\rho_{n_i}(t) + \lambda \mathrm{k}[1 - \rho_{n_i}(t)]\Theta(\rho_{n_i}(t))$$

网络中过多的连接冗余不仅是不必要的，也是浪费网络资源的。因此，现实中的大多数网络不可能具有高度的完备性，$\rho_{n_i}(t)$ 大于 0 且远小于 1，所以在不影响问题分析质量的前提下，我们忽略了 $\rho_{n_i}(t)$ 的高阶项，这一点与均匀网络动力学分析做法类似。$\Theta(\rho_{n_i}(t))$ 表示任意一条给定的边与一个被感染的网络节点相连接的概率。当行为在无标度网络中的传播达到稳定状态时，$\dfrac{\rho_{n_i}(t)}{\mathrm{d}t} = 0$，即每个网络节点受感染的概率不再变化。由此可以求得 $\rho_{n_i}(t) = \dfrac{k\lambda\Theta(\lambda)}{1 + k\lambda\Theta(\lambda)}$。可见，一个行动者在网络中所处的节点的度越大，则其受到传染性行为的感染及感染其他行动者的概率也越大，这同时也说明网络中度取值大的节点在网络行为的动态演化过程中能够发挥更为重要的影响性。

对比具有传染性行为在无标度网络和 WS 小世界网络中的传播临界值，我们不难发现无标度网络的传播率 λ 是连续而平滑地过渡到 0 的，这说明无标度网络无法存在与小世界网络类似的传播临界值 λ_c。也就是说在无标度网络中，只要传播率 λ 大于 0，则具有传染性的矿工不安全行为在网络中就可以进行不断传播和扩散并最终达到一个饱和状态。如果 λ 趋近于零（实际上，病毒在互联网中传播可以基本满足该条件），具有传染性的行为最终只能达到一个非常低的传播范围。但是，对于我们研究的矿工不安全行为传播网络来说，在一个小群体网络情境中，λ 要比 0 大得多，因而，不安全行为从生成到感染矿工小群体中的大部分成员甚至是全部成员只需要非常短的时间。但是对于大型的矿工群体网络，具有传染性的矿工不安全行为传播的动力学表现则与基于小世界网络的行为传播动力学描述有较好的吻合度。这主要是由于大型群体网络行为相对于小的群体网络行为表现出更大的理性和惰性，具有传染性的矿工不安全行为只有获得一定数量的目标行为采纳者后才能获得足够的行为传播初始速度，并在足够的网络内部效应强化作用下，最终达到行为传播的饱和状态。

上述我们只是讨论具有传染性的行为在非关联性网络中的传播临界值问题。但在实践中，特别是由人作为主要的行为活动参与者所构成的网络中，要让网络中的节点与节点之间完全独立是不现实的 (Pastor-Satorras and Boguna，2002)。Pastor-Satorras 和 Boguna 针对节点之间存在相关性的网络研究了其传播临界值问题。当考虑网络中不同节点之间存在相关性时则需要引入条件概率 $P(k'|k)$ 来表示节点度为 k 和节点度为 k' 的节点之间的连接概率。如果 $P(k'|k) = P(k')$，则实际上就是我们在上文中所讨论的节点之间相互独立的网络传播临界值问题。设 $P(k)$ 为网络的节点度分布，如果假定 $\sum_k P(k) = \sum_k P(k'|k) = 1$，则最终可以求得网络节点存在关联性的网络的传播临界值为 $\lambda_c = \dfrac{1}{\Lambda_m}$。其中，$C_{kk'} = \{kP(k'|k)\}$，$\Lambda_m$ 为矩阵 $C_{kk'}$ 的最大特征值。可见，当网络内部节点之间存在关联性时，网络传播临界值由矩阵 $C_{kk'}$ 的最大特征值所决定。已有的研究结果表明当网络节点存在关联性时，具有传染性的行为在其中的传播范围要比在无关联网络中传播范围小一些，这主要是由于行动人在接纳具有高风险性行为时需要成本收益确认，并经历一个行为强化的过程。行为传播过程多了这样一个重要的环节会在很大程度上延缓行为传播的速度及行为传播所要达到的临界状态，最终导致具有传染性的行为在存在关联性的网络中传播的速度及范围都要比在非关联性网络慢一些和小一些。

（二）行为传播方程的动力学特征

不同于对个体行为的研究，网络情境中的个体行为的生成不仅受到自身因素的影响，而且还要受那些与该个体存在直接或者间接连接的个体的行为变化的影响，这种影响作用可以通过网络内部连接的传导作用，从一个节点向另外一个节点传递，即表现为行为的传播性。行为人和他们的行为是密切相关的，并嵌入在网络结构之上，行动者之间的关系恰恰是行为传播及各种资源流动的通道，并将结构看作行动者之间关系的稳定形式，将网络结构环境看作个体行动的机遇或者约束条件，因此行为在网络中的传播是一个不断变化的动态过程，网络参数的不断变化必然会对行为的传播产生影响。对网络情境中不同个体行为变化之间的影响作用的描述则是传播网络模型的主要任务。上文的有关行为在网络中传播的临界值分析只能告诉我们网络传播最终所能够达到的一个稳定状态的特征，但我们无法知晓网络传播过程中的动态变化特征。因此，要对行为传播过程中的动态特征进行分析，就需要对行为在网络传播过程中的动力学问题进行分析和解释。

矿工不安全行为传播网络动力学研究结果表明，具有传染性的矿工不安全行为在这类网络中的传播并不是连续稳定渐变的，也存在震荡情形。这种震荡主要表现为煤矿生产系统运行过程中在不同时间段内发生的伤害程度不等的煤矿事故。另外，非均匀网络中的行为传播还具有递阶性，即处在网络节点中度大的行动者可能会最先生成具有传染性的不安全行为或者被具有传染性的不安全行为所感染，而后才是网络中度较小的节点生成或者被感染不安全行为。因此，在这种行为的连锁传播过程中，研究行为传播的动力学机制显得尤为重要。

如果矿工不安全行为传播呈现出小世界网络特性，则可以用 Moukarzel（1999）思想来描述不安全行为在 d 维小世界网络中的传播过程。

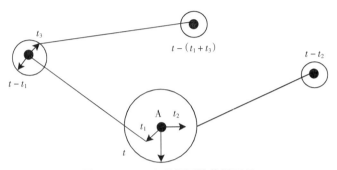

图 9-6　NW 小世界网络传播原理

如图 9-6 所示，如果具有传染性的不安全行为由处在网络节点 A 上的矿工生成，假定该传染性行为的传播速度为 $v = 1$。节点 A 与小世界网络中通过捷径连接的另外节点的感染密度（可以直观地解释为一个有限网络空间中已染个体在总体中的占比）为 $\rho = 2p$。p 为小世界网络中添加新的捷径的概率参数。为了分析方便，我们假设行为的传播过程是连续的。因此，小世界网络中的任一节点的感染量 $V(t)$ 可以表示为一个以 t 为半径的球体，该球体的体积为 $\Gamma_d t^{d-1}$，Γ_d 为 d 维球体常数。如果具有传染性的行为载体在行为传播过程中接触到捷径端点的概率为 ρ，则可以生成具有传染性行为的球体，设该球体的体积为 $\rho \Gamma_d t^{d-1}$。因此，对于网络所有节点来说，其平均意义上的总感染量可以通过以下公式求得：

$$V(t) = \Gamma_d \int_0^t \tau^{d-1} \left[1 - 2p V(t - \tau) \right] d\tau$$

对上式两边求 d 阶导数得到行为的线性传播方程 $\dfrac{\partial^d V(t)}{\partial t^d} = 1 + V(t)$，该方程的解为

$V(t) = \sum_{k=1}^{\infty} \dfrac{t^{dk}}{(dk)!}$，$d = 1$，2，3，$\cdots$。由此解可以看出，对于不同的维数 d，随着半径 t 的增加，$V(t)$ 也逐渐增加并开始发散，但单个节点的传染性却在逐渐降低，这说明只要小世界网络的规模足够大，具有传染性行为的传播最终都可以达到一个传播的饱和状态，不可能毫无限制地传播下去。这种理论解释与现实情况也是高度吻合的。近年来，互联网及大数据的研究表明，即使是具有高度传染行为的计算机病毒也无法

感染所有连接在互联网上的终端，大多只能进行有限度的传播。计算机病毒如此，人类社会中的风俗、价值观、信仰、行为规范、制度等也是如此，我们无法看到上述任何一种对象最终能够风靡全球，传播给这个世界上的任何一个角落的人。煤矿生产系统中同样存在行为的调节和干预机制，矿工不安全行为的传播性也是有限度的。

本章小结

之所以能够通过构建矿工不安全行为网络传播模型来研究矿工不安全行为在网络情境下的生成和传播机制，是由于煤矿井下工作环境非常封闭，矿工井下工作存在着频繁的接触作用，部分矿工因此而形成密切协作的工作群体，其结构实际上就是一种网络化的结构。在群体中，个人行为既有一定的独立性，同时又有一定的相互依赖性，由此形成了每个矿工独特的个体网络结构，并对矿工个体行为状态产生连锁性影响。在满足网络传播性条件时，矿工个体不安全行为会产生互相促进效应并通过工作中的接触作用进行传播，从而形成群体不安全行为，提高了不安全行为诱发煤矿事故的概率。国内外已有关于矿工不安全行为研究文献主要是运用定性或统计分析研究不安全行为的形成机制及影响因素，对不安全行为的演化机制则缺少严格的数学模型。本章中我们重点研究了矿工不安全行为传播网络的建模问题。首先，我们解决了矿工不安全行为传播网络的抽象化问题，这部分研究内容是建立矿工不安全行为传播网络的基础。其次，我们研究了矿工不安全行为传播网络的拓扑特性。由于网络的拓扑结构是网络行为生成及传播的决定因素，因而它是构建矿工不安全行为传播网络的前提条件。针对矿工不安全行为传播网络的不同拓扑结构，我们构建了相应的网络模型，并收集了一定数量的样本数据，对矿工不安全行为在不同的网络拓扑结构中的生成机制及传播机制进行了研究。针对上述问题，本章中我们得到的主要研究结论包括：

（1）以图论和社会网络分析方法为基础讨论了矿工不安全行为传播网络的表示及构建问题。矿工不安全行为传播网络的抽象化及结构化表示使我们能够用结构化的模型来分析具有传染性的矿工不安全行为在网络中的生成机制及传播机制。

（2）根据矿工不安全行为传播网络的不同拓扑特性建立了相应的行为传播网络模型，并采集了相应的网络结构数据，分析了不同拓扑结构网络生成过程，及矿工不安全行为在其中的传播特性。

（3）针对不同的网络拓扑结构特性分析了矿工不安全行为的生成和传播的条件。根据矿工行为状态空间模型，本章对矿工不安全行为在网络情境下生成后能否进行传播的条件进行了综合分析。指出影响矿工不安全行为传播性的条件主要分为三大类，分别是行为的收益风险及条件、正向的网络内部效应及网络结构参数敏感性条件，这三类条件既可以独立发挥作用，也可以相互影响形成耦合作用而发挥作用。

（4）以矿工不安全行为传播网络结构及生成和传播条件为基础建立了矿工行为状态空间模型，研究了矿工不安全行为网络传播的动力学模型。矿工行为状态空间模型和矿工不安全行为网络传播的动力学模型更加真实地描述了矿工从一个行为状态跃迁到另一个行为状态的演变过程，为对矿工行为状态进行分析提供了理论和方法支持，也为干预矿工不安全行为提供了理论支持。另外，行为状态的跃迁是行为路径改变的前奏，也是新的行为路径生成的起点。实际上，在一个相对稳定的系统运行的内外部环境中，个体行为活动的随机性会越来越小，最终个体行为活动的范围会逐步收缩为一条相对确定性的行为路径。通过行为合作，个体行为路径之间会产生叠加和交叉，从而会导致行为状态的跃迁。网络情境下的个体行为状态跃迁及这些跃迁过程的同步作用也为通过行为传播性来解释矿工不安全行为路径依赖性提供了一个新的理论视角，为研究行为致因的煤矿事故的预防和干预措施提供了一条新思路。

（5）矿工不安全行为的状态空间模型及不安全行为的网络传播性条件的设定为煤矿生产安全管理实践中干预矿工不安全行为提供了新的理论和方法支持。本章主要建立了行为传播的网络结构模型、行为变化的状态空间模型、行为传播过程的动力学模型，这些模型系统地描述了不安全行为从发生到发展的过程，其所提供的不安全行为控制思路主要是把对不安全行为的事前控制和事后控制转变为过程控制，拉长了干预措施的介入时间区间，使安全监管者有更多的时间来选择干预措施。另外，我们的研究结论也表明矿工所置身的网络结构会对矿工行为及矿工小群体的行为产生广泛的影响，因而可以通过改变矿工个体所置身的网络结构，诸如聚类系数、网络的度分布、路径长度、联通性、小群体结构等，实现对矿工行为及矿工小群体行为的干预，使干预矿工不安全行为的措施更加丰富、合理。

第十章 矿工不安全行为在网络传播过程中的同步效应

第九章重点从网络结构与网络行为及网络功能之间的关系讨论了矿工不安全行为在网络中传播的建模问题。我们主要根据矿工间在日常工作中存在的基本关系建立了矿工关系网络模型，并研究了网络结构基本参数的计算问题，以及网络结构参数变化对行为传染、行为传播的影响作用。这主要是根据网络结构与网络行为之间的关系来研究行为的生成、传染及传播的问题，仍然主要是基于静态的网络连接关系来分析动态的行为传播问题。在演化的网络情境中，静态的网络内部节点间的关系在传导不同个体间的行为变化影响的过程中表现为个体间行为的动态互动作用（或耦合作用）。网络结构并不能对网络行为的生成产生直接的影响，它是网络行为生成的基础和约束条件。网络行为的生成是通过网络节点间动态的耦合作用的叠加所形成的不同结构层面上的行为同步而突现的。这样，网络内部静态的连接通过个体的行为活动而表现出动态性，也就形成了网络结构对于行为的传播性。实际上，我们最终研究目的不只是研究矿工不安全行为的传播性，而是通过对矿工不安全行为在网络中传播机制的研究实现对矿工不安全行为传播的干预和控制。因此，在本章中，我们主要的任务是解决矿工不安全行为在网络传播过程中所产生的一系列问题，包括行为传播速度、行为传播范围和行为同步效应，以及行为同步效应可能引起的后果。其中有关矿工不安全行为在网络传播过程中出现的同步效应是我们所要重点研究的问题。今天社会科学领域中有关结构与行为之间的因果联系的观点主要是来自自然科学领域或者是由那些有自然科学学术背景的研究者提出的。在系统的演化过程中，个体的行为活动范围会逐步收缩而形成个体的行为的路径，系统的结构会朝向层次化和规则化发展，而个体行为路径的方向也会随系统结构的规则化和层次化而出现所谓的"磁化"并向同一个方向收敛，最终导致个体行为从个体间的同步转向系统整体行为的同步。

在物理学研究领域，Srogatz 在研究中很早就发现了网络结构对复杂自适应系统的行为演化的影响作用，解释了哺乳动物的心跳在没有中央控制或干预条件下也能逐步实现有规则性的同步，以及在一个区域内生存和活动的萤火虫也能实现"荧光闪烁"的同步。自然科学认为这种同步现象主要是由于频率接近或相同所造成的。目前，同步效应不仅是生物学及物理学研究领域的一个重要问题，在社会学、组织管理学、经济学等学科领域的研究者也非常重视网络同步效应的影响，并用于决策、广告影响策划、行为干预与控制等实践。但在行为科学研究领域，行为同步无法只用频率接近或相同来解释，研究者认为个体需求的一致性、群体压力（包括文化背景、行为习惯及价值观）、制度及行为规范都是造成行为同步的重要因素。

从网络的角度来看，我们在社会学领域所研究的同步效应实际上是某个特定的群体在一个时间阶段内外在行为表现随内部网络结构规则化及层次化（物质的晶体结构、组织的层次化结构都是网络结构规则化的典型代表）演变导致的结果。实际上，同步就是群体网络结构规则化和层次化所产生的附带结果，表现为个体在群体情境中行为活动的步调一致性。已有的研究表明行为同步效应与网络拓扑结构中的耦合作用、关系传递性、网络结构平衡性等密切相关，而网络同步效应的直接结果就是促使网络整体有序行为的生成和演化，特别是网络情境中的凝聚子群的生成和演化。另外，行为在网络中的传播速率也会对行为同步作用产生影响，而网络结构和传播对象自身属性是影响矿工不安全行为传播速率的两个主要因素，因此可以通过对网络结构和传播对象属性的干预来影响矿工不安全行为在网络传播过程中的同步效应，从而控制行为同步效应可能引起的后果。本章的主要工作是在第九章中已经构建矿工网络模型的基础上来分析、解释和预测矿工不安全行为的同步效应形成机制及其对行为传播可能引起的后果。

第一节 矿工群体网络拓扑结构中的耦合作用解析

耦合作用的定义非常简单，但在一个共享的网络空间内，耦合作用大量存在使个体行为、网络结构及网络整体性行为之间的关系表现出高度的复杂性。网络效应生成的一个决定性因素就是一个网络空间中的不同网络节点之间的行为存在耦合作用，存在相互影响或者单向影响，而耦合作用的数量越多越复杂会使网络内部的分层逐级行为同步及事故的生成也越复杂，同时也会使最终的事故调查和分析存在很大难度。本部分将重点对矿工群体网络拓扑结构存在的耦合作用及其在矿工不安全行为致因事故的生成过程中所发挥的作用进行解析。

一、矿工群体网络结构不同层面上存在的耦合作用

第九章的矿工不安全行为传播的网络模型只是分析了处在不同网络节点上的矿工之间的耦合关系，对于矿工间通过耦合关系所能产生的网络整体性的耦合效应则没有分析。但不可否认的一点是，在矿工不安全行为传播的网络模型中，不同矿工的不安

全行为在网络中的耦合效应不仅增加了行为致因事故生成的复杂性，而且也增加了事故控制及事故调查的难度。我们在大量的有关矿工不安全行为成因的事故调查报告中发现，这类事故通常难以追查到一个非常明确的责任人，但最终还是有人承担了事故的主要责任，这只不过是在现有的制度和管理体系下一种多方博弈的结果，并没有真正找到不安全行为的事故致因机制，不仅没有把真正存在的问题解决，甚至在已有的思维和行动模式下把真正存在的问题掩盖了。因此，要想厘清具有一定复杂程度致因的事故，首先必须要弄清在一个共享的群体网络环境中大量存在的耦合作用在行为致因的事故演化过程中起到的关键作用是什么。

实际上，任何一个动态的自然或社会系统中都存在耦合作用，通常社会系统中的耦合作用机制要比自然系统中存在的耦合作用机制要复杂一些，也更难以定量化。无论存在于自然或社会系统中的耦合作用关系有多复杂，不同的耦合作用之间的合成方向也只有四种，分别是同向、异向、向心及离心。在自然状态下，从某种意义上来说，这四种作用都可以导致规则化的网络结构的出现，进而生成有序化的网络行为。虽然煤矿生产系统是人为设计并参与运行的社会系统，相对于自然系统的生成阶段要短暂得多，但耦合作用的这四种作用关系同样是普遍存在的，并对社会系统的演化产生重要的影响，诸如重构系统的结构、促使不同层面的行为的跨界及跃迁。通常同向化及向心化的耦合作用可以促使系统的结构更进一步地层级化及系统行为更高程度地有序化，但对于异向化及离心化的耦合作用，其所能导致的系统演化结果较为复杂，既有可能导致系统行为的无序化，也有可能导致系统行为的某种特殊形式的有序化，如一个系统分化出两种或者多种不同的行为，这主要取决于系统特定的时空条件下的内外部环境。行为科学已经基本可以证明系统行为取决于系统结构，而规则化的系统结构必然会导致有序化的系统行为。以此类推，在一个共享的群体网络空间中，规则化的网络结构也必然会导致有序化的网络行为。实际上，无论从认知的角度还是演化的角度来看，网络结构在演化的过程中必然会经历一个分层的阶段。网络结构分层最终也会导致网络的整体有序行为，也可以分成不同等级。

在一个共享的矿工群体网络空间中，依据耦合作用关系，最基本的网络结构层次是矿工个体间耦合作用关系，这也是网络结构的微观层次。从整体上来看，矿工个体间的耦合作用一般不能直接形成网络整体上的有序行为，但却是网络整体有序行为的关键性来源。矿工个体间的耦合作用的方向只有两种，分别是同向和异向耦合作用，而在更高的网络层次上才能出现的向心或者离心耦合作用则是以这两种基本的耦合作用合成而来的。因此，微观层面上的这种耦合作用关系决定了微观层面上的网络行为只能是矿工之间的合作行为或者是非合作行为。在网络结构微观层次之上，也就是中观层次上的耦合作用关系则是子网、社团或者凝聚子群（小群体网络）内部存在的耦合作用关系，这类耦合作用关系除了同向和异向耦合作用还存在离心和向心耦合作用，从而促使网络子群、网络社团等小群体网络有序行为的生成。在网络结构中观层次之上的耦合作用关系则是子网、社团或者凝聚子群（小群体网络）之间存在的耦合作用关系。在这个网络层次上，除了小群体网络内部存在的同向、异向、离心及向心耦合作用关系，小群体网络之间也会存在同向、异向、离心及向心耦合作用关系，从而促使更高层上的网络有序行为的出现，即整体性的网络行为的出现。

我们从上述分析可以看到，虽然行为科学认为系统的行为取决于系统的结构，但更进一步的研究表明系统的行为实际上取决于系统基本构成要素之间的耦合作用关系，因为系统的结构从某种意义上来说是靠不同构成要素间的耦合作用关系来维系的，因而系统的结构又取决于系统构成要素间的耦合作用关系。实际上从系统的角度来看，网络也是一种系统，网络结构也是系统结构的一种。在一个矿工群体网络空间中，不同矿工个体间的耦合作用一旦出现同向化或者向心化，则开始进入网络结构规则化及网络行为有序化过程。但是矿工群体网络嵌入在煤矿生产系统结构之上，而煤矿生产系统又是人为设计和参与运行的系统，因此，可以说从煤矿生产系统投入运行之初，矿工群体网络的规则化及网络行为的有序化就已经形成了，这时不同层面上的耦合作用只会进一步促进矿工群体网络的规则化和网络行为的有序化。小群体网络结构的规则化和行为的有序化又会使不同小群体网络之间的结构规则化和行为有序化成为可能，在适当的条件下，小群体网络结构的规则化及行为的有序化又会向整体网络结构的规则化和行为的有序化跃迁。

虽然我们在理论上可以演绎耦合作用推动矿工群体网络结构规则化和行为有序化的过程，但是要想对这个过程进行量化处理却非常复杂。事实上，矿工不安全行为致因的事故在网络情境下不仅涉及不同矿工之间的不安全行为的耦合作用关系的分析和处理，而且这些耦合作用关系在某些时间和空间条件下还表现出弱因果性及结构敏感性，即行为对耦合作用关系的弱因果性及敏感性。当行为对耦合作用关系（或者说网络结构）表现出弱因果性及敏感性时，也就使由于耦合作用关系而引发的网络群体同步效应具有更加复杂的生成机制，并由此导致最终的事故责任很难明确地确定是由哪一位或者哪几位具体的矿工引起的，因为矿工不安全行为在网络传播过程中受到耦合作用和同步效应的影响已经弱化了矿工不安全行为与事故之间的直接因果关系。上述阐述也有可能引起误解，有人甚至会认为行为致因的煤矿事故不服从于因果律，这并不是本书的论点。实际上，在煤矿生产系统的微观结构层面上，在一个较短的时间取值范围内，煤矿事故的原因和结果之间仍然存在严格的因果关系。但在煤矿生产系统的宏观结构层面上，事故演化的过程及耗时较为漫长，逐步导致了事故的原因与结果之间的弱化，同时也增加了行为致因煤矿事故调查的复杂性。因此，未来我们在分析事故的致因与结果的弱因果性及行为对结构的敏感性时从不同网络节点之间的耦合作用关系来入手就非常有必要了。

二、耦合作用与行为同步、事故生成之间的关系

上述分析表明，耦合作用不仅是系统内部构成要素之间发生单向或者交互影响的关键要素，同时也是行为同步的决定因素。在一个系统或者群体网络内部，没有耦合作用也就是意味着行动者或者系统的构成要素之间不存在联动关系，系统或者网络群体内部的构成要素之间的关系仅仅只能起到黏合剂的作用，并不能将不同节点或者构成要素的行为影响性进行传递，也就意味着不同节点或者要素的行为同步无法形成。因此，从这一点上来看，行为同步是耦合作用通过系统内部或者网络内部的连接关系将不同行动者之间的影响作用有序化的一种外在表现形式。

虽然已有的研究结论表明存在耦合作用的网络拓扑结构在决定网络动态特性方面发挥着重要的作用，但这并不意味着网络中存在的任何耦合作用都可以或者足以将不同的行动者的行为活动同步起来，从而形成有序的整体性的网络行为。实际上，行动者的行为活动在网络中的同步过程不仅与网络结构的规则化直接相关，还间接地与网络结构中存在的耦合作用的强度及耦合作用的合成方向相关。耦合作用的合成方向是推动个体行为路径有向化的一个重要影响因素，也是推动网络整体行为有序化的关键因素。由此可见，网络结构规则化充当了网络耦合作用与网络行为同步及网络整体行为有序化的中介。在煤矿生产实践中，矿工不安全行为在群体网络中传播的过程除了产生上述影响作用之外，其耦合作用和同步效应在煤矿井下生产环境中还会受到小群体领袖行为及正规的煤矿管理制度的影响，过程更加复杂，最终导致预定的行为干预措施难以收到预料中的干预效果。尽管如此，近年来研究者在社会网络中发现的小世界性、无标度性以及其他相关的网络整体行为的突现机制为揭示网络拓扑结构与网络行为同步化的关系提供了突破口（Wu and Chua，1995；Belykh et al.，2005）。随着人们对于网络拓扑结构与网络行为生成机制及网络行为同步之间的因果关系或相关关系的研究不断深入，也必然使通过网络结构对于矿工不安全行为的网络传播控制更加准确和有效。

从网络的角度来分析矿工不安全行为致因的事故，及以此为基础的网络理论及分析方法所具有的优势主要是不仅可以综合考虑不同矿工之间的耦合作用在网络情境中所形成的整体效应，而且还可以对处于网络节点上的行动者的微观行为状态进行抽象和建模，最终将矿工行为传播的微观、中观及宏观机制等系统地整合在一起，使我们可以充分理解不同网络层次上的行为的跃迁机制，进而设计出更有针对性的行为干预措施。显然，网络的整体性有序行为正是通过不同行动者之间的联系及以这些联系为基础的耦合关系的合成作用所形成的。那么在网络情境下，矿工之间的联系必然也就成了可以传播"影响作用"（如行为、信息、决策、安全观念）的通道，而影响作用主要是通过网络中的直接接触或者是通过其他行动者的中介而产生的间接连接而发生作

用，这些影响作用以及支撑影响作用传递的关系就构成了矿工间网络耦合作用的基础，并促使矿工在工作任务的合作或者配合中逐步进行行为同步。因此，网络节点、网络节点间的关系、网络节点间的耦合作用是推动网络结构规则化及网络整体行为有序化的三个最基本的要素。网络节点是行为的载体，因而也是行为的生成者和接受者，或者说是影响作用的发出者或者接受者；而网络节点间的关系则构成了不同网络节点间的黏合剂，网络节点间的耦合作用则以网络节点间的连接关系为基础对不同网络节点间的影响作用进行驱动，从而最终形成不同网络节点间的行为同步、网络子群的有序行为及网络整体性的有序行为。不安全行为致因事故的生成实际上也是一种个体行为之间通过耦合作用最终所形成的不安全行为同步的结果。

第二节　网络结构平衡和关系传递性

网络内部关系的传递性是个体行为通过网络结构进行传播的基础。本部分将重点论述网络内部关系传递性的来源及其在行为传播过程中所发挥的作用。简单地说，群体情境中的个体之间关系的传递性主要来源于个体所需要的物质、信息的可交换性。人的社会性或者社会依赖性决定了人与人之间、人与人群之间、人与组织之间及人与社会之间必然要存在相互交换。个人从交换中获取自身行为活动所需要的物质（报酬、生活必需品）及非物质资源（精神慰藉、信仰、信息），同时要为获取这些物质做出必要的社会贡献，从而维持社会进步与发展。从网络的视角来看，人与人之间复杂而多样的交换关系是生成社会网络的基础。一个网络在生成初步的结构之后，一般都要进入一个生长的过程，但这个过程持续的时间又不会是无限长的，并且在某些时间段内生长得快，而在另外的某些时间段内又会生长得慢，甚至停止生长或退化，并进入一个动态平衡的状态。在这个过程中，关系的传递性发挥了至关重要的作用，它不仅是决定网络生长的关键因素，也是决定网络结构平衡的关键因素。在网络的生长过程中，关系的传递性保证了各种物质在网络节点之间进行交换，一方面保证了网络已有节点产生适度的黏性，另一方面又可以吸引新的节点加入，并重新对网络内部关系进行搭配，最终使网络的结构进入平衡状态。

一、矿工行为传播网络结构平衡及其作用

在第九章里，我们重点讨论了对行为传播会产生重要影响的网络参数，以及根据这些参数建立的网络模型所具有的特性问题。在理论上，我们虽然可以通过对网络参数的调整以实现对网络行为的干预，从而控制矿工不安全行为的传播，但在一个大型

网络中，网络结构参数的变化对于行为的影响作用在很多时候不仅具有延迟效应，而且还会表现出不确定性，难以准确控制变化对于行为影响的方向，以至于在实践中，行为的动态控制明显比平衡态下的行为控制复杂得多。因此，在很多情况下，我们希望将网络结构保持在一个平衡状态下对网络行为进行干预和控制，这样做不仅可以降低控制的难度，而且可以降低控制成本，提升控制效率。网络结构平衡描述的是网络中的所有行动者的行为活动通过网络关系的交互和叠加所最终达到的一种平衡状态。例如，对于由三个行动者所构成的一个网络，如果他们对于一项决策行动出现三人均同意、三人中有两人同意或反对两种情况，则都可以达到一种平衡的状态。网络结构平衡关注的不是个体间的平衡关系或状态，它所关注的是网络中任意不同的行动者之间的交互作用最终在整体上会达到一个什么样的状态。如矿工 n_i 生成了具有传染性的不安全行为，矿工 n_j 和 n_k 在工作关系网络中与矿工 n_i 紧邻需要对矿工 n_i 提高工作配合，而且矿工 n_j 和 n_k 又和网络中其他矿工进行工作配合，则最终矿工 n_i 生成的不安全行为就可能通过传导性的关系在网络中传播，并最终达到一种平衡状态。由此可见，通过网络结构平衡控制行为传播要比通过网络结构参数对行为传播的控制简单得多。

在矿工不安全行为传播网络模型研究中，我们可以通过研究一个矿工群体网络中支持不安全行为和不支持不安全行为矿工的所占的比例来确定行为传播网络结构的平衡性，从而可以预估矿工群体的安全倾向和氛围，为判断网络结构参数的变化对于行为传播的影响作用的方向性提供识别性指标，又可以避开对有向网络进行结构参数分析的复杂性。当网络结构失去平衡时，若支持不安全行为的矿工比例或人数占优时，则很可能导致不安全行为的生成和传播。通常，只要一个网络能够被表示为有向图或者是无向图结构形式，就可以对其结构平衡性进行分析。在矿工不安全行为传播网络中，我们主要研究的关系类型是"正向影响或者负向影响"，最终计算出在一个网络整体中，这些影响作用最终能否达到一个平衡的状态。这里我们需要注意的一点是，在结构平衡中所分析的关系一定要满足"负负得正、正正为正"的运算法则，也就是说不存在明显对偶的关系是无法用平衡理论来分析的。

二、网络结构平衡的检验

对于一个群体网络，通过对网络结构平衡性进行检验可以帮助我们判断群体氛围的取向，这对于基于网络结构参数调整的网络控制是一个重要的环节。对于无向的网络结构图，如果任意两位矿工之间的影响关系是对偶的，则他们之间的关系可以表示成"+"或者"-"，这时我们就可以依据相关运算法则对网络结构的平衡性进行检验。对于一个无向的三元关系图，如果任意两个行动者之间的关系是对偶的，则存在 2^3 种不同的结构，如表10-1所示。n_1、n_2 和 n_3 表示三位矿工，n_1-n_2、n_2-n_3 和 n_3-n_1 表示三位矿工之间所存在的对偶关系。

表 10-1　3 位矿工之间存在的八种三元结构

	结构1	结构2	结构3	结构4	结构5	结构6	结构7	结构8
$n_1 - n_2$	+	−	−	+	+	+	−	−
$n_2 - n_3$	+	+	+	+	+	+	+	−
$n_3 - n_1$	+	−	+	−	+	−	+	−
备注	平衡	平衡	平衡	平衡	非平衡	非平衡	非平衡	非平衡

由表 10-1 中可以看到，按照对偶关系的运算法则，这八种三元结构中前四种是平衡的，而后四种是非平衡的。对于单一回路的网络结构，按照对偶关系运算法则，若最终得到的回路符号为正，则该结构就是平衡的，否则为非平衡。但是，我们所研究的网络结构图不可能只是单一回路结构，可能是由很多回路所构成，这时只有当网络中存在的回路符号都为正时，该网络结构才能是平衡的。考虑由七位矿工构成的一个网络结构图，其中包含六个回路，现在我们来分析其结构的平衡性。不同矿工之间的对偶关系如表 10-2 所示。

表 10-2　七位矿工之间存在的十种二元关系结构

	结构	回路1	回路2	回路3	回路4	回路5	回路6
$n_1 - n_2$	−	$n_1 - n_2$				$n_1 - n_2$	
$n_1 - n_3$	−		$n_1 - n_3$			$n_1 - n_3$	
$n_1 - n_4$	−	$n_1 - n_4$	$n_1 - n_4$				
$n_2 - n_4$	+	$n_2 - n_4$				$n_2 - n_4$	
$n_3 - n_4$	+		$n_3 - n_4$			$n_3 - n_4$	
$n_4 - n_5$	+			$n_4 - n_5$			$n_4 - n_5$
$n_4 - n_6$	−			$n_4 - n_6$			$n_4 - n_6$
$n_5 - n_6$	−			$n_5 - n_6$	$n_5 - n_6$		
$n_5 - n_7$	+				$n_5 - n_7$		$n_5 - n_7$
$n_6 - n_7$	+				$n_6 - n_7$		$n_6 - n_7$
备注		平衡	平衡	平衡	非平衡	平衡	平衡

从表 10-2 中可以看到，该网络结构图中一共包含十个对偶关系，其中五个为正向的，剩下的是负向的。直觉告诉我们，该网络结构是平衡的，但从其中所包含的回路符号的统计结果来看，回路 4 的符号是负的，而其他回路的符号是正的。按照回路符号运算规则，则该网络结构是非平衡的。

从上述分析中我们可以看到，一个无向网络的结构是否平衡取决于该网络所包含回路的符号方向。对于有向网络结构图，其回路界定要比无向图的回路严格得多。有向网络中的回路要求其中所包含的所有弧的方向都是一致的。但是在检验一个有向网络的结构是否具有平衡性时，我们需要放宽无向网络结构平衡的定义，即在考虑一个有向网络结构是否达到平衡时并不需要用到回路，只要用到半回路的概念即可。只要有向网络结构中的所有半回路符号都是正，该有向结构图就是平衡的。

对于有向或者无向网络结构图，除了通过对网络中所包含的回路符号进行乘法运算来判断网络结构在整体上的平衡性外，我们还可以对网络结构的关系矩阵进行计算来判断该网络的结构是否是平衡的。假设我们所研究的网络是由 g 个矿工所构成的，即该网络包含 g 个节点，该网络的关系矩阵为 A，很显然 A 为方阵，该方阵的阶数为 g，这时我们就可以通过计算方阵 A 的幂指数（最多只需要计算 A 的 g - 1 阶幂指数即可，因为 A 的阶数为 g，网络中所包含的回路最大长度只能等于 g）来判断其指向的有向网络或者无向网络的结构平衡性。如果 A，A^2，…，A^{g-1} 所得到矩阵的对角线上元素全是正的，则该网络结构就是平衡的，其计算过程可以参阅斯坦利·沃瑟曼（2012）所著的《社会网络分析：方法与应用》，本书不再赘述。

从网络结构平衡性检验过程来看，网络结构不平衡的程度并不一定是相同的，也是有高低之分的。虽然学者们早已注意到不同网络的结构不平衡性，但一直对网络不平衡性的变化对于行为传播的影响作用并没有多少实证研究。在实践中，学者们提出用平衡指数来度量一个网络结构平衡的程度。设 PC 为网络中所包含的符号为正的回路数量，TC 为网络中所包含的回路总数，则网络的结构平衡指数用 PC/TC 来计算，显然 $0 \leq PC/TC \leq 1$。从经验数据来看，煤矿生产系统中的矿工群体网络结构不平衡性会支持一种主导性的安全氛围取向，但这种安全氛围取向是正面的还是负面的则要视具体的环境才能确定。

在实际应用中，网络结构平衡性检验为我们调节和干预矿工小群体安全氛围提供了方法上的支持。当一个矿工小群体的安全氛围处于负面氛围平衡状态时，我们通过增加正向回路的个数，以打破负面安全氛围的平衡状态，从而使安全氛围向正面安全氛围的平衡状态演变。同样的道理，当一个矿工小群体的安全氛围处于正面氛围平衡状态时，我们需要密切关注网络结构中的符号为负向的回路个数的变化，以避免打破正面安全氛围的平衡状态。因此，相对于基于网络结构参数的网络结构控制，网络结构平衡性控制要更为简单一些和直观一些。但网络结构平衡性控制也存在自身的缺陷，这种控制方法的精确性难以保证，一般只能用于对行为的综合性及长期的累积性效应进行精确性要求不高的控制。

三、矿工群体的可聚类性及其关系的传递性

以对偶关系为基础生成的网络结构，可以根据关系符号的运算法则计算出网络中所包含的各个回路的符号方向，在此基础上就可以对网络的节点进行分类，也就是可以对网络的基本构成——行动者集合进行分类，其结果就是处在同一个类别中的行动

者之间的关系要么是正向的，要么就是不存在任何关系，最终导致不同类间存在连接的行动者之间只能是负边。按照可聚类性的定义，平衡结构的网络肯定是可以聚类的，并且聚类可能不唯一，但非平衡结构的网络是否可以进行聚类则需要满足特定的条件。通常在非平衡网络结构中，只有那些不包含只存在唯一一条负边回路的网络才是可以聚类的。对于一个由三条负边所构成的回路，很显然该回路是非平衡网络结构。按照可聚类性的定义，该回路尽管也是可以聚类的，但回路中的三个节点就需要被分成三个类别，已经基本失去实际应用的价值。因此，在实践中处理网络聚类性时会为了特定的目的而将非平衡性网络转换为平衡性网络加以对待。另外，对于非平衡结构的网络，其聚类的结果也肯定是不唯一的。但是在所有类型的网络结构中有一种例外，那就是完全结构的平衡网络，也就是网络中任意两个节点之间都存在一条边的网络结构平衡性（完全图的网络结构平衡性）。很显然，对于平衡的完全网络结构图，其中任意一条回路所包含的负边的数量都不可能是 1 或者 3，而且完全结构的平衡网络不仅是可以聚类的，而且存在唯一聚类。

可见，虽然网络结构图的可聚类性以网络结构平衡性检验为基础，但在逻辑上并不如网络结构平衡性严格。一个网络结构要么是平衡的，要么是不平衡的。而一个网络结构是否可聚则要考虑更多的条件，且当一个网络结构可聚时，其分类也是不唯一的，而一个网络结构只要是平衡的，则不会有其他情形出现。但是由于网络结构的可聚类性分析和网络结构平衡性分析都建立在对偶关系的符号图基础上，其所包含的内在逻辑体系是近似的，只不过是两种方法所解决问题的侧重点不同，但可以相互补充和支持。由于平衡网络结构与非平衡网络结构的聚类结果是明显不同的，因此，在对矿工不安全行为传播干预及控制实践中，通过网络结构图的可聚类性能够更加有针对性地调控网络结构平衡性，从而影响矿工群体网络的内部安全氛围，达到对不安全行为在网络中传播速度及范围有效控制的目的。

网络结构平衡性和可聚性只是描述了网络在一个静止状态下的表现，体现的是网络结构对于网络行为的内在约束所能达到的结构平衡性，这种静态的结构平衡性在个体行为活动通过网络内部关系的传导作用下则会起到非常关键的影响作用。在现实中，我们所研究的行为、信息、疾病及创新等的传播都是动态的，而且网络的结构也不可能是一成不变的。网络结构的动态变化特性从根本上来说是其两大基本的构成要素——网络节点及节点间的关系的动态变化所引起的，在累积效应和网络结构敏感性效应的作用下，即使网络节点能够保持基本稳定，但节点间的关系微小变化仍然可以引起网络行为的显著性变化。因此，关系的传递性使网络行为变化的动态性成为可能。所谓的关系传递性就是指对于不同的矿工，如果矿工 n_i 可以影响矿工 $n_j(n_i \rightarrow n_j)$，而矿工 n_j 又可以影响矿工 $n_k(n_j \rightarrow n_k)$，这时 n_i 也可以影响 $n_k(n_i \rightarrow n_k)$，则我们称上述影响关系是传递性的。

在现实的网络结构中，关系的变化本身不会引起网络整体行为的剧烈变化，但关系的传递性（或者传导性）会导致行为在网络中传播所受到的影响作用进行不断的叠加和积累，并且在网络结构参数的特定区间内，这种叠加和积累效应非常敏感（变化非常快），最终使网络行为在整体上出现显著性变化。因此，关系的传递性对于行为的传播会产生至关重要的影响作用，利用该影响作用并结合网络结构平衡性的调节作用我们可以有针对性地对矿工不安全行为的网络传播进行干预和控制。

实际上，在网络结构中，关系的传递性和网络的联通性对于矿工不安全行为传播的影响作用都是至关重要的。但在这里我们需要特别强调的一点是关系的传递性与网络联通性既密切联系又存在重要区别。关系的传递性以网络的联通性为条件和基础，一个联通的网络并不意味着其中所包含的所有关系都是联通的，但关系的传递则依赖于网络是否联通。很显然，人与人之间不存在关系，则无从谈起关系的传递性。正是由于人与人之间的密切交互使在现代社会中人的孤立存在几乎是不可能的，因而现实中的网络大多具有较高程度的联通性。煤矿生产系统的整体性确保了嵌入在系统结构之上的矿工群体网络的联通性；系统运行过程中存在的各种交互作用则保证了矿工群体网络内部关系的传递性，但这并不意味着网络结构内部的任何交互关系都是具有传递性的。但是在网络内部只要存在交换，而且这种交换由需求所驱动并被不同的个体所接受，则连接不同个体之间的交换关系就会具有传递性。一个联通网络中传递性关系和非传递性关系的共存既给我们对矿工不安全行为的干预提供了机遇，但也带来了诸多的挑战。关系的传递性会让具有传染性的不安全行为在网络中进行传播和扩散，而关系的不传递性又可以阻断具有传染性的矿工不安全行为在网络中的传播和扩散。问题是由于关系的传递性所引起的，而解决问题的途径恰恰也是借助于关系的非传递性为手段。另外，Holland 的研究表明，人的社会性决定了在社会网络情境中的大部分人与人之间的关系是具有传递性的，但这并不意味着在矿工的行为传播网络中所有矿工之间的关系都是具有传递性的。非传递性关系必然会对矿工不安全行为的传播起到阻碍作用，而具有传递性的关系必然会对矿工的不安全行为起到促进作用。因此，针对矿工不安全行为传播性的干预和控制措施的设计要充分研究矿工间的关系是否具备传递性。另外，综合网络结构参数、关系的传递性及网络结构平衡性对于个体行为活动的影响作用从而实现网络情境下矿工凝聚子群的生成也是实现对网络整体行为同步的干预的一个重要手段。

第三节　网络情境下矿工凝聚子群的生成机制

在没有外力干预的情形下，子群的生成具有更大的不确定性和复杂性。但是在外力的干预下，子群的生成则要相对确定和简单得多。显然，网络情境下的矿工凝聚子群（Cohesive Subgroup）是在有外力干预作用下的结果，主要包含以下四个特征指标：①个体需求的一致性、群体压力（包括文化背景、行为习惯及价值观）、制度及行为规范都能造成行为活动范围收缩及行为路径生成，是行为同步作用生成的源头。②耦合作用、网络结构平衡性、关系传递性则是行为同步的驱动力。③网络情境下的子群的生成则是行为同步的表现形式，并且子群或网络社团的生成是个体层面的行为同步向群体行为同步的关键一环。④整体性的、有序性的网络行为的生成则是同步作用的最终表现。

在以有限理性的行为人所构成的群体、组织、网络或社会中，最终都会突现出复杂的难以用简单的分解方法所解释的整体性行为，而众多的研究文献都提及了整体性行为与行为同步具有相关关系，甚至有学者通过逻辑推理后得出结论：网络的整体性行为就是行为同步的结果。尽管从直觉上推理，网络中不同行动者之间的行为在网络结构的规则化及层次化及过程中出现同步是一种显而易见的结果，支撑行为同步的逻辑也比较易于解释，但从个体行为人的行为生成、传播到行为出现同步，以及最终的整体性行为突现及网络情境下凝聚子群的出现来看，其整个演化过程却非常复杂。为什么一个简单的逻辑可以将关系传递、行为传播、行为同步置于一个严密的理论演绎体系中，但最终出现的复杂结果却又难以直接用之前的简单逻辑还原？在网络情境中，行动人是通过什么样的机制凝聚为一个整体的？也就是说在煤矿生成过程中，依附于正式组织之上的矿工小群体是通过什么样的机制而凝聚成为一个整体的？实际上，无论在有严密结构的企业中，还是在结构松散的社会组织中，我们总会观察到某些行动人相互之间的关系比与另外一些行动人之间的关系要稳定、直接、频繁、强度更大、效率更高，因而可以形成一种更有黏性的群体，也就是所谓的凝聚子群，而凝聚子群相对于个体行为人对行为传播及整体行为生成的影响作用也至关重要。因此，我们在分析矿工不安全行为网络传播过程中，有必要将网络中存在的凝聚子群识别出来进行特别处理。

一、矿工行为传播网络中的凝聚子群的识别

我们从上文中关于凝聚子群的解释中可以明确地看到，网络情境中的凝聚子群中

的成员之间的交互性、接近度、互动频率、合作效率及效果都要比非凝聚子集中成员高得多。因此，如果试图对网络整体行为进行干预，那么从干预凝聚子群的行为入手要比干预个体行为更为直接和有效。本部分我们将重点讨论凝聚子群的识别问题。实际上，根据凝聚子群的解释，我们就可以从网络中识别出某些子图的结构更有可能形成凝聚子群而加以重点对待。

如果一个网络图中所包含的任意两个节点之间都存在一条边，那么这个网络图在整体上就是一个完全图，处在该网络节点上的行动者具有相同程度的凝聚性。但是，在实际中，并不是所有的网络结构都是完全图，不过会存在某些子图是完全图。对于在网络结构图中存在的完全子图，我们称之为团-clique。相对于子群来说，存在于群体或者组织内部的团具有更高的黏性。根据实地观察及访谈，我们发现嵌入于煤矿生产系统结构之上的矿工群体网络中的图还是比较常见的。表 10-3 给出的是一个由八位矿工所组成的网络结构图，其中包含三个完全子图。从直觉上来看，一个网络结构中存在的完全子图是最有可能成为凝聚子群的。因为仅仅从结构上来看团一定是凝聚子群，而凝聚子群则并不一定是团。因而，我们可以利用网络中存在的完全子图实现对凝聚子群的初步识别。

表 10-3　网络结构中存在的完全子图（团-clique）

关系	完全子图 1（团 1）	完全子图 2（团 2）	完全子图 3（团 3）
$n_1 - n_2$	1		
$n_1 - n_3$	1	1	
$n_1 - n_5$		1	
$n_2 - n_3$	1		
$n_2 - n_7$			
$n_3 - n_4$			1
$n_3 - n_5$		1	1
$n_3 - n_6$			1
$n_4 - n_5$			1
$n_4 - n_6$			1
$n_4 - n_7$			
$n_5 - n_6$			1
$n_6 - n_8$			
$n_7 - n_8$			

从表 10-3 中可以看到，一个网络结构中可能存在不止一个团，并且团与团之间还可能存在重叠的情形。相对于存在重叠关系的团来说，如果两个不同的团之间不存在重叠，但它们之间由捷径相连，那么这种团对于具有传染性的行为传播的影响性会更

大。因为由于自身的结构特征，一旦团内部生成传染性行为或者具有传染性的行为被团的成员所接受，那么这种行为就可以在短时间内在团的内部传播达到饱和状态。这时相互不重叠的两个团之间一旦有捷径连接，这种具有传染性的行为就极有可能通过捷径向另外一个与之相邻的团传播。因而网络结构中不重叠团的存在更有利于具有传染性的行为进行大范围传播。

团是凝聚子群的一个最严格的定义，反映了群中每个成员之间都存在联系。但是由于该定义过于严格，只要团中任意缺失一条边，即使该团的网络结构图仍然具有高度的联通性，所得到的子图仍然不可称作团。因此，对于一个大型的稀疏的网络结构图，实际存在的团的数量可能是极少的。但是，对于工作在封闭井下环境中的矿工群体，团的存在则是普遍性的。在实践中，团的应用也存在诸多缺陷。由于团是一个完全结构图，从连接的意义上来说，团中的每一位成员都处于相等的地位。当我们既要考虑一个群体的凝聚性，又要考虑成员的不同作用时（有的成员处于核心地位），团的概念就会表现出一定的局限性，如果团的规模很大，则局限性尤为明显。但是，在煤矿生产系统中，我们所观察到的团的规模一般都不是很大，主要存在于矿工小群体网络中，其存在对于个体间的行为同步有着重要影响作用。

于是针对大型团所存在的缺陷，研究者又在团的概念基础上扩展了很多相关子群的概念。如 n-团、n-族、n-社，这些概念都是基于可达性和直径的子群。如果从可达性的角度来定义凝聚子群，那就要求子群成员之间的最短路长必须达到足够短。由此，我们需要给出凝聚子群中不同成员间最短路长的上界，例如 n，即凝聚子群中任意两个成员之间最短路长都不能超过 n，则该凝聚子群就是 n-团。n-团也可以用更为严格的数学语言来描述。由于 n-团是由 n 个节点构成的子集所生成的网络子图，则可以设该子图的节点集为 N_s，不同矿工 n_i 和 n_j 之间的最短路长为 $d(i, j)$，则对于所有 N_s 中的节点 n_i 和 n_j 之间的最短路长 $d(i, j) \leqslant n$。由此可见，限制群中不同成员之间距离的最大值是界定 n-团的基础。从 n-团的界定来看，当 n = 1 时所得到的凝聚子群的成员之间的最短距离都等于 1，实际上就是团。对于 n-团来说，其中最重要的是 2-团，即在该凝聚子图中，不同成员之间只需要通过一个中介成员就可以实现连接。实践证明，这类子群相对于其他子群有很多优势，它既能够使群体成员间保持我们所预期的凝聚程度，保证不同成员在工作中高效地配合，促使工作任务顺利完成，也便于我们对行为进行干预和控制。因此，对于高风险性的矿工不安全行为的传播来说，若网络结构表现出较高程度的不平衡性，并表现为负面安全氛围取向，则 2-团的存在会起到正面的强化作用，更加有助于不安全行为在矿工网络中传播。

二、矿工行为传播网络中的凝聚子群的生成

在这一章中，我们先讨论了凝聚子群的识别问题，然后再论述了其生成机制，这

似乎在逻辑顺序上存在某些问题。按照已有的理论逻辑，网络的生成及生长伴随着网络行为的生成与演化。因此，本项目的研究逻辑是：首先分析微观的行为生成和传播问题，再分析中观的行为生成与传播问题，接着再研究宏观的网络结构构建问题，然后再从宏观角度分析网络结构对行为传播的影响作用。按照上述逻辑，前文中我们只是讨论了矿工小群体行为的表现，并以此为基础来识别网络情境中的凝聚子群，但对群体行为与群体网络结构的关系并没有进行细致的分析。接下来，我们将根据网络的结构来分析凝聚子群的生成问题。通俗地说，群体凝聚性就是群体黏性。一个凝聚子群就如同有什么样的黏合剂将一个群体中的一小群人牢牢地黏合在一起并逐步收缩群体的行为活动边界。那么对于一个凝聚子群来说，是什么充当了黏合剂？又是什么充当了吸引力而使群体的边界不断收缩并促使群体内部成员的行为路径向同样的方向收敛？凝聚子群的重要功能不是确保成员之间保持联系，而是要通过群体成员之间的联系确保群体凝聚力。显然，对于一个网络群体来说，群体成员之间的联系充当了群体黏合剂的角色，但成员之间具有的联系并不一定能够保证网络群体具有凝聚力，在有些条件下，这种联系还有可能带来群体内耗或成员之间的内斗，反而会促使一个群体向一个松散化方向发展。由此可见，网络内部的联系尽管可以充当黏合剂的角色，但并不一定能够将网络的成员凝聚起来并形成合力，生成整体性的有序行为。现有的研究主要研究了凝聚子群的结构、特征等问题，对凝聚子群生成问题的研究则较为少见。鉴于子群在网络整体行为同步过程中的重要作用，这里我们将重点研究在煤矿生产系统运行过程中的矿工行为传播网络中的凝聚子群生成问题。由凝聚子群的定义可见，凝聚子群生成的重要表现形式是凝聚子群内部成员的行为同步的出现，这种行为同步的出现需要经历以下四个关键的环节：

（1）互补性的需求。竞争性的需求会产生挤出效应，某一矿工需求的满足必然会对有着同样需求的矿工产生挤出效应，因为资源是有效度的。但这里需要强调的一点是在煤矿生产系统内部，尽管资源有限，但不同矿工的同质化需求在大多数情况下并不一定会产生挤出效应，这主要是由于矿工之间需要通过合作行为来完成工作任务，这最终导致虽然需求同质化但并不构成竞争。在煤矿生产系统中，矿工群体并不能保证在整体上出现互补性的需求。但是对于那些存在长期工作配合的矿工小群体来说，互补性的需求条件是很容易被满足的。这也是矿工凝聚子群最先出现在矿工小群体网络中的原因。互补性的需求导致个体之间不会产生排他性的竞争，反而会通过利他行为来保证群体合作的效率以便提高自身行动的效率，从而进一步提高行动配合的默契程度。

（2）同样的群体压力。煤矿生产系统的封闭性及高耦合性，决定了每位矿工所面临的工作环境是高度一致的，这就决定了那些存在直接接触作用的矿工所面临的群体压力也是高度一致的。近似的或者一致的群体压力会促使个体行为路径同向化或者向心化发展。

（3）行为路径的同向化或同心化收敛。在系统的运行过程中，参与系统运行过程的矿工群体在大多数时间区间内能够基本维持稳定，矿工在工作中长时间、高频次的行动配合会逐步提高他们之间行为配合默契程度，同时个体行为路径也会进一步向同向化或者向心化发展，从而促使不同个体的行为路径进一步同向化或者同心化收敛。这时个体间的互动关系更加紧密，耦合作用的强度也会进一步增加，直至紧耦合作用生成。但是，这里需要强调的一点是，在网络整体行为同步化过程中，个体的行为路径有时候也会出现离心化、反向化甚至是无序化问题，从而会部分地抵消行为路径的同向化及向心化作用。对于煤矿生产系统来说，通常，个体行为路径的无序化一般会出现在一次较大煤矿事故发生之后的时间段内，这时矿工既有的行为路径受到突然发生的煤矿事故冲击，各自只能依赖于已有的经验积累进行行动选择，尽管在行为的路径依赖性作用下，个体仍然具有行为路径，但各自的行为路径表现出无序化。而个体的行为路径离心化及反向化主要发生在企业内部出现重大分歧时，如果企业的领导阶层中存在派别，而不同派别之间的纷争最终演化为个体的站队行为，则导致个体行为的离心化和反向化问题。实际上，个体行为路径的反向化及离心化仍然是一种有序的同步行为，它们是行为同步的另外一种表现形式，或者可以称为行为的负向同步，而个体行为路径的同心化及同向化所导致的行为同步，则可以称为行为的正向同步。

（4）紧耦合作用。在网络情境下，矿工之间的联系是传播"影响作用"（如行为、信息、疾病）的通道。而矿工之间的影响作用主要是通过直接接触或者是通过其他行动者的中介而产生的间接连接来发生作用。从凝聚子群的界定来看，凝聚子群的成员之间存在的接触主要是直接接触或者短距离的间接接触，导致子群的成员之间存在强烈的影响作用。在网络情境中，满足凝聚子群的结构条件后，紧耦合作用的生成，以及个体行为路径的同向化及同心化收敛是凝聚子群的生成标志。在紧耦合的持续作用下，凝聚子群的内部成员会表现出高度的黏性，而凝聚子群在整体上则表现出良好的团队合作性。

因此，互补性的行为需求在同样的群体压力环境下会逐步促使个体的行为路径的同向化或同心化收敛，直至群体内部的紧耦合作用的生成，而紧耦合作用的生成则标志着凝聚子群的生成。

第四节　矿工不安全行为在网络传播过程中的同步及其后果

按照网络节点的构成来划分，我们所研究的网络大致可以分为物理网络、生物种群网络及人群社会网络。在物理网络中，由于网络上的每个节点都可以满足严格的同质化假设，因而在描述节点的行为状态时，就可以假定每个节点都具有相同的输出函数，并因此可以建立严格的方程描述物理网络的同步效应。对于生物网络来说，网络节点的同质化与物理网络节点的同质化相比要弱一些，同样也可以用较为严格的方程来描述生物网络的同步效应。对于人群的社会网络来说，要满足网络节点的同质化条件比较困难，但也并不意味着就一定无法满足。因此，我们在研究人群社会网络同步效应时需要从一些特殊的社会群体入手，以使这样的网络能够近似地满足节点同质化的条件，然后再逐步放宽条件以研究更为一般性的人群网络的同步效应。正是基于此处理问题的思路，我们首先考虑上述已经进行充分论述的凝聚子群网络的同步效应问题。从理论上来说，只有完全凝聚子群才能满足节点的同质化条件，从而使我们可以假设每个节点都具有相同的输出函数。

一、矿工凝聚子群网络耦合作用的同步效应方程

尽管在耦合效应（Coupling Induction）作用下网络整体行为的形成过程复杂，但在网络情境下耦合效应的生成离不开人与人之间的交换作用，而网络整体行为的生成则离不开网络中不同行动者之间的耦合作用及耦合作用通过网络内部连接的传递与叠加。因此，在社会科学研究领域，人们在大多数情况下也将耦合效应称为互动效应或者联动效应。在行为及心理科学研究领域，耦合效应主要描述了"群体中两个或多个行为个体通过相互作用而彼此影响从而联合起来产生增力的现象"，而耦合网络中的同步效应实际上是耦合效应的一种宏观表现形式，表现为局部个体行动或者全体成员的行动步调一致性。从还原论的角度来看，网络整体行为的有序性是从个体间的行为同步到小群体行为同步再到整体行为同步这样逐级发展而来的。因此，要建立矿工行为传播网络中耦合作用的同步效应方程仍然要从处于系统微观层面上的个体矿工的行为状态方程做起。设在一个由 g 个矿工构成的网络中，处在网络节点 n_i 上的矿工的行为状态方程为：

$$x_{n_i} = f(x_{n_i}) + c \sum_{j=1}^{g} a_{ij} H(x_{n_j})$$

其中，$x_{n_i} = (x_{n_i}^{(1)}, x_{n_i}^{(2)}, \cdots, x_{n_i}^{(n)}) \in R^n$ 为处在网络节点 n_i 上的行为状态向量，$H(x_{n_j})$ $(n_j = 1, 2, \cdots, g)$ 为各个节点状态向量的内部耦合函数。实际上，不同节点的内部耦合函数是无法完全一样的，但在网络群体中，在耦合效应的作用下，不同行动者的输入及输出函数最终会趋于近似，这里为了分析问题的便利做了简化处理。该耦合函数是一个从 R^n 到 R^n 上的泛函，主要表示各个节点上的行动者输入与输出状态之间的函数关系。常数 c 表示的是网络整体上的耦合强度，矩阵 $A = \begin{bmatrix} a_{11} & a_{12} & \cdots & a_{1g} \\ a_{21} & a_{22} & \cdots & a_{2g} \\ \vdots & \vdots & \cdots & \vdots \\ a_{g1} & a_{g2} & \cdots & a_{gg} \end{bmatrix}$ 称为网络

的拓扑结构（通常采用网络的关系矩阵），并且满足 $\sum_j a_{ij} = 0$，这说明对于一个群体网络来说，不同个体耦合作用的叠加和合成最终呈现出动态平衡性，从而可以促使网络整体有序行为的逐步生成。当处在网络中每个节点上的行动者的行为状态都相同时，矿工之间的影响作用达到一个平衡状态，相互之间的耦合作用通过叠加作用也就相互抵消，从表面上来看矿工之间是相互不影响的，这时矿工个体行为状态方程中的 $c \sum_{j=1}^{g} a_{ij} H(x_{n_i}) = 0$。由此可见，对于一个由矿工构成的网络来说，在其形成初始阶段，由于不同矿工的个体行为状态存在显著性差异，矿工间的耦合作用难以有效地合成和叠加，因而网络结构在宏观上表现出高度的不规则性，网络整体行为的有序性也较差。随着矿工在工作中的配合和合作关系逐步向程式化发展，矿工之间的耦合作用的叠加和合成也开始逐步有序，这时网络结构在微观状态下的矿工间的耦合作用会进一步朝规则化和层次化方向发展，并最终进入一个动态平衡的有序状态，也就是所谓的网络整体行为同步。也就是说，如果同步过程持续的时间足够长，则最终会导致 $x_{n_1} \to x_{n_2} \to \cdots \to x_{n_g} \to s(t)$，这时有 $s(t) = f(s(t))$，即整个网络中的行动者都达到完全同步，外在表现为行动步调的一致和易于达成统一行动选择的意见。

由上述论述可见，网络结构的规则化主要是未来网络结构中的耦合效应的合成作用能够达到同心化或同向化的结果，从而利于实现组织既定的任务目标。那么，根据上述矿工群体网络在微观结构上的耦合作用的同步效应方程，当网络中的所有矿工行为演变都达到一个同样的状态时，矿工间在网络结构中的耦合作用就会相互抵消，但不会消失，否则煤矿生产系统也会失去整体性，系统的功能也会自动消失。这种解释在直觉上来看似乎不太合理，但在实际情况下，在一个网络群体中，要求每位行动者的行为状态都完全相同，这几乎是不可能的。但从另一种角度来看，行动者之间的网络耦合作用在整体上相互抵消并不意味着它们在网络中的关系也随之消失。这时只不过由于不同行动者之间的影响作用进入一个平衡状态，网络内部关系恰恰是维系这种

内部平衡的基础。在网络情境下，平衡实际上意味着不同行动者之间相互影响作用的抵消而不是消失，影响作用仍然存在，但相互抵消了。在一个动态的煤矿生产系统中，大多数的时间区间内矿工个体间的耦合作用不可能完全抵消，但由于系统结构的整体性及系统内部部分关系的非传导性，会把这些没有被抵消掉的耦合作用消耗掉，最终也可以将系统的整体行为活动维持在一个有限度的平衡状态下，表现出有限度的有序同步行为，近似满足节点行为状态同质化的要求。这实际上是由于关系的非传递性使我们可以忽略那些非同质节点的影响性。

二、矿工不安全行为在网络传播过程中同步效应的后果

(一) 网络过程及同步效应的后果

显然，我们所研究的矿工行为传播网络不可能是从零起点生成而逐步演化的，它是以人为设计的系统为基础而生成的。人为设计的煤矿生产系统本身就是规则化和层次化的，这会不断强化嵌入在煤矿生产系统结构之上的矿工行为传播网络的中心性、凝聚子群及网络社团的存在性。网络的中心性、凝聚子群及网络社团的存在性，又会进一步促进网络在生长过程中已经具有的层次化和规则化结构。虽然不同子群及网络社团的成员之间的差异化非常显著，但网络中存在的子群或者社团在整体上却能表现出高度的同质性，而凝聚子群的成员构成同质性又大大提高了一个大型母网络进入行为同步状态的概率。例如，尽管不同国家的人在种族、信仰、行为习惯上都存在巨大差异，但这些国家大量存在的现代企业的公司治理结构却是高度相似的。美国的 IBM 与微软的公司治理结构并不存在巨大差异，而各自的员工却存在显著性差异。同样的道理，美国通用汽车的员工与中国奇瑞汽车的员工也存在巨大差异，但美国通用汽车与中国奇瑞汽车却都采用相似的事业部组织结构。随着世界经济一体化发展，各大汽车公司几乎面对着同样的市场环境，这种公司治理结构的同质性最终导致各大汽车公司的经营行为进入同步状态，增长时大家一起增长，而进入危机时大家一起进入危机状态——裁员、削减产量、亏损、产品滞销等。这也是在管理实践中，为什么需要对企业进行分层治理的重要原因之一。分层治理既可以充分利用人与人的差异进行互补来提高工作效率，也可以通过层次化来整合人的异质性从而形成某个治理层次整体上的同质性来提高组织整体的效率。在现实中，由于行为生成及传播的网络都嵌入于近似或者完全相同的组织结构，即使群体行为表现出很大的差异性，但行为生成及同步所服从的机制仍然是基本相同的。

同样的道理，在网络的生成、生长的演化进程中，形成社团、凝聚子群也是必然事件。而网络社团及凝聚子群的生成反过来也必然会促使网络结构更进一步地层次化和规则化发展。因此，尽管我们从理论上推演一个大型网络从整体上难以实现同步状态，但当网络中社团及凝聚子群逐步形成并促使网络结构更进一步地层次化和规则化，

网络结构将会被推进到一个更高层次的平衡状态时，一个大型网络的同步化也就显得不是那么困难了。即使是大如一个由 10 亿人构成的社会网络，具有不同区域、不同民族、不同性别、不同年龄层次、不同教育及成长背景，人与人之间层次存在如此巨大的差异，但仍然能够表现出完美的秩序。由此可见，网络中的凝聚子群、社团或小群体的形成及逐步同质化在一个大型母网络的同步过程中起到了关键性的中继作用。

在矿工不安全行为传播的网络模型中，不安全行为的同步效应是在行为传播过程中出现的一种整体性行为表现，主要表现为矿工在工作过程中出现步调一致的默契行为，即对于处于合作或者配合关系中的矿工，无论对方的行为是高风险的还是无风险的，自身都会无条件地提供配合，从而使工作任务能够高效执行。因此，在网络情境下，一旦高风险性的不安全行为通过矿工之间的耦合作用进行同步，其诱发事故的概率就会呈几何级数增加。这也就是为什么煤矿日常生产过程中尽管矿工的不安全行为多发，但酿成重大伤亡事故的概率却非常少见，主要是由于矿工不安全行为在网络情境中在不满足同步条件时，并不会从整体上增加事故发生的概率。实际上，从行为同步的形成过程来看，一个大型的网络在整体上进入一个完全的同步状态本身就是一个小概率事件，但是网络中存在的凝聚子群由于其成员的同质性，在紧耦合关系的作用下使矿工个体行为路径更加易于同向化和向心化收敛，凝聚子群网络进入行为同步的概率要远远大于一个大型的母网络进入行为同步的概率。

由此可见，在网络情境下，整体效应的形成过程非常复杂，在关系传递性、网络耦合作用影响下，具有传染性的矿工不安全行为一旦形成并在网络传播过程中形成同步效应，将会成倍地放大其危害性。但由于大型网络的同步过程非常漫长，事故周期很长，非常难以引起安全监管人员的重视，在事故的漫长演化过程中，人们甚至早已忘记上一次事故所造成的伤害（有的人已经离岗或者退休，新的岗位上的人不可能有切身经历）。因此，在一个漫长的事故周期之后，新的同类事故又会以相同的或者类似的演化机制逐步形成，尽管企业内部有些人已经意识到问题的存在，但在现有的企业内部管理体系下，这种整体性的行为演化路径难以逆转，并会强化群体内部个体行为的同心化及同向化收敛，最终经过足够长的时间积累，同类事故又会重复发生。

（二）网络行为同步效应的影响因素

上文中的网络同步效应方程是在对网络节点做严格的同质化假设基础上建立的，尽管其在描述网络整体上的同步效应时没有逻辑上的问题，但在实际应用中仍然存在诸多的缺陷。例如，在一个动态的网络环境中，通过什么样的手段能够获得处于某个网络节点上的矿工的输出函数？行为同步方程可以帮助我们解释网络行为的同步机理，但在实际应用中仍然存在自身的缺点。因此，我们仍然要从影响网络同步的因素入手来解决对网络同步效应的控制和干预问题。众所周知，现实中的控制措施或者控制手段都以还原论思想为基础，需要对控制对象进行层层分解，找到影响控制对象行为的基本因素，然后以影响因素（或者是参数）为基础设计控制措施，并在实践中检验控制措施的有效性及存在的缺陷，逐步完善控制措施。因此，我们下面要重点厘清影响网络同步效应的因素，并给出控制或干预网络同步效应的具体措施。

网络情境下的行为同步方程存在的一个致命缺陷是为了分析问题的方便而忽略了处在不同网络节点的个体行为偏好性的普遍存在性，而仅仅将处于网络节点上的行为人做同质化处理。从理论上来说，人的行为偏好性在大多数情况下会导致不同个体行为选择的差异化，使个体行动步调难以取得一致性，因此阻碍不同个体之间的行为同步性。但在网络情境中，节点的偏好性实际上并不是阻碍了同步效应的形成，而是恰恰对同步效应的生成起到了促进作用。因此，我们从人的偏好入手逐步分析影响网络同步效应的因素。人的社会存在性导致了每个人都有自己的偏好，而偏好的近似性会通过社会关系的连接及传导作用最终导致群聚效应，形成特定的人群，群体中的不同个体的行为偏好性会进行同向化或向心化收敛。不安全行为的传播实际上就是一种不同矿工行为之间的影响作用的传播，通过不安全行为的传染性，导致易染个体的行为变化，从而形成已染个体，实现不安全行为在群体中的扩散。随着已染个体的增加，群体压力在总体上也逐步增加，群体压力（也即社会压力）则会对易染个体产生磁吸效应。这时那些还没被感染的个体的行为门槛越来越高，其抵抗磁吸效应的能力也越来越高，当个体抵抗磁吸效应能力与磁吸能力达到平衡时，则在一定的范围内逐步形成小群体的边界，凝聚子群及网络社团的结构完成规则化并逐步进入稳定状态。这里必须强调的一点是，虽然行为的传播并不一定需要网络同步，因为在网络中，行为的传播具有自身的驱动机制，而行为同步是耦合效应的叠加与合成的结果，但是行为的同步会强化行为的传播，因为在行为同步状态下，个体间的行动默契关系使任何一方生成的行为己方都会近似无条件地配合，这就使行为更加易于传播了。因此，根据同步效应的界定及同步效应的形成过程，我们可以看到矿工不安全行为在网络传播过程中同步效应的影响因素主要包括：

（1）网络结构规则化。在对行为和结构的描述中，规则一般用于描述结构，而秩序一般用于描述行为，结构与行为存在着决定与被决定的对应关系，结构决定行为，而行为的变化反过来也会影响结构。结构跟随行为，因此行为的变化必然需要结构的变化。据此逻辑，结构规则化与行为秩序化也应该存在某种有规律可循的对应关系。网络同步效应本身就是网络节点表现出的一种整体性的有序行为，因为结构直接影响行为，则网络结构规则化则必然会直接影响到网络行为的有序化。因此，我们可以将网络结构规则化归类为影响网络同步过程的直接因素。这里必须强调的一点是，虽然已有研究认为结构是决定行为的直接因素，但在适当的条件下，行为的秩序化反过来也会促进结构的规则化。因此，在网络的生长过程中，网络结构化与网络整体行为同步会相互影响和强化，关系复杂。

（2）耦合作用的强度。直觉上来看，结构是关系的集合。实际上，仅仅是关系的存在并不一定能够保证规则化的结构存在。现实中，有很多企业组织内部的明示关系非常清晰，可以观察到的组织结构也很规则，但结构性仍然很差：关系松散，不同个体及部门之间的交换难以有效地进行。因此，结构的形成不仅需要关系提供连接，而且需要关系传递网络中不同节点之间的影响作用，这种影响作用使个体进行聚集，并逐步形成凝聚子群或网络社团，这种子群和社团成员在强耦合作用下能够进行更为快速的同化，它们的行为路径也会进行快速的同心化或者同向化收敛，最终导致成员间的差异化逐步降低，满足近似相等的输出函数条件，从而也就满足了行为同步条件。因此，从这一点来看，网络中凝聚子群及网络社团的行为同步一定先于整体网络行为同步。在网络中，强耦合作用首先存在于凝聚子群或网络社团，它首先促使了凝聚子群及网络社团内部成员之间的行为同步，并进而通过不同子群间的耦合作用促使网络整体行为同步。因而耦合作用的强度充当了网络整体行为同步的间接因素，并且耦合作用越强，就越易于促进不同个体的行为路径进行同心化或者同向化收敛。

（3）耦合作用的合成方向。实际上，我们所研究的嵌入煤矿生产系统结构的矿工行为传播网络的结构从一开始就是规则化的。但我们可以观察到，即使是经过严格设计的煤矿生产系统在开始运行之初也难以实现既定的设计产能，要经过一段时间的磨合后才能逐步实现甚至是超过原有的设计产能。人为设计的煤矿生产系统结构虽然在运行之初保证了要素间明示关系的明确性，但难以保证这种明示关系在传导耦合作用时所应具有的理想化强度，从而导致了很多系统在投入运行之初难以实现既定的目标。增加耦合作用的强度有两条常用的途径：其一是通过增加个体间耦合作用的强度；其二是个体间耦合作用强度并不增加，但能够将不同个体间耦合作用进行有效合成，从而提升耦合作用的合成效应。在网络情境中，杂乱无章的耦合作用并不能够形成合力，纵使耦合作用的强度再大也无助于网络整体行为的同步。只有当网络中的某些耦合作用朝向同一个方向发力时，才能形成合成效应，促使网络结构规则化。但也不可否认，强耦合作用会产生磁吸效应，会吸引弱连接的个体以形成小群体，从而促进小群体内部成员的行为同步。因此，可以说耦合作用的合成效应并配以一定的耦合强度促进了网络结构规则化发展，进而促进了网络整体行为的同步。因此，耦合作用的合成方向在矿工不安全行为在网络传播过程中对同步效应形成起到了间接的影响作用。

（4）矿工小群体领袖行为。前三个影响因素都直接或间接与网络节点之间所存在的关系有关，它们对网络同步行为要么产生直接影响，要么产生间接影响。而矿工小群体领袖行为对网络整体同步行为既不产生直接影响，也不产生间接影响，它只是对同步行为的直接影响作用起到调节作用，因而我们将之归类为调节因素。当小群体领袖表现出正面的安全行为导向时，会促进个体矿工安全行为的同步而抑制矿工不安全行为的同步。当小群体领袖表现出负面的不安全行为导向时，则会促进个体矿工不安全行为的同步而抑制个体矿工安全行为的同步。小群体领袖行为也是个体行为同步向更高层次行为同步跃迁的一个不可或缺的环节。

（5）正规的煤矿管理制度。同小群体领袖行为类似，正规的煤矿管理制度也不是直接或间接地影响了网络整体行为的同步作用，而是对直接影响网络整体同步作用的因素与网络整体同步作用之间的关系发挥影响作用，因而也被归类为调节因素。这一点非常容易理解，在一个煤矿企业的长期演化过程中，正规的煤矿管理制度并不总是能够保证煤矿生产、经营的有序性，在有些情境下反而会成为无序及混乱的来源。因此，对于煤炭企业来说，当正规的煤矿管理制度处于有效状态时，可以促进矿工安全行为在网络中的同步而抑制矿工不安全行为在网络中的同步。当正规的煤矿管理制度处于失效状态时，则会抑制矿工安全行为在网络中的同步而促进不安全行为在网络中的同步。

（6）凝聚子群与网络社团。根据上文中的网络同步效应方程，现实中的网络整体同步效应的形成都离不开关键一环，那就是凝聚子群或者网络社团的生成。在网络同步效应方程中，同步效应的生成要求网络节点的输出函数必须是相同的，存在于社会体系中差异化本来就很大的行为人是很难满足这个条件的。因此，在整体网络同步效应形成之前，群体网络在某一个时间段内会存在很强的过滤效应，从而促使某些小群体生成。这些小群体的内部成员由于在行为偏好、耦合作用及工作配合默契程度上都要远远大于群体外成员，因而更易于满足行为状态方程所要求的节点同质化条件，也就更易于行为同步的生成。虽然不同群体内部的个体行为的差异很大，但在合成效应的作用下，从一个局部的整体上来看，不同的凝聚子群或网络社团的差异化会明显减小，并在群体间弱连接的作用下朝向同质化发展，逐步满足同步方程的条件，这时凝聚子群之间又可以进行行为同步，并最终促使网络整体行为的同步。因而凝聚子群及网络社团在网络整体行为同步的形成过程中发挥了部分中介作用。在现实中，有很多大型社会网络所出现的整体性行为同步都是通过分层和逐级的行为同步发展而来的。例如，苹果手机在世界范围内为较高端的消费者所购买，这种消费者行为传播的过程并不是在短时间通过匀速的方式完成的，而是通过分层的逐级行为同步方式实现的。首先，苹果手机在一个国家少数几个大城市内为消费者所接受，然后逐渐向这个国家其他二三线城市扩散，并最终被这个国家的中高端消费者所接受。实际上，矿工不安全行为在某个特定的煤矿生产系统中的传播也经历了类似的分层和逐级同步的过程。

（三）同步效应的判决指标及控制措施

从上文的分析中我们可以看到，网络行为的同步效应本身就是一把"双刃剑"，一方面，我们可以利用其来提升行为干预及控制的效果；另一方面，网络中存在的同步效应又会给我们带来某些意想不到的负面效果。目前，随着虚拟网络与现实网络的交又与融合，大型网络整体性同步效应的控制不仅是一个世界性的难题，而且呈现出更大的复杂性。这其中有一个重要原因就是煤矿重大事故的发生具有长周期性特征，事故发生的间隔在大部分情况下都是10年以上，有的甚至长达30年左右。历史数据表明，我国同一煤矿重大事故发生的周期在大多数情况下都要超过15年。对于有限理性的行为人来说，重大事故生成的长周期性很容易使他们失去对曾经发生的某些灾难的记忆，逐步形成新的行为路径依赖性。加之组织结构也在不断的演进中，曾经经历那些灾难的人要么调离了原有的岗位，要么彻底离开了原有的单位（如退休、离职等），新的员工又没有那种灾难经历，只能从已有档案中的记载内容感受事故的严重程度，因而很难对已发生的重大事故的影响性做出客观的评价，并对同类事故的预防和治理给予与之相匹配的重视。在群体记忆的逐渐消退过程中，对重大事故的预防和重视也逐渐松懈，在积累效应的作用下，事故生成的风险也在不断增加，最终导致重大事故仍然呈周期性发生。实际上，现实中，不仅重大煤矿事故发生具有长周期性，在我国长达5000年的封建社会历史中，朝代的更替也表现出明显的长周期性特征。每一个朝代的第一个皇帝无不励精图治、无不爱民如子、无不想千秋万代。但随着一个个皇帝的接班，前朝所存在的问题又会在当朝进行历史性的重现，各种社会矛盾也逐步加重，最终又会因为失去民心而导致改朝换代。其实失去民心和不安全行为在网络中的传播及同步的过程是类似的，其也是一种行为传播和同步过程，其实际上就是老百姓对封建社会体制的不信任行为，它也是在社会网络情境下生成、强化及传播的，并在某个时间节点上达到同步状态，最终在合力的作用下导致了某个封建朝代的崩溃，然后又周而复始，这与网络情境下的不安全行为的事故致因的机理是一样的。因此，我们可以针对网络同步效应给出一般性的判断指标，从而判断网络局部及整体上的行为同步的程度，并有针对性地设计干预措施。

（1）行动的默契程度。实际上，网络节点的同质化、网络节点行为的输出函数一致性、行动一致性都是从不同的方面对同一问题（实现行为同步）所要满足的条件给出的合理设定。之所以要设定这些看似严格的条件，主要是为了问题分析的方便。现实中的行为同步现象非常常见，这说明这些看似严格的条件在现实中还是易于达到的，其中有一个重要原因是我们在前文中详细论述的，那就是大型网络的整体性行为同步是通过分层和逐级行为同步实现的。在煤矿生产系统中，矿工行为同步的外在表现就是矿工个体之间在日常的工作中表现出行动的默契性，易于形成一致性行动。在网络情境中，随着矿工在工作过程中的配合越来越有默契，小群体范围内的矿工间的行为同步的程度也越来越高。因此，行动者在工作中相互配合的默契程度是反映行为同步的一个重要指标。

（2）凝聚子群或网络社团。我们在前文中已经详细地讨论过，凝聚子群及网络社团的生成是一个网络整体性形成同步效应必不可少的环节，它充当了从局部个体行动者的行为同步到网络整体行为同步的桥梁。现实中组织、社团、系统的结构基本上都呈现为分层结构，这种分层一方面是人为设计的，另一方面是组织自然演化的结果。不管是哪一种形式，分层都会导致小群体结构的出现，而在网络中，这种小群体则可能表现为凝聚子群或者网络社团。而在现实中处于不同群体中个体行为间的形成一致性行动的概率和容易程度都要比不同群体之间形成一致性行动要小得多。因而，我们观察到现实中的大多数合作行为是通过组织对组织而非人对人的合作而实现的，国家间的合作如此，企业间的合作也是如此。现实中的国家之间的合作很少表现为不同国家领导人之间的合作，而主要表现为存在于不同国家的组织之间的合作，信息和物质的交换是有成本的，行为的同步会大幅度地降低交换的成本，这就需要网络社团或凝聚子群来承担这种角色。通常，我们用凝聚子群或网络社团的成员数量在整个网络群体的总人数中的占比来度量行为同步的程度，占比越大，则说明网络整体行为的同步程度越高。

（3）小群体决策效率。在社会调查中，我们发现一个有趣的规律，那就是从平均意义上来说通常一个家庭成员内部意见的一致性程度要高于其生活的社区居民内部意见一致性程度。也就是说，对于一个分层的组织结构来说，自下而上，群体越来越大（社区→村→乡镇→县市→省，或者是小群体→班组→区队→煤矿全体员工），但内部意见的一致性程度却越来越低。因而，我们可以用意见的一致性程度来判断网络整体行为同步的程度。虽然规模更大的企业、组织、社团形成一致性的意见，达成统一行动的方案相对于小的企业、组织及社团要困难一些，但这并没能阻碍现实中的组织存在的大量行为同步现象。在分层结构中，大的组织、企业或者社团的内部部门或者分支机构充当了个体的角色，从而使大的组织、企业或者社团实现了小群体化，提高了行为同步的概率和效率。因此，意见的一致性程度越高、形成得越快捷，则网络整体行为同步程度就越高。

（4）群体文化及氛围。对于一个组织来说，文化的形成从来都是一个耗时漫长的问题，同时也是一个伴随整个组织演化进程的问题，并在组织演化进程的不同阶段呈现出不同的特征。同样，组织内的行为同步也是一个类似的问题，它也在组织演化进程的不同阶段呈现出不同的特征。在行为科学研究领域，组织文化成熟度历来是衡量一个组织成熟度的重要指标。组织文化的形成是一个漫长而复杂的过程，一个组织不可能从建立之初就拥有成熟的文化。对于一个煤矿企业来说，组织文化和群体文化所处的层面不同，其生成及演化过程也不尽相同。组织文化强调的是组织全局层面上的观念、价值观及行为导向，而群体文化则强调的是组织内局部层面上的观念、价值观及行为习惯。通常，群体文化会先于组织文化的生成，也比组织文化具有更为显著的特征。一个群体文化成熟度越高的群体，其成员对群体的认同度也就越高，在观念、行为习惯等方面也会具有越高的一致性，他们在网络情境下执行工作任务时更容易形成行动默契，决策时也容易形成一致性意见，因而群体文化及氛围的成熟度越高，则网络整体行为的同步程度也必然越高。甚至可以说，一个文化成熟度越高的组织，其组织行为同步也表现得越理智，对于符合组织价值取向的行为，越容易在组织内部形成同步，而对于与组织价值取向相悖的行为则很容易被组织文化所滤掉。

（5）耦合作用合成的方向性。耦合作用存在于至少由两个行动者所构成的群体中。当耦合作用发生时，说明个体间的连接关系已经存在了。对于由两个个体所构成的群体，耦合作用不存在合成问题，但仍然存在方向性问题，这种方向性主要表现为耦合作用最终指向的那一个个体。如果是配合关系，矿工 A 需要对矿工 B 提供配合，则耦合作用指向矿工 B；若矿工 A 的行为变化引起了矿工 B 的行为变化，则该耦合作用也指向矿工 B。但是，当群体的成员数量多于两个时，耦合作用合成后的方向性确定则要复杂得多，需要结合网络结构的平衡性来考虑耦合作用合成的方向性。在网络情境中，耦合作用也就是个体成员之间的互动或者联动效应。从微观上来看，个体行动者之间的耦合作用似乎与网络整体行为没有直接的联系，但网络整体行为却主要由个体行动者之间的耦合作用所决定。在凝聚子群或网络社团行为的同步过程中，这种耦合效应更加明显。一个耦合良好的凝聚子群或者网络社团，所产生的耦合效应就会向一个方向收敛，可以促使群体内的成员产生合作、正面的工作态度，提升群体工作效率；如果耦合不佳，耦合效应就会发散，成员之间就会相互扯皮、拆台，拖坏一个群体的工作氛围。在日常工作中，我们也可以观察到，一个小群体的领袖或者部门的管理者如果不重视安全生产，那么这个部门或者矿工小群体的成员一般也不会非常重视安全生产。一个群体或者部门的员工若一贯保持积极工作、重视安全的作风，那么即使后入职的新员工一般也不会在工作中麻痹大意、工作懈怠，而是认真工作、重视安全。因此，当耦合作用的合成向一个特定的方向收敛时，群体成员之间的行为同步程度就会提高。耦合作用合成的收敛度越高，网络整体行为的同步程度也越高。

（6）结构规则化与行为秩序化。在组织或群体的演化过程中，网络结构规则化及行为秩序化与网络整体行为的同步几乎是同时进行的。但这并不意味着网络结构规则化与网络行为秩序化及网络整体行为的同步是同时进行的。三者之中网络结构规则化是先行因素，因而也是决定性因素，而网络行为秩序化及网络整体行为的同步则取决于网络结构规则化。在某些极端的条件下（企业初创及受到巨大的外部冲击时），即使网络结构已经规则化了，网络行为仍然无法实现秩序化，网络整体行为也无法实现同步。但是，反过来，如果网络行为已经实现秩序化及网络整体行为也实现了同步，那意味着网络结构一定是规则化了。现实中的大多数情形是当网络的结构开始规则化，并且网络行为从无序逐渐向有序过渡时，说明网络行为的同步也已经开始了。因此，结构规则化与行为的秩序化都是判定网络行为同步程度的有效指标，并且网络结构越规则，网络行为秩序化程度越高，网络行为的同步程度也越高。

（7）行为同步的干预及控制措施。毋庸赘述，现实中的精确控制仍然是以还原论为依据的，这就需要影响被控制对象行为变化的影响因素，并以此为基础来设计控制措施。同理，行为同步的干预及控制措施的设计依据也是以还原论为依据的。根据上文中关于影响网络行为同步的因素种类，我们可以有针对性地设计干预或者控制网络行为同步的措施，避免矿工不安全行为在网络传播过程中出现同步效应而呈几何数量级地增加事故发生的概率。虽然上述因素对网络行为的同步都具有影响作用，但有些因素在某些条件或环境下起到的是正向影响作用，另外一些因素则在另外一些条件或环境下起到负向影响作用。因此，针对上述影响因素，我们在设计行为同步干预及控制措施时需要综合考虑，以免起到反方向的效果。另外，我们在前文也曾提及，行为同步的干预及控制措施的设计是以影响因素为基础的，而行为同步的判断指标是以行为同步的结果为依据的，前者为行为同步的前因，而后者为行为同步的结果。因而，干预和控制措施需要以前者为基础和依据。设计行为同步的干预及控制措施的过程可以分为以下几个主要步骤：

第一，影响因素的判断。这是设计干预及控制行为同步的措施的依据，也是关键。因此，我们在给出行为同步干预措施及控制措施之前，需要首先明确影响网络情境下的行为同步的因素有哪些。目前在社会科学研究领域关于影响行为同步因素的论述只是散见于某些研究文献，我们并没有检索到有关研究的系统论述。坦率地说，我们在此研究领域所取得的成果也远没有达到完善的程度，只针对我们的研究问题做出了相关判断和假设，即网络结构规则化（x_1）、耦合作用的强度（x_2）、耦合作用的合成方向（x_3）、矿工小群体领袖行为（x_4）、正规的煤矿管理制度（x_5）、凝聚子群与网络社团（x_6）六个因素直接或间接地影响或者调解了行为同步过程。

第二，行为同步判断指标。按照科学研究的进程，对于那些比较复杂的问题，研究者通常无法按照一个线性的过程找到原因与结果之间的联系，但这也并不意味着非线性问题就是复杂问题，往往非线性与不确定性相互融合在一起才会呈现出某些难以精确处理的复杂问题。对于复杂问题来说，原因和结果之间的联系就好像被装进一个"黑箱子"里，研究者只能通过这个"黑箱子"的输入（原因）和输出（结果）来逐步明确因果之间的联系。如果最终这种研究路径可以获得原因与结果之间的确定性关系，则该问题的复杂性是可以削减的，否则这种问题的复杂性则是不可削减的。虽然因果律说明"因"必然在"果"之前发生，但在现实中我们在找寻原因和结果之间的联系时，却往往是先发现结果然后才能找到原因，再找到原因与结果之间的规律性。这种因先于果发生而又必须通过后发生的果来研究前发生的因的问题解决方式自身就存在比较严重的缺陷。因为在现实中，问题发生后，其致因会随着时间的流逝而不断发生变化，甚至部分消失或者彻底消失，以至于再也找不到导致结果的真正原因，时空不可逆性导致了问题致因的不可完全复制性。刑侦领域存在大量找不到原因的案件，而且时间越长，案件原因与结果之间的关系就越弱化，最终导致很多重大刑事案件成了悬案。但是原因与结果之间必然存在联系，通过这种联系可以反推原因，进而通过对原因的控制来干预结果。这种逻辑同样可以被我们用于干预和控制矿工不安全行为在网络传播过程中的同步问题。在研究行为同步的过程中，虽然我们还没有完全明确行为同步的机制，但我们应该可以首先弄清楚什么是行为同步的结果，从行为同步的结果一步一步地逆向反推行为同步致因。根据上文对行为同步过程的论述，通常行动的默契程度（O_1）、凝聚子群或网络社团占比（O_2）、小群体决策效率（O_3）、群体文化及氛围（O_4）、耦合作用合成的方向性（O_5）、结构规则化与行为秩序化（O_6）六个指标可以被用来判断行为同步的程度。

第三，建立影响因素与行为同步结果的联系。这一步是整个设计过程中最重要的一环。根据人类理论探索的过程来看，理论既不是现象的集合，也不是本质的透视，而是现象与本质之间的因果联系或推理。因此，找到影响行为同步的因素并将这些因素与行为同步的结果建立起相对严格的关系是设计行为同步的干预及控制措施的过程中最重要的一环。这里我们令 $X = (x_1, x_2, \cdots, x_6)$，$\Omega = (O_1, O_2, \cdots, O_6)$，如果我们能够得到 $\Omega = f(X)$ 的明确的函数关系式，就可建立起影响因素与行为同步结果之间的严格关系，这时对于行为同步的控制也就简单易行了。通常，这种严格的函数关系式在实践中都难以成立，因此只能通过数值拟合的途径（可以采用类似于 DEA 模型）来确立影响因素与行为同步结果之间的关系。

第四，干预及控制措施设计。第三个步骤中所确立的影响因素与行为同步结果之间的联系是设计干预及控制行为同步过程的依据。根据经验判断，网络结构逐步规则化（x_1）会直接导致网络行为的秩序化（O_6）。耦合作用的强度（x_2）和耦合作用合成的有向化（x_3）则最终会导致耦合作用合成方向的收敛（O_5），且耦合强度越大及合成的有向化程度越高，最终的合成方向的收敛程度越大。另外，耦合作用的强度（x_2）和耦合作用合成的有向化（x_3）不仅会影响凝聚子群或网络社团的占比（O_2），还会影响群体成员行动的默契程度（O_1）。矿工小群体领袖行为（x_4）和正规的煤矿管理制度（x_5）不仅会对耦合作用合成的收敛（O_5）起到调节作用，还会调节小群体决策效率（O_3）、群体文化及氛围（O_4）。由此可见，上述影响因素有的是单独起作用影响行为同步的结果，而另外有些影响因素又是共同作用来影响行为同步的结果，既存在独立影响效应也存在交互影响效应，影响因素与行为同步结果之间的关系非常复杂。另外，从第三个步骤中的论述来看，通常影响因素与行为同步结果之间的关系在大多数情况下表现为弱因果性，很难建立严格的函数关系，因而实际中行为同步控制尽管有步骤三中的关系式作为理论依据和方法指导，但仍然在很大程度上依赖于人的经验和判断能力，从不断的调控和干预实践中积累经验，提高干预及控制的有效性。

本章小结

第九章的论述遵从的是从网络的微观参数到宏观结构模型的顺序，而在本章中我们又从网络的宏观结构入手来分析其与宏观的网络行为之间的影响关系。我们最终的目的是找到网络结构的微观参数、网络宏观结构、网络宏观行为之间的内在联系，从而针对矿工不安全行为在网络传播过程中所引发的问题设计有针对性的干预及控制措施。为了实现上述目的，在本章中，我们从矿工行为传播网络中存在的传递性关系、耦合作用、网络结构平衡性入手，从两个不同层面（群体层面及网络整体层面）论述了网络局部同步行为及整体同步行为的生成机制及其后果。

在本章中，我们首先讨论了矿工网络拓扑结构中存在的耦合作用，而耦合作用的传导和合成效应恰恰是以网络中的传递性关系为基础的。于是，耦合作用和传递性关系就成了我们理论分析的基础。毋庸置疑，我们研究的矿工不安全行为传播性所存在的环境可以用网络结构的形式来表示。从网络的视角来看，企业组织必然具有整体性，因而联系矿工的网络结构必然是联通的，矿工间联系也就顺理成章成了传播耦合作用的通道。由于在网络情境下，矿工之间的关系既有可能是直接的，也有可能是间接的，有的是具有传递性的，而另外一些又不具有传递性，这最终导致网络中存在的耦合作用的传导和合成的结果异常复杂。单纯地基于还原论的简单因果关系分析已经难以应对其中存在的问题，而从网络的整体结构上来应对存在的合成效应也不失为一种可行的问题解决途径。

于是，在解析了网络拓扑结构中耦合作用、网络结构平衡性及关系传递性的基础上，我们又论述了网络情境下的矿工凝聚子群的生成及识别问题。由于凝聚子群和网络社团行为的同步是从个体之间行为同步到网络整体行为同步的桥梁，起到了承上启下的作用，因此我们在本章中重点论述了凝聚子群或网络社团的行为同步问题，并结合已有的行为同步研究文献，给出了凝聚子群行为同步方程，并以此为基础论述了网络整体行为的同步问题及其可能引发的严重后果。本章中我们所做的主要工作或得出的相关结论包括：

（1）将同步效应分为三个层次，分别为矿工个体间的行为同步效应、矿工小群体成员的行为同步效应、网络整体行为的同步效应。分别针对每个层次的不同同步效应进行了分析，指出网络行为同步是自下而上进行分层和逐级同步的，同时论述了不同层次上的行为同步演化过程的影响关系。

（2）详细列出了影响行为同步的因素，讨论了这些影响因素对行为同步的影响作用，并基于这些影响因素的影响作用给出了控制及干预行为同步的措施。

（3）构建了针对网络行为同步的判断指标，论述了影响因素与行为同步结果之间的复杂对应关系，指出这些影响因素对行为同步结果有的是独立发挥影响作用，有的是交互在一起发挥影响作用，并论述了在现有的研究条件下建立精确行为同步控制理论和方法的挑战性。

（4）指出网络整体行为同步具有长周期及其风险难以控制性。从网络生长性及网络结构动态变化的角度分析了行为致因的煤矿重大事故的长周期性及难以预防性问题，并论述了相关事故控制的理论依据。

第十一章 矿工不安全行为传播致因的事故模型及其防御策略

事故的行为致因模型一直存在诸多缺陷。一方面，已有研究从行为致因事故的内容对事故模型进行研究，但难以对导致事故的行为载体的尺度大小进行合理把握。现有研究大多从个体层面对事故的致因模型进行研究，而对整体性行为由致因的事故模型的研究则很少见。但实际上，很多行为致因的事故并不能简单地归结由为个体行为造成的，更多的应该归因于群体行为。另一方面，已有的事故过程模型大多只能从个体行为的演化过程来研究事故的过程模型，而对不同个体行为演化过程的交叉与叠加对于事故的生成过程的影响性则无能为力。由于已有的不安全行为致因事故模型主要是从个体行为层面来考虑事故致因的内容和过程，而对整体层面上行为微观动力学机制以及事故成因结构与过程的耦合作用则没有给出多少有效的解释，其缺陷也非常明显。而网络模型既可以考虑不同行为载体的耦合作用，又可以考虑不同个体的行为传播过程的交叉或叠加作用，因而可以避免上述缺陷。

在本章中我们将主要论述矿工不安全行为传播性诱导煤矿事故的模型构建问题。在网络环境中，网络节点上的行为生成问题相当于点上的问题，而事故致因的微观结构模型主要解决的是节点属性及节点行为的微观动力学问题与事故形成的因果关系。行为的传染及传播过程则相当于线上的问题，主要是通过网络节点间的连接关系所具有的耦合作用、传导作用使不同节点相互影响并形成行为传播的路径，因此，事故致因的过程模型主要解决的是网络节点间的耦合作用的传导问题。网络整体行为的有序性、同步性等问题则相当于面上的问题，主要是由于不同网络节点间的耦合作用的传导及叠加产生的，因而事故致因的网络结构模型主要考虑的是耦合作用的同步和叠加问题。事故致因的微观结构模型、过程模型及网络结构模型相当于从点、线和面三个层次对行为致因的煤矿事故进行研究。由于我们是从网络结构的视角来研究行为诱导事故的机制，因此我们把事故模型分为结构模型和过程模型，并从三个层面来建立事故成因模型，主要包括：①矿工不安全行为传播性致因事故的微观结构模型，从个体行为的动力学机制及个体行为间的交互作用入手，主要用于解释和预测事故的源头及事故成因的微观机制；②矿工不安全行为传播性致因事故的过程模型，从个体行为的生成、传染及传播过程入手，主要用于解释和预测在网络情境下事故的形成过程及事故成因的中观机制；③矿工不安全行为传播性致因事故的网络结构模型，从网络情境下不同个体行为的生成、传染及传播过程的交叉及叠加作用入手，主要用于解释和预测事故致因结构与过程的耦合作用机制及事故成因的宏观机制。

第一节　矿工不安全行为传播性诱导事故的结构与过程模型

之所以通过网络结构与传播过程来研究矿工不安全行为传播性致因的煤矿事故模型，主要是由于不安全行为在网络情境下的传播过程的时间及空间顺序的弱因果性，以及不安全行为传播性在网络整体效应作用下与煤矿事故生成关系的弱因果性导致的。在时间顺序上，不安全行为的生成本身就带有偶然性，不会因为某一天或者某一段时间内安全秩序良好就意味着未来不会再有不安全行为生成。在网络空间上，不安全行为生成后，其传播速度、传播范围及方向一般难以准确确定，因而带有很大的随机性，这种随机性也是煤矿事故发生随机性的来源之一。因此，尽管在网络情境下，不安全行为时常发生，但最终演化为煤矿事故的却只占有非常少的数量，不安全行为的常见性并没有导致有伤害性的煤矿事故的经常发生。这种不安全行为与事故之间的弱因果性在网络整体效应作用下导致不安全行为致因事故的演化机制显得格外复杂，给事故干预和预防带来了很大的挑战。通常，在数学上，对弱因果性的处理主要从事件发生的概率入手，而整体效应一般只能从结构入手来探求相关规律。概率的计算需要大量的静态的历史统计数据，即使掌握了不安全行为与事故之间的概率关系，对于矿工不安全行为致因的煤矿事故的预防或干预在很多情形下也没有多少帮助，因为我们不知道不安全行为致因事故的演化机制，也不明白网络整体效应对于不安全行为传播过程的调节作用，因而从概率入手并不能为事故预防和干预提供理论和方法依据，告诉我们的只是这种事故发生概率的大小，需要给予相应的重视。目前学术界和实践领域共同认为不安全行为是我国煤矿事故的主要致因主要是基于经验及统计数据的概率表述。因此，这里我们通过建立事故致因的过程模型和结构模型来应对弱因果性，并通过网络结构的整体效应对于事故传播过程进行调节，从而改变不安全行为致因事故的演化进程。

一、事故致因的微观结构模型

矿工不安全行为传播性致因事故的微观结构模型主要用于抽象矿工不安全行为生成、传播及其在诱导煤矿事故过程中所承担的角色。与已有基于内容型及过程型事故模型所不同的是，矿工不安全行为传播性致因事故的微观结构模型主要从网络情境下的网络节点之间的联系及耦合作用机制方面来解释和预测事故的起源。从网络的微观结构上来看，处于网络节点上矿工生成的不安全行为是煤矿事故的主要源头之一，而节点之间的连接与传导作用则构成了不安全行为传播的基础。因此，微观结构模型将主要从网络的微观结构（网络节点及网络节点间的关系）上研究不安全行为的生成及传染机制。

在微观结构模型中，我们将从网络节点、网络节点行为的生成与传染、网络节点间的连接三个要素及其之间的关系来研究煤矿事故与矿工不安全行为之间的因果关系，从煤矿事故的源头上研究预防措施。

（1）网络节点。虽然网络节点是网络结构的两个基本的构成要素（节点及节点间的连接）之一，但实际上网络连接是以节点为基础的，因而没有节点，连接也就无法生成。因此，对于网络节点的属性研究一直在网络研究领域占有最为基础的地位。实际上这里所讨论的网络节点就是我们对网络情境下的矿工个体的抽象。行为致因的煤矿事故微观结构模型中虽然也要考虑节点的某些属性，如性别、年龄、工作年限、教育背景及工作技能等，但这并不是本书所研究问题的重点，本书要研究的问题重点是矿工个体所具有的这些属性对行为的生成能够产生的综合效应，如个体行为的阈值高低；个体在网络中的影响性，主要包括个体在网络中地位的高低、节点的度的大小、节点的介数和核数等。也就是说，本书通过事故的微观结构模型对网络节点的研究主要是从其在网络情境中所具有或可能产生的影响性入手的。由于处于网络节点上的矿工是行为生成和传播的载体，因此网络节点也就构成了事故微观结构模型的基础。

（2）网络节点行为的生成与传染。网络节点是行为生成和传染的主体，而节点行为的生成与传染是由多个因素共同作用的结果，主要包括网络节点的属性、不同网络节点之间的影响关系、网络节点所处的外部环境。按照行为科学的理论，带有风险性的矿工不安全行为的生成从本质上来说是由矿工个体的内在需求所驱动的，但由于其风险特性，同时也受到矿工个体之间的相互联系以及个体所处的外部环境的影响或强化，即在群体环境，带有风险性的行为生成不仅受到个体需求的驱动，还要受到来自群体压力的影响。群体压力与个体需求的交互作用最终决定了具有风险性的矿工不安全行为能否生成。当个体受到需求的驱动而产生动机时，在网络情境下，只有满足行为风险收益确认及社会强化的条件时，才能够最终从蛰伏状态的动机被激活而生成活跃的行为，也就有可能越过群体中某个或者某几个矿工个体特定的行为阈值，并将具有传染性和风险性的不安全行为传染给其他矿工。因此，网络节点行为的生成和传染是事故形成的驱动器。从系统的角度来说，网络节点行为的生成相当于系统的输出，网络节点间的关系相当于系统的输入，而网络节点的属性相当于系统的参数，网络节点所处的外部环境相当于系统输入与输出之间的调节器。它们一起共同作用决定了网络节点行为的状态，而网络整体行为（煤矿事故，相当于系统的负面行为）正是网络节点行为合成作用的结果。因此，网络节点行为的生成与传染也是研究网络整体行为的基础。

（3）网络节点间的连接。对于无向网络来说，节点间的连接就是所谓的无向边；而对于有向网络来说，节点间的连接就是所谓的有向边或者弧。无论是有向图还是无向图，网络节点间的直接连接都被称作捷径。捷径是传导一个网络节点行为或行为变化对与之相邻节点行为影响的通道。网络结构中的连接关系一旦变弱或者逐步消失，网络的凝聚力及网络整体行为的有序性也会逐步降低，网络功能逐步退化甚至是逐步消失。因此，边、捷径或者弧既构成了不同网络节点之间的直接关系，同时也构成了行为传播的通道。网络节点之间的连接在行为传播过程中主要承担两种角色，分别是连接作用和传导作用，这两种作用也是分析网络整体效应的基础。连接作用保证了网络结构的整体性和联通性，而传导作用则保证了网络整体行为的有序性及功能的有效性。对于一个网络来说，如果其中的连接只能承担连接而不能承担传导的角色，即使该网络的联通性非常好，具有传染性的矿工不安全行为也无法在网络中进行全局性的传播，甚至局部传播也是不可能的。当然，上述情况在实际的社会网络中不大可能发生，因为人与人之间的大多数关系会随着网络的生长而发挥传导性的作用。行动者之间在网络中关系的传导性作用是以连接作用为前提的。很显然，在网络情境下，连接作用不存在了，行动人之间也就无法相互影响了，因而也就不存在关系的传导性。在煤矿生产系统中，正是由于网络节点间的纽带和传导性作用使网络行为的演化非常丰富多彩，也因此而引发出各种复杂的安全问题。对于网络节点之间的关系描述及关系的传导性识别是构建事故的微观结构模型的关键一环。

由图 11-1 可见，网络环境下的矿工不安全行为实际上就是网络节点的一种行为输出状态。煤矿生产系统的动态性决定了嵌入在系统结构之上的矿工行为传播网络的节点行为状态也是在不断地切换的。从系统输入与输出的角度来看，事故微观结构模型实际上就是关于网络节点输入与输入关系的描述：该模型从静态方面描述了处于网络节点上的矿工之间的连接关系；从动态描述了节点之间的影响关系，表现为网

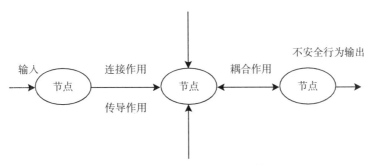

图 11-1 事故致因的微观结构模型

络节点的输入与输出关系，实际上也是一种行为的传导作用，行为从一个网络节点通过与之相邻的节点之间的连接关系而输入该节点，从而达到影响或者改变该节点行为的目的。

二、事故致因的过程模型

首先必须强调的一点是，这里所说的事故过程模型是针对矿工不安全行为在网络中传播的过程模型，与著名的多米诺连锁事故过程模型有显著的区别。在著名的多米诺模型中，Heinrich 建立了事故的一般过程模型，他将事故形成过程看成一个序列，该序列由五个要素构成，并可以按照时间先后关系进行排序，即家庭和社会环境因素→人的缺陷→不安全的行为/机械的或物质危险→事故→伤害。他认为只要能够消除该序列中的一个或一个以上因素，就可以打断该事故序列，具有伤害性的事故也就不会发生。实际上，上述事故过程模型存在逻辑上的缺陷，因为人的不安全并不一定是由于家庭和社会环境因素导致的人的缺陷所生成的，从行为传播角度来看，它可能是由于群体环境中的行为传染性或者通过行为模仿而形成的。在多米诺模型中，不安全行为是整个事故序列中间的重要一环，而本书中所构建的矿工不安全行为传播过程模型只是把不安全行为的生成作为事故过程的起点，而且我们不是从人的缺陷来考虑不安全行为的生成，而是从网络情境下（风险收益及社会强化）行为的微观动力学机制来分析不安全行为的生成。另外，事故的多米诺过程模型只能够直观地刻画事故形成过程中所受到的影响作用的线性先后顺序，对在网络情境下不安全行为诱导事故中所受到的非线性的影响作用，如对同步作用、网络外部效应、强化作用、耦合作用等没有考虑。而在本书中所建立的矿工不安全行为传播性所诱导煤矿事故的过程模型中，上述非线性的影响作用是其所要重点对待的问题。因此，这里所构建的事故过程模型与多米诺事故模型在逻辑上是有显著区别的。

矿工不安全行为传播过程模型是对介于个体层面与网络整体结构层面之间的行为过程层面上的问题进行建模，因而该模型是介于事故致因的微观结构模型和事故致因的网络结构模型之间的一种模型，它主要研究的是矿工的不安全行为生成后在网络环境中的传播过程所形成的耦合作用（联动作用）及其在诱发煤矿事故过程中所发挥的作用。该模型所要解决的问题主要包括：矿工不安全行为的传染性及传播性、矿工不安全行为传播的驱动及强化机制、矿工不安全行为传播过程的波及效应。

（一）矿工不安全行为的传染性及传播性

由于人的社会性特征，人与人之间都存在某种直接或者间接的依赖关系，也就会存在交换行为，而这种交换行为在大多数情况下是可以传导的，人的行为一旦生成后就可能会通过人与人之间的交换关系对其他人产生影响作用，如果其他人接受或者采纳该行为，则该行为人就被具有传染性的行为所感染。因此，人类在工作及社交活动中所表现出的大部分行为都或多或少具有传染性。煤矿生产系统是一种高耦合性系统，大多数工作任务都需要矿工之间进行密切的配合才能顺利完成，矿工的行为生成在很大程度上都是为了相互配合和交互，也就具有传染性，因此，本书中把矿工不安全行为具有传染性作为事先的设定。但由于矿工不安全行为是具有高风险性的行为，当个体在有意识下进行不安全行动选择时对行动风险及来自群体的行为导向必然要做出更加复杂的评估，因而其传染和传播的机制与一般的无风险性的传染和传播机制又有很大区别，因此前文对矿工不安全行为的传染性及传播性的机制作了重点论述，这里就不再赘述，只是在网络情境下的事故过程模型中将传染性和传播性作为事先设定的条件来对待。事故的微观结构模型主要解决了事故的源头问题。很显然，在煤矿安全管理实践中，安全监管者要控制所有的或者是大部分的矿工不安全行为生成，也就是事故源头，这是不太现实的。因为煤矿生产系统中生成的有些矿工不安全行为的传染性和传播性都非常弱，在群体情境中很快就自生自灭了，根本不需要耗费财力和物力去干预和控制。因此，安全监管者在实践中的大多数情形下只能等待这些矿工不安全行为生成后并进入演化（传染和传播）过程才介入有实质性的干预或控制措施。因为相对于不安全行为生成的时间，其演化过程所耗费的时间要长得多，这样就可以为干预和控制矿工不安全行为提供更加充裕的时间，也就会提高干预和控制的效果。

（二）矿工不安全行为传播的驱动及强化机制

网络情境下的矿工不安全行为诱导煤矿事故的过程模型强调不安全行为在网络中的传播性在诱导事故过程中所承担的重要角色。同现实中大多数具有传染性的行为都需要满足特定的前提条件类似，高风险收益性是不安全行为具有传染性的前提条件，这就如同病毒或者细菌是疾病传播的前提条件一样。统计数据表明，孤立的矿工不安全行为或者局部的小群体矿工不安全行为诱发煤矿事故的概率一般都比较低，只有当高风险性且具有传染性的矿工不安全行为生成并在局部网络或者全局网络中进行充分的传染和传播时，在网络中形成同步效应并伴随着行为积累效应的生成，其诱发事故的概率才会呈几何级数增加。实际上，需求不仅是行为生成的驱动力，也为高风险性的不安全行为传播提供了部分驱动力。通常一位矿工生成不安全行为后，其他矿工是否会采纳同样的不安全行为首先取决于自身的内在需求，并进行风险收益评估和确认，这个过程会受到网络内部效应所形成的群体压力的影响作用。如果采纳同样的不安全行为的矿工人数占总人数比例超过一定界限，这时在网络群体压力的作用下，会对矿工自身的内在需求进行行为强化作用，使他们以更快的速度采纳不安全行为，从而推动不安全行为在网络中传播，否则不安全行为会逐渐弱化并消失。因此，高风险收益性条件、行为强化条件及网络内部效应就构成了矿工不安全行为传播的驱动机制。

（三）矿工不安全行为传播过程的波及效应

网络中的行为传播过程的波及效应主要表现为时间维度上的纵向波及效应。在行为传播的初期阶段，具有传染性的矿工不安全行为在驱动机制的作用下会随机地在网络中进行传播，并因此形成强烈的波及效应，使与之相邻的矿工个体快速地采纳或者拒绝特定的目标行为。也就是说，与具有传染性的高风险不安全行为生成矿工在网络中路径短且连接强度大的矿工受到感染强度大，采纳不安全行为的概率高，而那些与其之间的路径长且连接弱的矿工受到的感染强度小，采纳不安全行为的概率低。这就如同将一块石头扔进水中，离石块落水点近的地方水波的振幅大，而离石块落水点远的地方水波的振幅小。矿工不安全行为传播的波及效应的大小程度取决于生成行为的初始强度、驱动机制的强弱，另外还会受到强化机制的影响。如果矿工生成的不安全行为初始强度就很大，这时再加上一个强的驱动和强化机制，那么该不安全行为在网络中传播的波及效应就更大。当然，一个初始强度不是很大的矿工不安全行为在网络中传播的距离也有可能很远，这时就需要更强的且持续更久的驱动和强化机制的作用。因此，具有传染性的矿工不安全行为生成后，其在网络中传播的范围及距离的大小具有很大的不确定性。矿工不安全行为传播过程的波及效应反映了矿工不安全行为从生成到消退在网络中所能传播的最远距离。波及效应大的传染性行为在网络中传播的范围也必然大。

实际上，本书中对于矿工不安全行为在网络中传播的过程不仅要考虑波及效应，而且还要考虑波及的方向。对于进行事故预防和控制的人来说，掌握了不安全行为在网络中传播的波及方向就可以选择更加有针对性的设计行为干预和控制措施，提升煤矿事故预防的效果及效率。我们在研究中发现影响矿工不安全行为在网络中传播的波及方向的因素主要包括易染矿工个体内在需求强度、连接强度、驱动及强化机制及网络内部效应等。这些因素共同作用决定了矿工不安全行为在网络传播过程中的波及方向。矿工不安全行为生成者相当于传染源，当不安全行为生成后，首先受到其传染的必然是与其距离最近和接触最为密切的矿工，但是该矿工是否能够被传染还要取决于自身的内在需求及网络内部效应的综合作用。因此，网络密度、网络节点的度取值及度分布、网络距离、接触的密切程度、接触具有传染性的不安全行为的矿工的内在需求共同作用决定了不安全行为在网络中波及的初始方向。该方向将沿着网络路长小、节点间接触密切，且内在需求大的矿工（指接触传染性不安全行为矿工）所处的节点方向进行时间维度上的纵向传播，并在受制于网络内部效应影响下的驱动及强化机制作用下进一步明确波及方向。

由此可见，网络情境下的矿工不安全行为致因事故的过程模型需要解决的是矿工不安全行为生成、矿工不安全行为的传染性及传播性、行为传播的驱动及强化机制、传播过程的波及效应之间的逻辑关系问题（见图11-2）。很显然，这里所研究的事故过程模型实际上是不安全行为生成后在网络情境下的波及过程。这个过程可能有很多个，主要取决于生成或采纳具有传染性不安全行为的矿工所处网络节点的度的取值大小，以及以该网络节点为始点的网络路径的传导性。因而，网络情境下的矿工不安全行为致因的事故过程并不是一个线性的时间序列过程，它可能是不同过程的交叉和叠加的结果。另外，在网络情境中，不安全行为生成者不是孤立的或者孤立存在的，有可能在同一时间段内有多个传染性不安全行为的生成者出现，因而造成事故的源头也就是非唯一的，会造成不安全行为在波及的过程中出现叠加和共振效应，使不安全行为致因的事故过程更加复杂。因此，单纯从源头或者事故成因的线性序列入手来预防事故相对于从传播过程来预防事故在理论上存在一定不足。

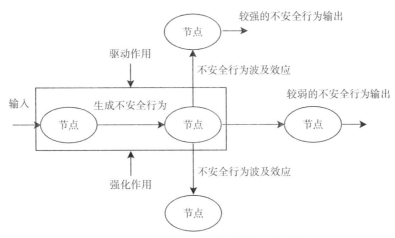

图 11-2　网络情境下事故致因的过程模型

基于网络结构所构建的行为传播致因的事故模型为干预控制矿工不安全致因的事故提供了一条新的路径。并且，与 Heinrich 的单序列串行的行为致因事故过程模型相比，网络情境下的行为致因的事故过程模型综合考虑了串行与并行行为的传导及叠加作用，更合理地解释了群体网络环境中的行为致因的事故成因机制。结合矿工不安全行为网络传播模型，并利用网络结构数据，安全监管者或者其他相关人员只要能够发现网络节点上有不安全行为输出，就可以利用网络内部节点间关系的可达性和传导性分析出不安全行为在网络中的所有可能的传播路径，评估可能带来的后果，并利用行为传播的驱动作用及强化作用来引导和干预不安全行为传播的方向及速度，以达到对事故进行预防和控制的目的。

三、事故致因的网络结构模型

事故致因的微观结构模型主要从网络节点及节点之间的关系来分析和解决事故的源头问题，而事故致因的过程模型主要针对在网络情境中不安全行为生成后在驱动机制及强化机制作用下的传播速度、传播方向及传播范围问题来研究事故干预及控制策略。总体上说，前两种模型仍然是通过层层分解的措施来发现事故的源头或事故的过程，并设计相应的事故干预和预防措施，解决的是不安全行为在网络中传播的微观效应问题，如网络节点的不安全行为输出问题、网络节点之间的连接或者可达性问题以及由此引发的事故连锁序列问题。实际上，从网络的角度来看，网络本身是一个整体，而网络行为则是一种整体性行为涌现，且整体行为与网络节点及网络节点间关系等微观结构呈现出一定的弱因果性。如果不能建立网络微观结构与宏观行为之间的严格因果关系，那么仅仅通过层层分解的措施难以找到网络整体行为问题（煤矿重大伤亡事故）的有效解决手段。实际上，很多煤矿重大事故的发生都具有长周期性，对于行为致因的煤矿重大事故来说，这种系统整体性的失效必然与组织整体行为的同步效应及累积效应有关，孤立发生的不安全行为或者局部的小群体矿工不安全行为的同步是无法触发组织系统整体性失效的。因此，对于系统整体性失效问题，不仅要考虑点（网络节点）与线（行为传播过程）上存在的问题，还要考虑面（网络整体结构）上存在的问题，从而找到有效的问题解决途径。

事故致因的网络结构模型实际上是对事故致因的微观结构模型及过程模型的综合，既要考虑网络节点行为的动力学机制，又要考虑行为传播的联动效应问题，还要考虑行为在网络中传播的同步问题。因此，点上的动力学问题、线上的联动效应问题及面上的同步效应问题的逐级演化构成了事故致因的网络结构模型的核心逻辑。该模型的主要目标是为矿工不安全行为同步效应致因的煤矿事故的预防和控制实践提供理论和方法支持。在实际中，模型的使用者主要是根据网络整体行为的同步效应来分析局部影响性的煤矿事故或者全局影响性的煤矿重大事故的成因机制，并给出预防和控制不安全行为同步效应致因事故的预防与控制的理论依据。根据前文分析的网络情境下的行为同步机制，矿工不安全行为致因的具有全局影响性的煤矿事故需要经历三个同步阶段，分别是：①网络节点之间的不安全行为同步阶段；②小群体内部成员之间的行为同步阶段；③整体网络行为的同步阶段。因此，该模型首先从网络结构入手来分析三个层面的不安全行为同步产生的过程，并以此为基础分析和解释了节点之间的行为同步效应、凝聚子群或网络社团的行为同步效应，以及网络整体行为的同步效应的传导和叠加的机制，给出了基于行为同步的事故干预和控制的基本思路和基本方法。

（1）网络节点之间的行为同步阶段。节点之间的行为同步是整个网络整体行为同步过程中最简单的一个阶段。尽管如此，但这并不意味着节点间的行为同步就是自然而然的事情，其仍然要遵从如下规律：网络节点之间在行为发生同步之前，节点的行为的发生必须要具有一定程度的确定性。而行为在向确定性演化过程中，其边界也在逐步生成并收缩。煤矿生产系统是人为设计的系统，该系统从运行之初对于参与该系统运行的矿工来说，其行为的边界就已经形成了，并随着系统的演化而逐步收缩，这为不同节点间的行为同步奠定了很好的基础，然后，不安全行为生成者的行为与其连接最为密切的行动者的行为进行同步。从演化的角度来看，人类社会的演化过程实际上就是一个同质化过程，最终会导致生活在同一个区域的人们的信仰、价值观、行为习惯逐渐趋同。与人类社会的多样性相比，组织的多样性要弱得多，因而组织的同质化过程也要简单得多，而且耗费的时间也要短得多。因此，附属于同一个组织并且在工作中进行经常性配合的成员之间更加易于进行行为同步。从我国的煤矿工人来源来看，他们的行为需求、价值取向、教育背景、成长环境、技术能力都极为相似，又加上煤矿井下封闭的工作环境，更加易于人与人之间的同质化，导致矿工在工作过程中形成行为同步也就非常容易，通常只能引起较小的影响非常有限的伤害性事故。这种节点间的行为同步非常易于那些生成不安全行为的矿工的行为在小群体内部进行传播，从而为凝聚子群或网络社团行为的同步创造必要条件。

（2）凝聚子群或者网络社团行为的同步。凝聚子群或者网络社团的行为同步是网络整体行为同步过程中的一个重要的中继环节。网络节点的行为同步是在节点行为边界不断收缩的基础上完成的，这个过程主要体现为网络节点行为边界的交叉和重叠作用。而随着网络节点行为边界的交叉和重叠又会强化网络节点行为路径的生成。网络节点行为路径的生成，标志着个体行为活动已经出现有序化和规则化，这就为凝聚子群或者网络社团行为的同步创造了必要条件。在现实中，这个过程主要是借助于组织的层次化管理而实现的。层次化管理几乎是所有现实中的企业采用的管理模式，而且本项目组在实地调研中发现煤矿企业的分层管理尤为明显。本书所选择的样本煤矿都不是初创煤矿，大多都有 15 年以上的开采历史，职能部门划分、部门等级及工作边界非常分明，新入职的矿工只占非常小的比例。大多数矿工在工作过程中已经参与到固定的工作群体中，矿工工作群体的人数已经非常固定，矿工在组织中的位置也比较固定。一个班组中的矿工在工作中的长期配合已经形成较大程度行为默契，群体内部成员间行为同步的程度要远远高于其与群体外部成员之间行为同步的程度，基本可以满足行为同步方程中关于节点行为输出函数的条件。这时网络中处于某个小群体中的矿工如果生成不安全行为，由于小群体内部成员之间的高度耦合作用及行动默契会导致矿工不安全行为在小群体内部同步，从而形成矿工小群体不安全行为。矿工小群体不安全行为同步属于局部网络行为同步，其形成同步的难度要比节点行为同步大一些，通常其诱发的煤矿事故的影响性是局部性的，但在平均意义上，其影响性要大于节点行为同步引发的事故影响性。

（3）不同的凝聚子群或者网络社团之间的行为同步，并逐步过渡到网络整体行为的同步。网络中的凝聚子群或社团的行为同步是以节点的行为路径生成为前提条件的。个体的行为路径生成后，在适当的个体需求强度、网络连接强度、驱动及强化机制、网络内部效应作用下，不同节点的行为路径会进行同心化或者同向化收敛，从而促使网络整体行为有序化涌现，这时网络整体行为的同步已经开始了。对于一个人为设计的煤矿生产系统来说，系统从运行之初到系统解体实际上都存在整体性行为同步，只不过是程度大小不同而已。根据前文关于网络行为同步机制的理论分析，网络整体行为的同步要难于凝聚子群或者网络社团行为的同步，而子群和社团的行为同步又要明显难于节点之间的行为同步。但是，正是由于节点之间的行为同步逐步削减了行动者之间的差异，才为网络社团或凝聚子群的行为同步创造了必要条件，最终在耦合作用的驱动下逐步形成小群体行为同步。在一个组织内部，随着时间的推移，组织中的不同群体或部门在沟通和资源交换过程中会逐步缩小差异，最终导致一个群体与另外一个群体之间的差异要明显小于一个群体内部的成员与另外一个群体内部的成员之间的差异，这就为群体之间的行为同步创造了必要条件，当不同的群体或部门之间的行为同步达到一定的程度后，网络整体行为的同步就开始突现。由此可以解释，矿工不安全行为致因的小的伤害性事故可能会经常发生，但其诱导的重大煤矿事故则具有长周期性，需要大量重复发生的不安全行为形成积累效应，这主要是因为不安全行为在网络情境下要形成整体性的行为同步不仅概率很低，而且耗时非常长久。

尽管网络整体行为同步的难度很大，发生的概率也非常低，但由于其耗时长久，因而不容易引起煤矿安全监管者的注意或者重视，同时现有的理论和方法对于网络整体行为同步也缺乏有效的识别和干预措施，通过长期的积累逐步形成行为路径依赖性，最终在一个漫长的事故演化周期中造成重大煤矿安全事故发生概率逐步积累，而上一次发生的事故严重教训已经在人们的记忆中逐渐淡化甚至完全消失。直至新的事故发生，又重新唤起那种令人痛苦的记忆。事故发生后，当反向追查事故致因时，又会再次发现不安全行为仍然是事故的主要致因，也就是西方所说的"history matters"，历史事件虽然不是简单的复制，但其发生的过程仍然如此相似，让人似曾相识，中国某些煤矿发生的重大事故所表现出的长周期性就是这种现象的很好例证。为了预防不安全行为在网络传播过程中诱发的网络整体同步行为，根据事故致因的网络结构模型，预防群体之间的不安全行为同步效应要比预防节点之间的不安全行为同步效应简单得多。因为网络中节点的数量以及节点之间的连接要比群体或者部门的数量及群体或者部门之间的连接的数量要多很多，而且节点间的行为同步是保证组织功能和效率的必要条件。因此，在多数情况下，我们甚至不是要阻止节点间的行为同步而是要促进节点间的行为同步以提高组织效率和组织功能的正常运行。另外，节点生成不安全行为的概率也要远远高于群体生成不安全行为的概率，这样导致预防节点上生成的不安全行为在小群体内部传播的同步效应远远难于小群体生成的不安全行为在小群体之间传播的同步效应。但是，由于群体的边界约束要远远大于群体内部成员之间的边界约束，最终导致群体与群体之间的联系更加明确和确定，且是明文规定的，因而群体间行为的联动效应也就更加明确和可控。因此，在实践中，我们应该把网络整体行为同步的控制和干预措施重点置于对群体或社团行为同步而不是节点间的行为同步上，从而切断网络整体行为同步形成的必要条件，达到预防长周期性的煤矿事故复发的目的。

从事故致因的网络结构模型中可以看到（见图 11-3），该模型实际上是对不安全行为传播性致因煤矿事故的微观结构模型和过程模型进行了综合，但是其侧重点不同。事故致因的网络结构模型重点要解决的是网络整体效应在事故成因过程中所发挥的作用问题。该模型对不同层面上行为同步效应进行了区分，并将事故预防的重点放在群体行为之间的同步上。在网络情境下，上述三个不同层面的矿工不安全行为传播性致因的煤矿事故模型分别从时间周期（包括行为同步周期、事故发生的周期）、事故发生层次（点上事故、线上事故、面上事故）、事故的影响范围及严重程度、行为同步概率及难易程度上给出了事故致因的机制及事故预防和干预的理论和方法依据。从网络的微观层面来看，节点间不安全行为同步所耗费的时间周期短、同步难度低，其同步效应引发的事故周期短，影响范围和程度都非常有限。群体间不安全行为同步所耗费的时间周期要长于节点间不安全行为同步的周期，同步难度也要高于节点间的行为同步的难度，其同步效应引发的事故周期也要更长一些，影响范围和程度都要更大一些。而与网络节点之间不安全行为同步及群体间不安全行为的同步相比，网络整体不安全行为同步所耗费的时间周期要更长、同步难度也更大、同步发生的概率也更低，其同步效应引发的事故周期也要更加漫长一些，其影响范围是全局性的，而影响程度则是三个不同层面不安全行为致因事故中最严重的。而从干预措施的理论依据来看，节点间不安全行为传播性致因煤矿事故的微观结构模型构成了群体不安全行为致因事故预

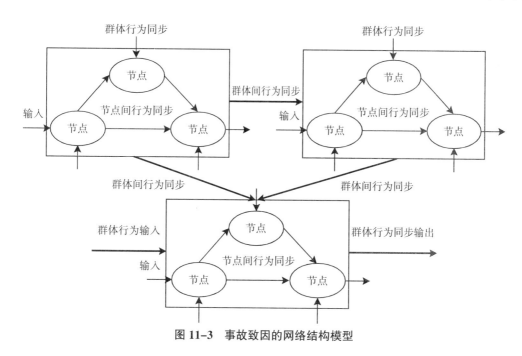

图 11-3 事故致因的网络结构模型

防和控制的理论基础和方法，而群体间不安全行为传播性致因的煤矿事故过程模型则构成了网络整体不安全行为致因煤矿事故的预防和控制的理论基础和方法依据。

直觉上，大多数人可能会认为乘坐汽车旅行要比乘坐飞机旅行要安全得多，但事实恰恰相反。同样，很多人可能会认为预防微观层面的煤矿事故要比预防宏观层面上的煤矿事故要容易一些，这实际上也是一种错觉。依据事故发生的频率及周期长短的标准，预防微观层面上的煤矿事故要比预防宏观层面上的煤矿事故难得多。另外，在煤矿生产系统中，如果能够有效预防"点和线"层面上的不安全行为致因的事故，就可以降低更为宏观的"面"上的整体不安全行为致因的事故发生概率，减轻预防长周期性的煤矿重大事故的压力。

第二节　矿工不安全行为传播性致因煤矿事故的防御策略

煤矿事故预防策略的设计依据主要来自两大方面：一方面依据长期的事故预防实践所积累的相关经验，另一方面依据事故成因理论的科学性及可靠性。本书中所给出的矿工不安全行为传播性致因煤矿事故的预防策略则综合考虑了实践经验的有效性和事故成因理论的科学性。上文中的事故致因模型则是接下来设计煤矿事故防御策略的重要理论依据，以此为理论基础设计行为传播性致因的煤矿事故防御策略。

一、煤矿生产系统的安全水平及目标

在人为设计的煤矿生产系统中，人们在其运行的过程中会随着对系统参与及认知的不断深入而制定或调整相应的安全目标，从而使系统达到人们所期望的安全水平，保证生产任务的顺利执行。本书从实地调查中发现，煤矿安全管理的管理者及监管者通常都会给企业提出或者制定一些安全目标，并喊出许多振奋人心的安全口号，要求煤矿生产系统达到某个水平级别（如本质安全型矿井），希望通过这些安全口号、安全目标及安全水平能够实现煤矿生产安全管理的长效机制。在煤矿安全管理实践中，我们最常见的一个口号是："发生事故是偶然的，不发生事故是必然的！"这个口号本身就存在很大的逻辑问题！发生事故是一个概率事件，而不发生事故是发生事故的不相容事件，那么不发生事故怎么会是一个必然事件？从概率的角度来看，发生事故是偶然事件，那么不发生事故也必然是一个偶然事件，无论如何也不可能成为一个必然事件。实际上，本书在煤矿安全管理实践的调研中，发现很多存在致命逻辑错误的安全理论，基于这些安全理论而设计的事故防御策略也必然存在致命的缺陷。要避免这些缺陷的发生，就应该在日常的安全管理实践中依据科学合理的安全理论来指导安全生产，在制定相关安全目标时要使安全目标与安全水平相匹配。

大多数人可能仅凭直觉就认为中国煤矿企业存在的安全问题是由于中国煤矿企业的管理比较封闭和落后所引起的，但实际情况却是很多西方企业管理的新理念和新模式，都是最先在中国煤矿企业最先实行的，如统筹规划方法，最早由华罗庚等人从西方引进，最先应用于淮南煤矿的建设中。另外，尽管煤矿工人所受到的教育水平普遍比较低下，但中国煤矿企业的中高级管理者的学历一般都比较高，他们大多通过在职研修的方式获得了博士学位，并且大多都非常重视创新管理，也都具有很好的模仿及学习能力。在我国各类行业中，同等规模煤炭企业的中高级管理者平均学历水平排名是非常靠前的。近几年中国工程院工程管理学部增选的院士中，有好几位都是来自我国大型煤炭企业集团的高级管理者。可以说，我国煤炭企业的高层管理者非常重视管理及技术创新。近些年，在我国某些大型煤炭企业的推动下，不断有新的管理理念和模式被提出来，其中本质安全型矿井建设是比较有影响力和比较著名的一种安全管理理念和模式，并希望最终能成为我们煤炭行业的一种安全标准。但本质型安全矿井提出后，由于缺乏核心的理论构念和逻辑，最终并没有在我国的煤炭行业进行普遍推广。大多数煤矿企业仍然通过安全标准化来提升煤矿安全水平，并取得了良好的安全效果。

实际上，根据事故成因理论、系统失效机制、我国煤矿安全管理实践及现状可以将煤矿安全性划分为三个层次，即基本安全层次、规范安全层次及本质安全层次。处在不同安全层次上的煤矿安全管理的主要目标、内容、实现方式及在各个安全层次事故预防的重点及主要手段是不同的。另外，处在各个不同安全层次的煤矿安全性的特征及存在的缺陷也不尽相同，它们各自的安全性的演化规律和趋势也不相同，因此提高煤矿安全性所应遵循的规律也是不同的。研究表明，煤矿的安全水平和安全目标应该与组织能力相匹配。这里的组织能力主要包括三个主要方面，分别是管理者能力、员工能力及由管理者及员工与系统耦合作用而形成的交互能力。目标和能力的不匹配性同样会造成煤矿在生产过程中的诸多安全问题。总体上来看，三个层次的安全水平是本质安全层次高于规范安全层次，而规范安全层次又高于基本安全层次，但相互之间又存在某些交叉，且基本安全是规范安全的必要条件，而规范安全又是本质安全的必要条件。

在煤矿安全管理实践中，煤矿基本安全是指由最基本的安全技术、设备、工艺流程和管理措施来保证企业日常生产顺利进行所能够达到的安全层次。达到了基本安全水平，则可以实现对技术致因的煤矿事故的有效预防，也就实现了基本安全目标，基本安全水平匹配于基本安全目标。目前，在我国煤矿安全管理实践中，由于煤矿中高级管理人员的特殊教育背景及特殊的高危工作环境，他们往往会忽视本企业的安全实际情况而盲目追求与本企业不相匹配的更高层次的安全水平。一些煤矿企业的高层管理者为了应付监管部门的安全检查往往好大喜功、唱高调、制定很高的安全目标，似乎制定的安全目标越高，就能实现越高的安全目标，企业就越安全，结果却忽视本企业在基本安全层次的投入，导致本企业在现有的安全条件下根本无法实现更高层次的安全水平。而根据系统安全性的演化规律，基本安全通常是企业要实现更高层次的安全水平最应该和最亟须达到的安全层次。基本安全是煤矿企业最基本的安全需要，只有满足这种需要，煤矿企业日常生产才可以得以保证。煤矿生产系统基本安全的主要目标是实现在企业内外部环境都比较稳定时各类（不安全行为致因）责任事故基本不会发生，即基本可以预防由于技术、设备、工艺流程及管理这些保证企业正常运转的基本要素的非绝对完善性所引起的系统性偏差造成的安全事故。因而，企业能够安全平稳运行，设备基本可靠，工艺流程能够执行到位，日常生产秩序能够得到较好的保持，就保证了系统基本安全水平的实现。从社会网络结构视角来看，煤矿生产系统的基本安全水平与矿工不安全行为传播网络结构的基础层是相对应的。在网络结构的基础层中，重点要解决安全技术、设备、工艺流程和管理措施等基础性资源的配置问题，也就是网络节点的分布及连接问题，从而保证矿工与设备、技术、安全流程及管理规范之间匹配性，保证煤矿生产系统最基础行为的可靠性。

在网络视角下，煤矿企业的规范安全是指由行为规范、技术规范、管理规范、制度规范、法律法规规范等各类在企业成长过程中形成的规范及相关标准和制度来规范、约束和引导网络节点行为及网络节点间的行为配合，使煤矿生产系统达到一个更高的安全层次。相对于煤矿基本安全，煤矿规范安全是一个更高的安全层次和安全需求。随着煤炭企业的发展壮大，煤矿生产系统的结构进一步部门化，层次化和规则化更为明显，并产生大量专业部门，分工也更加明确，煤矿生产系统安全性的实现也需要从更高层次进行整合，单纯的技术措施已经难以应对煤矿生产系统的失效问题。人们对事故成因的认识也开始进入以行为主导的综合成因论，企业对安全需求的层次也在不断提高，人们开始探索从新的角度来提高煤矿生产系统的安全性，以满足煤矿企业在生产过程中更高的安全需求。在煤矿安全管理实践中，从基本安全阶段向规范安全阶段的过渡需要持续漫长的时间。当煤矿企业处于基本安全层次阶段，很多规章制度虽然已经建立起来但还不够完善，还需要通过实践进行检验和修正，因而也就缺乏足够的执行力，已有的制度和规范也具有一定的随意性和不连续性，对于要采用什么技术、设备、工艺流程以及用什么样的人才大多还建立在经验基础之上。因此，一旦那些有经验工人或管理者离岗，企业的生产和安全就会出现大起大落。规范安全的主要目标是要通过各类规范和标准来规范企业的安全行为，促进煤矿企业建立现代企业制度，安全管理以预防为主，使企业在生产活动过程中有章可循，有规范和标准可依，减少由于矿工在工作过程中的行为活动的随意性所带来的安全隐患，从而提高煤矿生产系统的安全性，控制事故发生的概率，保障劳动者的安全与健康。当煤矿生产系统从基本安全水平阶段过渡到规范安全水平阶段，煤矿生产系统的规范安全水平与网络结构中的行为规范层相对应，重点要解决的是矿工对技术规范和标准、设备操作和维护规范、工艺流程规范和标准、规范化管理措施和企业规章制度以及相关质量和安全标准的认证体系的严格遵守问题，从矿工间行为交互及传播的规范性来保证煤矿生产系统的可靠性。

本质安全在某些情境下也叫作绝对安全或者绝对可靠性，它是人们对于系统安全性的终极追求目标。煤矿生产系统的本质安全水平，也是煤矿生产系统所能够达到的最高的也最为理想化的安全水平。近些年来，我国掀起了一波本质安全管理实践和研究的热潮，涉及交通、电力、石油、煤炭及化工等行业，期望通过本质安全建设，彻底解决我国高危行业在生产或运营过程中存在的各类安全问题。但是随着概率论、数理统计及随机过程的相关理论的发展及完善，研究者发现系统的绝对可靠性即使是在简单系统中也难以实现，更不用说在复杂系统中了。21世纪之前，中国煤炭行业每年要发生大量恶性伤亡事故，于是国内有大型煤矿企业提出通过本质安全型矿井建设把煤矿事故发生概率降下来，甚至实现事故零发生，从而达到本质安全。但实践证明，实现煤矿生产系统的本质安全在现有的条件下只是一种理论上的可能性。本项目主持人之前发表的两篇论文和一本专著对该项研究现状及理论框架进行了较为系统的论述（许正权等，2006；许正权等，2007），这里只是对系统的整体行为同步问题做必要的补充。所谓本质安全是指运用组织架构设计、技术、管理、规范及文化等多种手段在保障人、物及系统的可靠前提下，通过合理配置系统在运行过程中各种要素间的耦合关系，使系统自身具有内在抗扰动性，即系统具有内在安全性，从而实现对可控事故的长效预防。对于煤矿生产系统来说，本质安全是系统安全性的极限状态，是安全管理的终极目标。因此，在煤矿安全管理实践中，本质安全的目标是确保煤矿生产系统可以达到极限安全状态。在该状态下，煤矿生产系统是内在安全的，具有极好的自适应性和抗干扰性，能够预防各类安全事故。煤矿生产系统的本质安全应该是系统从整体上能够达到的一种安全性的终极状态，在该状态下，即使有矿工不安全行为生成且满足行为传播条件，其在网络中的传播过程形成同步的概率也会非常之低，因而诱发煤矿生产系统整体性的失效也只是小概率事件甚至是零概率事件。

实际上，煤矿生产系统的本质安全状态实现和维持是一把"双刃剑"，它一方面要使系统达到安全的极限状态，系统具有极高的安全可靠性；另一方面又会制约系统的运行效率，推高系统的安全成本，降低系统的产出。当煤矿生产系统达到本质安全水平时，企业要投入大量人力、物力和财力来维持系统的本质安全状态。系统内部各构成要素在强耦合作用下，不仅具有高过滤性，而且还具有高同步性。但是在这种状态下，一旦系统内部或者外部出现的扰动突破系统的这种极限安全状态时，在高同步作用下，系统极有可能在较短的时间内突破极限安全状态而转向非安全状态，甚至会在短时间内导致令人难以预料的突发性重大事故发生。美国航天飞机的爆炸，苏联的切尔诺贝利核电站的严重泄漏，都是在其国力最强盛和科技最发达的时代发生的，事故的发生时机及严重程度都让世人觉得不可思议和难以预料。从系统演化进程的经验数据来看，系统从生成到达到最强大的状态所耗费的时间要远远长于系统从最强大到最终崩溃所耗费的时间。维持该极限安全状态所要耗费的人力、物力及财力是无法长期持续的，而且系统在向极限安全状态逼近时，其边际成本呈现出非线性递增。这种非持续性边际成本递增一旦出现，系统的极限状态就难以维持，极有可能在短时间内发展到另外一个极端。人类社会的演化是如此，系统的安全状态演化也是如此。人类历史上每一个专制的强盛朝代都无法避免盛极而衰的悲剧，并且一旦崩溃，随后都必然伴随着一个长期衰败和战乱的时代，然后再进入一个漫长的重建和恢复周期。系统的安全性也服从着类似的演化状态。系统的安全性一旦达到一个极限状态，同样会走向另外一个极端。事实上，在系统的演化过程中，系统内外部存在的扰动是无法完全消除的。从一个长期的过程来看，完全消除系统内外部存在的扰动所耗费的成本甚至要远远高于系统遭受一次大小适度的事故所付出的代价。就拿煤矿生产过程中存在的矿工不安全行为来说，如果要维持煤矿生产系统达到一个本质安全状态，就要求做到在煤矿的日常生产过程中，不能有任何矿工不安全行为生成（也即人的绝对可靠性）、矿工在工作过程中的配合不会产生任何错误、系统的设计不存在任何瑕疵、每个安全计划都可以顺利执行、每个有关安全的工艺流程都能执行到位、每个安全目标都可以实现。实际上，单单从确保矿工的绝对可靠性这一点来说所耗费的成本就是难以想象的，在我国煤矿以井工开采为主的条件下也是难以做到的，更不要说要保证所有的其他要素都做到绝对的可靠性。实际上，真正可靠的系统并不是一定要确保系统内部构成要素及要素间的耦合作用不发生任何错误，而是要在发生错误后具有良好的纠错能力。由于人是参与系统运行最核心的要素，加之人的学习能力及经验积累能力，错误的发生并不一定会对系统造成致命性的打击，反而会使人在犯错误的过程中得到学习和经验的积累，从而具有更强的纠错能力。因此，以人为主导的煤矿生产系统的可靠性并不是一定要预防各类错误，而是要提高系统的纠错能力从而提高系统的可靠性。从上述分析可以看到，当煤矿生产系统达到临界安全状态时，系统的各构成要素之间的行为也将达到完全的同步状态，系统的整体行为也达到完全同步状态，这种情况下，系统内部出现的扰动，如矿工的不安全行为将不再受到安全氛围的中介作用，能够快速在系统内部进行传播，并在强耦合作用下形成不安全行为同步，导致系统在短时间内出现失效行为（如煤矿事故）。

当煤矿生产系统达到极限状态时会出现两种截然不同的结果。从直觉上看，这似乎很有逻辑问题，但从数学分析的角度来看又是非常合理的。从系统的安全性演化过程来看，系统的行为状态是一个动态连续的过程，因而系统的安全极限状态应该存在左极限和右极限。当处于左极限状态时，煤矿生产系统具有最好的纠错和抗干扰能力，这时即使有不安全行为生成，也根本无法在网络结构中进行全局性的传播并形成整体行为，因而可以有效避免不安全行为在网络传播过程中导致的网络整体不安全行为的同步。当系统的安全状态处于右极限时，系统的右极限安全状态对内外部存在的任何扰动都非常敏感，这些扰动极有可能破坏该极限平衡状态，并促使系统的安全状态朝向另一个极端方向快速逼近。此时，若系统内部生成不安全行为，则该不安全行为将可以在极短的时间内在系统内部进行全局性传播，并在高耦合作用下形成完全同步，导致系统整体性失效，出现突发性的重大煤矿事故。

综上所述，本质安全并不意味着煤矿生产系统内部不再有任何矿工的不安全行为的生成，它只是系统的一种极限状态，并且由于行为状态的连续性导致该极限状态存在数学意义上的左极限和右极限。一旦系统达到安全的右极限状态，就会表现出对扰动的敏感性。在系统内部高耦合效应作用下，系统各要素的行为已经高度同步，不安全行为在嵌入系统结构的行为传播网络中的传播路径上存在的安全漏洞也开始进行有规则的排列，主要表现为"直线"排列或同心排列，以至于安全漏洞打开和闭合的过程也逐步同步，导致不安全行为在传播过程中诱发事故的概率大大增加。

由此可见，在我国安全管理实践中所推行的所谓本质型安全矿井本身就存在很多误区。首先，本质型安全矿井建设缺少理论的科学性及可行性，国内外学者并没有针对本质安全型矿井提出系统可行的理论和方法，也没有相关理论及方法上的突破，我国已有的本质型安全矿井的建设只能靠在实践中的摸索来积累经验，缺乏理论和方法上的支持。本书运用极限理论从系统行为极限状态的左右极限的存在性及逼近左极限状态成本递增的非线性初步阐释了系统本质安全的不可行性。其次，提出本质安全型矿井的目标本身就太过于绝对，也是不切合实际的。相关推行本质型安全矿井的企业辩称"本质安全型矿井本身并不意味着事故一定不会发生"。若是如此，那么本质安全与基本安全和规范安全又有何区别？因此，我们提出本质安全是煤矿生产系统的极限安全状态，并且该极限状态存在左极限和右极限。在两种不同的极限状态下，矿工不安全行为在煤矿生产系统中的传播在同步作用下会导致截然不同的安全结果。最后，通过安全标准的完善来推进本质型安全矿井建设。这本身就是本质安全性矿井建设缺乏理论性的表现。当本质安全型矿井建设理念提出者无法在理论上取得突破时，又转而寻求实践经验的支持，试图通过完善安全标准来取代本质安全型矿井理论的构建。众所周知，缺少理论支持的实践只能靠经验积累来指导行为活动。事故的预防不仅要依赖经验的积累，更需要事故理论的完善来指导事故的预防。因此，下面将重点讨论事故防御策略的设计依据及构成。

二、事故防御策略的构成及其设计依据

根据上文中有关安全水平与安全目标的匹配性论述，对于煤矿安全管理中及监督者来说，以科学且可行的事故成因机制为理论指导，合理评估本企业的安全水平及安全管理能力，制定合理的安全目标，使煤矿企业的安全管理能力与安全水平及安全目标相匹配，是煤矿企业制定科学、可行且有效的事故防御策略的必要条件。从演化的角度来看，生命体或者由生命体组成的群体及群落的演化也遵从从低级到高级的螺旋发展的过程，其间还有可能出现退化及停滞不前等问题。同理，煤矿生产系统安全水平的演化也要遵循从低级到高级的发展水平，在不能保证把煤矿基本安全搞好的前提下，要实现规范安全和本质安全就非常不现实。显然，要实现本质安全，煤矿企业必须首先达到基本安全和规范安全水平，否则要达本质安全水平几乎就是不可能的事情。另外，从数学逻辑上来看，尽管在一定的条件下我们可以将煤矿生产系统推进到极限安全状态，但从经济上及系统维护成本上来看，要将系统的极限安全状态一直维持下去所耗费的成本也将是煤矿企业难以承受的。因此，煤矿事故防御系统的设计必须综合考虑经济性、科学性及有效性的合理平衡。

从可靠性角度来看，人的有限理性及物的非绝对可靠性是人所设计和参与活动的煤矿生产系统无法达到绝对可靠的两个基本来源，从而也决定了煤矿生产系统只能无限逼近极限安全状态，但无法达到极限安全状态，并且在系统逼近极限安全状态时，运营系统的成本也会呈几何级数倍增。另外，人和物的非绝对可靠性所引发的系统防御层上漏洞的性质也是不同的。物的非绝对可靠性导致系统的防御层存在的漏洞是静态的，而人的非绝对可靠性导致系统防御层存在的漏洞是动态的。系统的不可靠性正是由于系统中存在漏洞造成的。矿工不安全行为的传播性之所以会导致煤矿生产系统失效正是由于系统自身的防御层存在漏洞，导致矿工不安全行为在传播的过程中不断击穿这些防御层，实际上就是形成了一系列的行为连锁反应导致了系统的失效，以煤矿事故的形式表现了出来。

基于上文关于安全水平三个层级的逻辑推理及 Reason 关于系统安全防御系统结构及功能的论述，煤矿生产系统的安全防御体系的结构至少包含三个基本的防御层，分别为静态安全屏障层、被动安全防御层、主动安全防护层。其他任何情形的系统防御层都可以以这三种基本防御层为基础进行合成或组合，从而形成一个功能完整的防御体系。因此，一个功能完整的安全防御体系一般由三个基本防御层组合而成，但具体需要多少层则要视具有的安全水平及条件而定。在网络情境下，本项目主要研究了不安全行为传播性致因事故的网络分层防御及控制策略，该防御策略主要用于行为致因事故的动态传播性。以网络结构表示的系统或组织的结构其三个基本防御层分别对应于网络结构中的基础层、过程层及整体行为层。即静态安全屏障层与矿工行为传播网

络结构的基础层相对应，在行为传播网络的基础层上形成不安全行为传播性网络防御结构的基础层；被动安全防御层与矿工行为传播网络结构的过程层相对应，在行为传播网络结构的过程层上形成不安全行为传播性网络防御结构的过程层；主动安全防护层与矿工行为传播网络结构的整体行为层相对应，在矿工行为传播网络结构的整体行为层上形成不安全行为传播性的网络防御结构的整体行为层。针对矿工不安全行为传播性设计的网络结构防御体系主要用于防控不安全行为在网络情境下的传播及其诱发的煤矿安全问题。

现实中的人类大多数行为活动均嵌入于组织结构中，而结构层次化及规则化则导致行为活动不是随机发送的，而是相互依赖和受约束，从而为我们干预及控制行为活动提供了丰富的策略。矿工的日常工作活动嵌入在煤矿生产系统的结构中，同样矿工不安全行为传播的防御网络结构也会嵌入在煤矿生产安全防御系统结构中，因而就可以通过结构来控制和干预行为。在以网络结构表示的生产系统中，对于通过工程技术实现的静态安全保护层，如警报、安全栅栏、安全指示灯（信号灯）及自动开关等物或者设备，它们是煤矿生产防御系统的基本要素，我们不仅要考虑它们自身的可靠性，而且还要考虑它们之间的连接关系、耦合作用及关系的传递作用，以及与行动者（如矿工）交互作用等配置的合理性或可靠性。这些物或设备以及它们之间的连接关系一起形成了煤矿生产安全防御系统的基础结构，也即静态的安全屏障层，而矿工的日常生产活动过程就是与煤矿生产安全防御系统的基础结构不断交互作用的过程，因而矿工行为传播的网络也就嵌入在煤矿生产安全防御系统的基础结构中，从而构成了网络防御系统的基础结构，即网络防御结构的基础层，主要由网络节点、网络节点间的连接关系或耦合作用、网络节点行为等构成。在网络防御系统中，矿工不安全行为的生成也就意味着网络防御系统的基础结构产生了漏洞，这些漏洞主要是由于行为传播网络基本结构嵌入煤矿安全生产防御系统的基础结构过程中产生的人机交互不匹配性造成的。诸如在煤矿井下嘈杂多灰尘的工作环境中，矿工之间通过语言及肢体的沟通受到干扰而产生的误操作没有被及时纠正，并在相互配合的矿工之间产生不安全行为同步；信号强度受到干扰或安全指示灯不够清晰导致矿工无法及时准确地识别安全信号和安全指示灯信息，并因而产生了误操作；等等。这些问题构成了网络防御结构的基础层上的安全漏洞。针对这类问题的防御策略主要是从人与静态的安全屏障层之间的交互作用入手，提升人与物之间交互的可靠性，从而减少网络防御结构的基本层中漏洞的规模和数量。

以上我们只讨论了一些相对独立或者范围非常有限的条件下，矿工行为与静态安全屏障层之间的交互作用所产生的问题，基本上是点对点之间的问题。实际上，在网络环境下，行为的生成是一个过程，行为的传播同样也是一个过程，而网络情境下不安全行为传播性致因的煤矿事故同样也是一个过程，而基于静态安全屏障层的事故防御是一种点对线的防御策略,显然存在维度不匹配问题。因此,仅仅依赖于静态安全屏障层来应对动态的不安全行为传播性显然是存在缺陷的。为了避免上述缺陷,针对行为演化过程中出现的问题应该采用线对线的系统的防御策略,从而满足维度匹配条件。Reason 在安全防御系统理论中提出通过相关流程及管理所形成的系统被动保护层(被动安全防御层)来防止人误的传播和扩散,实际上就是一种线对线的安全防御策略,满足了问题维度与防御策略维度相匹配的条件。那么,在网络情境下,针对不安全行为的动态性及传播性,从经济性和逻辑合理性来说,过程控制要比源头控制更为简单和有效一些,这一点我们在前文中已经论述,而且用过程控制来应对行为演化过程中存在的问题也满足了维度匹配的条件。因此,在网络情境下,行为传播过程所形成的行为通道(具有传导性的关系构成的网络路径)也就可以用来防止不安全行为在网络中的传播。为了与文中相关表述一致,这里将网络中以过程的形式能够对不安全行为传播过程产生影响的要素都称作网络防御结构的过程层。因此,我们可以通过部分网络结构参数的调整、行为传播路径长度控制、网络内部耦合作用控制、网络联通性及路径可达性控制、关系的传递性控制等措施来干预行为的传播性。网络防御结构的过程层主要是指具有传播性的行为在网络结构中可能存在各种传播路径,这些传播路径在某些网络节点上会存在交叉或者重合,并相互影响,但在总体上来说这些路径之间仍然保持一定独立性。在实践中,我们可以通过对行为传播路径的可达性、节点间耦合作用的强度及方向、关系的方向性及传递性实现对不安全行为传播过程的干预和控制,从而实现线对线的维度匹配性控制。

相对于网络防御结构的基础层及过程层,网络防御结构的整体行为层要更为复杂和模糊,问题生成的维度则表现为面或者多维空间,因而应对这类问题也要采用面对面或者多维空间对多维空间的控制策略,从而保证维度性的匹配。由于行为传播网络结构的整体性行为层主要是通过不同网络结构层次的行为同步所形成的,它的变化取决于网络结构的变化。Reason 的安全防御系统理论中界定的主动安全防护层主要是指依赖于人的主动性实现的防护层,如安全员、安监局监管人员、煤矿负责安全管理工作的人员。与之相对应,网络防御结构的整体行为层也是处于不同网络结构层次上的矿工通过逐级行为同步而生成的安全保护层,并受到群体内部安全氛围的调控。当群体内部的安全氛围为正面时,不安全行为生成后,群体行为同步效应会抑制不安全行为的传播;当群体内部的安全氛围为负面时,不安全行为生成后,群体同步效应会促进不安全行为的传播。实际上,网络整体行为控制综合应用了网络内部微观行为的生成及传播机制。因为,整体行为的同步涵盖了微观行为生成、传播及同步整个过程,没有微观行为的生成和同步,就不会有小群体行为的同步,而小群体行为同步是形成网络整体行为同步过程的一个重要环节和必要条件。通常网络整体行为同步首先要保证网络结构的层次化及规则化,对于人造的煤矿生产系统来说这个条件很容易满足,但网络结构的层次化及规则化并不一定能保证高效的整体性行为同步的生成，仍然需要从系统结构的微观层面入手，通过逐层的行为同步来提升整体性行为同步程度，直至更加有序的整体性行为突现。因而，网络整体行为的控制需要从网络的微观结构入手，逐步掌握网络结构与行为之间的联系及行为随网络结构的变化规律，从而实现对网络整体行为的干预和控制。在安全管理实践中，主要采用整体行为同步效应控制、安全氛围引导等措施防止不安全行为在网络环境中形成整体行为同步，避免煤矿重大事故的发生。目前，有关多维空间对多维控制的网络整体性行为控制策略的研究还只是刚开始，真正能用于实践的控制策略也非常有限，还需要更进一步的研究突破。

基于上文的论述，我们针对矿工不安全行为诱发的煤矿事故的不同机制及事故后果的影响范围提出了三种不同的事故防御策略，这三种事故防御策略主要考虑了事故的生成与事故预防及干预策略的维度匹配性，针对网络环境下的不同层面上的事故生成的维度区别，分别提出了点对点、线对线及面对面或多维空间对多维控制的事故防御策略，并给出了不同策略的各自侧重点。对于网络防御结构的基础层上存在的漏洞，矿工不安全行为经由这类漏洞所形成的煤矿事故的影响范围通常是局部性的，所采用的事故控制策略主要是针对网络节点的行为，我们称之为网络节点行为控制策略，主要是通过网络节点行为、网络节点参数及网络节点间连接关系实现对矿工不安全行为的控制，是一种点对点的事故防御策略。对于网络防御结构的过程层（严格地说，过程不能称之为层面，或者只能称作特殊的层，过程应该和直线相对应，但在同一个空间内，不同的过程交叉组合就形成了一个有很多"洞"的层面，这些直线也就如同分布在一个层面上，从而形成一个过程层）上存在的漏洞，矿工不安全行为在网络传播中经由这类漏洞所能形成的煤矿事故是一种连锁反应式过程，其影响范围不再是局部性的，不仅有广度，而且有深度。因此，针对这类事故所要有的干预或控制策略不能只针对网络节点及网络节点之间的关系，而应把重点放在不安全行为的传播通道上，运用网络路径可达性、节点间的关系传递性、关系的方向性、网络节点间耦合作用的强度及方向等干预措施来影响不安全行为在网络中传播的过程，从而抑制、改变或控制不安全传播的方向、速度和范围，实现相应的控制目标，这种控制策略实际上是一种线对线的事故防御策略。相对于网络防御结构的基础层上的控制策略，网络防御结构的过程层上的控制策略要丰富得多，而且在实践中实现的难度也要小一些。因此，在安全管理实践中，过程控制的手段要比静态的点控制手段丰富一些。对于网络防御结构整体行为层上存在的漏洞，矿工不安全行为在网络环境中的传播过程逐步从网络节点行为同步，到小群体或职能部门间行为同步，接着通过群体间或者职能部门间耦合作用的长期积累形成网络整体行为的同步，并最终诱发重大煤矿安全事故。因此，从周期上来看，矿工不安全行为突破网络防御结构整体行为层上存在的漏洞不仅发生的概率很低，而且相对于不安全行为突破网络防御结构的基础层和过程层上的漏洞所诱发的煤矿事故的周期要漫长得多,而且事故的严重程度也要大得多,其影响范围是全局性的。在实践中,针对这类成因煤矿事故主要是通过网络整体结构变化及整体行为的同步所实现的控制,重点把握网络整体行为随网络结构变化的规律,并通过安全氛围来引导行为同步的方向。针对这类事故主要采用的是面对面或者多维空间对多维空间的事故控制策略。

本章小结

事故防御策略是本项目研究的实践应用部分,它是以本章的理论和方法为基础的,体现了事故预防策略应该与事故成因理论相匹配。本项目主要研究的是矿工不安全行为在网络情境下的传播模型,该模型主要抽象了矿工不安全行为在网络传播过程中诱导煤矿事故的机制,为本章研究矿工不安全行为传播性致因的煤矿事故提供了理论支撑。因此,本章以第九章和第十章的内容作为理论基础,重点论述了在网络情境下矿工不安全行为致因的事故模型及事故防御策略。随着网络通信技术的发展,组织结构越来越趋向于层次化的网络结构,煤矿生产系统由于其高耦合性更是毫不例外。已有的事故模型主要分析了事故成因的某些孤立效应或过程效应,而对事故成因的整体结构效应由于其复杂性则往往不予考虑,这必然会导致以事故模型为依据的事故干预和控制措施在应用于实践中时存在某些缺陷。针对已有事故模型存在的某些缺陷,本章主要针对矿工不安全行为在网络中的传播性所诱发的安全问题从三个层面构建了三种不同类型的事故模型,分别是矿工不安全行为传播性致因事故的微观结构模型、矿工不安全行为传播性致因事故的过程模型、矿工不安全行为传播性致因事故的网络结构模型。每一个层次的模型都给出了自身要解决的安全问题以及解决问题的措施。上述三类模型主要考虑问题维度与防御策略维度的匹配性,从理论逻辑上更为合理。

事故致因的微观结构模型主要针对的是网络节点之间的行为传播与同步问题。节点之间的行为同步是小群体行为同步的前提条件,因此预防节点之间的不安全行为同步就切断了矿工小群体不安全行为同步的条件。在实际的煤矿生产活动中,矿工之间在工作中需要密切配合,因而无法完全避免行为同步,甚至在实践中需要通过提升矿工之间在工作过程中的行动默契性以提高工作效率和效果。可见,对有工作配合关系的矿工做异质化处理在一定程度上会降低他们的工作效率。因此对节点行为同步问题需要区别对待,主要是避免其中某些节点生成不安全行为,从而避免在存在高度默契工作关系的矿工间形成不安全行为的同步。

事故致因的过程模型主要针对的是矿工不安全行为在网络传播过程中所引起的不

同群体之间的行为同步问题。孤立存在的矿工不安全行为诱发事故的概率非常低，即使引发了事故，事故的伤害程度及其影响性也是非常有限度的，但是当一个群体内部成员之间行为同步并且演化为群体不安全行为同步时，其引发事故的概率就会成倍增加，其诱发事故的危害程度及影响范围都要比节点间行为同步诱发的事故大得多。相对于处于网络节点上的矿工之间的工作配合关系，群体或者部门之间的配合关系要更长和更间接一些，因而群体间的行为同步的难度要大于群体内部成员之间的行为同步难度，但又比处于两个不同群体的成员之间的行为同步容易一些。因而群体行为同步起到了节点行为同步到网络整体行为同步的桥梁作用。在网络情境下，随着网络中凝聚子群或网络社团的增加，并在网络内部整体效应（网络节点行为之间的叠加与合成）作用下，网络内部的群体行为也会向同质化发展，并最终满足网络整体行为同步的条件。虽然这个过程非常漫长，但由于网络整体同步效应几乎能在人们完全无意识或者根本就是忽视的情形下日积月累，最终会导致网络整体不安全行为同步诱导的煤矿事故具有突发性，而且事故的后果也最为严重，影响范围是全局性的。

在煤矿安全管理实践中，为了达到一定的安全水平，人们针对不同诱因的事故试图建立多层次的防御系统来防止事故的发生。一般来说，这种多层次的安全防御系统是由三个基本的防御层通过不同的组合和排列而生成的。在网络视角下，这三个基本的防御层分别是网络防御结构的基础层、过程层及整体行为层。在每一个防御层上，人们又提出了有针对性的事故防御模式或策略。但是由于人的有限理性及物的非绝对可靠性，这些防御模式或者策略都存在或多或少的缺陷，而防御层上的这些缺陷构成了网络防御结构不同层面上的安全漏洞。防御层上存在的安全漏洞正是系统运行过程中出现扰动时可能诱发事故的来源。在网络情境下，这些漏洞的存在一方面可以诱发不安全行为的生成，另一方面也会促进不安全行为穿过这些漏洞进行传播。煤矿生产系统是一个高耦合且相对封闭的系统，矿工在工作中需要大量的行为配合，并且行为同步是提升煤矿生产系统效率的主要途径之一，但在负面安全氛围调节作用下会改变行为同步的方向。矿工不安全行为生成于网络节点，在适当的条件下会通过网络节点间的连接穿透不同网络防御层上的漏洞而进行传播，在传播的过程中又在网络的不同层面上进行逐级同步，并最终演化为不同影响范围及程度的煤矿事故。

第十二章 总结、结论及研究展望

　　煤矿生产系统的整体性决定了嵌入于煤矿生产系统结构之上而衍生的矿工不安全行为传播网络结构的联通性。矿工不安全行为传播网络结构的联通性则构成了本书对于不安全行为传播性的逻辑前提，并在此基础上以网络节点、网络连接作为基本的研究要素对矿工不安全行为在网络情境中的传播性及其引发的问题展开了研究，并得出了本书中的诸多结论。

第一节　结论及总结

　　随着经济及社会系统的不断演变，系统自身及其存在的环境也在发生根本性的变化，人与系统的交互机制及人参与系统运行的方式都在发生不断的变化，因而事故理论需要进行与时俱进的创新及发展。有关事故成因的理论研究已有超过一百年的历史，在每一个历史阶段都有与当时社会情境相匹配的理论或方法。在 20 世纪初期，事故成因理论主要是针对行为个体或者规模较小及复杂程度较低的系统提出的，很好地解决了物的致因的事故预防及控制问题。进入 20 世纪中叶，生产开始机械化和大规模化，人和系统的耦合程度越来越高，这时的事故致因理论主要是针对有一定规模和复杂程度的系统提出的，认识到人的行为是事故的主要致因。但是，至今人类针对行为致因的事故仍然无法有效预防，更不用说完全杜绝了。从 20 世纪 90 年代至今，随着互联网的诞生及逐步普及，人类参与运行的社会系统、经济系统及企业生产运作管理系统都发生了深刻变化。另外，随着自动化及机械化程度越来越高，人在各类系统中参与性越来越低，但人的主导作用却越来越大，人机接触及人与人接触的关系的配置合理性也决定了系统的可靠程度，这种背景下的事故成因理论主要是针对复杂系统或者网络系统的，所要解决的问题主要是针对关系配置或者耦合作用合成失调的问题，系统失效的机理更为复杂，但人的行为仍然是系统失效的主要致因。在现阶段，大多数事故成因理论主要是针对复杂系统的失效问题，从系统结构与功能的匹配性问题来研究事故的成因，对从社会网络的视角来研究人的行为致因的事故理论还不多见。既然人是事故致因的主导因素，加之人是任何基于系统结构而衍生出的群体网络中最活跃和最关键的要素，那么从人的行为、人与人之间的接触、人的行为传播性来研究人因事故首先在逻辑上应该是没有问题的。从理论上来说，系统的真实结构不应该是完全规则的层次化的结构，而应该是规则程度非常有限的网络结构，因而用网络结构代替完全规则化和层次化的结构是对现实的更为真实的逼近。随着人类对组织及系统结构与行为之间因果关系的认识不断深入，在新的情境下必然会对已有的事故成因理论存在的某些弊端进行必要的修正。又由于大多数人类的行为都是具有传染性的或传播性的，而在我国以井工开采模式为主的煤矿生产系统中，具有一定风险性的矿工不安全行为的生成、传播的机制必然与低风险性甚至是无风险性的行为生成及传播存在显著性区别，其诱发事故的机制需要新的事故理论来进行分析、解释和预测。在这种背景下，我们研究了矿工不安全行为网络传播模型及其应用问题，并针对网络情境下不安全行为致因及不安全行为传播性致因事故提出了网络防御体系，并设计了相应的干预及控制策略，其有效性在实践中也得到了初步的验证。我们的研究发现主要包括：

（1）在煤矿井下较为封闭的工作情境中，大多数的矿工不安全行为是具有传染性的。这是本项目的核心观点之一。因为从社会接触视角来看，作为复杂而多元的社会中的一员，人需要与其他社会单位进行物质、信息及情感的交换，而且这些交换作用在大多数情况下是具有传导性的，因而也导致人类的很多行为都具有传染性。但由于人思考、学习及判断能力会受到有限理性条件的约束，因而他们采纳或拒绝某一行为会受到其所处的决策情境、自身条件及行为后果等多方面因素的影响，这最终导致风险程度不同的行为在生成、传染及传播的机制上也不尽相同。在本项目中，我们重点检验了矿工不安全行为在群体情境下的具有传染性的条件，而对矿工个体在独立情境下的行为采纳及拒绝条件则没有考虑。研究结果表明，对于存在风险性的矿工不安全行为，在需要密切行为配合的工作情境下，其传染需要满足网络环境下的行为收益及行为风险条件、行为的可学习和模仿条件、社会接触条件以及其他未知条件等。另外，我们在研究中为了表述方便还对传染性和传播性进行了区分，传染性一般是指直接接触（路长为1）导致的行为采纳程度，而传播性一般则指间接接触（路长大于1）导致的行为采纳程度，行为传染性是行为传播性的基础，因而也是传播性的一种特殊形式。

（2）本书并没有把研究重点放在对不安全行为及其传播性与煤矿事故之间的相关关系的分析和验证上，而是把重点放在对不安全行为生成、传染及传播机制的分析和验证上，主要分析和验证了不安全行为"生成—传染—传播"过程的因果链及因果网络关系，克服了传统因素分析及统计分析方法只能分析静态相关关系的缺陷。本书以触发及维持不安全行为的条件作为研究起点，运用行为动力学知识研究了矿工不安全行为生成的微观动力学机制，确定了不安全行为生成的基本条件，以及不安全行为在网络情境中的维持条件。正是由于群体情境中的不安全行为生成后，能够不断被其他矿工重复地学习、模仿和采纳，才使不安全行为能在网络情境中得以维持下去。另外，系统的整体性、网络的联通性及人的社会性构成了具有传染性的矿工不安全行为在网络中进行传播的必要条件。这样做从总体上把握了不安全行为生成后在网络中的传染及传播机制。另外，以矩阵知识及关系代数为基础的网络分析方法可以很好地呈现出不安全行为在网络中的传导性，从宏观上展示出不安全行为的演化过程，可以更加直观地分析矿工不安全行为的发生、发展、扩散、维持及衰减过程，因而使事故干预的介入时机及节点更加有针对性。

（3）对已有文献关于人误、行为、行动进行了较为全面的综合，并在此基础上对人误、不安全行为、不安全行动进行了明确区分和定义，重点区分了人误及不安全行为的种类及致因，给出了识别标准，并指出个体因素、系统因素、管理者因素及中国情境因素是人误或不安全行为的四个基本影响因素，论证了事故与人误、矿工不安全行为的相关关系，同时讨论了网络情境下的矿工不安全行为状态的转换条件。

（4）借鉴动力学中对物质运动规律的描述，在本书中我们也初步描述了矿工不安全行为的微观动力学机制。但是根据动力学知识，虽然矿工不安全行为也是一种运动，但无法像物质运动那样可以通过作用于物体的力来研究它们之间的确定性量化关系、给出力的作用与运动之间的函数关系式、建立动力学模型、描述矿工不安全行为动态变化的规律，只能从矿工不安全行为生成、传染及传播的演化过程中所受到的影响作用来半定性半定量化地描述矿工不安全行为的运动规律。参照动力学定义，本书尝试给出了不安全行为动力学的解释，即它是研究不安全行为形成规律的知识（或学问）。按照动力学知识，力的作用是物质产生运动的来源。与之相对应，在群体情境中，行为活动也应该是受到某种"力"的作用的结果，但由于这种"力"太过于复杂，并且难以像物理学中那样进行细致的"力的分解"，在行为科学研究领域只能用笼统的"影响作用"来替代"力的分解"，那么作用于行动人的内外部因素也就成了人的行为活动的来源，驱动了行为的产生。不安全行为则是行为的一种具体的表现形式，我们研究不安全行为的动力学实际上就是研究作用于某种情境之下行动人（如煤矿井下工作的矿工）的各种内外部因素及其关系，以及驱动行动人生成不安全行为的规律性，从而能够建立类似于物理学领域中的动力学模型的行为动力学模型。如果能够建立科学合理的行为动力学模型，那么依据不安全行为的动力学机制，不仅可以更合理地解释不安全行为的生成机制及其在网络传播中的驱动机制，而且也为构建不安全行为网络防御体系提供了理论依据。

（5）行为识别问题研究。尽管行为识别一直是行为科学研究领域中的一个难点，但在本书中我们把矿工不安全行为的识别及具有不安全行为倾向的矿工的识别作为本项目的一个关键环节来对待的。而已有文献中关于行为致因事故理论的研究基本上都忽略了上述这一环节，这也是本书和已有研究的一个主要区别。实际上，从逻辑上来说，如果无法区分矿工不安全行为，就只能无的放矢，针对不安全行为设计的干预及预防措施的有效性也会大打折扣。另外，矿工不安全行为的识别及具有不安全行为倾向的矿工的识别也是本书构建有关矿工不安全行为传播网络模型的前提。因为，矿工群体构成了不安全行为传播网络的节点集合，而行为传播网络模型正是以网络节点及其之间的关系为两大基本要素构建而出的，所以忽略了矿工不安全行为的识别及具有不安全行为倾向的矿工的识别这关键一环，后续相关研究也就失去了逻辑基础。针对具有不安全行为倾向的矿工及矿工不安全行为识别问题，我们主要论述了行为识别的理论依据、识别流程及识别模型的构建及应用，其有效性还需要进行大量的实践检验并逐步完善。识别模型中存在的某些缺陷也需要根据实践应用的效果而做出进一步的修正。

（6）本书首次分析了不安全行为、不安全行为传播、不安全行为在网络传播中形成的行为同步效应与事故生成之间的网络化因果关系，这种因果关系主要体现为"点—线—面—多维空间"维度上的逐级递升，既体现了还原论的思想，也反映了系统论的整体性思想，并在此基础上一步步导出不安全行为传播性致因的事故模型，而不是从孤立的因果关系或者单一的过程去构建事故模型，这也是本书与现有研究的区别之一。为了导出不安全行为在网络情境中的传播所导致的事故模型，本项目做了大量的基础性研究工作，主要包括：分析了行为传染性的来源及动力学机制；根据网络中直接接触和间接接触的不同界定对行为传染与行为传播进行了明确区分；给出了行为传播性的必要条件及充分条件，而已有文献基本上只是讨论和界定了行为传播性的必要条件，给出行为传播性的充分条件对于判断一种具有传染性的行为能否在网络情境下进行传播具有重要的理论意义。另外，本书也尝试借鉴巴斯模型分析矿工不安全行为的传染性，并计算出矿工不安全行为在一个封闭群体内部的传染速度，大约14周可以达到传播的饱和状态。

（7）根据矿工不安全行为传染的巴斯模型的数据分析结果，我们发现不安全行为在网络情境下的传播并不是匀速的，而是随着网络结构的变化在某些网络参数的变化区间内表现出敏感性，即在某个网络参数区间内，传播速度会显著性地变快，而在另外一些网络参数区间内传播速度又会显著性地变慢，这为干预矿工不安全行为的传播性提供了方法上的依据。在这一研究问题上，我们主要研究了结构性网络和功能性网络的区别及联系，以及它们对行为传播性的影响方式，发现行为的生成机制、行为的传染机制及行为的传播机制三个主要机制的共同作用推动了矿工行为传播网络的生成，并且进一步形成行为在网络中传播的行为轨道或者逻辑通道（行动者具有判断和学习能力，这导致行为从产生、传染、传播的整个过程都是有逻辑性的，我们把网络中这种具有逻辑性的行为传播路径称作行为轨道或者行为逻辑通道），但是行为在网络中传播的敏感性及弱因果性又使行为路径的生成带有很大的随机性，增大了行为干预的难度，降低了行为干预的有效性。与传统的行为干预策略类似，我们也是从影响行为传播的因素入手来设计干预策略，但需要考虑网络结构敏感性及弱因果性对行为传播性的影响作用，在一定程度上又体现了系统集成的思想。另外，巴斯模型也验证了我们在之前的研究中提出的行为对结构敏感性的思想和行为传播对网络结构敏感性的思想。

（8）本书不仅发现了行为在网络结构中传播的敏感性及弱因果性，同时还发现了矿工不安全行为的传播性与路径依赖性的交互作用关系。在群体环境中，行为路径依赖和行为传播都反映了个体行为活动范围或者路径的变化。行为路径依赖则主要反映了行为在时间维度上的连续性，同时也次要地在空间维度上反映了个体活动范围的收缩性，行为边界更加明确，增加了行为复制和模仿的程度。而行为的传播性则主要在空间上反映了个体行为之间的模仿及复制性，同时也次要地反映了在时间维度上的行为传导性（人员不断更替，旧人离职，但他们的某些行为习惯却被继承下来）。在共享的群体网络环境下，行为的传播性与路径依赖性在时间和空间维度上存在的交叉或叠加，使它们之间耦合作用的存在成为一种可能。因此，在网络情境中的某些条件下，行为传播性与行为路径依赖性会产生相互促进或者抑制作用。研究表明，当行为传播性增加速度小于路径依赖性增加速度时，行为传播性会促进行为路径依赖性；而当行为传播性增加速度大于路径依赖性增加速度时，行为传播性会对行为路径依赖性造成冲击效应，最终导致路径依赖过程解锁。已有研究大多数把行为传播性及路径依赖性割裂开来研究，虽然简化了问题，但也会降低研究结论的可靠性。本书首次尝试在网络情境中将行为的传播性、路径依赖性、结构敏感性及弱因果性统一在网络结构框架下进行分析，创新了针对矿工不安全行为传播性的网络防御模式。

（9）在对矿工不安全行为传播网络模型的研究过程中，起先我们只是从网络化的视角来考虑模型的构建问题，但随着对所研究问题认知的不断深入，我们发现网络化与层次化是紧密联系的，存在问题的维度与事故预防策略的维度相匹配性问题。网络结构是存在层次化的，而层次结构中也存在网络化，因而网络结构不同层次上的问题生成的维度与问题解决方案的维度也就存在匹配性。于是在展开研究时，本书首先将网络问题层次化，然后逐层研究再进行整合，遵从从点到线、面再到多维空间的维度递升的顺序。因此，在提出针对矿工不安全行为传播行为的防御策略时，首先对煤矿生产系统的安全水平进行层次化，主要分为基本安全水平、规范安全水平及本质安全水平，与三个安全水平相对应的问题分别为网络节点及其行为问题（点上问题）、行为的生成及传播问题（线上问题）、行为通过耦合作用的同步及整体性行为突现问题（面上或者多维空间问题）。针对每一个不同的安全水平，构建与其相对应的网络结构层次，并针对与之相对应的行为分层来研究安全防御体系层次及其所存在的安全漏洞，从而保证了事故生成的维度与事故防御策略维度的匹配性。于是，在矿工不安全行为传播网络模型的构建过程中，针对行为层面问题，本书的研究分别解决了个体行为生成问题、小群体行为生成问题、组织和社会行为生成问题；针对行为传染及传播问题，研究了个体行为的生成、传染及传播模型，即小群体行为的生成及传播模型及群体内部个体行为传播的模型、小群体之间的行为传播及同步模型；与安全水平层次及行为层次相对应，本书又研究了行为传播网络结构的基础层、过程层及整体行为层，并在此基础上导出网络防御结构的基础层、网络防御结构的过程层及网络防御结构的整体行为层，并针对不同防御层上存在的漏洞类型，提出了相应的防御策略。

（10）与已有的事故过程模型不同，本书中所构建的模型不是去考虑不安全行为发生的序列在事故行为过程中承担的角色，而是从网络情境中的矿工不安全行为生成、传染、传播、同步及网络整体性不安全行为的逐步生成及放大的过程来建立分层式的事故模型，并建立相应的事故防御策略。与传统的单一过程模型相比，本书建立的是多层面、多过程的事故模型，充分考虑了煤矿员工个体行为、小群体矿工行为及网络整体行为在事故演化过程中所发挥的作用，所建立的网络模型更加贴近实际地反映了不安全行为在网络传播过程中诱导事故的过程，能够给事故干预措施设计提供更加直观的理论指导。另外，多层面及多过程的事故致因模型充分体现了事故生成的维度与事故防御策略维度的匹配性，该模型一方面可以帮助我们实现更多的策略选择，另一方面也可以帮助我们拉长事故干预措施的介入过程，从而进一步提高了对不安全行为的干预效率。另外，我们在对著名的 James Reason 安全防御模型借鉴的基础上也进行了细化和创新。Reason 安全防御模型对不安全行为如何连续击穿系统防御层漏洞并形成事故的过程只给出了定性的图文描述，并没有对不安全行为如何击穿防御漏洞的机制进行解释。本书进一步从驱动机制、强化机制、耦合作用、行为同步的相互关系阐述了防御层上漏洞的生成与事故演化的逻辑关系，指出在系统达到临界安全状态的右极限时，在内部高耦合效应作用下，系统各要素的行为已经高度同步，不安全行为传播路径上存在的安全漏洞也开始进行有规则的排列（Reason 形象地称之为"直线"排列，实际上并不是直线），安全漏洞打开和闭合的过程也逐步同步，因而会导致不安全行为在传播过程中诱发事故的概率大大增加。

（11）在针对矿工不安全行为或不安全行为传播性的干预策略设计上，提出了事故生成的维度与事故预防策略维度相匹配的观点。由于不安全行为在行为传播网络结构的不同层面上的同步周期不同，导致煤矿生产系统不同层面上的安全运行周期也不相同，整体层面的安全周期要远长于过程层面的安全周期，而过程层面的安全周期又要远长于基础层面的安全周期。另外，网络防御结构的不同层面上的安全漏洞的生成机制、生成概率及被穿透概率也不相同。对于简单问题，一般高维度问题可以通过降维处理来寻求解决方案，但对于复杂问题，高维度问题一般难以通过维度的降解来寻求解决方案，只能通过维度的匹配性来寻求与问题相对应的解决方案。因此，综合考虑这些问题，针对网络防御结构不同层面上的安全漏洞的防御策略也不相同。

虽然技术进步、工艺流程的改进及装备质量的提高导致网络防御结构基础层上存在的漏洞越来越少，但是从维度匹配性角度来看，网络防御基础层的完善只是主要解决了网络基础层面的安全问题，仍然有诸多问题存在。对于嵌入在煤矿生产系统结构之上的矿工行为传播网络结构的基础层来说，由于矿工不安全行为发生概率和频率最高，最终导致基础层上存在的漏洞被矿工不安全行为击穿的概率加和也最大，因而不安全行为致因的煤矿事故仍然会反复性地发生。另外，行为传播网络基本结构嵌入煤矿安全生产防御系统的基础结构过程中产生的人机交互也最为频繁，因而安全问题生成周期也最短。因此，对于基础层上存在的安全问题，重点要从人的可靠性、工作设备的可靠性、人机交互可靠性等多个方面入手制定安全防御策略，另外还需要考虑安全防御策略介入的频率问题。相对于过程层面上及整体行为层面上存在的安全问题，基础层面上存在的安全问题需要更为频繁的安全策略介入，这也是在煤矿的日常生产中，来自生产一线的安全问题最多的原因。

从网络防御结构不同层面上的安全漏洞的定义来看，网络防御结构基础层上安全漏洞的击穿概率是一种加和关系，而网络防御结构过程层面上的安全漏洞的击穿概率则是一种乘积关系。实际上，在网络情境下，网络防御结构过程层面上的安全漏洞是基础层面上的安全漏洞在时间和空间关系上呈现出的某种规则化排列，表现为漏洞在一维或者二维空间上的同向化、同心化或者向心化，这种规则化排列的发生概率本身就比基础层上安全漏洞的生成概率低很多。因而，矿工不安全行为生成后进入传播过程中，击穿网络防御结构过程层上的安全漏洞的概率要远远低于击穿基础层上的安全漏洞概率。显而易见，不安全行为在网络中传播所耗费的时间要远远长于不安全行为生成的时间，因而不安全行为在传播过程中击穿网络防御过程层上安全漏洞所耗费的时间也要远远长于不安全行为击穿网络防御结构基础层上的安全漏洞所耗费的时间，因此过程层面上事故形成的周期也要远远长于基础层面上事故形成的周期。因此，对于过程层所存在的安全问题，重点要从行为传播路径中的网络节点的耦合作用关系及强度、路径长度及方向收入实现对不安全行为传播性的干预和控制。相对于基础层面上的安全问题，过程层面上安全问题的干预策略有更多的介入时机。

网络防御结构整体行为层上安全漏洞被不安全行为击穿概率的计算既要考虑基础层上安全漏洞击穿概率的加和关系，又要考虑过程层面上安全漏洞击穿概率的乘积关系，因而计算起来更为复杂。实际上，在网络情境下，网络防御结构整体行为层面上的安全漏洞的形成要比基础层和过程层上安全漏洞的形成复杂得多。网络防御结构整体行为层面上的安全漏洞是基础层面和过程层面上的安全漏洞通过复杂的耦合作用最终所呈现出的在时间和空间关系上的某种规则化排列。网络整体行为层上的漏洞主要表现为在三维或者多维空间上的同向化、同心化或者向心化。这种规则化排列虽然与过程层上类似，但从网络个体间行为同步到小群体间行为同步再到网络整体行为同步的过程来看，网络整体行为同步的发生概率要远低于小群体间行为同步及个体间行为同步发生的概率，因而网络防御结构整体行为层上的安全漏洞在行为同步过程中出现有序化或规则化排列的发生概率也会远低于网络防御结构基础层及过程层上的安全漏洞在行为同步过程中出现有序化或规则化的发生概率。另外，在网络情境下，网络整体行为同步所耗费的时间也要比网络节点间行为同步及小群体间的行为同步所耗费的时间长久得多，因而网络整体行为层上的安全漏洞被击穿的周期也要长久得多，这使煤矿生产系统发生重大安全事故一般表现为长周期性。由于整体行为层上的安全问题不仅诱因多，而且诱因间的关系复杂，加之安全问题发生的长周期性，整体行为层上安全问题的发生总是带有突然性，但实际上已经经过了非常漫长的积累，导致煤矿生产系统的可靠性也在不断发生人们难以察觉的异常变化，或者即使察觉到异常变化，但在行为的路径依赖性作用下仍然难以逆转整体行为路径演化的方向。已有研究对于这种难题还没有给出充分可信、科学及有效的应对策略，本书针对网络整体行为层上的安全问题也只是给出了一种在逻辑上合理的解决方案，其有效性还需要更多的实践检验，其中存在的问题也需要在行为干预理论和方法的进一步完善中逐步解决。

第二节　相关研究发现的拓展

虽然本书主要针对的是煤矿生产系统中的矿工不安全行为及其传播性问题，但在项目的逐步展开过程中我们并没有完全囿于上述两个基本问题，而是对这两个基本问题进行了较为充分的拓展，引入了行为路径依赖性、行为动力学、网络防御结构、网络分层逐级行为同步、行为对于网络结构敏感性及弱因果性、事故生成的维度与事故防御策略维度相匹配性等相关问题，使本书中所提出的理论有很好的适应性，不只是能用于解决煤矿生产系统中的矿工不安全行为生成及其传播性问题。总体上来说，本书中提出的相关理论和方法可以经过进一步拓展而用于分析、解释、预测或者解决诸如制度的延续及变革问题，经济发展中的同质化问题，中国城镇化过程中的同质化与路径依赖相叠加问题，城镇化发展过程的联动效应对区域经济增长的驱动问题，技术、制度及管理创新传播问题，中国情境下的经济转型中的路径依赖问题等。

（1）中国情境下的行为路径依赖及行为传播问题。无论是行为的路径依赖的演化过程还是行为的传播过程都打上了中国情境的烙印，与西方制度体系下相应问题存在明显区别。在中国情境下，对于同样的问题，人治的影响性要远比西方人治影响性要大得多，这会导致两个相对极端的结果：制度的变革、政策的改变、经济发展的方向、人们的价值导向和生活方式都更容易改变，换句话来说，也就是路径依赖性更容易建立，因而也更容易解锁；新思维、新思路、新的行为方式既易于在短时间内被政府、企业及人们所接受和传播，同时也可以在短时间内被政府、企业及人们所抛弃。产业发展、经济转型及社会治理常常会出现一哄而上然后又一哄而散的现象。1949年之后，中国经济、社会及政治制度一直在不断发展和转型中，并经历了一条与西方国家不同的发展路径，取得了举世瞩目的经济、社会及政治成就，但这并不意味着我国各种制度已经健全和完善。实际上，完全健全的制度在现实的社会中只能是一种理想的状态，大到一个国家，小到一个企业，都不可能在一个特定的时间段内建立起绝对完善的制度。现存的制度一方面是历史的载体，承载了既往制度的延续；另一方面永远只能是对理想化的绝对完善制度的逼近。在中国情境下，行为主体的路径依赖性的建立和解锁都要比在西方情境下相对容易和快速得多。同时，遏制和推进行为在社会系统内的传播也要比在西方情境下相对容易得多。这主要是由于在中国的企业情境中，权力的分配机制（一把手的授权，企业一把手的决策权力、监督权力）难以形成相对有效的相互制衡的作用，最终的结果一般都是企业或者部门的"一把手"权力一家独大，导致"一把手"授权和监督权力要弱得多，难以发挥应有的作用，当合理有效的制度还没有完全健全时，企业或者"一把手"在很多情况下所说的话就可以替代现有的制度，最终导致制度建立起来很容易，推倒重建也非常容易。企业换一届领导，就会有新的制度诞生，甚至企业的大门都要推倒重建。这种现状的延续也在逐步推进中国情境下的社会、经济及制度发展演化路径的锁定，导致阶层固化，参与经济、社会活动主体的行为路径锁定，难以突破各自的边界，行为路径跃迁发生的概率越来越小，这必然会堵塞经济及社会运行过程中所必需的不同行为边界交叉与重叠（跨界行为）、不同行为路径的跃迁所带来的活力，最终阻碍技术、制度、管理的创新，也会成为中国当前深化改革的主要阻力。

目前，有大量的经验数据及案例都直接或间接地支持了中国经济、社会及企业中行为主体的路径依赖性生成及解锁都要比在西方情境下相对容易和快速得多的论断。另外，阶层固化、主体行为路径的锁定也会降低中国经济、政治、社会的活力，影响中国经济、政治、社会的可持续性发展，以及当前的经济及政治体制的深化改革。但由于行为主体路径依赖性的生成是一个较为漫长的演化过程，并且每一个行为主体路径依赖性的生成和演化都是在特定的情境下完成的，这给实证研究和实验研究都带来了很大挑战。目前，我们在研究中还只能通过行为实验对行为主体路径依赖性的生成及演化的过程进行间接的和初步的实验检验，很多问题，特别是行为路径依赖性与传播性的交互作用关系的实证研究，还有待于进一步的深入和细化。

（2）在中国情境下，煤炭企业的变革行为不仅易于传播且易于形成路径依赖，最终会导致变革成为一种行为习惯，成为一种行为的路径依赖，给企业增加巨大的转换成本。目前，中国大多数煤矿企业内部管理模式多变，朝令夕改的情况非常常见，并被错认为是管理创新或制度变革。这最终导致求变和所谓的改革也会成为一种习惯并形成行为锁定，大幅度地增加了企业在不同管理模式间相互转变的成本。在实地调研中，我们发现大多数煤矿企业都非常喜欢喊口号和树典型，并且每当企业的主要领导成员更换后，就会出现新的口号和典型，试图通过树立典型和喊口号、做宣传的方式来代替企业制度的构建。实际上，这不仅不利于企业制度的不断完善，反而会对已有行之有效的制度产生破坏。企业领导对于企业所面临的问题不是从制度的不断完善来设计长期性的解决方案，而总是试图凭借个人的能力来追求短期内临时性的解决效果，让企业出现焕然一新的表象，其内在却并没有发生根本性的变化。长此以往，变革也会成为企业的一种行为习惯并形成路径依赖。企业在经营中一遇到难题，不是考虑在现有的条件下寻求合理有效的解决方案，而总是试图去变革，重新搜寻一条不同的发展路径。因为，他们的权力从根本上来自上级部门的任命，短期效果可以让上级部门看到立竿见影的政绩，他们也就可能获得更高的职位。口号和宣传往往可以在短时间内使企业领导所希望的员工行为在企业内部快速传播，扩大他们对企业的掌控力，实现他们所希望的行为结果。因此，在不能对企业最高管理者权力进行有效约束的情况下，不仅具有传染性的行为可以在企业内部快速传播，甚至国有煤矿企业喜欢重建和装修大门的习惯也会在不同的企业之间快速传播。企业的"一把手"每换一次，企业的大门都会被推倒重建一次，而且不同的煤矿企业几乎是不约而同地重复这一做法。另外，在2013年之前，中国各地的政府部门似乎都像事先约定好的一样争先恐后地建设高大气派的办公大楼，实际也是一种组织行为传播的典型代表。但是，这种具有高成本性和高风险性的行为传播会给一个企业、一个行业甚至是一个国家的经济来很大的负面影响。因为行为传播必然会给易染个体带来行为状态的转换，从而导致转换成本的生成。当前，中国经济发展中所出现的严重问题（产能过剩、生态环境污染严重）正是由于2009年之后各地方政府及部委一哄而上且步调一致地发展高能耗的重工业及化工产业的结果。在很短的时间内，一些地方政府竞相将煤炭、钢铁、房地产、化工等高能耗和重污染的行业确定为重点发展的支柱产业。随着这些高能耗及高污染的企业逐渐建成投产，产能不断增加，而市场需求并没有随之快速增加，最终导致今天的困难局面：在经济发达地区，空气污染指数居高不下，不见蓝天也不见清澈的河流。当前，我国煤炭行业的去产能就是过去几年中国经济发展的一个缩影，在国家宏观政策调控及企业自身所面临的困境双重作用下，转型和变革又要成为相关煤矿企业必然的选择，而且这一次所面临的挑战可能更大，因为中央政府提出了经济新常态化发展战略，中国社会及经济的发展将全面转型为创新驱动，经济增长不仅要注重总量，还要更加重视质量，经济总量虽然仍可增长，但增长的速度要慢下来，经济质量的增长却要明显地增加。加之人口素质的不断提升，人们对生活、环境质量的要求也越来越高，那些高能耗和重污染的产业有可能会成为永远的夕阳产业。

（3）行为传播及路径依赖对创新的双重影响作用。中国情境下的行为主体路径依赖演化过程及行为传播过程所具有的特征会导致中国企业的转型过程所持续的时间短得多，转型的难度也低得多。这是一把"双刃剑"，它会使中国的很多企业一遇到困难就考虑通过转型来寻求新的生存之路，而不是去认真评估困难，并坚持克服困难。因此，我们可以明显地看到中国企业做出大的创新的可能性要比西方企业低很多。当然，易于转型也有自身优势，它可以使企业在获取短期收益上具有明显的优势，对于解决当下存在的问题能收到立竿见影的效果。例如，对于发生在 2007 年的金融危机，中国企业和政府是最先宣布战胜金融危机的。但很快我们就发现，中国经济存在的固有问题并没有解决，不仅旧的问题没有彻底解决，而且又出现了新的问题。过度投资导致大量产能过剩，不仅导致企业产品滞销亏损严重，而且当年投资的高能耗企业也使今天的生态环境受到很大冲击。如今，中国企业自主创新能力与美国、西欧及日本等国家或地区的企业相比仍然存在很大差距，很多关键技术和设备仍然是中国企业的短板。创新是一个长期积累的过程，虽然模仿是必经之路，但中国企业明显在这个必经之路上走得太久，付出的成本和代价也显得过大。在当前国际及国内环境之下，中国企业所要面对的创新之路还很长，面临的挑战也很大，必须充分利用中国情境所具有的优势，将企业的快速吸收能力转化为自主创新能力并锁定创新路径，走出一条有中国特色的创新之路，助当下的中国深化改革一臂之力。

（4）在群体网络情境下，行为的路径依赖性、传播性与行为同步作用的耦合效应之间的关系研究，以及由于网络空间内部行为的路径依赖性、传播性与行为同步作用的耦合效应而形成的行为跨界、行为跃迁及行为同步的复杂交互问题的研究。在研究中我们发现，行为在共享的网络情境下进行演化会经历一个复杂的过程，并出现很多令人费解的问题，主要包括行为跨界、行为跃迁及行为同步问题。其中，行为跨界一般发生于个体行为活动的有序性较低阶段，随着行为活动的有序性逐步提升，这时行为跨界的发生概率越来越低，而个体行为发生跃迁概率越来越高。行为路径的规则性、方向性，决定了不同行为路径之间的契合难度要明显大于不同行为边界的交叉和叠加，即行为发生跃迁要明显难于行为发生跨界。行为跨界通常发生于同一维度层面上，而行为跃迁通常发生在不同维度层面之间。低维度上行为交叉和叠加在群体网络空间通过复杂的耦合作用最终会发生行为的跃迁，并由低维度上的行为在短时间内跃迁为高维度上的行为，其外在则表现为网络空间中的整体性的行为同步。因此，行为跨界实际上是一种低水平上的行为跃迁，而行为跃迁则表现为行为活动在不同维度层面上的转换，而这个转换过程通常也是行为发生同步的过程，这最终导致了低维度上的行为同步要明显易于高维度上的行为同步。

因此，虽然网络情境下的人的行为生成、传染、传播、跃迁、跨界、同步、路径依赖的过程非常复杂，但是个体行为是群体行为、组织行为及社会行为生成的基础，可以通过对个体行为的微观动力学研究逐步揭开群体、组织及社会行为的生成、传染、传播、跨界、跃迁、同步及路径依赖机制。本书正是在此逻辑框架下逐步展开和逐步延伸的，并连带出许多新的问题有待于进一步深入研究。其中，有关行为传播性及路径依赖性的交互关系的研究我们已经取得了初步进展，并用于解释矿工不安全行为的演化过程。实际上，在行为的传染及传播过程中，传播或者传染速度的变化曲线与在行为的路径依赖演化过程中，行为主体行动的范围变化都呈现为一种变异的钟型曲线。基于此，本书从行为主体的行动范围的变化趋势推测了行为传播性及路径依赖性变化趋势，并用于估算矿工小群体的行为传播及路径依赖程度，得出如下推论：矿工小群体成员的行动范围逐渐增大，达到最值后又逐渐缩小，然后进入一个近似水平的状态，而在这个过程中，矿工小群体不同成员的行动范围之间的重叠范围越来越大，重叠的范围在不同成员的行动范围加和中的占比的增加速度则更大，这会导致行为的传播性及路径依赖性快速增加。正是在共享的群体网络情境下，行为路径依赖性和行为传播性在时间维度和空间维度上存在的交叉及叠加性使行为的路径依赖性、传播性与行为同步作用产生耦合效应成为一种可能，导致群体环境中的行为跨界及行为路径跃迁，提升了经济、社会的运行活力，促进技术、制度及管理的创新。

本书的成果除了用于解决煤矿生产系统中的矿工不安全行为及其传播性的干预或预防问题之外，还可以用于解决自主创新问题、城镇化发展问题、经济及社会转型问题、消费行为的传播及路径依赖问题、品牌的构建及传播问题、广告传媒问题等。事实上，上述问题都是以行为的微观动力学为基础，并在共享网络空间中产生行为的传染、传播、同步及路径依赖问题，而在网络情境下，行为干预正是通过网络结构与行为传染、传播、同步及路径依赖之间的影响作用来实现。因此，在未来更进一步的研究中，研究者需要对共享网络空间所涉及的四个维度，也就是网络空间的结构层、行为层、功能层及文化层之间的相互关系，以及四个不同层面在组织演化过程中的契合机制进行更加深入的研究，从而把握共享网络空间效应的形成机理，构建共享网络空间下的有关行为生成、传染、传播、同步以及行为路径契合及路径依赖性生成的更加普适性的理论。

1949 年之后，中国经济和社会在一个相对稳定的环境中已经经历了长达半个多世纪的高速发展，但在现有的国内外经济环境、政治制度、社会体系及生态环境的约束作用下，我国经济和社会都将全面新常态化发展。主要表现为宏观上社会阶层固化、经济成长速度逐渐放缓，微观上组织结构规则化、组织行为有序化，主体行为边界明确化、行为路径依赖锁定化，从而堵塞了经济及社会发展中的行为跨界及行为路径跃迁，降低了经济及社会发展的活力。这种背景下必然又将有大量与行为路径依赖性和行为传播性相关的新的问题出现，并有待于进一步研究。从中国经济当前及未来所面临的问题来看，中央政府提出通过创新驱动经济发展的整体思路是非常可行的，但仍然会面临诸多挑战和限制。从中国经济发展所面临的诸多约束条件来看，生态环境和经济环境这两个约束条件都是越来越严格的，政治制度也越来越完善，而经济环境又面临着新常态，从而导致创新驱动的经济发展的可选策略区域显著缩小，这就需要进一步加大经济、政治、科技及社会的创新力度，从而拓展创新驱动经济发展的可选策略集合，促进经济及社会的更进一步发展，进入新的发展路径。

参考文献

［1］A. Pousette, S. Larsson, M. Törner. Safety Climate Cross-validation, Strength and Prediction of Safety Behavior [J]. Safety Science, 2008 (46): 398-404.

［2］A. J. O'Malley, N. A. Christakis. Longitudinal Analysis of Large Social Networks: Estimating the Effect of Health Traits on Changes in Friendship Ties [J]. Statistics in Medicine, 2011, 30 (9): 950-964.

［3］Adrian Kay. A Critique of the Use of Path Dependency in Policy Studies [J]. Public Administration, 2005, 83 (3): 553-571.

［4］Agnew, J. L. & Snyder, G.. Removing Obstacles to Safety [A]. In G. A. Tucker (Ed.). Performance Management Publications [C]. 2002.

［5］Ali M. Al-Hemoud, May M. Al-Asfoor. A Behavior Based Safety Approach at a Kuwait Research Institution [J]. Journal of Safety Research, 2006 (37): 201-206.

［6］Aliaksei Laureshyn, Åse Svensson, Christer Hydén. Evaluation of Traffic Safety, Based on Micro-level Behavioural Data: Theoretical Framework and First Implementation [J]. Accident Analysis and Prevention, 2010 (42): 1637-1646.

［7］Andrea J. Day, Kate Brasher, Robert S. Bridger.Accident Proneness Revisited: The Role of Psychological Stress and Cognitive Failure [J]. Accident Analysis & Prevention, 2012 (49): 532-535.

［8］Arthur, W. Brian. Competing Technologies, Increasing Returns, and Lock-in by Historical Events [J]. Economic Journal, 1989 (99): 116-131.

［9］Baum Jac, Calabrese T., Silverman B.. Don't Go It Alone: Alliance Network Composition and Start-ups' Performance in Canadian Biotechnology [J]. Strategic Management Journal, 2000, 21 (3): 267-294.

［10］Belykh I., Lange E., Hasler M.. Synchronization of Bursting Neurons: What Matters in the Netw ork Topology [J]. Physical Review Letters, 2005, 94 (18): 188-191.

［11］Benartzi, S., Thaler, R.. Myopic Loss Aversion and the Equity Premium Puzzle [J]. Quarterly Journal of Economics, 1995 (110): 75-92.

［12］Boguna, M., Pastor-Satorras, R.. Epidemic Spreading in Correlated Complex

Networks [J]. Phys. Rev. E, 2002 (66): 47–104.

[13] Boyce, T. E. and Geller, E. S.. Applied Behavior Analysis and Occupational Safety: The Challenge of Response Maintenance [J]. Journal of Organizational Behavior Management, 2001, 21 (1): 31–60.

[14] Burt Ronald S.. Structural Holes: The Structure of Competition [M]. Cambridge, MA: Harvard University Press, 1992.

[15] Carvalho, P. V. R., dos Santos, I. L., Vidal, M. C. R.. Nuclear Power Plant Shiftsupervisor's Decision Making During Microincidents [J]. International Journal of Industrial Ergonomics, 2005 (35): 619–644.

[16] Centola, D., R. Willer, and M. Macy. The Emperor's Dilemma: A Computational Model of Self–Enforcing Norms [J]. American Journal of Sociology, 2005 (110): 1009–1040.

[17] Centola, D., V. Eguiluz, and M. Macy. Cascade Dynamics of Complex Propagation [J]. Physica A, 2007 (374): 449–456.

[18] Chiara Pavan, Giovanna Grasso, Maria Vittoria Costantini, Luigi Pavan, Francesca Masier, Maria Francesca Azzi, Bruno Azzena, Massimo Marini, Vincenzo Vindigni. Accident Proneness and Impulsiveness in an Italian Group of Burn Patients [J]. Burns, 2009, 35 (2): 247–255.

[19] Chris Johnson. Why Human Error Modeling Has Failed to Help Systems Developmen [J]. Interacting with Computers, 1999 (11): 517–524.

[20] Christakis N. A., Fowler J. H.. The Spread of Obesity in a Large Social Network over 32 Years [J]. New England Journal of Medicine, 2007 (357): 370–379.

[21] Christakis, Nicholas A. and Fowlerc James H.. Social Contagion Theory: Examining Dynamic Social Networks and Human Behavior [J]. Statist. Med., 2013 (32): 556–577.

[22] Christakis, N. A., Fowler, J. H.. The Collective Dynamics of Smoking in a Large Social Network [J]. New England Journal of Medicine, 2008 (358): 2249–2258.

[23] Christine, M. Beckman, M. Diane Burton. Founding the Future: Path Dependence in the Evolution of Top Management Teams from Founding to IPO [J]. Organization Science, 2008, 19 (1): 3–24.

[24] Christopher Cyr, Julie Graham and Don Shakow. Risk Compensation–in Theory and Practice [J]. Environment, 1983, 25 (1): 14–40.

[25] Colin Cameron. Accident proneness [J]. Accident Analysis & Prevention, 1975, 7 (1): 49–53.

［26］ Cooper, D., Garvin, S. & Kagel, J.. Signalling and Adaptive Learning in an Entry Limit Pricing Game ［J］. Rand Journalof Economics, 1997 （28）: 662-683.

［27］ Cowan, R.. Nuclear Power Reactors: A Study in Technological Lock in ［J］. Journal of Economic History, 1990 （50）: 541-567.

［28］ D. I. Manheimer, G. D. Mellinger. Personality Characteristics of the Childaccident Repeater ［J］. Child Dev., 1967, 38 （2）: 491-513.

［29］ Damon Centola, Michael Macy. Complex Contagions and the Weakness of Long Ties ［J］. AJS, 2007, 113 （3）: 702-734.

［30］ Damon Centola. The Spread of Behavior in an Online Social Network Experiment ［J］. Science, 2010, 329 （5996）: 1194-1197.

［31］ Dejoy, D. M., Schaffer, B. S., Wilson, M. G., Vanenberg, R. J., Butts, M. M.. Creatingsafer Workplaces: Assessing the Determinants and Role of Safety Climate ［J］. Journal of Safety Research, 2004 （35）: 81-90.

［32］ Dembner A.. Obesity Spreads to Friends, Study Concludes ［R］. Boston Globe, 2007.

［33］ E. M. Rogers. Diffusion of Innovations ［M］. New York: Free Press, 1995.

［34］ Earl H. Blair, Dong-Chul Seo, Mohammad R. Torabi, Mark A. Kaldahl. Safety Beliefs and Safe Behavior among Midwestern College Students ［J］. Journal of Safety Research, 2004 （35）: 131-140.

［35］ Eng Huang Chua Cecil, Lim Wee-Kiat, Soh Christina, Kien Sia Siew. Enacting Clan Control in Complex it Projects: A Social Capital Perspective ［J］. MIS Quarterly, 2012, 36 （2）: 577-600.

［36］ Erev, I., Roth, A.. Prediction How People Play Games: Reinforcement Learning in Games with Unique Mixedstrategy Equilibrium ［J］. American Economic Review, 1998 （88）: 848-881.

［37］ F. Bass. SIR Stands for the Three States—Susceptible, Infected, and Removed—Through Which Individuals Can Pass ［J］. Management Science, 1969 （15）: 215-227.

［38］ F. A. Haight. Accident Proneness: The History of an Idea, UCI-ITS-WP-01-4 ［R］. Institute of Transportation Studies, University of California, Irvine, 2001.

［39］ Faloutsos M., Faloutsos P., Faloutsos C.. On Power-law Relationships of the Internet Toplogy ［J］. ACM SIGCOMM Computer Communication Review, 1999, 29 （4）: 251-262.

［40］ Fernández Muñiz, B., Montes Peón, J.M., Vázquez Ordás, C.. Safety Culture: Analysis of the Causal Relationships Between Its Key Dimensions ［J］. Journal of Safety Research, 2007 （38）: 627-641.

［41］ Finkelstein, S., D. C. Hambrick. Strategic Leadership: Top Executives and Their Effects on Organizations ［M］. West Publishing Company, Minneapolis/St, Paul, MN, 1996.

［42］ Fowler J. H., Christakis N. A.. Estimating Peer Effects on Health in Social Networks: A Response to Cohen-Cole and Fletcher, and Trogdon, Nonnemaker, and Pais ［J］. Journal of Health Economics, 2008 (27): 1400-1405.

［43］ Fowler, J. H., Christakis N.. Dynamic Spread of Happiness in a Large Social Network: Longitudinal Analysis over 20 Years in the Framingham Heart Study ［J］. British Medical Journal, 2008 (337): 23-38.

［44］ Geller, E. S.. People-based Safety: The Psychology of Actively Caring ［J］. Professional Safety, 2003 (48): 33-43.

［45］ Geller, E. S.. The Psychology of Safety Handbook ［M］. Boca Raton, FL: CRC Press, 2001.

［46］ Georg Schreyögg and Jörg Sydow. The Hidden Dynamics of Path Dependence ［M］. London: Palgrave Macmillan, 2010.

［47］ Georg Schreyögg and Jörg Sydow. Organizational Path Dependence: A Process View ［J］. Organization Studies, 2011, 32 (3): 321-335.

［48］ Glick, W. H.. Conceptualizing and Measuring Organisational and Psychological Climate: Pitfalls in Multi-level Research ［J］. Academy of Management Review, 1985, 10 (3): 601-616.

［49］ Goodstein, E.. The Economic Roots of Environmental: Decline Property Rights or Path Dependence? ［J］. Journal of Economic Issues, 1995, 29 (4): 1029-1043.

［50］ Greg Barron and Ido Erev. Decision from Experience and the Effect of Rare Eventsin Risky Choices ［J］. J. Behav. Dec. Making, 2003 (16): 215-233.

［51］ H. V. Driel, W. Dolfsma. The Hidden Dynamics of Path Dependence: Institutions and Organizations (Imprinting, Path Dependence and Metaroutines: The Genesis and Development of the Toyota Production System) ［M］. Palgrave Macmillan, 2010.

［52］ H. W. Heinrich. Industrial Accident Prevention: A Safety Management Approach (5th ed) ［M］. New York: McGraw-Hill, 1980.

［53］ Hana Milanov, Dean A. Shepherd. The Importance of the First Relationship: The Ongoing Influence of Initial Network on Future Status ［J］. Strat. Mgmt. J., 2013 (34): 727-750.

［54］ Hannan, M. T. and Freeman, J.. Structural Inertia and Organizational Change ［J］. American Sociological Review, 1984 (49): 149-164.

［55］ Hedstrom Peter. Contagious Collectivities: On the Spatial Diffusion of Swedish

Trade Unions [J]. American Journal of Sociology, 1994 (99): 1157-1179.

[56] Helen T. Wagnera, Susan C. Mortona, Andrew R.J. Dainty and Neil D. Burnsa. Path Dependent Constraints on Innovation Programmes in Production and Operations Management [J]. International Journal of Production Research, 2011, 49 (11): 3069-3085.

[57] Helfat, C. E. and Peteraf, M. A.. The Dynamic Resource-based View: Capability Lifecycles [J]. StrategicManagement Journal, 2003 (24): 997-1010.

[58] Hlan Wilson, Joel Dearden. Phase Transitions and Path Dependence in Urban Evolution [J]. J Geogr Syst, 2011 (13): 1-16.

[59] Hofmann, D.A., Stetzer, A.. A Cross-level Investigation of Factors Influencing Unsafe Behaviours and Accidents [J]. Personnel Psychology, 1996 (49): 307-339.

[60] Hollnagel, E.. Human Reliability Analysis Context and Control [M]. Academic Press Limited, 1993.

[61] I. Hindmarch. Accident Proneness and Illness Proneness [J]. J. R. Soc. Med., 1991, 84 (9): 570.

[62] J. C. Scott. The Lancet Accident Proneness [EB/OL]. 1935, 226 (5840): 257-258.

[63] J. D. Murray. Mathematical Biology [M]. Springer, New York (3rd ed), 2002.

[64] J. Gordon. Epidemiology in Modern Perspective [R]. Proceedings of the Royal Society of Medicine, 1954-04-30.

[65] J. Reason. Human Error [M]. Cambridge: Cambridge University Press, 1990.

[66] J. H. Fowler and N. A. Christakis. Estimating Peer Effects on Health in Social Networks [J]. Journal of Health Economics, 2008, 27 (5): 1386-1391.

[67] James Mahoney. Path Dependence in Historical Sociology [J]. Theory and Society, 2000, 29 (4): 507-548.

[68] James Reason. Human Error: Models and Management [J]. British Medical Journal, 2000 (320): 768-770.

[69] Jean-Philippe Vergne and Rodolphe Durand. The Missing Link Between the Theory and Empirics of Path Dependence: Conceptual Clarification, Testability Issue, and Methodological Implications [J]. Journal of Management Studies, 2010, 47 (4): 736-759.

[70] Jörg Sydow, Frank Lerch, Udo Staber. Planning for Path Dependence? The Case of a Network in the Berlin-Brandenburg Optics Cluster [J]. Economic Geography, 2010, 86 (2): 173-195.

[71] Julie Graham and Don Shakow. Risks and Rewards: Hazard Pay for Workers [J]. Environment, 1981, 23 (8): 14-45.

［72］ Keating, N. L., O'Malley, A. J., Murabito J. M., Smith K. P., Christakis N. A.. Minimal Social Network Effects Evident in Cancer Screening Behavior ［J］. Cancer, 2011 (117)：3045-3052.

［73］ Koch, J.. Strategic Paths and Media Management：A Path Dependency Analysis of the German Newspaper Branch of High Quality Journalism ［J］. Schmalenbach Business Review, 2008 (60)：51-74.

［74］ Komaki, J., Heinzmann, A. T., Lawson, L.. Effect of Training and Feedback：Component Analysis of a Behavioral Safety Program ［J］. Journal of Applied Psychology, 1980, 65 (3)：261-270.

［75］ Krause, T. R.. The Behavior-Based Safety Process (2nd ed.) ［M］. New York, NY：John Wiley & Sons, 1997.

［76］ Laureshyn, A., Ardö, H., Jonsson, T., Svensson, Å.. Application of Automated Video Analysis for Behavioural Studies：Concept and Experience ［J］. IET Intelligent Transport Systems, 2009, 3 (3)：345-357.

［77］ Laureshyn, A., Åström, K., Brundell-Freij, K.. From Speed Profile Data to Analysis of Behaviour：Classification by Pattern Recognition Techniques ［J］. IATSS Research, 2009, 33 (2)：88-98.

［78］ M. Granovetter. The Strength of Weak Ties ［J］. Am. J. Sociol, 1973, 78 (6)：1360-1380.

［79］ M. Heffernan. Path Dependence, Behavioral Rules, and the Role of Entrepreneurship in Economic Change：The Case of the Automobile Industry ［J］. The Review of Austrian Economics, 2003, 16 (1)：45-62.

［80］ M. D. Cooper, R. A. Phillips. Exploratory Analysis of the Safety Climate and Safety Behavior Relationship ［J］. Journal of Safety Research, 2004 (35)：497-512.

［81］ M. Greenwood, G. U. Yule. An Inquiry into the Nature of Frequency Distributions Representative of Multiple Happenings, with Particular Referenceto the Occurrence of Multiple Accidents or Disease or Repeated Accidents ［J］. J. R. Stat. Soc., 1920 (83)：255.

［82］ Marc Gruber. Exploring the Origins of Organizational Paths：Empirical Evidence from Newly Founded Firms ［J］. Journal of Management, 2010, 36 (5)：1143-1167.

［83］ Mark Granovetter. Threshold Models of Collective Behavior ［J］. American Journal of Sociology, 1978, 83 (6)：1420-1443.

［84］ Martha S. Feldman and Brian T. Pentland. Reconceptualizing Organizational Routines as a Source of Flexibility and Change ［J］. Administrative Science Quarterly, 2003, 48 (1)：94-118.

［85］ Martin, R. and Sunley, P.. Path Dependence and Regional Economic Evolution ［J］. Journal of Economic Geography, 2006 (6): 395–473.

［86］ McSween, T. E.. The Values–Based Safety Process ［M］. Hoboken, NJ: John Wiley & Sons, 2003.

［87］ Morten T. Hansen. The Search–Transfer Problem: The Role of Weak Ties in Sharing Knowledge across Organization Subunits ［J］. Administrative Science Quarterly, 1999 (44): 82–111.

［88］ Moukarzel C. F.. Spreading and Shortest Paths in Systems with Sparse Long–range Connections ［J］. Phys. Rev. E, 1999, 60 (6): 62–63.

［89］ Mullen, J.. Investigating Factors That Influence Individual Safety Behaviour Atwork ［J］. Journal of Safety Research, 2004 (35): 275–285.

［90］ Myles P. Gartland.Interdisciplinary Views of Sub–optimal Outcomes: Path Dependence in the Social and Management Sciences ［J］. The Journal of Socio–Economics, 2005 (34): 686–702.

［91］ N. A. Christakis, Fowler, H. James. The Spread of Obesity in a Large Social Network over 32 Years ［J］. New England Journal of Medicine, 2007, 357 (4): 370–379.

［92］ Neal, A., Griffin, M. A.. A Study of the Lagged Relationships Among Safety Climate, Safety Motivation, Safety Behaviour, and Accidents at the Individual and Groups Levels ［J］. Journal of Applied Psychology, 2006, 91 (4): 946–953.

［93］ Neal, A., Griffin, M. A.. Safety Climate and Safety at Work ［A］//Barling, J., Frone, M., (Eds.). The Psychology of Workplace Safety ［C］. American Psychological Association, Washington, DC., 2004.

［94］ Neeleman, J.. A Continuum of Premature Death: Meta–analysis of Competing Mortality in the Psychosocially Vulnerable ［J］. Int. J. Epidemiol., 2001, 30 (1): 154–162.

［95］ North Douglas C.. Institutions, Institutional Change and Economic Performance ［M］. Cambridge: Cambridge University Press, 1990.

［96］ Pastor–Satorras R., Vespignani A.. Epidemic Dynamics and Endemic States in Complex Networks ［J］. Phys. Rev. E, 2001 (63): 66–117.

［97］ Pate–Cornell, M. E.. Organizational Aspects of Engineering Systemsafety: The case of Offshore Platforms ［J］. Science, 1990 (250): 1210–1217.

［98］ Perrow Charles. Normal Accidents: Living with High–Risk Technologies ［M］. NY: Basic Books, 1984.

［99］ Peter Malpass. Path Dependence and the Measurement of Change in Housing Policy, Housing ［J］. Theory and Society, 2011, 28 (4): 305–319.

［100］Peter Sheridan Dodds, and Duncan J. Watts. Universal Behavior in a Generalized Model of Contagion ［J］. Physical Review Letters, 2004, 92 (21): 4.

［101］Poole, M., J. Roth. Decision Development in Small Groups V: Test of a Contingency Model ［J］. Human Communication Research, 1989, 15 (4): 549-589.

［102］Quick, J. C., Quick, J. D., Nelson, D. L. & Hurrell, J. J.. Preventivestress Management in Organizations ［M］. Washington, DC: APA, 1997.

［103］R. Cowen, P. Gunby. Sprayed to Death: Path Dependence, Lock-in and Pest Control Strategies ［J］. Economic Journal, 1996, 106 (436): 521-542.

［104］Raghu Garud, Arun Kumaraswamy and Peter Karnøe. Path Dependence or Path Creation? ［J］. Journal of Management Studies, 2010, 47 (4): 760-774.

［105］Raymond, G. Miltenberger. 行为矫正——原理与方法 (第五版) ［M］. 石林 等译. 北京: 中国轻工业出版社, 2015.

［106］Reason J.. Managing the Risks of Organizational Accidents ［M］. Aldershot: Ashgate, 1997.

［107］Roberts, D. S.. Integrating Person Factors into the OBM Framework: Perspectives from a Behavioral Safety Practitioner ［J］. Journal of Organizational Behavior Management, 2003 (22): 31-39.

［108］Rogers Everett. Diffusion of Innovations, 5th Edition ［M］. Simon and Schuster, 2003.

［109］Rosenquist, J. N., Murabito, J., Fowler, J. H., Christakis N. A.. The Spread of Alcohol Consumption Behavior in a Large Social Network ［J］. Annals of Internal Medicine, 2010 (152): 426-433.

［110］Selten, R., Buchta, J.. Experimental Sealed Bid First Price Auctions with Directly Observed Bid Function ［A］//D. Budescu, I. Erev, & R. Zwick (Eds.). Games and Human Behavior: Essays in Honor of Amnon Rapoport ［C］. Mahwah, NJ: Erlbaum, 1998: 53-78.

［111］Senders, J. W. and Moray, N. P.. Human Error: Cause, Prediction, and Reduction ［M］. Lawrence Erlbaum Associates, 1991.

［112］Smith, M. J., Anger, W. K., & Uslan, S. S.. Behavioral Modification Applied to Occupational Safety ［J］. Journal of Safety Research, 1978 (10): 87-88.

［113］Stajkovic, A. D. and Luthans, F.. A Meta-analysis of the Effects of Organizational Behavior Modification on Task Performance, 1975-95 ［J］. Academy of Management Journal, 1997 (40): 1122-1149.

［114］Strecher, V. J. and Rosenstock, I. M.. The Health Belief Model ［A］//K.

Glanz, F. M. Lewis & B. K. Rimer (Eds.). Health Behavior and Health Education: Theory, Research, and Practice [C]. San Francisco, CA: Jossey-Bass Inc., 1997: 41-59.

[115] Strogatz S. H.. Sync: The Emerging Scicence of Spontaneous Order [M]. New York: Hyperion, 2003.

[116] Sydow, J., Schreyögg, G., and Koch, J.. Organizational Path Dependence: Opening the Blackbox [J]. Academy of Management Review, 2009 (34): 689-709.

[117] Vergne, J. and Durand, R.. The Missing Link between the Theory and Empirics of Path Dependence: Conceptual Clarification, Testability Issue, and Methodological Implications [J]. Journal of Management Studies, 2010 (47): 736-759.

[118] Visser E, Pijl Y. J., Stolk R. P., Neeleman J., Rosmalen J. G.. Accident Proneness, Does It Exist? A Review and Meta-analysis [J]. Accid Anal Prev., 2007, 39 (3): 556-564.

[119] Vladimir Barash, Christopher Cameron, Michael Macy. Critical Phenomena in Complex Contagions [J]. Social Networks, 2012 (34): 451-461.

[120] W. B. Arthur. Increasing Returns and Path Dependence in the Economy [M]. Ann Arbor: University of Michigan Press, 1995.

[121] Weick K. E., Sutcliffe K. M., Obstfeld D.. Organizing for High Reliability: Processes of Collective Mindfulness [J]. Res Organizational Behav, 1999 (21): 23-81.

[122] Weick K. E.. Organizational Culture as a Source of High Reliability [J]. Calif Management Rev., 1987 (29): 112-127.

[123] Williams, K. C., O'Reilly. Demography and Diversity in Organizations: A Review of 40 Years of Research [J]. Res. Organ. Behavior, 1998 (20): 70-140.

[124] Wu, C.W., Chua, L. O.. Application of Graph Theory to the Synchronization in an Array of Coupled Nonlinear Oscillators [J]. IEEE Transactions Circuits and Systems I, 1995, 42 (8): 494-497.

[125] Zimbardo, P. G.. Does Psychology Make a Significant Difference in Our Lives? [J]. American Psychologist, 2004, 59 (5): 339-351.

[126] Zohar, D., Luria, G.. Climate as a Social-cognitive Construction of Supervisory Safety Practices: Scripts as Proxy of Behavior Patterns [J]. Journal of Applied Psychology, 2004, 89 (2): 322-333.

[127] Zohar, D.. A Group-level Model of Safety Climate: Testing the Effect of Groupclimate on Microaccidents in Manufacturing Jobs [J]. Journal of Applied Psychology, 2000, 85 (4): 587-596.

[128] Zohar, D.. Modifying Supervisory Practices to Improve Sub-unitsafety: A Lead-

ership-based Intervention Model [J]. Journal of Applied Psychology, 2002 (87): 156-163.

[129] Zohar, D.. Safety Climate: Conceptual and Measurement Issues [A]//James C. Quick, Lois E. Tetrick, & Lennart Levi (Eds.). Handbook of Occupational Health Psychology [C]. American Psychological Association (APA), 2002.

[130] Zucchella, A.. Local Cluster Dynamics: Trajectories of Mature Industrial Districts Between Decline and Multiple Embededness [J]. Journal of Institutional Economics, 2006 (2): 21-44.

[131] 两个不同家族 200 年之后的比较 [EB/OL]. CLUB. KDNET. NET, http://club.kdnet.net/dispbbs.asp? BoardID=25&id=9251785.

[132] 会议报道. "复杂社会技术系统的安全控制"学术讨论会 [J]. 科学学研究, 2001, 19 (1): 107-108.

[133] 李永娟, 王二平. 人误研究的历史和发展 [J]. 心理学动态, 2001, 9 (1): 57-61.

[134] 刘军. 整体网络分析 [M]. 上海: 世纪出版股份有限公司, 格致出版社, 上海人民出版社, 2014.

[135] 宁宣熙, 刘思峰. 管理预测与决策方法 [M]. 北京: 科学出版社, 2009.

[136] [美] 诺斯. 经济制度与经济增长 [EB/OL]. 田国强译. http://finance.sina.com.cn/jingjixueren/20040903/0818997460.shtml, 2004-09-03.

[137] 盛亚. 技术创新扩散与新产品营销 [J]. 北京: 中国发展出版社, 2002 (5): 106-111.

[138] [美] 斯坦利·沃瑟曼 (Stanley Wasserman), 凯瑟琳·福斯特 (Katherine Faust). 社会网络分析: 方法与应用 [M]. 北京: 中国人民大学出版社, 2012.

[139] 汪小帆, 李翔, 陈关荣. 复杂网络理论及其应用 [M]. 北京: 清华大学出版社, 2006.

[140] 徐淑英, 蔡洪滨.《管理科学季刊》最佳论文集萃 (第二辑) [M]. 北京: 北京大学出版社, 2012.

[141] 许正权, 宋学锋, 李敏莉. 本质安全管理思想及实证研究框架 [J]. 中国安全科学学报, 2006, 16 (12): 79-85.

[142] 许正权, 宋学锋, 吴志刚. 本质安全管理理论基础: 本质安全的诠释 [J]. 煤矿安全, 2007, 38 (9): 75-78.

[143] 许正权, 宋学锋, 徐金标. 事故成因理论的 4 次跨越及其意义 [J]. 矿业安全与环保, 2008, 35 (1): 79-82.

[144] 许正权. 交互式安全管理: 理论与实务 [M]. 北京: 经济管理出版社, 2007.

[145] 中华人民共和国国家统计局网站, http://www.stats.gov.cn/.

致　谢

感谢国家社会科学基金对本项目的支持！感谢匿名评审专家对本项目在评审过程中提出的高价值的建议！感谢国家社会科学规划办公室的工作人员及江苏省社会科学规划办公室的工作人员三年来对本项目的支持，他们的支持确保了本项目的按时完成。感谢中国矿业大学科技院社科办工作人员为本项目的顺利开展提供的各种帮助及便利条件！感谢南京大学刘洪教授的无私帮助！笔者在 2013~2014 年在南京大学做访问学者，刘洪教授是笔者的合作导师，他针对本项目的研究问题提出了很多建设性的建议！感谢妻子王红军在项目进行过程中为笔者分担了许多繁杂的工作！感谢儿子许大彻小朋友！在完成初稿的 229 个日子不间断的写作及第一次 101 天的稿件修改的过程中，随着这本著作的文字一天天增长，他也一天天的成长，变得更加懂事，经常关心本项目的进展情况及本专著的文字增长情况，激励着笔者对本专著进行了长达 330 天（2015 年 7 月 16 日至 2016 年 6 月 7 日）的第一稿写作及第一稿修改的不间断工作。此后，本书稿又经历了第二次到第五次修改，其中在第四次修改过程中笔者经历了父亲去世的沉重打击。母亲为了不影响笔者的工作，在父亲弥留之际才通知笔者回到家里，以至于我们父子之间在永别时也没有说上一句话。带着巨大的沉痛心情料理完父亲的后事，其间书稿的写作及修改工作也中断了 7 天时间，这也是本书稿在成书过程中笔者唯一一次中断写作和修改工作。

这是笔者第一次作为主持人承担国家社科基金项目，充分感受到了国家社会科学基金项目在申报及评审过程中的公开、公正性，也充分体会到了国家社会科学基金对项目执行及结题工作的严格要求。为了力争按时保质完成项目申报书中所承诺的研究任务，笔者付出了艰辛的劳动。作为项目的申报人及主持人，在项目的进展过程中，特别是在这本著作的写作过程中，从 1 个字、100 个字、1000 个字、10000 个字，一直到超过 20 万字，经历了 229 个日日夜夜的积累，笔者终于完成了初稿的写作任务，此后又历经 101 天不间断地对第一稿进行修改，调整了某些章节结构，甚至对某些章节进行了重写，专著的文字也从 22 万字增加到稿件第一次修改后的 331111 字。从文字数量上来看，论著第一次修改工作量几乎占到初稿的 50%，其中的压力和辛苦只有亲身经历了才能有深刻的体会。目前，国内外针对不安全行为网络传播的理论和方法的研究还比较少见，在书稿写作之初笔者有时候觉得本项目的研究内容用寥寥几千字或者上万字就可以写完，这种情况的出现也使笔者在本书写作的过程中的前 2~3 个月经常出现焦躁不安的情绪，甚至会影响到夜晚的睡眠，要么失眠要么早醒，以至于现在养成了每天凌晨五点半起来写作的习惯。尽管在写作的过程中笔者遇到了诸多困难，但每次困难的克服都使自己的能力和经验得到了提升，不仅使意志更坚强，心灵也得到了升华。每天凌晨五点半起床时的心情也从刚开始写作时的炼狱和磨难之感逐步过渡为兴奋和渴望之觉，直至最终成为每天必修的"功课"。在此过程中，在面对困难时，笔者会和同事及学术同人进行讨论和交流，他们针对笔者所遇到的问题和困难提出了非常中肯的建议，使笔者受益匪浅。感谢徐矿集团的王玉龙经理以及笔者的同事付金会！在本书的调研过程中，他们为本项目联系了数量充分的样本矿井，保证本书收集到了较为翔实可靠的数据和文档资料。同时也要感谢被调研煤矿企业的通力配合及给予的大力支持。他们的帮助是本项目最终得以完成的不可或缺的一部分。最后笔者还要特别感谢项目组成员孟现飞、王辉、高伟明等的通力合作和无私付出，在他们的共同努力下，本书最终才得以顺利完成。

另外，2014 年和 2015 年笔者作为项目主持人，在参加中国工程院工程管理学部在北京和广州两地举行的学术年会中，针对本项目的研究问题同与会的相关院士、专家及教授进行了探讨，并得到了他们的支持和帮助，谢谢他们的无私付出。

后 记

2013 年 6 月 4 日，我从全国哲学社会科学工作办公室的官方网站上的公示通知中得知本项目得到批准，惊喜之余，感觉背负的责任也很沉重。从项目批准之日开始，本项目组成员就针对本项目的研究目标、内容及关键问题积极开展研究，收集了近 1000 篇的研究文献，多次深入样本煤矿进行问卷调查、访谈、实地观察，虽然收集了较为丰富的数据及文档资料，但由于中国大多数煤矿的管理体制中等级分明，很难从这些数据及文档资料中把握矿工在工作情境中的真实行为走向。他们很可能在访谈和实地观察中所表现出的一面与他们在日常工作中表现出的另一面有着明显的区别。而数据是研究结论可靠性的关键要素之一，可信数据的缺失必然会导致不可信的研究结论。由于本书中构建的网络模型所需要的数据是关系数据，而关系数据的获取不能仅仅依赖于一次调研或者访谈的结论。为了提升数据的可靠性，我们只能多次深入样本煤矿，对煤矿内部的人与人之间在工作中的关系进行翔实的记录和分析，又通过行为实验来模拟矿工的工作情境，修正问卷调查、访谈及实地观察的流程及沟通方式，逐步逼近矿工在真实工作情境中的行为表现，从而为本书中所构建的矿工不安全行为传播网络模型收集到较为真实的数据。

本研究团队在经过一段实地调研、文献阅读及对现场收集到的资料进行整理及分析后，逐步厘清了本项目的研究路线图，进一步明确了研究目标及关键问题，同时也在项目的研究进展中逐步找到了关键问题的解决方案。于是，我从 2015 年 7 月 16 日开始着手进行本项目的主要研究成果学术专著的写作，每天早晨从五点半起床开始工作，文字写作、修改、查资料、看文献，每天完成几百字到两千余字，在历经 229 天的不间断工作后，终于于 2015 年 2 月 28 日完成了近 22 万字的初稿。从写作之初每天清晨起床时的为难，逐步过渡到把每天清晨五点半起床写作当成是一种生活习惯、工作乐趣及生活的一部分。在此过程中，我对学术研究的理解及价值判断都发生了很大的变化。写作之始，我把每天写作的目标定为 600 字，这个写作目标一直坚持到 2015 年 10 月 23 日，整整一百天。在这一百天中，实现了日均 611 字的写作目标，也基本克服了写作的畏难情绪。然后又在 2015 年 12 月 19 日，也即我开始本书写作任务后的第 157 天，实现了日均 800 字的写作目标，接着又在 2016 年 2 月 11 日实现了日均 1000 字的写作目标。如今坚持每天写作已经成了我的生活和工作中的一部分，尽管我还没有写出什么大作，但我期待着每天的写作积累能够给自己带来一份应有的收获，如今这份收获非常让我满足，它不仅使我的生活和工作非常安宁和有序，也让我的心变得宁静而充实。在刚开始写作的时候，我看着项目申报书中承诺的 20 万字专著，自己内心都发怵。但这是承诺，关乎个人的信誉，也关乎对项目管理部门、项目匿名评审专家及纳税人的尊重，为了实现我们的承诺，我们只能加大研究投入，连 2016 年春节也没有停止写作，直到完成了 22 万字的初稿，心中才有一丝安慰。初稿完成后，我们在对初稿第一修的过程中仍然发现很多问题值得进一步研究或修正，以至于本专著的第一修就花去了一百多天的时间，文字的修改量几乎达到了初稿的 50%。论著的初稿经历了第一遍修改后，字数已经达到 33 万之多，已经远远多于项目申报书中所承诺的论著的字数。此后，该书稿又经历了 5 次重要的修改，并于 2016 年 12 月 21 日完成了最后一次修改，书稿的字数已经超过 37.5 万。我们也赶在项目的截止日期之前完成了本项目的全部研究任务。

总体上来说，在整个项目的研究过程中，我们基本上秉承本项目申请时所提出的观点，履行了项目申报书中的承诺，并在项目开展过程中做了适当的修改，构成了本项目的逻辑基础。

（1）社会接触使人的行为具有了传播的可能性。这主要是由于人的社会性决定了人与人之间必然存在接触作用，并因此而建立起具有传递性的关系，进行各种资源的交换。而且这些关系不仅确保了人的行为通过人与人之间的社会接触在社会网络中进行传播，同时也构成了社会网络的生长基础。社会网络正是以人与人之间的社会接触以及人与人之间通过社会接触所形成的关系为基础而不断生长和逐步演化的，社会网络结构不断规则化，分化出各种特点的功能，并形成有序的行为，同时会产生出许多问题，如煤矿生产系统中存在的不安全行为及其引起的安全问题。另外，从生成的过程来看，社会接触的产生有两种不同的方式：一种是自然生成的社会接触，如大多数消费行为、娱乐活动等；另一种是通过设计而生成的社会接触，如企业、组织等内部的人与人之间的社会接触。在本项目中，我们所研究的社会接触主要是指后一种。在项目的推进过程中，我们发现矿工在煤矿生产系统运行过程中的接触作用与社会系统中的人与人之间的接触作用又存在某些区别，前者冗余性及强度都更大一些。于是我们又提出在网络空间下分析煤矿生产系统中的矿工之间的接触作用及因这些接触作用对矿工行为影响性产生的传导作用。

（2）在一定条件下，在一个边界相对明确的群体网络空间中，人与人之间频繁的接触作用既可以强化也可以弱化人的某种行为，并且在理论上要去判别人与人之间的接触作用究竟是发挥强化效应还是弱化效应本身就存在很大困难。于是我们提出网络空间的文化层与行为层的契合作用会对人的行为影响起到间接的中介作用的观点。这一观点贯穿于整个项目研究过程中，不仅社会接触具有此特征，而且在此后的研究中我们发现在不同的安全氛围间接影响作用下，网络同步效应既可以促进不安全行为的传播，也可以抑制不安全行为的传播；行为的传播性与行为的路径依赖性的影响关系也是如此，行为的传播性也是既可以抑制行为的路径依赖性，也可以促进行为的路径依赖性，同样行为的路径依赖性也可以促进和抑制行为的传播性。

（3）煤矿生产系统存在安全极限状态或绝对安全状态，但该极限状态下的煤矿生产系统的运行不仅不具有可持续性也不具有经济性。在一个共享的群体网络空间中，系统的安全性是多维的，是多方面因素共同影响的结果，多维空间下的系统行为的演化过程也应该是连续性的和多维度的，但会存在某些极点。因此，系统的安全极限状态存在左极限和右极限，当系统安全达到左极限状态时，企业要耗费大量的人力、物力和财力来推进和维持，而当系统安全状态进入右极限时，安全水平可能会在微小的扰动下出现非常显著性的下降。该观点不仅解释了从一个长期的过程将煤矿生产系统维持在极限安全状态下运行是一个小概率事件，也合理地解释了绝对控制或者极限控制在实践中是不可能长期存在的。不仅煤矿生产系统不可能长期运行于极限安全状态下，行为人的能力、行为表现等在逼近或者达到极限状态时，也不可能维持一个较长的时期。同样，组织、社会的发展也是呈周期性和螺旋式的，盛极而衰，物极必反。社会的发展和自然的发展有很多类似的地方。虽然如此，对于人为设计并参与运行的系统、组织或者社会而言，人们仍然可以通过合理的干预手段改变行为传播的方式、行为路径依赖锁定和解锁的过程、行为同步过程等，从而拉长组织或社会的繁荣周期，缩短萧条周期，这正如我们通过对矿工不安全行为及其传播性的干预来改变网络结构不同层面上的行为同步周期从而改变煤矿生产系统安全运行周期的做法一样。

（4）上述三个观点既解释了不安全行为及其传播性在嵌入于煤矿生产系统之上的矿工行为传播网络中诱发煤矿事故的原因，也为干预不安全行为及预防事故提供了解决方案，同时就煤矿生产系统的安全极限状态下的经济性维持策略给出了制定思路。与传统的事故预防和干预策略所遵循的因果律一样，只不过本项目在研究过程中，拉长了事故成因关系的深度和宽度，考虑行为致因煤矿事故在演化过程中对于行为传播网络结构的敏感性及弱因果性。在因果关系的深度上，本项目从不安全行为的微观动力学机制入手，从不安全行为的生成、传染、传播、同步及网络结构不同层面上的不安全行为生成这个漫长事故形成因果链入手来分析事故的成因机制，因而与已有的事故分析方法及行为致因事故理论相比，大幅度拓展了因果关系的深度。另外，在网络情境中，在考虑不安全行为及其传播性致因的事故过程中，本项目不是只考虑一条不安全行为及其传播性的事故致因的因果链，而是考虑不安全行为及其传播性在网络结构中不同层面上的事故致因过程所形成的因果网络，因而大幅度拓展了因果关系的宽度。

（5）无论自然系统还是社会在演化进程中的某些阶段都会出现结构规则化、行为有序化、功能专用化等现象，并逐步出现结构依赖性、行为路径依赖性、功能依赖性等问题。但社会系统演化与自然系统演化的一个显著区别就是人的参与性及行为偏好性所导致的文化情境化，及由此而产生的文化依赖性。于是在分析矿工不安全行为及其传播性问题时，我们提出共享群体网络空间的概念，并将共享网络空间划分为结构层、行为层、功能层及文化层四个不同层面来分析矿工不安全行为传播性及其干预策略设计问题。很显然，煤矿生产系统的结构是分层次的；煤矿生产系统的安全水平也是分层次的；在网络视角下，行为也分层次：网络整体行为、网络社团或凝聚子群行为、个体行为；在不同网络层次上生成的矿工不安全行为诱导事故的过程、概率及事故的严重程度及影响范围也是不相同的，因而防御的策略也是不相同的。煤矿井下工作环境封闭，矿工井下工作存在着频繁的接触作用，部分矿工因此而形成密切协作的工作群体，也就是矿工小群体。在群体中，个人行为既有独立性又有相互依赖性，形成了每个矿工独特的个体网络结构，并对个体行为状态产生连锁性影响。在满足网络传播性条件时，矿工个体不安全行为会产生互相促进效应并通过接触作用进行传播，从而形成群体不安全行为。在从个体不安全行为向群体不安全行为跃迁的过程中，不安全行为诱发煤矿事故的概率也在不断增加。因此，上述四个观点具有广泛的实践基础。而我们所研究的矿工不安全行为及其传播性的防御策略也是以上述四个基本观点为基础的。

在研究方法上，本研究对已有方法既进行了继承和综合，也进行了一定的创新。尽管已有研究不安全行为的文献非常丰富，但总体上研究方法较为单一，要么是定性分析，要么过分依赖于统计分析方法，如回归分析、SEM分析等。这些方法虽然能够定性或者定量地确定影响不安全行为因素之间静态的影响作用或相关关系，但难以对不安全行为在一个共享的网络空间下的动态发展过程进行解释或者分析，特别是对不安全行为传播过程的交叉及叠加关系难以给出合理的解释，更无法解释在网络空间效应作用下的矿工不安全行为传播的微观动力学机制，如基于结构分级逐层维度递升的行为生成、传播及同步等，因而也就无法对共享网络空间下的不安全行为传播性致因事故的成因机制给出合理解释，更不用说提出科学有效的事故预防措施。另外，基于上述分析方法设计的干预措施只能进行前馈及反馈控制，难以进行过程控制，使事故干预措施的介入时间受到很大限制。本书的主要目标是对不安全行为的动态发展过程及传播过程建立网络模型，从微观上掌握不安全行为及其传播性在网络情境下诱导事故的规律，从宏观上拉长干预措施的介入过程，使干预策略更加丰富和具体。目前，这些事故干预措施和策略只是在部分样本煤矿得到了应用，其长期有效性还需要更多的实践检验。客观地说，目前我们对这些事故干预措施和策略的长期效果还难以确定，而且其在实践应用中也可能会暴露出新的问题，并需要做进一步的修正。

总体来说，本项目在获得国家社科基金资助之前，我已经进行了2~3年的准备工作，基本形成了本项目关键问题的解决思路，并打下了一定研究基础。本项目获批后，整个研究工作自始至终秉持上述观点并紧紧围绕着我们所要实现的研究目标及所要解决的关键问题而展开，为此付出了艰辛的努力。项目组成员经过了三年多的调研、数据分析、实验、访谈、讨论及写作，完成了本书，最终也基本实现了这些研究目标，并如期或者稍有提前完成了本项目的整个研究工作。